“十二五”国家重点图书
中国建筑节能发展研究丛书

丛书主编 江亿

中国建筑节能理念思辨

江亿 主编

中国建筑工业出版社

图书在版编目（CIP）数据

中国建筑节能理念思辨 / 江亿主编．—北京：中国建筑工业出版社，2016.2

（“十二五”国家重点图书．中国建筑节能发展研究丛书 / 丛书主编　江亿）

ISBN 978-7-112-19070-6

Ⅰ.①中…　Ⅱ.①江…　Ⅲ.①建筑设计—节能设计—研究—中国　Ⅳ.①TU201.5

中国版本图书馆CIP数据核字（2015）第022311号

本书汇集了关于建筑节能理念的一些思考。上篇从中国与发达国家建筑能耗现状与历史发展过程的比较出发，综合社会状况、资源与能源条件等诸因素，指出中国很难按照发达国家的模式实现我国的建筑节能目标，而必须探索一条不同于发达国家走过的路。中篇则按照北方城镇供暖、住宅节能、公共建筑与商业建筑节能及农村居住建筑节能四个我国建筑节能工作的主要任务分别展开论述。下篇收入了四篇专题文章，作为对前述各篇内容的补充。

责任编辑：王美玲　齐庆梅　吉万旺　牛　松
书籍设计：京点制版
责任校对：李欣慰　关　健

“十二五”国家重点图书
中国建筑节能发展研究丛书
丛书主编　江亿
中国建筑节能理念思辨
江亿　著

*

中国建筑工业出版社出版、发行（北京西郊百万庄）
各地新华书店、建筑书店经销
北京京点图文设计有限公司制版
北京顺诚彩色印刷有限公司印刷

*

开本：787×1092毫米　1/16　印张：23¾　字数：435千字
2016年3月第一版　2016年3月第一次印刷
定价：68.00元
ISBN 978-7-112-19070-6
（28313）

前言

《中国建筑节能年度发展研究报告》（以下简称《年度报告》）自2007年出版第一本，到现在已经连着出版了9本。每年围绕这部书的写作，我们组织了清华大学建筑节能研究中心的师生、清华其他一些单位的师生，还有全国许多单位热心于建筑节能事业的专家们一起，对我国建筑节能进展状况、问题、途径进行调查、分析、研究和探索，对实现中国建筑节能提出自己的理念，对各种争论的热点问题给出自己的观点，对建筑用能四大主要领域的节能途径提出自己的规划。这些内容在每一年的《年度报告》中陆续向社会报告，获得较大反响，对我国的建筑节能工作起到一定的推动作用。怎样才能把这套书中的研究成果更好地在相关领域推广，怎样才能使这套书对我国的建筑节能工作有更大影响？身为媒体人的齐庆梅编辑建议把这些书中的内容按照建筑节能理念思辨、建筑节能技术辨析和建筑节能最佳案例分别重组为三本书出版。按照她的建议，我们试着做了这样的再编辑工作，并与时俱进更新了一些数据，补充了新的内容，连同新近著的《中国建筑节能路线图》作为丛书（共四本）奉献给读者。

这本书汇集了关于建筑节能理念的一些思考。上篇收入了发表于2009年《年度报告》的"建筑节能思辨"，从中国与发达国家建筑能耗现状与历史发展过程的比较出发，综合社会状况、资源与能源条件等诸因素，指出中国很难按照发达国家的模式实现我国的建筑节能目标，而必须探索一条不同于发达国家走过的路，在用能强度远低于发达国家现状的基础上满足社会发展和经济建设对建筑环境的需求，实现中国特色的建筑节能。这是我们十多年来对这个问题反复探索，并总结了正反面很多经验教训才认识到的，也是十多年来在建筑节能工作中所力主的发展方向。现在看来，这一认识与党的十八大以来提出的把生态文明渗入到我们的各项工作中，节约能源要实行总量和强度双控等一系列可持续发展和节能减排战略与政策高度吻合，而且随着生态文明理念的不断深入，我国的建筑节能工作也正在逐渐迈向这样一条道路。

作为本书中篇，则按照北方城镇供暖、住宅节能、公共建筑与商业建筑节能、农村居住建筑节能四个我国建筑节能工作的主要任务分别收入了6篇发表于2010~2015年《年度报告》的文章。其中北方城镇供热有2011年和2015年《年度报告》的两篇。前一篇重点在建筑与末端调节，而后一篇的重点则在供热热源的改革。这样恰好可以涵盖与城镇供暖节能相关的各主要问题。比较这两篇文章的细节，可以看到有些提法甚至观点的不同，这反映出我们在这个问题上认识的逐渐发展、深化与提高。随着雾霾治理与煤改气成为全社会高度关注的焦点，未来中国城镇供热的理想模式也逐渐形成并细化。这样的变化意味着供暖方式的革命。深入的分析表明，这种模式的全面实施可以使北方城镇供暖的能耗强度从目前的16kgce/m^2（千克标煤 / 平方米）下降到约6kgce/m^2，北方城镇供暖总能耗可以从目前用1.7亿tce（吨标煤）满足110亿m^2建筑供暖下降到未来用1.2亿tce满足200亿m^2建筑供暖。北方城镇供暖是我国建筑节能领域最具节能潜力的用能部分，如果这一规划能够真正实现，那就真实现了我们建筑节能工作者的梦想!

关于公共建筑与商业建筑节能也收入了两篇，分别发表于2010年和2014年的《年度报告》。前一篇剖析了我国这类建筑用能的“二元分布”的特点，后一篇则结合我国目前公共建筑和商业建筑节能工作中的几个热点争论问题，也是关系到如何真正实现我国公共建筑和商业建筑节能的关键问题展开了深入讨论。这些问题包括：是把室内环境与室外隔绝还是充分利用室外环境条件；各类建筑服务系统应该是集中式还是分散式；通过什么手段来改善室内空气质量；以及建筑使用者是应该被动地接受服务还是主动地营造室内环境。这些问题貌似零碎和“非主流”，但却恰恰是实现我国公共建筑与商业建筑节能的关键，也是中国特色建筑节能的主要内容。目前这些问题仍属业内争论的问题，希望通过更多的工程实践、更深入的辩论，以及进一步在高度和广度的理论思考中在业内尽快把这些问题梳理清楚，这将对我国公共建筑与商业建筑该怎么建造，该怎么运行，怎样才能真正实现节能有更清晰的方向。

住宅节能和农村居住建筑节能两个方向分别仅收入一篇，这并非是这两个方向不重要，而是我们在这两方面的工作相对还少。实现居住建筑的节能目标，核心的问题应该是提倡哪一种生活方式的问题，这涉及中国真正实现“小康”、“大康”后，居住建筑该是维持目前的“部分时间、部分空间”营造室内环境的模式，还是出现大的变化。这也涉及通风模式与室内空气质量改善途径、使用者主动营造室内环境还是被动地接受服务等一些基本问题。希望在今后更全面更深入的调查研究的基础上，对这些问题给出更有说服力的回答。中国农村居住建筑目前大约消耗了全国建筑运行能耗的四分之一，但却是目前几大建筑用能中增长速度最快的。这里收入的文章提出建设“无煤村”的概念和途径。这应该是农村建筑节能工作的主要目标。中国减煤工作应该从农村抓起。尽管农村用煤量小，但单位耗煤量污染排放量大。燃煤消耗量的增长同时还造成田间燃烧秸秆量的增长、农村垃圾量的增长以及农村大气环境的恶化。根据农村的实际状况出发，科学合理地开发生物质能源、太阳能、风能等可再生能源，发展出一套全新的“无煤化”农村能源系统，将是中国建筑节能和能源领域的重要任务。

本书的下篇，作为专题论述收入了近年来发表在其他一些期刊中的四篇文章。尽管这些文章不是来自于《年度报告》，但由于它们是对前述各篇内容的补充，所以一并收入。其中“建筑节能技术路线图”给出从总量控制出发我国建筑节能工作的未来发展规划；“零能耗”一篇则深入讨论了为什么不能把西方所倡导的零能耗建筑作为实现我国建筑节能的主要途径；而收入“什么是建筑节能”和“建筑节能的评价”两篇的目的是澄清在建筑节能领域到底追求什么，是追求“能效”还是追求“低能耗”。目的不同，做法就不一样，其结果当然也就不同。

为了使这些文章彼此呼应，构成对建筑节能理念的一个全面阐述，在把这些文章收入本书时做了一些更新和订正。这主要是对宏观能源消耗量和建筑面积统计数据的更新修订。由于我国在这一领域至今还缺少直接的权威性的统计数据，我们的数据大多是经过直接和间接的调查、统计和估算而得到。随着逐年的数据积累，对各种相关数据的认识也逐渐清晰。由于城镇化的飞速发展，原来做的一些预测也偏于保守：根据我国人口资源等状况，当初认为全国建筑总量应控制在600亿 m^2 以内，但至2014年底城乡建筑总量已经突破了530亿 m^2，而且在建设的未完工项目还有110亿 m^2，这样，最晚到2016年底，我国建筑总量会超过600亿 m^2，而以后建造业不可能停下来，房屋总量也必然继续增加。过大规模的房屋建设和过高的空置率状态现在已经引起社会上多方面的关注，减慢建设速度控制建筑总量已成为一批公众的呼声。但是面对这样的现实，对未来建筑能耗的发展和规划也只能做相应的调整，这是我们修订本书相关数据的主要原因。希望未来的建筑总量能够控制在730亿 m^2 以内。现在我国东部的雾霾实质上是由于人口过度地向城市聚集，城市高密度地生长出的巨量建筑所导致。中国的未来该建设成什么样？面对不断加重的雾霾、紧缺的资源、拥堵的交通，真应该尽快从生态文明理念出发，全面实现城镇建设的可持续发展。

本书的汇总编辑和修订工作由林立身负责，感谢他为之付出的辛勤劳动，同时也感谢本书所收入的各篇文章作者的卓越工作和远见卓识。希望这本书能够为传播建筑节能理念、实践中国建筑节能的道路起到其应有的作用。

本书出版受“十二五”国家科技计划支撑课题“建筑节能基础数据的采集与分析和数据库的建立”（2012BAJ12B01），中国工程院科技中长期发展战略研究项目、国家自然科学基金委员会专项基金项目“建筑节能技术适宜性研究”（L1322018）资助，特此鸣谢。

江亿

清华大学节能楼

2015 年 12 月 2 日

目录

上篇　总论：实现我国建筑节能目标的途径

中篇　分论

下篇 专题

上篇

总论：实现我国建筑节能目标的途径

1 中外城镇建筑能耗比较[1]

为了科学地了解中国建筑能耗的水平，找到我国建筑节能的正确途径，很有必要同发达国家的状况进行比较。下文将分别就建筑总能耗作中外比较，以对此有宏观把握，然后再以公共建筑和住宅建筑除采暖外能耗为例，进行进一步剖析，以认识中外建筑能耗产生差异的原因。

1.1 中外建筑宏观能耗比较

根据美国能源署 (EIA)《International Energy Outlook 2013》统计显示，2010 年度全球一次能耗总量达 188.6 亿 tce，各国消耗能源占全球总量的比例如图 1 所示。其中，建筑一次能耗总量达 45.3 亿 tce，各国建筑能耗占全球总建筑能耗的比例如图 2 所示。由图 1 和图 2 可见，无论是社会总能耗，还是建筑总能耗，中、美两国是全球能源消耗总量最多的两个国家。

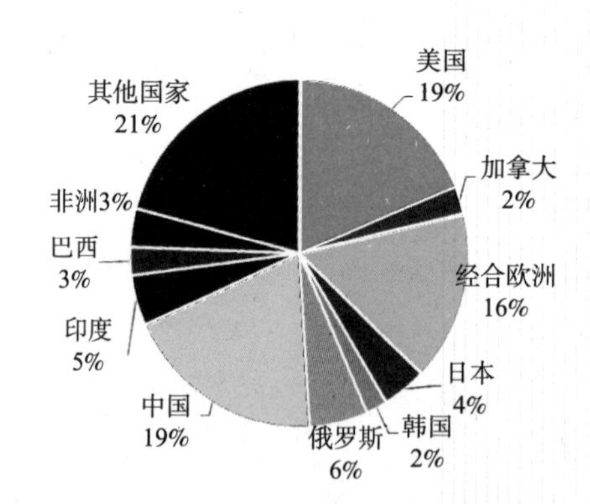

图 1 2010 年各国社会一次能耗比例

数据来源：Energy Information Administration. International Energy Outlook 2013. USA: EIA Publications, 2013.

进一步比较发现，如图 3 所示，发展中国家（如中国、印度、巴西等）的建筑能耗占该国社会总能耗的比例约为 20%~25%，低于发达国家的比例（30%~40% 之间）。

[1] 原载于《中国建筑节能年度发展研究报告2009》第2章，作者：江亿，魏庆芃。

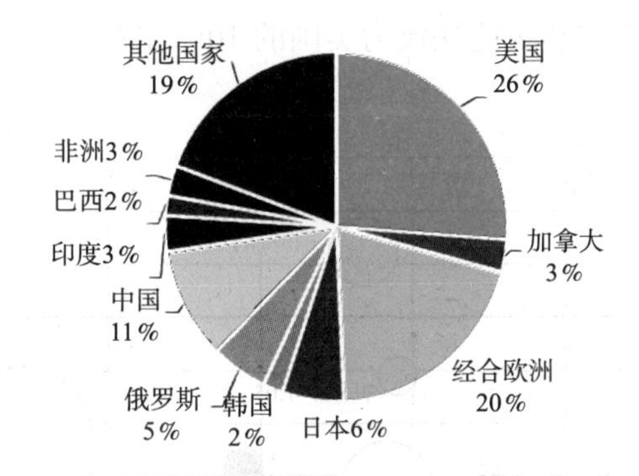

图 2　2010 年各国建筑一次能耗比例

数据来源：Energy Information Administration. International Energy Outlook 2013. USA: EIA Publications, 2013.

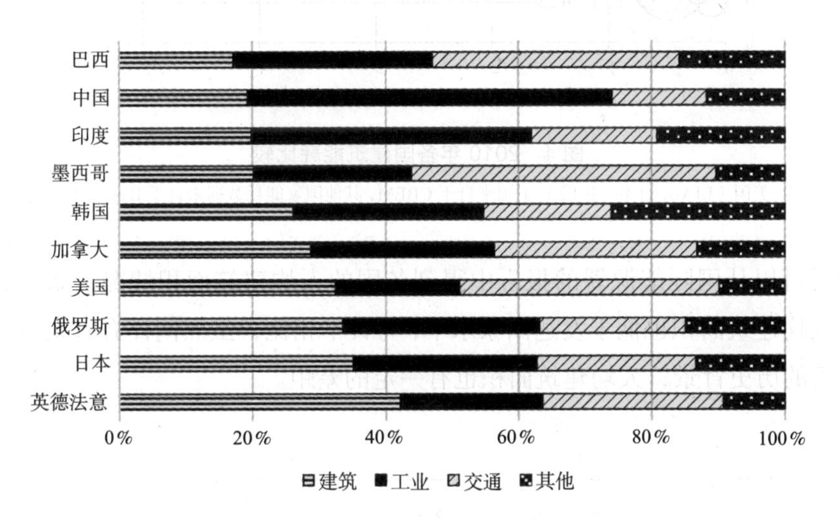

图 3　各国终端能源消耗比例

数据来源：国际能源署（International Energy Agency, IEA）。

为进一步了解中国建筑能耗实际水平，根据世界几大研究机构的调研统计报告，分别计算了各国的人均建筑能耗（图 4 的横坐标）、单位面积建筑能耗（图 4 的纵坐标）以及相应的建筑一次能耗总量（图 4 的中国家名称后面所带的数字，单位为亿 tce，其值大小与相应的圆面积成正比）。对比发现：

（1）中国的建筑能耗平均水平大大低于发达国家：单位面积平均能耗约为欧洲与亚洲发达国家的 1/2，为美洲国家的约 1/3；而人均能耗仅为欧洲与亚洲发达国家的 1/4 左右，为美洲国家的约 1/8。

（2）特别是与美国相比，中国人口为美国的 4 倍，而建筑能耗总量仅为美国的

40%，因此，中国的人均建筑能耗仅为美国的10%左右。

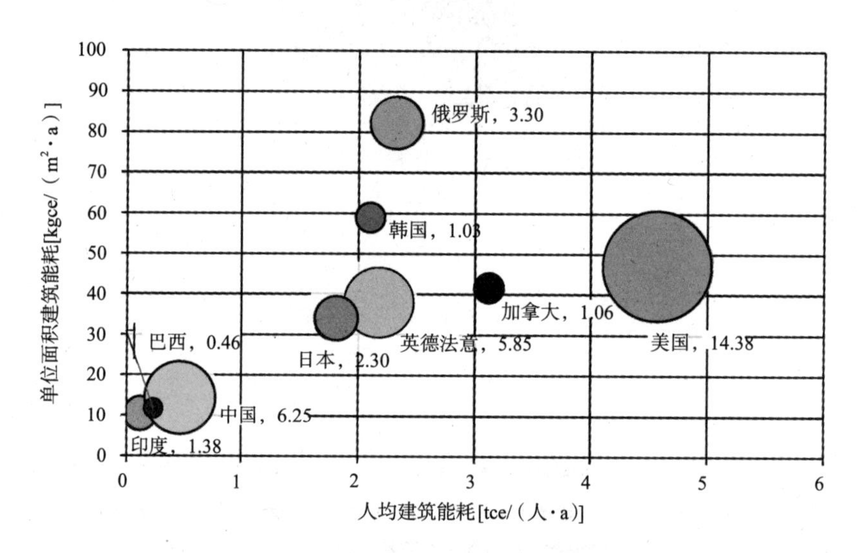

图4　2010年各国建筑能耗比较

数据来源分别为：美国（EIA），日本（IEEJ），中国来自于CBEM，其他国家能耗数据来自于IEA发布的世界能源展望。

同时可以从国际能源署的报告中得到各国的人均建筑面积情况，如图5所示。中国的人均建筑面积也低于发达国家水平；与日本相比，虽然同样有着人口密度高、资源缺乏的历史背景，人均建筑面积也有一定的差距。

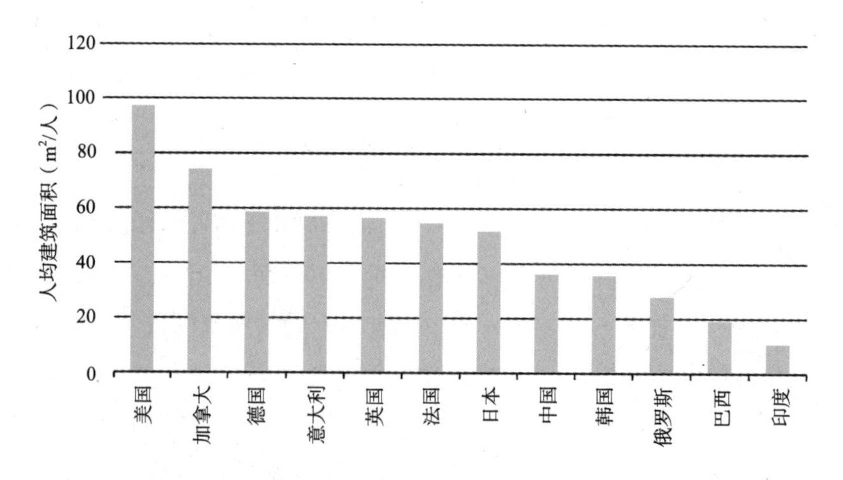

图5　各国人均建筑面积比较

数据来源：IEA，World Energy Outlook 2012.

同时，图 4 引出一个十分重要的问题：中国与日本有着人口密度高、资源稀缺等能源资源背景，那么随着中国经济结构水平不断发展，向发达国家靠拢，能源结构是否也会同时向发达国家不断靠拢，进而建筑能耗是否也会逐渐到达日本现在的水平、甚至是欧美发达国家水平呢？是否在经济实力与人民生活水平发展到一定程度，实现了“现代化”之后，建筑能耗指标（人均能耗和单位面积能耗）也相应地达到发达国家水平呢？对于中国这样人口巨大、人均资源、能源拥有量远低于全球平均水平的大国来说，这是必须面对和需要深入研究的问题。

事实上，近年来，我国正处于经济持续快速发展期，人民生活水平得到持续改善；中国建筑面积也在迅速增长（图 6）。即使以现在的能耗水平，中国建筑能耗也将出现巨大的增长。

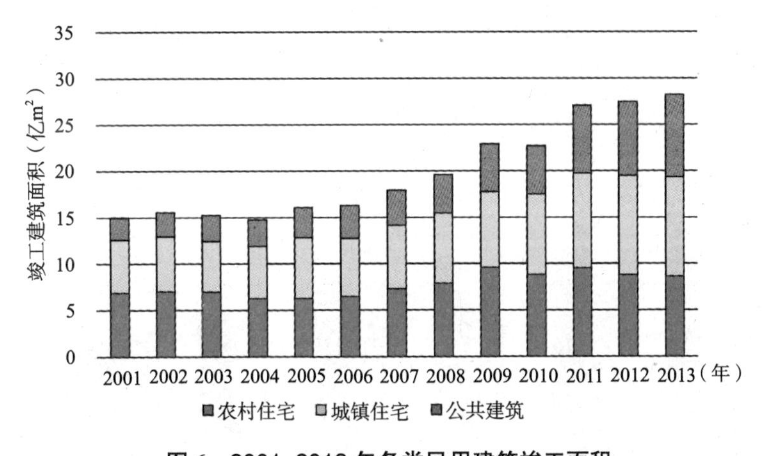

图 6　2001~2013 年各类民用建筑竣工面积

因而，为了更科学地了解中国的建筑能耗水平，很有必要与发达国家建筑能耗进行更细致的比较与分析。下文将分别针对国内外公共建筑与住宅建筑，从典型案例出发进行比较。

1.2　中美校园办公建筑能耗比较分析

1.2.1　案例的基本情况

位于中国北京的 A 大学校园和位于美国东海岸的 B 大学校园，所处气候相似，两地全年逐月平均气温如图 7 所示：B 校园所处气候比 A 校园所处气候更加温和，而太阳辐射强度也接近，如图 8 所示，图中左边的浅蓝色柱代表 A 校园，右边的深蓝色柱代表 B 校园。

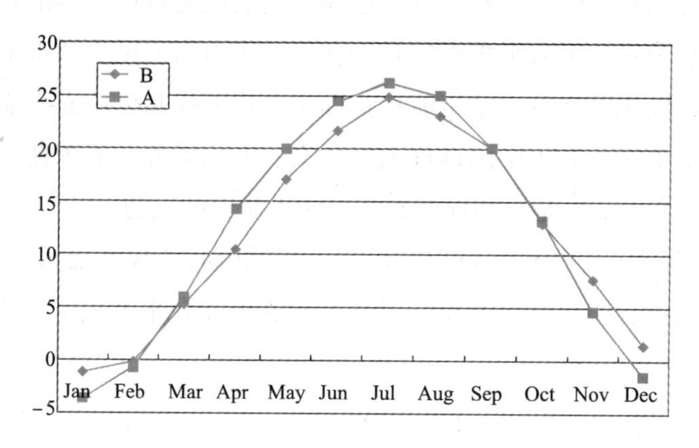

图 7 A 和 B 两校园所处城市全年逐月平均气温（℃）

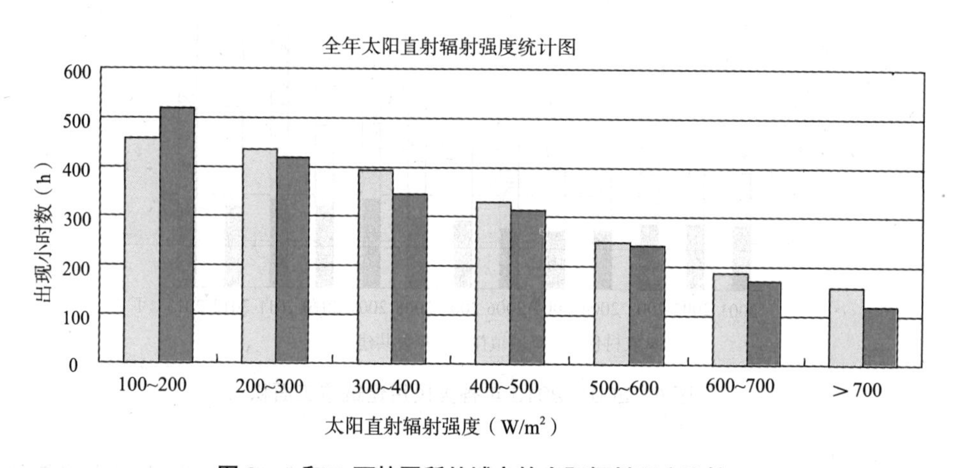

图 8 A 和 B 两校园所处城市的太阳辐射强度比较

A 和 B 两所大学均为多学科综合大学。其中，B 校园总建筑面积约为 132 万 m^2，共包含 100 余栋单体建筑（选取其中具有典型代表意义的 94 栋作为下面统计研究对象），约 3.6 万人，其中 24% 为办公建筑，19% 为实验室，21% 为宿舍，36% 为教室、食堂、体育馆和医院等公共设施。A 校园总建筑面积约为 196.6 万 m^2，约 3.8 万人，包含办公建筑、教学楼、食堂、体育馆、实验室以及医院等公共设施。

从能源系统角度，两所校园均由集中供热系统向建筑物提供采暖，其中，A 校园为热水集中供热管网，B 校园为蒸汽集中供热管网。B 校园由集中供冷系统向各个建筑物的中央空调系统提供冷冻水，除宿舍楼多采用风机盘管和新风系统之外，

大部分公共建筑均采用全空气系统配合变风量末端（VAV）。A 校园的各个建筑物自行决定空调降温方式，一部分建筑物依靠开窗通风辅助电风扇降温，一部分建筑的部分房间安装有分体空调，2000 年之后新建校园公共建筑多安装有集中空调系统，通常采用电制冷方式。A、B 两个校园中各个建筑物均有电表计量电力消耗状况。

1.2.2 耗电量对比

（1）典型公共建筑耗电量

表 1 给出 A 和 B 两校园典型公共建筑全年单位面积耗电量。

A 和 B 两校园典型公共建筑全年单位面积耗电量 表 1

序号	功能	校园	面积（m^2）	单位面积耗电量 [kWh/(m^2·a)]	照片
1	校务办公楼	A	4650	34	
2	校务办公楼	B	10244	195	
3	生物学院实验楼	A	9692	159	
4	牙医学院	B	6425	364	
5	办公室和实验室	A	3360	56	
6	机械学院办公楼	A	27000	64	

续表

序号	功能	校园	面积（m^2）	单位面积耗电量 [kWh/(m^2·a)]	照片
7	理学院办公楼	A	15000	98	
8	商学院办公楼	A	12850	156	
9	商学院办公楼	B	30000	355	
10	法学院办公楼	A	10000	44	
11	法学院办公楼	B	9086	288	
12	校图书馆	A	27486	21	
13	校图书馆	B	7089	120	

从表 1 可以看出，分处 A、B 两个校园功能相同、气候相似的公共建筑，其单位面积建筑能耗可相差 3~10 倍。

（2）A 校园公共建筑耗电量

图 9 给出 A 校园中各公共建筑耗电量情况。调研发现，A 校园公共建筑耗电量与所选择的降温或空调方式有很大关系，按不同的降温或空调方式重新整理 A 校园各公共建筑耗电量如图 10 所示。可以看出，与只装有分体空调或仅采用风扇降温的建筑物相比，安装中央空调系统的建筑物单位面积耗电量普遍较高。

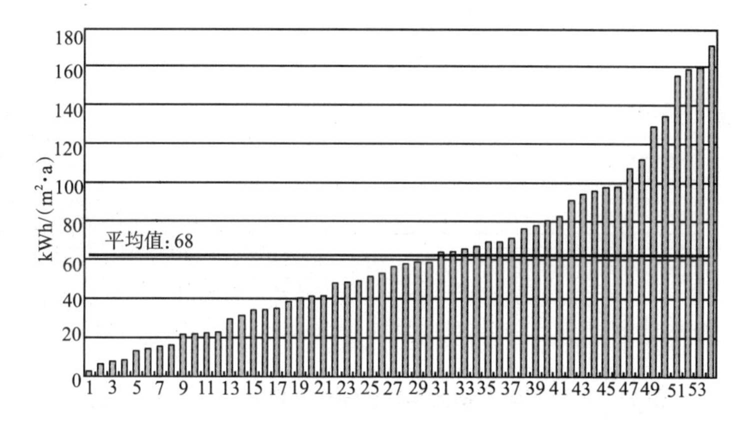

图 9　A 校园建筑物全年单位面积耗电量（2006 年数据）

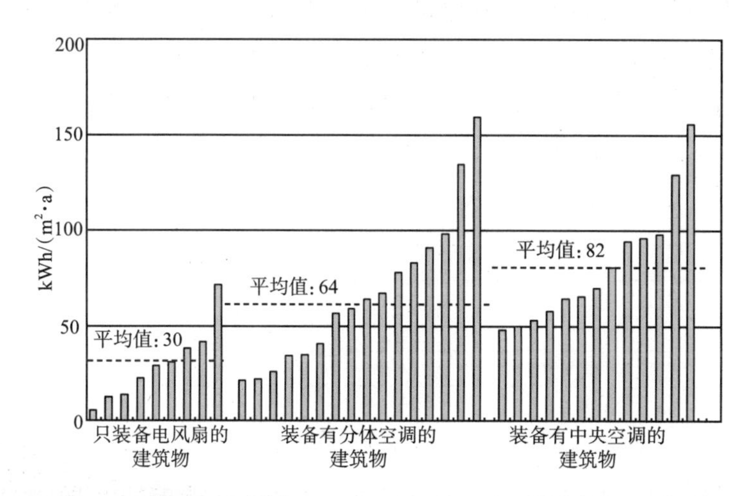

图 10　A 校园建筑物全年单位面积耗电量，按不同冷却或空调方式划分

（3）B 校园公共建筑耗电量

图 11 给出 B 校园中 94 座建筑物耗电量的情况。需要指出的是，由于 B 校

园采用集中供冷系统，集中供冷系统冷冻站的制冷机、管网冷冻水循环泵、冷却水循环泵和冷却塔风机等的耗电量单独计量，图 11 所示各建筑物耗电量不包括集中供冷系统冷冻站耗电。可以看出，B 校园建筑物电耗总体水平明显高于 A 校园。

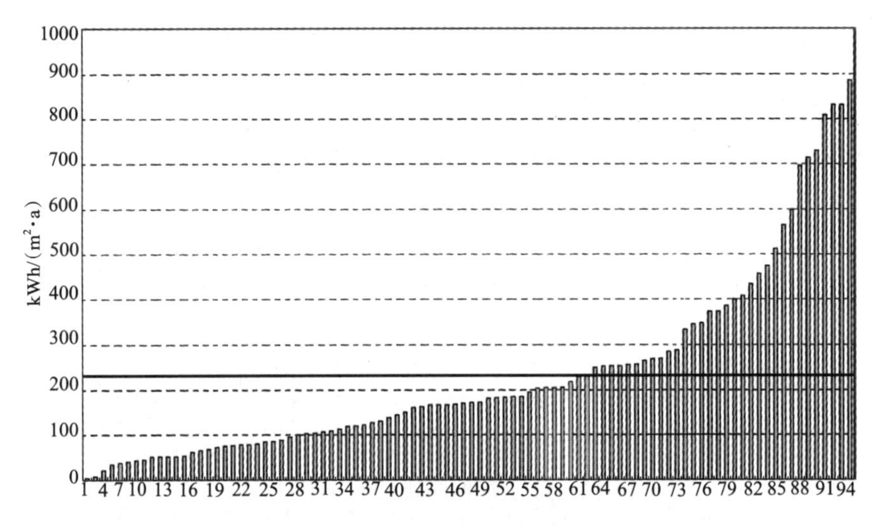

图 11 B 校园建筑物全年单位面积耗电量（2006 年数据）

统计数据表明，B 校园全年耗电量 4.10 亿 kWh，校园建筑物总面积 132 万 m^2，折算单位面积建筑耗电量约为 309.9kWh/(m^2·a)。图 12 给出 2003 年美国商业建筑能耗调查 CBECS 得到的大学校园建筑耗电量调查结果。可以看出，该校单位面积耗电量略高于全美平均水平。

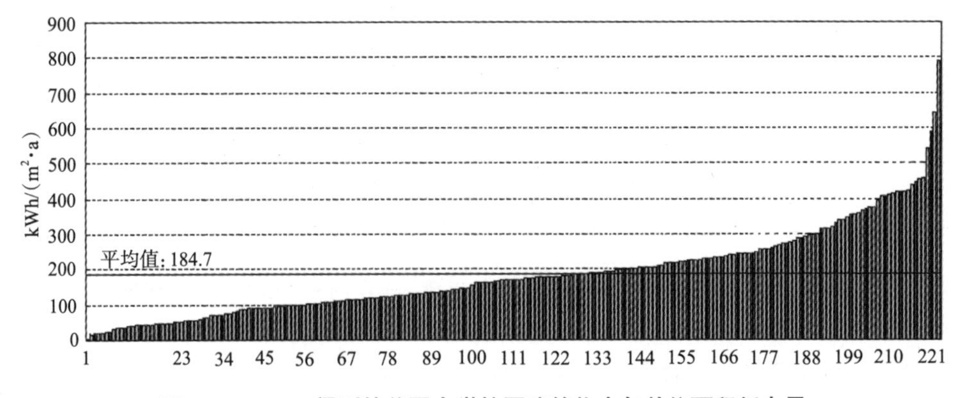

图 12 CBECS 得到的美国大学校园建筑物全年单位面积耗电量

（4）A、B 校园分项电耗比较

Z–1、Z–2、Z–3、Z–4 为 A 校园（中国）的四栋典型建筑，M–A 和 M–B 为 B 校园（美国）的两栋典型建筑，对其分项电耗进行对比，结果如图 13 所示。横向比较各个建筑的照明、办公和空调电耗，B 校园建筑空调系统耗电高达 250kWh/(m^2·a)，A 校园建筑的空调系统用电为 20~30 kWh/(m^2·a)，B 校园约为 A 校园的 10 倍；B 校园建筑的办公和照明用电为 50~70 kWh/(m^2·a)，A 校园建筑的照明用电为 10~20kWh/(m^2·a)，前者约为后者的 2~3 倍。

可见美国校园建筑能耗偏高的主要原因就是空调能耗过高。

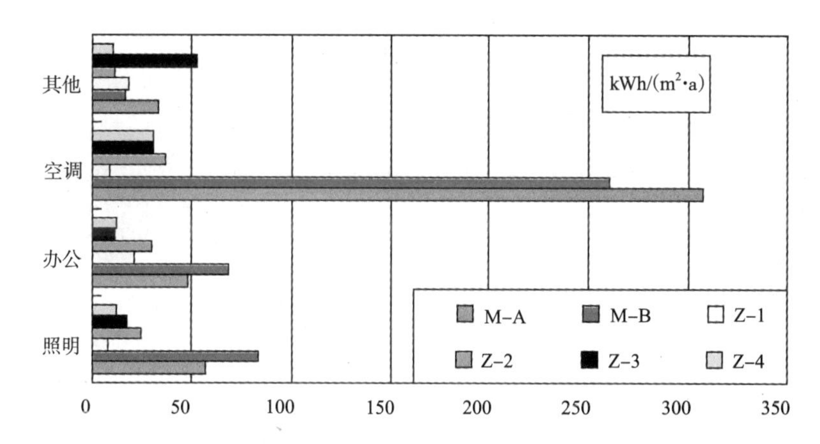

图 13　建筑用电构成（柱图由上到下分别是 Z–4，Z–3，Z–2，Z–1，M–B，M–A）

详细对空调系统进行分拆，可以分别得到冷站电耗和空调风机与末端电耗。

如图 14 所示，其中冷站电耗包括冷机、冷冻泵和冷却塔风机电耗。由于美国 M–A 和 M–B 建筑采用了集中供冷形式，可以得到这两座建筑对应冷站的电耗水平约为 100kWh/(m^2·a)；而相比之下，国内北京市采用中央空调的建筑样本中，最高值为 25kWh/(m^2·a)，最低值仅为 4kWh/(m^2·a)，差异明显。

空调风机和末端电耗包括新风机电耗、空调箱电耗、风机盘管电耗和为了满足通风要求的各类送风机和排风机电耗，其中 M–A 和 M–B 是全空气变风量系统，年用电水平分别为 197kWh/(m^2·a) 和 149kWh/(m^2·a)，Z–1 为风机盘管加新风的系统，风机电耗低于 10kWh/(m^2·a)，Z–2 是全空气（部分区域）变风量系统，Z–3 和 Z–4 为风机盘管加新风系统与全空气系统综合，风机电耗较高，为 14~33kWh/(m^2·a)。详细测试 M–A、M–B 两座建筑内各台风机，发现其效率都高达 75%以上，而国内大型公共建筑风机效率一般都仅在 30% ~50%，所以风机系统设备性能优异，能耗高的原因就是风量过大，运行时间过长。

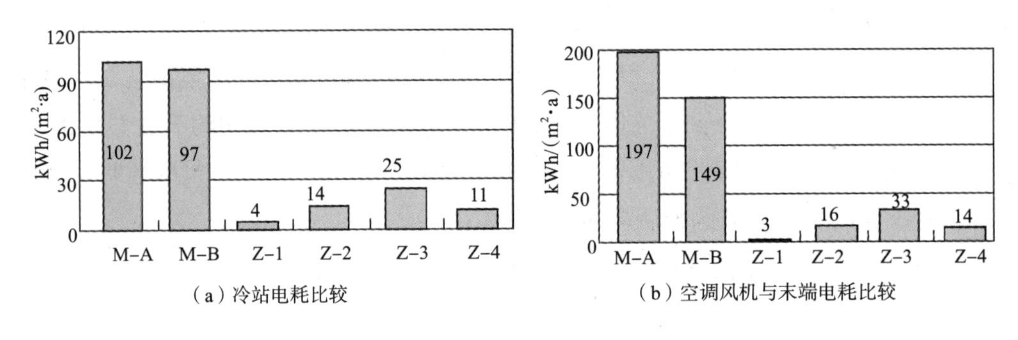

图 14　空调系统用能拆分

（5）耗电量随时间变化特征对比分析

图 15、图 16 分别给出 B 校园某办公楼夏季某周日到周一连续 48 小时之内单位面积耗电功率变化情况，以及包括两座 A 校园办公建筑在内的北京市 7 座大型公共建筑夏季一周之内单位面积耗电功率变化情况，单位均为 W/m^2。

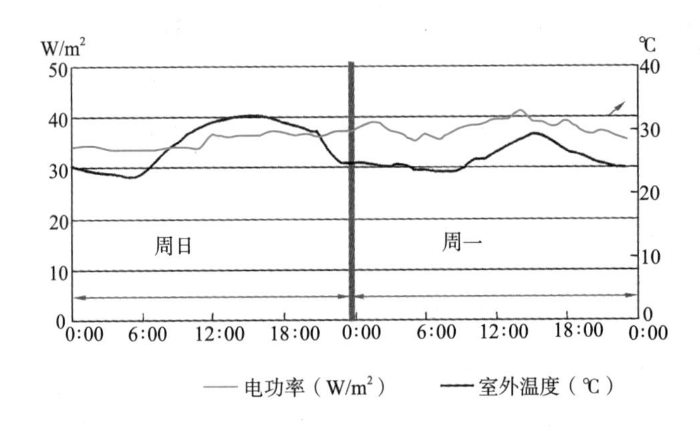

图 15　B 校园某办公楼夏季某周日到周一连续 48 小时之内单位面积耗电功率

从图中可以看出，B 校园建筑一天之内逐时用电量十分稳定，昼夜差别非常小，周末和工作日差别也很小。经过调查发现，虽然办公时间为早 8 点至晚 5 点，但其楼内的照明、办公和空调系统 24 小时运行，周末也不关闭，这是导致其耗电量高的一个重要原因。相比之下，A 校园建筑和绝大部分中国的公共建筑在夜间和周末则关闭了大部分用电设备，尽量减少非工作时间的用电量。

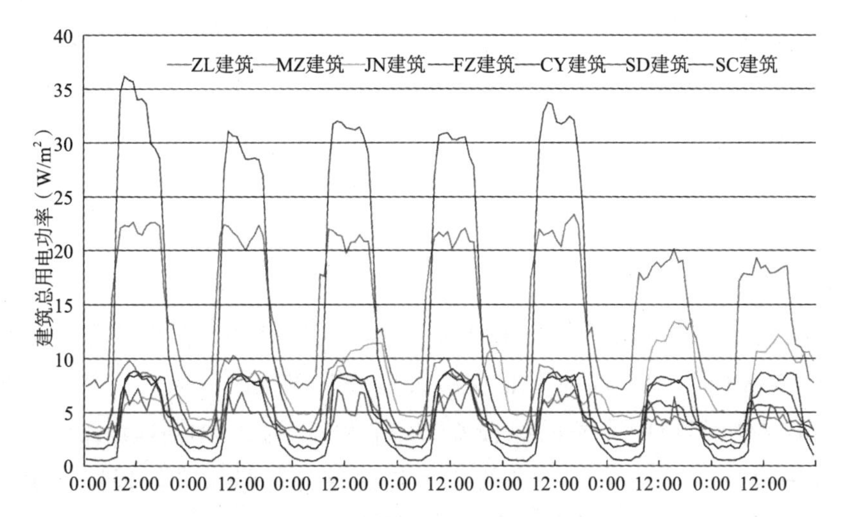

图 16　包括两座 A 校园办公建筑在内的北京市 7 座大型公共建筑夏季一周之内单位面积耗电功率

（6）B 校园建筑耗电量分拆

对 B 校园耗电现状进行分拆分析，估算主要耗电途径的耗电量及比例，如图 17 所示。

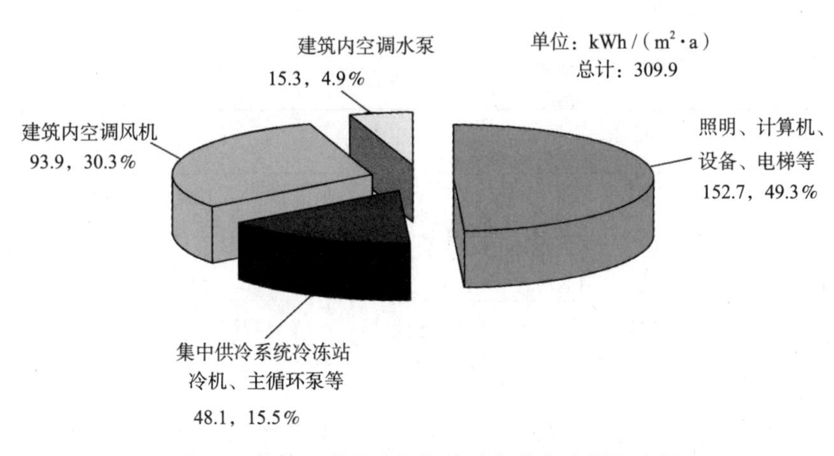

图 17　估算 B 校园主要耗电途径的耗电量及比例

可以看出，B 校园建筑电量的一半为空调系统所消耗。其中，B 校园建筑物内空调系统风机耗电量巨大，接近 100kWh/(m²·a)，这一数值与北京市典型办公建筑包括空调、照明、办公、电梯等等全部在内的总耗电量水平相当。而造成这一现象的原因在于，B 校园公共建筑普遍采用变风量 VAV 系统，以空气为媒介输送冷量，输送效率远低于以水为媒介的空调系统，如中国常用的风机盘管空调系统。此外，风机从不停止运行、控制调节策略不当、空调系统的风量、温湿度等传感器和风阀等执行器故障等原因，也是造成巨大风机电耗的原因。

1.2.3　耗冷量和耗热量对比分析

（1）全年耗冷量和耗热量

该美国校园的集中冷冻站年耗电量约 6400 万 kWh，折合单位空调面积冷站电耗 $48kWh/(m^2 \cdot a)$，远高于北京市大型公共建筑的一般值。然而，根据其产冷量可以看出其集中冷站的综合 *COP* 高达 6，远比国内一般大型公共建筑的冷源效率高。因此冷站能耗高的原因是建筑耗冷量太大。根据该美国校园 2007 年全校冷冻水及蒸汽消耗量数据，得到此校园当年平均耗冷量为 $1.02\ GJ/(m^2 \cdot a)$，当年平均蒸汽消耗量为 $0.84GJ/(m^2 \cdot a)$。从图 18 和图 19 可以看出，全年无论冬夏均有冷热量消耗，这主要由于该校园的建筑普遍存在冷热抵消的不合理用能情况。

表 2 给出 B 校园建筑物全年单位面积耗冷量和耗热量，与调查得到北京、上海浦东陆家嘴、日本东京新宿等地典型高级写字楼和德国办公楼平均的耗冷量和耗热量对比。

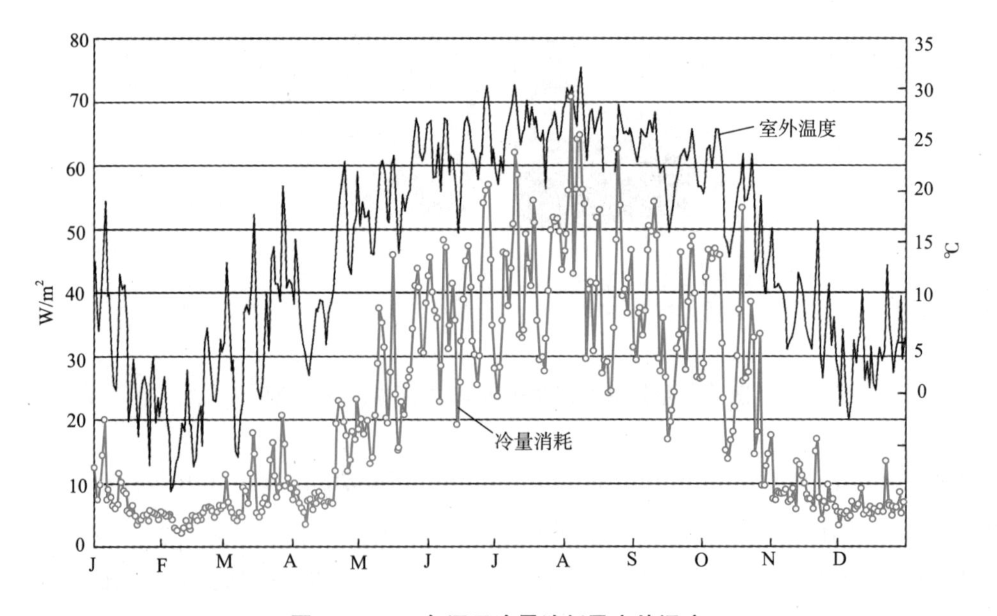

图 18　2007 年逐日冷量消耗及室外温度

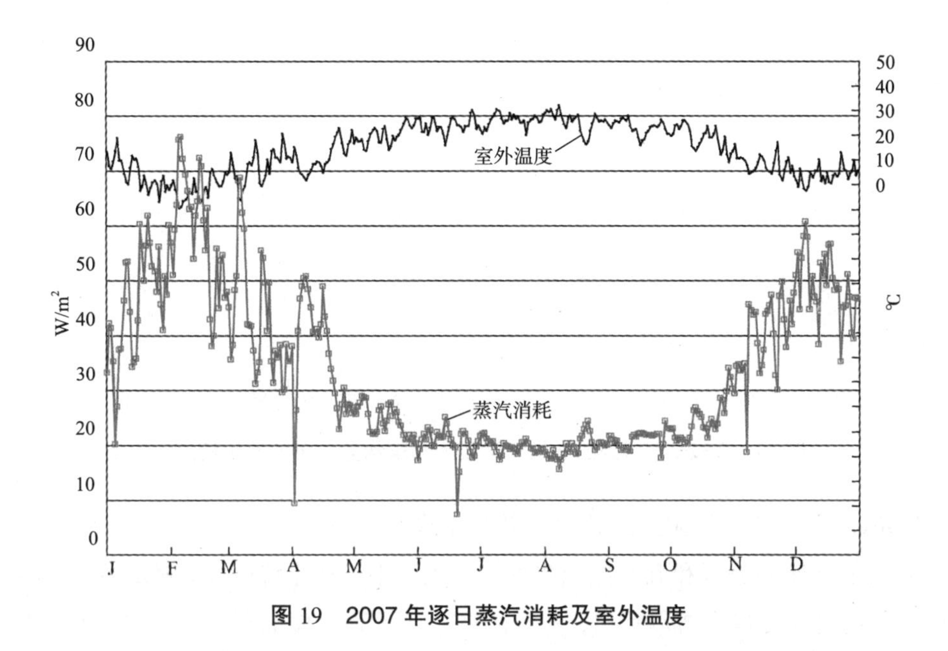

图 19 2007 年逐日蒸汽消耗及室外温度

耗冷、热量对比：B 校园建筑与世界其他相似气候地区典型办公建筑 表 2

	全年耗冷量[GJ/(m² · a)]	全年耗热量[GJ/(m² · a)]
B 校园	1.02	0.84
中国北京	0.25~0.35	0.25~0.35
中国上海陆家嘴	0.36	—
日本东京新宿	0.43	0.45
德国平均	—	0.4

可以看出，与北京、上海、东京和德国办公建筑的冷热耗量水平相比，B 校园建筑物全年耗冷量和耗热量要高出 2~3 倍。注意到，B 校园采用集中供冷系统（District Cooling System）和蒸汽集中供热系统，这几乎分别是能耗最高的供冷和供热系统形式。

美国商业建筑能耗调查 CBECS 也得到了大学校园建筑耗热量调查结果，如图 20 所示。可以看出，该校单位面积耗热量低于全美平均水平。

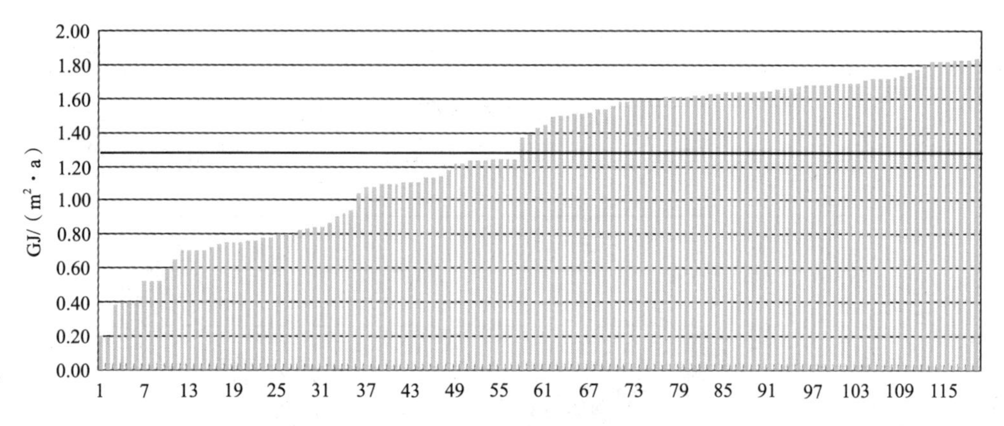

图 20　CBECS 得到的美国大学校园建筑物全年单位面积耗热量

CBECS 并未给出校园建筑耗冷量调查结果。图 21 给出用超声波冷量计测量得到的 B 校园两座办公楼和五座位于北京且采用集中空调系统的办公楼，在夏季某周单位面积逐时耗冷量。可以看出，B 校园两座建筑物单位面积耗冷量也要高出位于北京的办公楼 4~5 倍，而且，夜间与白天相比，B 校园建筑的耗冷量变化不大，显然存在着用能不合理的现象。

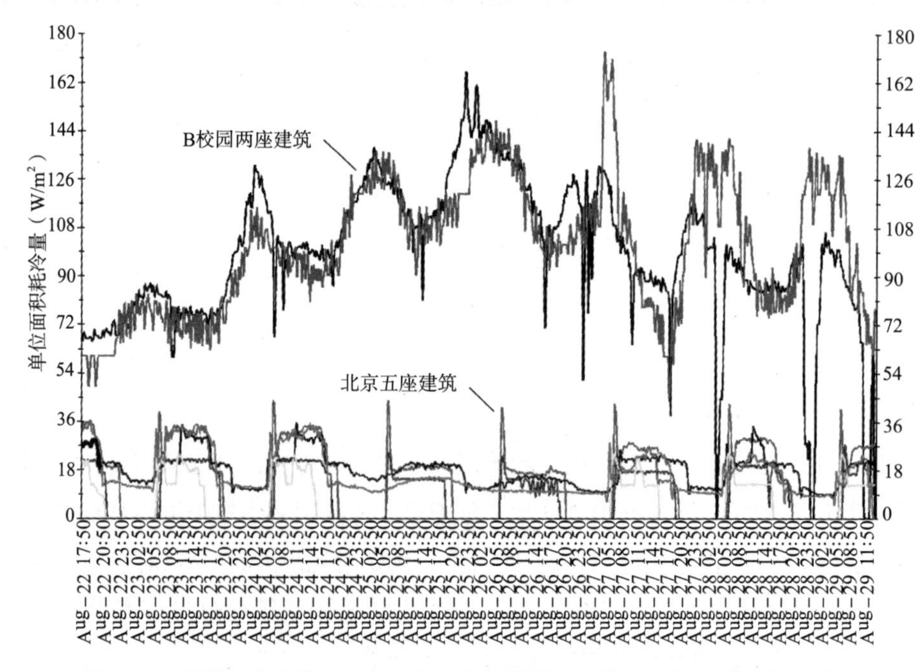

图 21　B 校园两座建筑和北京五座办公楼夏季某周单位面积逐时耗冷量对比

（2）冷热抵消现象

图 22 给出 B 校园全年逐月冷热耗量状况。可以看出，全年总存在同时供冷、供热的现象。经调查，这些建筑中的生活热水大多使用电加热器制备，而不消耗集中供热网的蒸汽，因此这里的冷量、热量基本是用于空调系统加热和冷却。

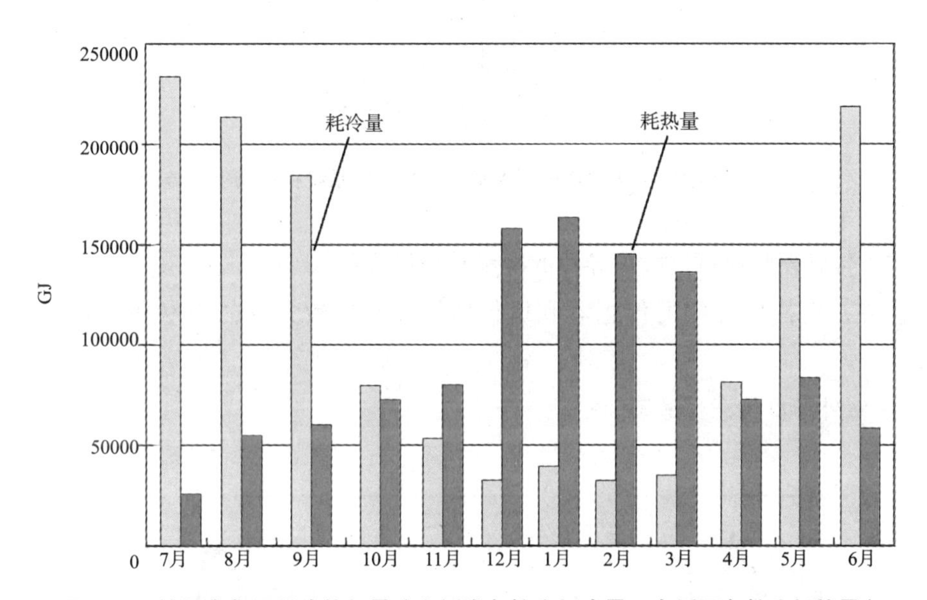

图 22　B 校园全年逐月冷热耗量（左侧浅色柱为耗冷量，右侧深色柱为耗热量）

对 B 校园中某典型建筑物空调系统实测发现，VAV 末端再热导致大量冷热抵消，是造成巨大冷量和热量消耗的主要原因。例如，实测得到 10 月份 B 校园中某建筑物空调系统在夜间空气处理过程，如图 23 所示。具体流程为：（1）从室内的回风温度为 22℃，室外温度 17℃；（2）二者混合后，经过表冷器降温到 14℃，此时消耗冷量 264kW；（3）处理后的空气经风机送到各个 VAV 末端，由 VAV 末端处的再热盘管加热约 20℃，然后送至室内，以维持室内环境控制要求，此处再热量为 228kW。可以看出，仅有 36kW 的冷量是维持室内环境所需要的，但此时系统消耗了 7 倍多的冷量和 6 倍多的热量来满足这一要求。

需要说明的是，图 23 所示为典型夜间的情况，建筑物内仅有几位保安人员，所需的 36kW 冷量主要是为了消除那些从不关闭的照明灯具和电脑等的发热量。而此刻室外气候凉爽适宜，但建筑设计使得外窗全部封闭、无法开启自然通风，因此只能消耗大量的冷量、热量和风机电耗，来满足这一很容易就实现“零能耗”的环境控制要求。更广泛的案例调查和对校园总体供冷、供热系统的分析表明，上述冷热抵消并非为出现在某个建筑或某个系统的个别现象，而是具有普遍性的。

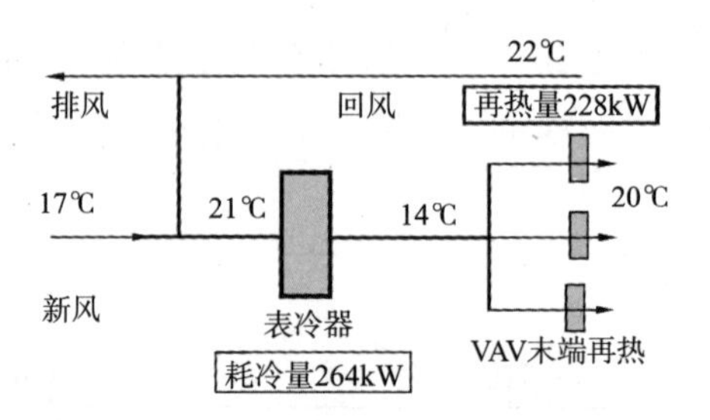

图 23　实测得到 10 月份 B 校园中某建筑物空调系统在夜间空气处理过程

（3）传感器和执行器故障导致的冷量和热量浪费

此外，自控系统中的传感器和执行器故障也导致大量的冷量和热量的浪费。例如：

1）室外湿度传感器故障

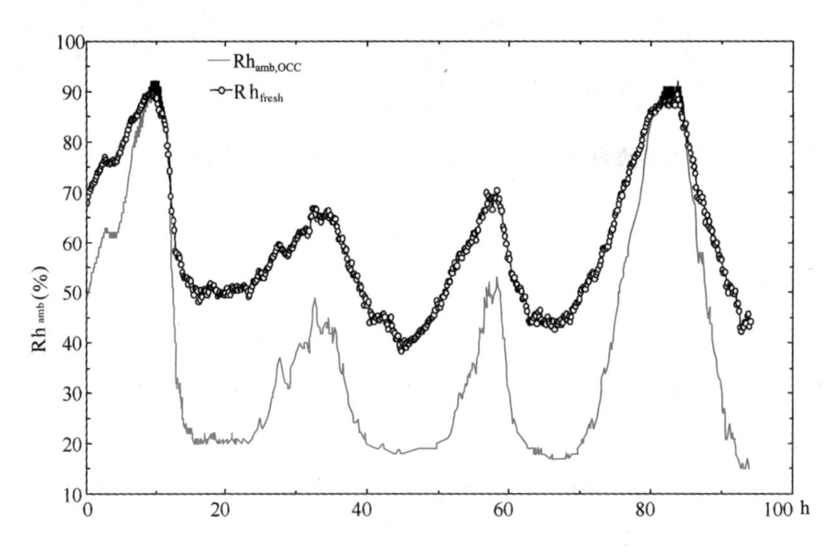

图 24　B 校园建筑 M–A 典型建筑湿度传感器失灵

图 24 中圆圈点为正确的空气相对湿度数值，黑线为传感器测量值，比较发现传感器由于长时间使用而没有校正，导致出现严重的测量误差，远远低于实际湿度值。而这种错误的测量结果进一步导致了过低估计新风焓值，从而在室外潮湿时大量引入新风，增大了建筑 M–A 的耗冷量。

2）室内 CO_2 传感器故障

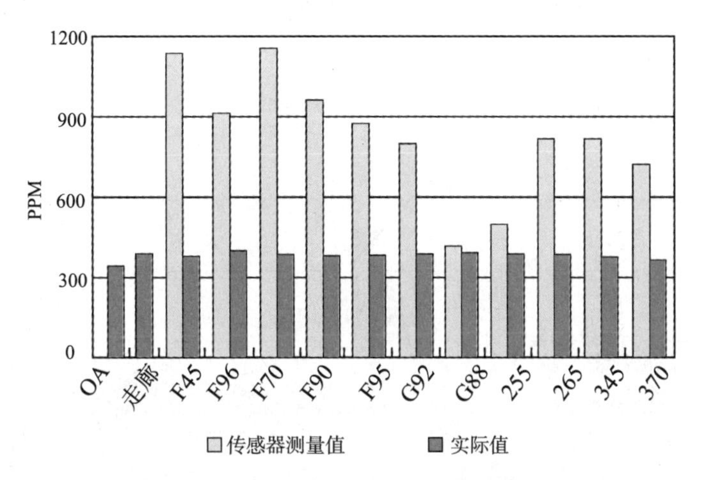

图 25　B 校园建筑 M–A 二氧化碳浓度传感器失灵

图 25 中深色柱（值较低）为正确的室内二氧化碳浓度数值，浅色柱（值较高）为传感器测量值，比较表明传感器读数远远大于实际浓度值。这种错误的测量结果导致了对于室内二氧化碳浓度的过高估计，从而系统错误地进一步引入大量新风以改善室内空气品质，这也增大了建筑 M–A 的建筑耗冷量。同时，由于空调送风温度恒定，为了避免过大的风量导致室内温度降低，又要加大末端再热量，这样也导致大量的冷量、热量相互抵消。

3）新风机组中的预热蒸汽阀泄漏

这会导致夏季对新风先加热，然后再降温除湿，使得大量冷量和热量白白相互抵消。

图 26 为 B 校园建筑 M–A 由于传感器或执行器失灵所导致的能耗浪费值及其占建筑总能耗中的比例。

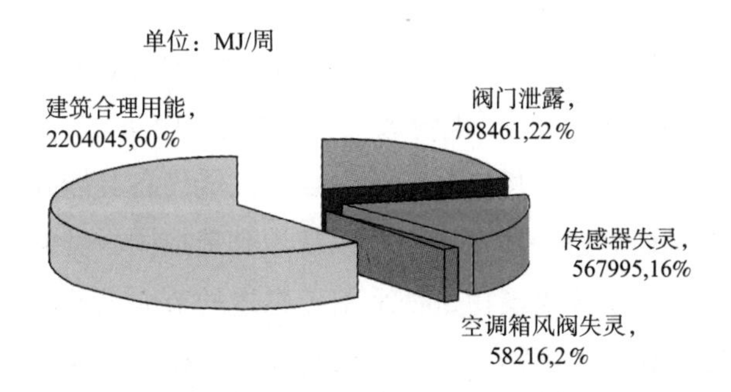

图 26　建筑 M–A 传感器或执行器失灵导致的能耗浪费

（4）B 校园典型建筑低成本改造节能效果明显

通过对 B 校园中典型建筑进行低成本改造，包括更换故障的传感器、执行器，更改空调系统控制策略等，即可实现 40% 以上的节能。如图 27 所示，在 11 月 4 日到 6 日之间实施改造后，耗冷量和耗热量都大幅度降低。

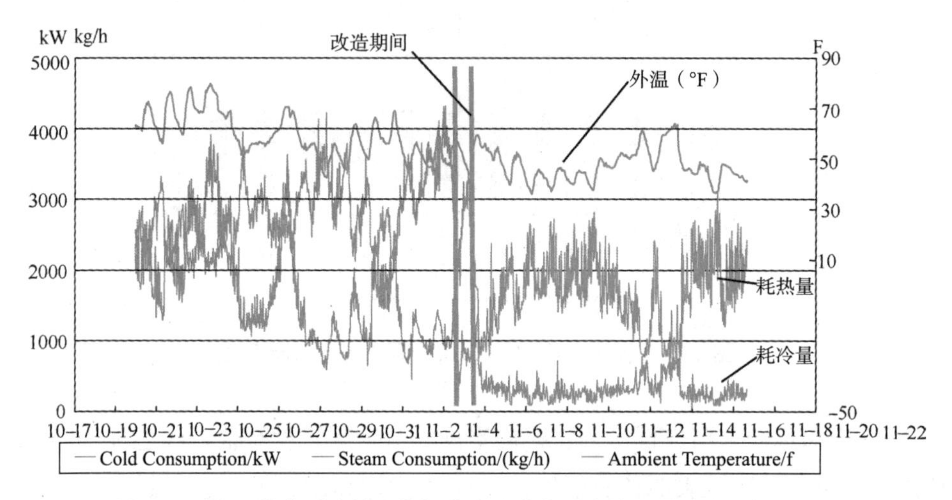

图 27　B 校园某典型建筑实施低成本改造前后冷热耗量及室外气候变化

1.2.4　讨论

通过对气候相似、功能相同的中美两座大学校园建筑的能耗调查和研究，发现位于美国的 B 校园建筑耗电量、冷热耗量都远远高于位于北京的 A 校园，其原因从表象上可以归纳为以下几个方面：

（1）连续运行、从不间断，如照明、通风、空调等系统的设备；

（2）空调系统末端再热，导致严重的冷热抵消；

（3）风机电耗过高，VAV 系统值得商榷；

（4）完全依赖自控系统全自动运行，但传感器、执行器故障频发，疏于维护；

（5）A 校园广泛使用分体空调，电耗远低于中央空调。

反之，发现美国 B 校园中冷机、风机等主要的耗能设备其能效性能都高于北京的 A 校园。从上述案例研究进一步深入，可以认识到造成同一类型建筑能耗出现的巨大差异的原因，并非在于该建筑物是否采用了先进的节能设备，而更多地在于建筑物所提供的室内环境和要求不同，建筑运行管理者的操作不同，建筑使用者或居住者的调节方式不同。归纳起来，影响建筑能耗的主要因素可划分为以下六个方面：

（1）气候；

（2）建筑物设计与围护结构；

（3）建筑环境与设备系统；

（4）建筑物运行管理者的操作；

（5）建筑物使用者的调节和参与；

（6）建筑物室内环境控制要求。

其中，前三个因素已经被充分认识，而后面三个因素对建筑能耗的巨大影响正在被逐渐认识。特别是，后三个因素更多地反映出某种文化或生活模式等社会因素对建筑能耗的影响。通过对中美两个校园建筑能耗调查和典型建筑的深入研究，发现在实际过程中，造成建筑能耗巨大差异的因素可以汇成如下诸点：

（1）建筑能否开窗通风：在外界气候环境适宜时，是通过开窗通风改善室内环境，还是完全依靠机械系统换气；A 校园中建筑外窗大多可以手动开启或关闭，而 B 校园建筑的外窗基本都不能开启；

（2）对室内采光、通风、温湿度环境的控制：是根据使用者的状况，只在“有人”的“部分空间、部分时间”内实施控制，还是不论“有人与否”，“全空间、全时间”地实施全面控制；A 校园建筑基本实现“部分空间、部分时间”控制室内环境，而 B 校园建筑的室内环境则是“全面控制”；

（3）对建筑居住者或使用者提供服务的保证率：是任何时间、任何空间的 100% 保证，还是允许一定的不保证率，例如办公楼夜间不全部提供空调；A 校园建筑允许在过渡季或夏季夜间通过开窗实现自然通风，室温允许高于 26℃，而 B 校园中大部分建筑则在任何时间都要满足控制在 22℃左右；

（4）对建筑居住者或使用者提供服务的程度：是尽可能通过机械系统提供尽善尽美的服务，还是让居住者或使用者参与和活动，如开窗、随手关灯、人走关闭电脑；A 校园建筑中允许使用者开窗，所有开关旁边均有“随手关灯”的提示，B 校园建筑中很多情况下甚至很难找到照明开关，使使用者无法关灯；

（5）对建筑物及其系统的操控：是完全依赖自控系统，通过机械系统在任何时间、任何空间都要保证室内环境控制要求，还是根据实际使用状况，运行管理人员仔细调节设备启停、运行状态，从而实现“部分空间”、“部分时间”、“有一定不保证率”，但被建筑物使用者或居住者接受或容忍。B 校园绝大部分建筑物有自控系统，并完全依赖于自控系统保证室内环境，而 A 校园建筑物基本上没有自控系统，新建建筑物的空调系统多是依靠运行管理人员决定设备启停。

如果把上述诸点均看成是建筑物及其系统向居住者或使用者提供的服务质量，正是这种服务质量的差别导致能源消耗的巨大差别。

1.3　中外住宅建筑能耗比较分析

相对于发达国家，中国、印度等发展中国家城乡发展水平有较大的差距。从建筑用能及相关因素分析，中国城镇和乡村住宅用能的差异主要表现在：

（1）建筑形式：中国城镇住宅以多层和高层住宅楼为主，而农村住宅通常为以户为单位的别墅型住宅，是适合农业生产方式的建筑形式（农宅有足够的空间供存放农具，且与耕地相邻）；

（2）用能类型：城镇居民用能类型主要包括电、燃气、液化石油气和煤，均为商品能源；而农村居民用能，还包括生物质能，如柴火、秸秆和沼气等非商品能，服务于炊事、生活热水和采暖；

（3）用能方式：由于经济水平差距和生产方式的影响，城乡住宅用能方式有所不同，如各类家电的拥有率、炊事的频率均有明显差异。

由于以上差别，应区分中国城乡住宅建筑用能进行分析，这里选择城镇住宅用能与各国进行对比。同时，住宅用能以家庭为单位，各个用能项目（如家电、炊事等）也具有以户为单位的使用特点，住宅能耗指标宜采用户均能耗强度。比较各国户均能耗和单位面积能耗强度，如图 28 所示。

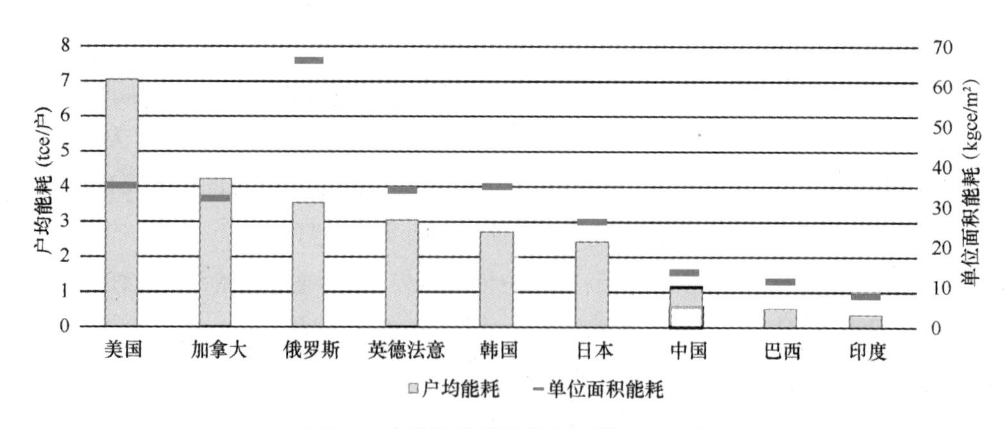

图 28　中外住宅建筑能耗对比（2010）

注：考虑中国建筑用能分类和国际分类方式差异，本图表述两种城镇住宅用能强度：（1）含北方城镇采暖用能，能耗强度为浅蓝色柱和深蓝线条；（2）不含北方城镇采暖部分用能，能耗强度为白色线框和黑色线条。

可以看出，中国的住宅能耗远远低于发达国家水平，城镇住宅单位面积能耗为发达国家的近 1/2；而户均能耗为欧洲与亚洲发达国家的近 1/2，为美国的 1/6。

选取各国住宅建筑除采暖外一次能耗与中国城镇住宅建筑进行分项能耗比较，如图 29 所示。其中，照明、家电和空调主要使用电力；而采暖、炊事和生活热水用能的类型包括电、燃气、煤或者液化石油气（LPG）。在分析各类用能项用能量时，仍采用一次能源比较。

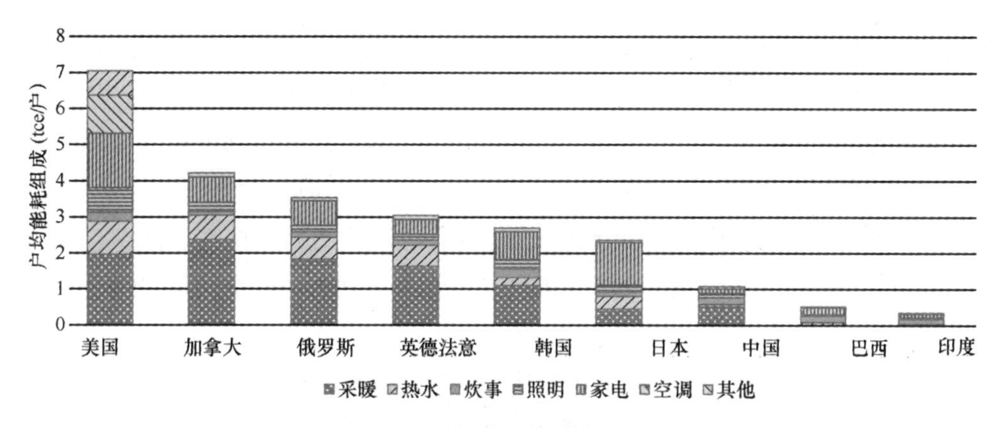

图 29　各国家庭用能项强度对比

比较可见中国住宅户均能耗明显低于欧美发达国家人均水平，为欧洲和亚洲发达国家的约 1/3，仅为美国的 1/7。事实上，除炊事外，发达国家的住宅各分项能耗都成倍地高于中国住宅。下面逐项考察中外差别的原因：

（1）生活热水：中国明显低于美国、日本与加拿大。原因在于：①美、日住宅几乎全部配备各种不同的生活热水设施，2010 年我国城镇住宅的生活热水设施拥有率为 85%；②行为模式的不同，主要由中外居民每天的洗浴次数、淋浴还是盆浴、其他生活用水是用热水还是冷水等等生活习惯的不同导致，淋浴与盆浴将导致巨大的能耗差别，如图 30 所示；③服务需求的不同，我国目前太阳能热水器辅助电热装置的使用率并不高，往往是“有太阳能热水就洗澡，阴天无太阳就不洗”；反之，发达国家住宅即使采用太阳能热水器，为了保证任何时候都有足够的热水供应，太阳能热水系统中的辅助电热器往往要提供 30% ~50% 的总热量。

（2）照明：中国与美国、加拿大面积平均照明能耗和人均照明能耗相比都显著偏低。这是由于中国开灯时间短，并且中国人均住宅建筑面积小于发达国家所致。实际上，中国居民传统行为模式是优先自然采光，导致照明使用时间短，照明能耗低，如图 30 所示。

（3）家电及其他设备能耗：人均与面积平均家电及其他设备能耗，中国远低于发达国家水平，主要原因在于中外居民生活方式的不同：①如图 30 所示，当地居民习惯的衣着量的差别，直接影响各类空调、采暖、通风等设备的设定，以满足人们的生活要求，势必导致巨大的能耗差别；②以图 30 中晾衣为例子，中国居民则习惯利用太阳能晾衣；美国家庭普遍使用带有烘干功能的洗衣机，同样的洗衣量，耗电量是我国普遍使用的洗衣机的 5~10 倍。同样，带有烘干功能的洗碗机用电装机容量也在 1~2kW。一个正常家庭洗衣机和洗碗机每年用电量可达 1000kWh 以上，接近北京一般居民一户的全年用电总量。因此是否应该在中国居民中提倡这种“自动化”、“现代化”的生活，值得深思。

（4）空调：中国的住宅空调能耗远低于美国，对中美典型住宅进行详细的调查研究，发现这种巨大的能耗差别主要是由于“部分时间与部分空间”空调造成，具体为：

1）中国的住宅建筑中普遍采用分体式空调，而美国住宅使用中央空调。对北京一批分体空调、户式中央空调和采用了多种先进的节能技术与措施的中央空调住宅的全年空调电耗进行调研，见表 3，中央空调单位面积能耗几乎是住宅分体空调平均值的 8 倍，是户式中央空调平均值的 3 倍。目前社会上正在悄然流行一种效仿美国的生活模式，在住宅中使用中央空调，其能耗也必然向美国靠拢。

2）即使是普通的分体空调，在中国，其夏季空调电耗之间，差异也悬殊。图 31 清华大学建筑节能研究中心 2007 年对北京某中等收入住宅楼各户夏季分体空调总电耗的测量结果，各住户的夏季空调电耗差别可以从少于 1kWh/(m^2·a) 到高达 14kWh/(m^2·a)。进一步的调查表明，几十倍的差别与各户经济收入相关性差，但却与年龄呈负相关。究其原因在于生活模式的不同，导致住户空调的使用模式不同：年龄大的住户，往往习惯在室外温度适宜时用自然通风降温，使用空调的时间较少，即使使用空调，也只在有人的房间使用空调，因此空调能耗在 1~2kWh/(m^2·a)；而部分年轻住户，习惯一回家就打开所有房间的空调，甚至无人在家也开空调，其空调能耗可达 10kWh/(m^2·a) 以上。不同的运行时间和运行方式将造成巨大的能耗差别。

北京各种不同类型住宅空调方式能耗调研结果 **表 3**

空调方式	年份	住宅楼编号	全楼平均空调耗电指标(kWh/ (m^2 · a))
分体空调	2006	A	2.1
		B	1.4
		C	3.0
	2007	A	2.1
		B	1.9
		C	4.3
		F	1.8
		G	1.4
		H	1.6
户式中央空调	2006	D	5.2
	2007	I	8.3
		D	6.3
集中空调	2006	E	19.8

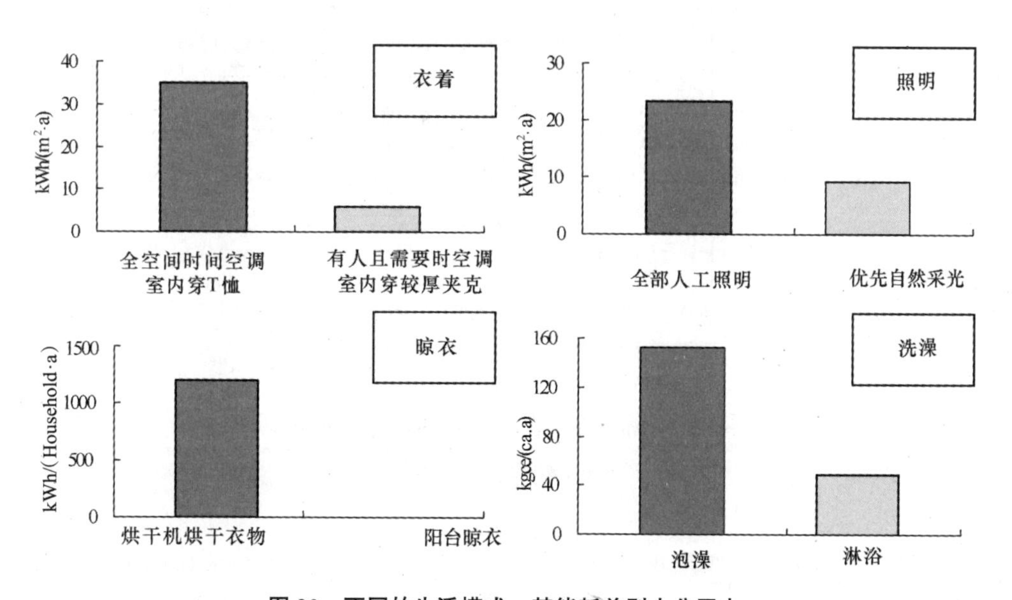

图 30　不同的生活模式，其能耗差别十分巨大

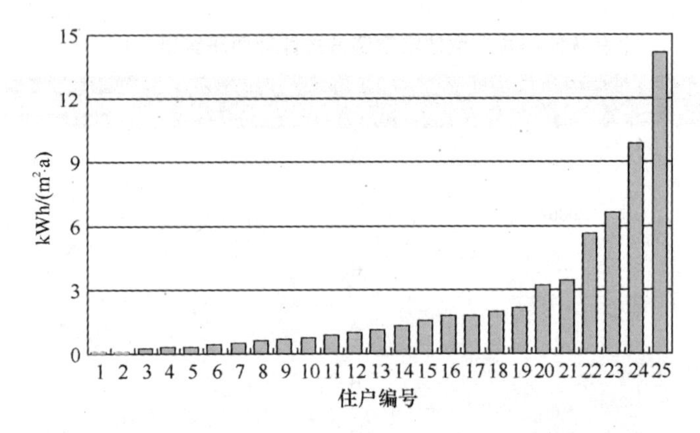

图 31　实测北京某住宅楼各户夏季单位建筑面积空调电耗

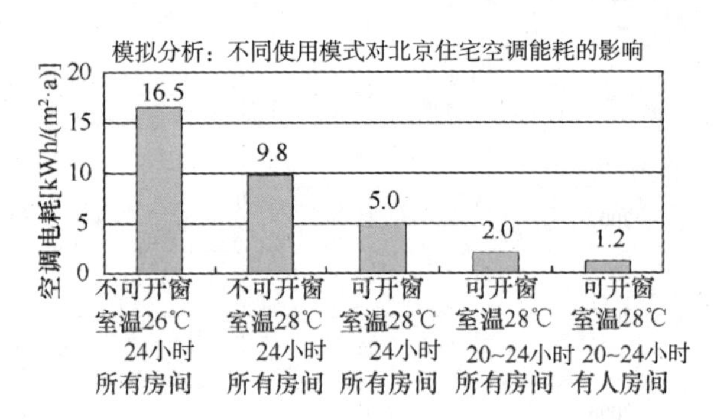

图 32　不同使用模式对分体空调夏季电耗影响的模拟结果

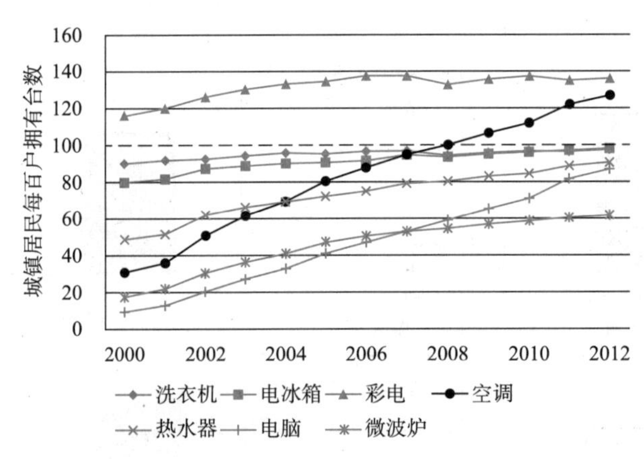

图 33　城镇居民主要家电百户拥有量逐年变化

数据来源：《中国统计年鉴》

然而，根据调研结果发现，虽然中国城镇住宅除采暖外平均能耗低于发达国家水平，但是：1) 中国城镇住宅除采暖外能耗，个体差别十分巨大；2) 有相当一部分

住宅除采暖外能耗，达到甚至超过发达国家水平：北京 25% 的调查住户、苏州 26% 的调查住户的面积平均能耗超过 25kgce/(m^2·a)，北京 12% 的调查住户、苏州 34% 的调查住户的人均能耗超过 800 kgce/(ca·a)，这都达到或超过发达国家水平。

造成这种差别的原因，可归结于对建筑物内各种耗能设备的不同使用模式。实际上，各类住宅能耗中除空调外，受气候条件的影响并不大。而随着经济发展，中国居民家庭中的各类家电器具不断增长，电视、冰箱等家电几乎每户一台或多台，而空调、电脑、音响等的家庭占有率也在不断增长，如图 33 所示。这预示着中国居民对建筑服务需求的不断增长，能耗水平也随之提高。

然而，耗能设备拥有量的增加并不一定造成实际能耗的同步增长。使用何种耗能设备系统，并且对这些耗能设备的不同使用模式，将在很大程度上影响实际的能耗状况。

以空调电耗为例，采用分散空调式的住宅，还是采用所谓“恒温恒湿”的高级中央空调住宅，见表 3，其能耗差别可达 10 倍之巨。而即使同为分体空调，其能耗个体差异也十分巨大。而如前分析，图 31 的调研结果，以及图 32 的模拟分析结果表明，不同的运行时间和运行方式将造成数十倍的能耗差别。

目前在中国，不少新建高档住宅项目，已经取消了阳台，代之以每户送一台带有烘干功能的洗衣机；随着机械文明的发展，越来越多的年轻居民倾向于使用洗碗机等机械设备代替人工劳动。而仅一个正常家庭洗衣机和洗碗机每年用电量就可高达 1000kWh 以上。

需要特别强调的是，北京与苏州城镇居民中，生活能耗水平达到发达国家水平的居民数量已达近 20%。如果听任中国城镇居民中高能耗人群比例的增长，中国建筑能耗势必出现快速的增长，给能源供应安全带来沉重的压力。如何应对这一问题，是中国建筑节能必须要走的一步。

综上所述，对于中国住宅建筑除采暖外能耗：受居住者和使用者生活模式的影响巨大。居民对不同生活模式的向往与追求，决定了其对建筑物内部设备系统的选择（如是否使用中央空调或分体空调，是否使用烘干机或在阳台晾干衣物等）与使用（如分体空调是否采用“部分时间、部分空间”或“全空间全时段”空调，是否优先自然通风、自然采光等），导致能源消耗数倍、甚至数十倍的差别。同时，这种追求很难理解为为了追求舒适健康，更大程度上是出于一种“时尚”或生活习惯；特别是目前不少新建高档住宅项目，倡导所谓的“欧美式高尚生活”，其引领的生活模式必将导致能耗水平与欧美接轨。

因此，要实现中国建筑节能，可能的解决之道，就是避免盲目与西方接轨，而是应该维持中华民族现有的生活模式，并通过技术进步，在不提高单位面积能耗强度的基础上，提高建筑服务的舒适性与健康性，实现可持续发展。

2　应该怎样控制建筑内的物理环境？[1]

前文的中外对比与分析可以说明，我国实际的建筑运行能耗远低于发达国家，尤其是低于美国的目前状况。对于采暖，住宅，公共建筑几类不同的建筑能耗，尽管其特点、规律各有不同，但中外实际的能耗数据都相差很大。后文试图进一步分析研究这些差别的深层原因，进而探讨我国建筑节能未来的方向。

建筑能耗可以根据其特征分为营造室内物理环境所消耗的能源和为满足居住者其他需求所使用的一些器具所消耗的能源。前者包括为了热湿环境需要采暖空调的能耗、为了采光所需要的照明能耗、为了室内空气质量所需要的通风机能耗等。后者则是电视、计算机、洗衣机、冰箱等设备的电耗、炊事用能、生活热水用能等。前一用能类型在很大程度上与建筑物本身性能有关，而后者基本上由使用者的需求和使用者的使用方式所决定。这两类能耗的性质很不相同：前者与建筑物本身的性能及其使用方式密切相关，后者则完全由使用者的需求和使用方式所决定。这里，我们着重讨论前一类能耗，即营造室内物理环境的能耗。

人类的祖先是在我们生存的地域的自然环境中逐渐进化发展的。长期在这样的自然环境下生存和发展，使人类适宜生存的物理环境基本处于人类生存区域的自然环境。例如适合人生活的温度环境应该在10~30℃左右，而人类活动的大多区域室外温度也基本上集中在这样一个温度带内。然而自然界气候经常出现过冷过热、刮风下雨等不适宜生活的状态。如此才使人类在最初产生了建筑房屋的需求。人类早期建造房屋就是为了防风避雨，避开室外出现的恶劣环境，营造一个具有更适合于居住的物理环境的室内空间。对于早期的建筑，只是防风避雨、夏季防晒、冬季缓解夜间的低温，无任何机械的环境控制手段，从而也不消耗任何能源。因此可以称为是真正的“零能耗”建筑。但是很显然，这种建筑很难为居住者提供完全适宜的室内环境。在寒冷地区，人类把外墙和屋顶做得越来越厚，从而抵御外界出现的夜间降温；以后开始用火来提

[1] 原载于《中国建筑节能年度发展研究报告2009》第2章，作者：江亿。

供热量，驱赶冬季的严寒。在炎热地区，人类则尽可能把建筑做得通透，通过各种方式形成室内外的自然通风，同时又采用各种措施遮挡阳光。通过通风和遮阳，使室内热环境有所改善。在有条件的地方，还会洒水降温，甚至取出冬季储存的冰块放在室内，改善炎热环境。直到19世纪，人类营造室内热湿环境的主要途径还是依靠不断改善的房屋形式与围护结构，尽可能削除室外的极端气候的影响，同时依靠采暖（炭火、火墙、火炕以及原始的采暖系统）、淋水和置放冰块来改善室外出现极端气候时的室内环境，避免室内的过冷和过热。在这种方式下，尽管是在很低的效率水平上消耗了一些能源（如炭火，火墙），但实际的能源消耗量很低。当然，这些方式对室内热湿环境的改善也很有限，很难认为建筑物为人类提供了舒适的室内空间。

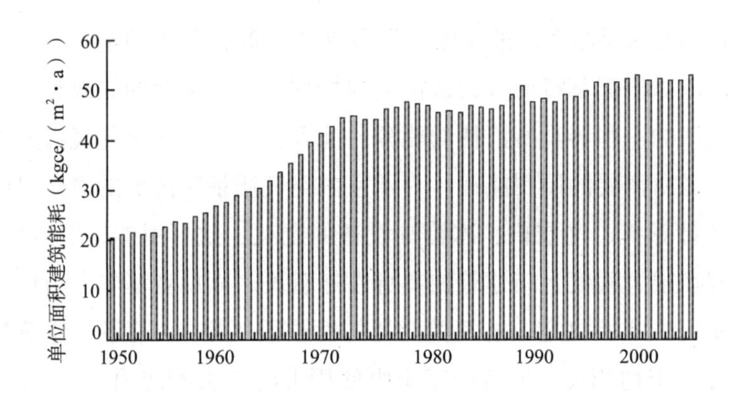

图1　1950~2005年美国民用建筑单位面积能耗发展变化图

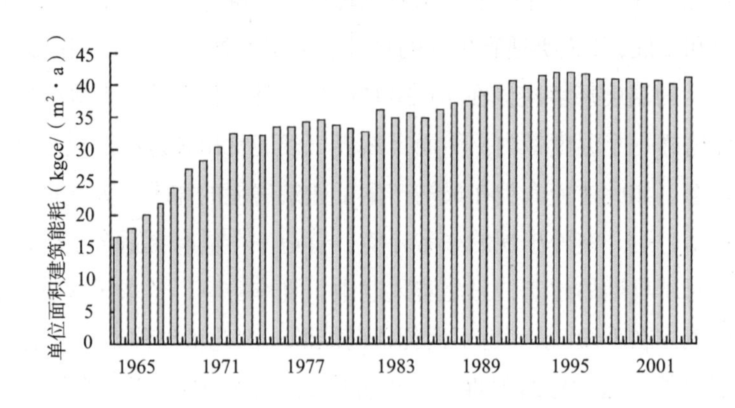

图2　1965~2004年日本民用建筑单位面积能耗发展变化图

随着工业革命的发展（从20世纪初开始），大批采暖、空调和机械通风技术的

涌现，人类通过机械手段改善建筑室内物理环境的能力也不断提高。但是营造室内物理环境的基本出发点还是为了改善室内可能出现的极端不舒适状态。室内物理环境的营造首先还是依靠于建筑物本身，通过围护结构的保温、遮阳、采光、通风获得在大多数时间可基本满足居住者需求的室内物理环境，然后依靠局部的或整体的采暖空调通风手段来消除极端气候下室内的不适。当时的这些机械系统能源利用或转换效率不是很高，但由于使用时间、范围和方式所致，实际消耗的能源却并不高。图 1 是美国自 20 世纪 50 年代以来的民用建筑单位面积能耗的发展变化情况，图 2 是日本 20 世纪 60 年代以来的民用建筑单位面积能耗的发展变化情况。从图中的数字可以发现，20 世纪美国的 50 年代和日本的 60 年代后期的建筑能耗水平与我国目前状况极为接近。如果将处于这种状态的建筑环境控制方式都归入这一阶段，则这一阶段建筑环境控制的特点是：

（1）冬季室内温度过低时，通过各种采暖系统向室内供热，维持室温不使居住者过冷和生活不便。

（2）夏季室温过高时，通过电风扇增加空气流动性，改善室内环境；也有些设置某些局部空调方式，适当降温，缓解室内的炎热。

（3）开窗通风是建筑通风换气保持室内空气新鲜和在大多数时间内维持室内较舒适环境的主要手段。

（4）当白天室内靠自然采光可以满足采光要求时，或者室内无人时，不会开启人工照明；只有在居住者确实需要的时候，为了改善室内采光水平，才开启人工照明。

在这种环境控制理念下，无论是室内温度、湿度、通风换气量，还是照度，都不是设法维持在某一设定点，而是当被动式手段达到的效果远离要求的舒适范围后，才启用机械手段来改善室内环境。对室内环境并无“控制欲望”，而仅是出现不适状况时才适当地进行改善。由此付出的能源消耗代价很低。

进入现代社会，随着科学技术的发展，人类驾驭自然、营造各种人工环境的能力越来越强。为了满足科学实验和工业生产的特殊要求，人类可以严格控制所营造的人工环境的温度、湿度、空气成分、空气交换量和空气流动状况，从而保证各种科学实验和生产过程能够准确地进行。这一领域的巨大成功和相应的技术发展，使得人工环境控制的技术与理念开始慢慢渗透到为了满足人的生活和工作需要的民用建筑领域。这时，对室内物理环境就不再是在被动条件形成的环境基础上的适当改善。建筑物被考虑为一部完整的机器，环境控制系统对其实行全面的调控。为此就要严格控制建筑物内发生的各个物理过程，例如：

（1）通过遮挡消除自然采光的作用，然后完全依靠人工照明营造室内最完美的采光效果。

（2）通过高度密闭的围护结构消除任何“无组织的室内外空气渗透”，然后依靠各类机械通风系统严格保证建筑物内每个局部空间都实现要求的有效的室内外空气交换量。

（3）通过优良的隔热保温材料作为外围护结构，尽量消除外界气候对室内的任何影响，然后依靠采暖空调系统把室内温湿度严格地控制在要求的“舒适状态”。

（4）因为一座建筑是彼此联系的一个整体，因此就要依靠中央系统（而不是分散系统）对整个建筑的热湿环境进行全面调控。为了满足每个局部空间的使用者对温湿度需求的差异和客观存在的局部热源的差异，又要采用有效的局部环境调节手段（目前大多为再热方式）。

（5）为了保证建筑内装饰不会因受潮而损坏，空调系统就必须全年连续运行，使得任何时候建筑物的内部空间各处都控制在要求的温湿度范围内（这是对几位美国当地居民访问调查得的全年通过空调实现全空间全时间的恒温恒湿的主要原因）。

上述做法的结果，将建筑室内状况与所处的自然环境完全隔开，严格地按照“人对环境参数舒适性”研究的结果给出的照度、温度、湿度、风速、室内外换气量等参数维持室内物理环境。这样的室内环境固然可以满足使用者的舒适性要求，但维持这样的系统所消耗的运行能源却是以前以“改善”室内环境为目的时能源消耗量的若干倍。

例如，消除自然采光的作用完全依靠人工照明，照明系统运行时间就会增加1~2倍，能源消耗也就相应地增加1~2倍。这就是为什么国内的一般商业建筑照明能耗多为10~20kWh/(m^2·a)，而美国的商业建筑照明往往高达30~60kWh/(m^2·a)。

适当开窗换气可完全满足室内空气新鲜的要求，在室外出现炎热高湿天气或极端严寒天气，可以临时关闭外窗来缓解。而完全依靠通风系统通风换气，常年连续运行时仅风机的电耗就可达30~50kWh/(m^2·a)，这几乎接近普通商业建筑全年的总电耗。不少人会争论：如果不采用机械通风来实现室内通风换气，怎样才能保证室内严格实现所要求的换气量呢？怎能保证通风量不过大，也不偏小呢？在这个争论之前应当解决的问题是：为什么我们要严格控制室内通风量不大也不小呢？

在大多数地域，全年一半以上的时间室外状态都处于人的基本舒适范围（因为人类的舒适状态从原理上说就是人类进化过程中所处的大多数气候状态），此时开窗通风即可获得足够舒适的室内环境。但将室内外隔绝，完全依靠通风和空调来营

造室内环境，此时所需要的能源对于有些系统方式来说甚至与炎热气候时消耗的能源相差不大。

空调系统为了实现局部不同需求而投入的再热量造成严重的冷热抵消，在很多场合相互抵消的冷热量可以是原本需求的冷量或热量的 2~3 倍，这就是通过再热方式满足局部个别需求所付出的代价。

图 3 是英国统计出的全国各类不同的办公建筑单位面积全年能耗状况，从图中可以看出，采暖和生活热水的能耗在不同建筑间的差别为两倍，而通风与空调的能耗的范围在 0 到 120kWh/(m^2· a) 之间。120kWh/(m^2· a) 的电力消耗已经达到甚至超过我国许多高档写字楼的总电耗了。差别的造成主要取决于全自然通风还是全封闭建筑完全依靠机械系统营造室内环境。这些数据也从另一个侧面印证了前面的分析。

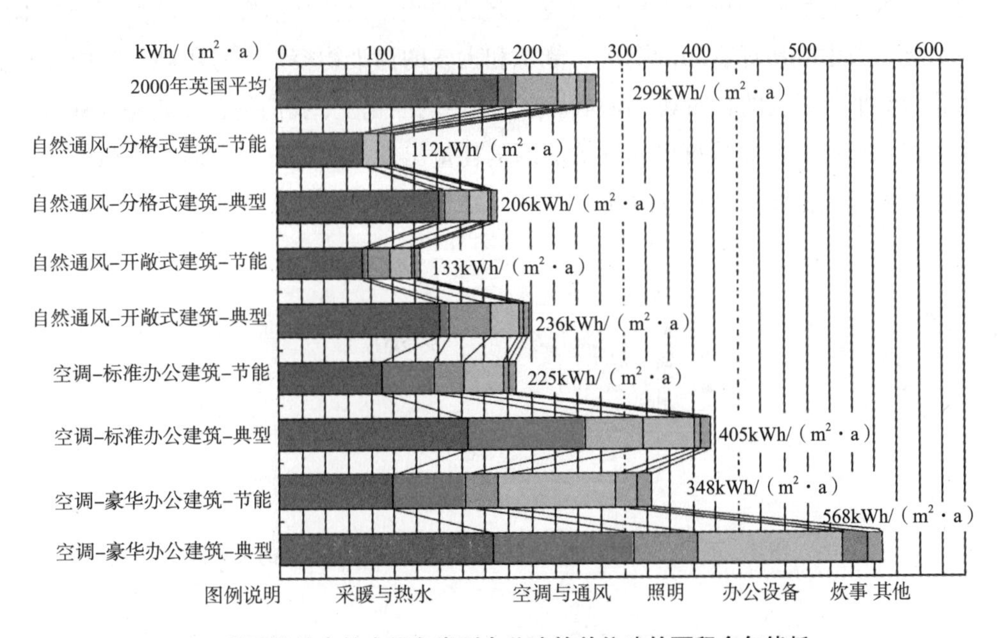

图 3　英国统计出的全国各类型办公建筑单位建筑面积全年能耗

正是上述原因解释了为什么目前一些称之为“最先进的现代方式”的建筑，包括发达国家的一些商业建筑也包括我国一些高档公共建筑，其运行能耗为普通商业建筑的数倍到 10 倍之多。这样高的运行能耗就是来源于是对建筑室内环境的“全面控制”欲望，还是仅仅满足于“改善”；是尽量使室内与外界隔离，还是尽量维持与外界的联系；是严格控制各物理参数于“符合居住者需求的最佳值”，还是在满足居住者的基本需求的前提下尽可能接近自然环境。

以机械论的态度对待建筑环境控制，要“掌控全局”，实现“最优的”室内环境状态。在这一目标的前提下，再通过各种技术创新，提高系统效率，可以使能源消耗量有所降低，但很难出现大幅度改进，能源消耗量一般总是远高于上述“改善型”的室内环境控制。因此，问题就成为人类应该营造什么样的建筑环境来满足人的居住和活动需求？是从“改善型”的出发点出发，在一定的能源消耗量的前提下尽可能地改善室内环境状况，还是从“掌控全局”出发，在实现“最优的”室内环境状态的前提下尽量降低所需要的能源消耗？这两个途径貌似相同，实际上却可引导出完全不同的建造理念与追求。图 4 定性地给出对建筑室内环境的全面掌控程度与为此消耗的运行能源间的关系。随着建筑使用者掌控能力的增加，尽管实际的室内的舒适和健康程度不一定增加，但为此付出的运行能耗的代价却大幅度增加。当然不同的技术措施反映在图 4 上可以对应不同的曲线，但其基本规律与趋势不会有本质的变化。考虑到地球有限的资源、能源和大气的污染物容量，考虑到人类应该与自然界和谐平等相处的自然观，在对待建筑环境的问题上，我们是否应放弃这种对“全面掌控”的追求，而从可以允许的能源消耗量出发，在不再增加运行能源消耗量的前提下尽可能更好的改善室内环境呢？

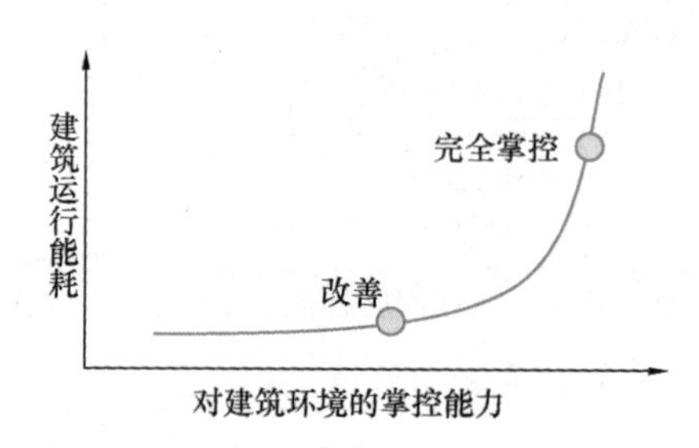

图 4　不同程度对建筑环境掌控能力所需能源消耗的关系图

实际上，“全面掌控”与对环境“改善”所要求的技术路线也大不相同。无论是对建筑形式，被动手段，还是对如空调、通风、照明等各个建筑设备系统来说，也都有很大的差别，有时甚至于完全不同。

例如，对建筑形式和围护结构来说，“全面掌控”一定要求由围护结构对建筑实现室内外的全面隔绝。无论是自然采光，空气渗透，还是热传递。室内外的彻底隔绝才可以对室内各物理参数进行有效的调控，相对来说，调控所需要的能源消耗也就越少，越节能。而从对环境的“改善”出发，首先要追求自然采光，自然通风，甚至对围护结构的传热性能来说，有些地域从其气候特点出发有时也希望围护结构

成为连接室内外的“热通道”。这样的两种理念就会追求完全不同的建筑形式与围护结构形式。

再来看空调系统，既然追求全面掌控，就需要全空间、全时间对建筑内部环境进行调控。这样一定是采用中央空调。在满足全面调控的前提下，通过提高系统效率降低能耗。而从对环境的“改善”出发，因为建筑物大多仅是在某些局部某些时段环境不适，因此必然是一些局部环境控制的手段。通过局部和间歇的通风与空调来改善局部空间这一时段的环境。这些装置和手段的能源转换效率固然也是追求的目标，但局部调整和间歇运行的能力可能也成为首先追求与考虑的因素。

如果我们的基本方针就定在从“改善建筑室内环境”的目标上，对新建建筑来说，是否就应该从这样的理念出发来确定我们的建筑设计与设备系统设计，而不再盲目地提倡所谓的“与发达国家国际接轨”和“30年不落后”呢？

我们提倡从对建筑室内环境的“改善”出发讨论问题，并不是说就不需要先进的节能技术了，并不是说不希望提高用能效率，只是需要不同的节能技术，需要用不同的方式来提高能源系统效率。无论是建筑设计、围护结构方式，还是建筑设备系统以及控制调节技术，都需要更多的发明与创新，以满足在室外气候适宜时与室外环境的更有效的沟通；在室内局部环境不适宜时对局部环境更有效的调控；优化建筑环境控制系统中能源转换与输配过程，使能源能够“分级利用、优化匹配”。

3 什么样的室内环境是舒适、健康的环境？[1]

3.1 热舒适的基本概念

20世纪空调技术的发展，很大程度上提高了人们的生活品质。随着空调在生产、办公、居住环境中的普遍应用，设计人员亟需了解室内环境参数应该控制在怎样的范围内，才能使得居住者感到满意。人们通常把注意力放到温度上，以为只有温度影响人的冷热感觉。其实根据现有的理论成果得知影响人体热舒适主要有6个要素，即空气温度、湿度、风速、辐射（在室内就主要是远红外辐射）、着装量和活动量。除了大家都知道的温度越高会越热以外，潮湿会导致偏热的环境感觉更闷热，而偏冷的环境感觉更冷。此外风速越高人会感到越冷，热辐射越强人就感到越热。人本身的状态也是重要的因素，比如着装厚重或者活动量大，人就会感到热。

学术界将不冷不热的状态叫做“热中性”或“中性”，一般认为是最舒适的状态，此时人体用于体温调节所消耗的能量最少，感受到的压力最少。所谓的热不舒适，就是当人体处于过冷或过热状态下无意识地调节自己的身体时感受到的热疲劳。各国研究者是通过在人工气候室中的人体实验来确定热中性的参数范围的，即将受试者置于不同的温度、湿度、风速、辐射的参数组合环境中，试图找到人体最舒适的环境参数组合。受试者用热感觉投票TSV来表示自己是冷还是热，TSV为0就是中性，+1是微热，+2是热，+3是很热，–1是微冷，–2是冷，–3是很冷，如图1所示。研究发现TSV在–0.5~+0.5之间时，90%以上的人都会感到满意；TSV在–0.85~+0.85之间时，80%以上的人会感到满意，可以被认为是“可接受的热环境”。

由于人的个体差异很大，同一个人也有可能由于身体或者精神的条件变化感觉有所变化，但这些差异都是正态分布的，或者说特殊的人总是少数群体。所以需要通过大量对不同受试者的测试，得出绝大多数人的平均热感觉来作为人体对一个参数组合环境的冷热评价的结论。

[1] 原载于《中国建筑节能年度发展研究报告2009》第2章，作者：朱颖心。

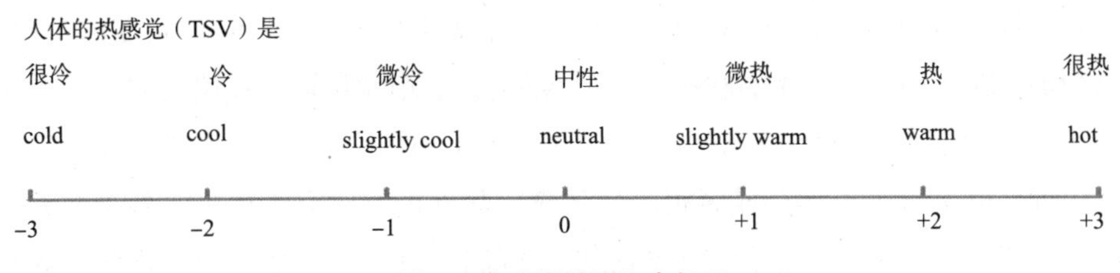

图 1　热感觉投票七点标尺

风速、温度、湿度、辐射、着装量和活动量 6 个影响人体热舒适的参数都稳定不变的热环境叫做稳态热环境，一般需要用空调系统来维持。国际著名学者、丹麦技术大学的 P. O. Fanger 教授通过大量的人体实验提出了反映稳态热环境条件下上述 6 个参数与预测的人体热感觉的关系方程,叫做预测平均热感觉投票（PMV）模型 [1]。PMV 是 Predicted Mean Vote（预测平均热感觉）的缩写，定义为：在已知人体代谢率与做功的差 M-W、人体服装热阻（影响服装面积系数 f_{cl} 和服装表面温度 t_{cl}）、空气温度 t_a、空气中的水蒸气分压力 P_a、环境平均辐射温度 $\bar{t}_r$ 以及空气流速（影响对流换热系数 h_c）6 个条件的情况下，人们对热环境满意度的预测值。PMV 指标采用了与热感觉投票 TSV 相同的 –3～0～+3 的 7 级分度，0 代表热中性。表达式为：

$$\begin{aligned}\mathrm{PMV} = {} & [0.303\exp(-0.036M)+0.0275]\times \\ & \{\mathrm{M-W}-3.05\,[5.733-0.007(\mathrm{M-W})-P_a] \\ & -0.42\,(\mathrm{M-W}-58.15)-1.73\times10^{-2}\,\mathrm{M}\,(5.867-P_a)-0.0014\,\mathrm{M}\,(34-t_a) \\ & -3.96\times10^{-8} f_{cl}\,[(t_{cl}+273)^4-(\bar{t}_r+273)^4]-f_{cl}\,h_c\,(t_{cl}-t_a)\}\end{aligned} \tag{1}$$

PMV 指标代表了同一环境下绝大多数人的感觉，但由于人有个体差异存在，故 PMV 指标并不能够代表所有个体的感觉。如果用 PPD 来表示不满意率的话，通过实验发现，当 PMV = 0 的时候，PPD=5%，也就是说仍然还有 5%的人感到不满意。可以说，由于人的个体差异存在，当人们处于同一个热环境下，无论如何也是无法达到人人都满意的。

由于 PMV 的值取决于人体的蓄热率，人体蓄热率越高，PMV 就越大，反之亦然。人从寒冷环境进入到温暖环境时人体的蓄热率是正值，从炎热环境进入到中性环境时人体的蓄热率是负值，但这些蓄热率都是有助于改善人体的热舒适的，与一直逗留在稳态热环境中有很大差别。所以上述 PMV 方程只适用于评价稳态热环境中的人体热舒适，而不适用于动态热环境。另外 PMV 计算式是利用了人体保持舒适条

件下的平均皮肤温度和出汗率推导出来的，所以当人体偏离热舒适较多的情况下，譬如 PMV 接近 +3 或者 –3 的状态下，其预测值与实际情况也有较大的出入。所以 PMV 只适合用做空调采暖稳态热环境的评价指标，而不适用于非空调环境或者变化的热环境，也不适用于很热或者很冷的环境。此外也有研究者提出了各种简化的评价指标，把湿度、风速、辐射的影响都折算到温度里面去，如针对一定服装和活动量的新有效温度 ET^* 等，这些成果也只适用于稳态的空调环境。

上述研究成果已成为国际标准化组织（ISO）、美国采暖制冷与空调工程师协会（ASHRAE）以及欧洲室内热环境控制标准的制定依据，各国所用热环境标准也大体上引用这些标准。

图 2 给出的是美国采暖制冷与空调工程师协会（ASHRAE）提出的室内热环境舒适区标准，适用于服装热阻为 1clo 的冬季室内着装，以及服装热阻为 0.5clo 的夏季着装。根据这个标准，冬季办公室的舒适范围是如果相对湿度是 20%的话，温度就应该是 20.7~24.8℃。如果是夏天的话，当室内相对湿度为 40% 的时候，舒适的温度范围是 24~25.3℃；而我们中国常用的温度 26℃、相对湿度 60% 的夏季室内控制标准就已经落到 SHARAE 舒适区以外了，如果相对湿度是 55%，则处于 ASHRAE 舒适区的上限。但有趣的是在 1974 年的 ASHRAE 标准中，当相对湿度为 50%，人员服装热阻 0.8~1.0clo，坐着但活动量稍大时，25.3℃在舒适区内；而当人的着装为 0.6~0.8clo 时，25.3℃变成中性温度，而温度 26℃、相对湿度 60% 则处于舒适区内。所以经过多年的变迁，ASHRAE 的夏季舒适区已经往低湿低温方向迁移了。

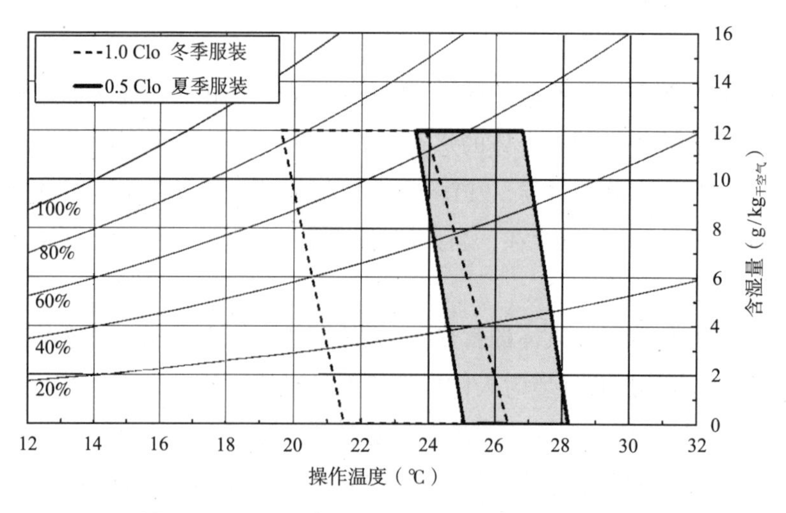

图 2 ASHRAE 舒适区（ASHRAE 标准 2013 版）

3.2　室内热环境与热舒适的关系

根据 PMV 模型，尽管有中性温度存在，但人们所接受的舒适温度并不是一个点，而是一个区域。一般认为预测的 PMV 在 ±0.5 之间时，90%以上的人都会感觉到满意，因此可认为是舒适区；而 TSV 在 ±0.85 之间，80%以上的人都会感觉到满意，一般被认为是可接受的热环境。目前我国政府要求公共建筑夏季室内温度不得低于26℃，而夏季室内的相对湿度控制能到 55% 的话已经算是比较低的了，但已经处于 ASHRAE 舒适区的上限；日本政府更是要求政府建筑夏季室内温度不得低于 28℃。这些是不是只强调了节能而忽视了室内人员的健康舒适要求呢?

26℃是典型夏季着装的人感觉不冷不热的温度，所以完全没有必要把室内温度降得更低。但在发达国家和地区的很多大型公共建筑里常常全年把空调温度控制在22~24℃这样一个狭窄范围内；还有很多人认为夏天够冷的话这个大楼才够档次，因此在夏季甚至把空调温度控制到 21℃（70°F）。

其实室内温度到了 22℃上下时，如果室内人员还是穿着衬衫和长裤组合的夏季服装，非但不会觉得舒适，反而会觉得偏冷。这些楼宇习惯于将空调温度设定得过低，究其原因，一是为了维持大家在酷暑中也能穿着西装革履的惯例；二是运行管理人员为免被人投诉冷气不够冷，就把空调温度刻意调低，导致原本穿轻薄夏季服装的人被迫添加衣服来迁就室内低温；三是这些楼宇里的空调系统本身设计有问题，除湿能力不足，室内湿度偏高导致人们觉得闷热，所以不得不靠降低送风温度和室内温度来达到除湿的目的，或者靠降温来改善潮闷的感觉。

对于什么算是“舒适”的解释，传统热舒适理论的主流观点认为无刺激、不需自主性调节的稳定的“热中性”就等于“舒适”，这也是 PMV 指标导出的理论依据。基于这个出发点，国际标准 EN ISO–7730、美国室内环境标准 ASHRAE Standard 55 以及欧洲标准 CEN EN 15251 均把 PMV=0 作为追求的目标，并根据其偏差的大小把室内环境分成 A、B、C 三级，PMV 波动幅度越小的室内环境被定义为级别更高的、更好的环境。但学术界也存在另一种不同的观点，就是认为舒适是一种暂时的愉快，是伴随着不舒适的消除而产生的。这种观点认为当人体一直处于不冷不热的稳定状态时是感觉不到是否“舒适”的。而盛夏在室外热出一身汗的人用较凉的水洗澡时会感到很舒服，但他当时实际的感觉应该是“凉快”而不是不冷不热。“舒适”又经常与预期有关：如果现状超过预期，或者确信可能发生的不利事物都能在自己调控的范围内，人们就会忽略掉不利的刺激，从而感到舒适。因此“热舒适”与“热感觉”之间最大的差别是前者有很大的心理影响。这两种不同的舒适观的存在，使得“舒适”变成了一个有哲学争议的问题。当人们受到外界的刺激导致痛苦不适时，就会自然而然地认为消除掉这样的刺激就是舒适的，所以会误认为没有不适的刺激就是最舒适的。其实一旦不适的刺激不复存在，舒适感也就随之消失了。这应该就是两种对立的舒适观存在的原因。

那么，稳定的、不冷不热的“中性”环境能否带来真正的“舒适”？美国加州伯克利大学的 Edward Arens 教授等几位在国际热舒适领域的著名学者联合对世界上现有的三个建筑环境现场调查数据库的数据进行了仔细的分析[2]。他们把按照国际标准 ISO-7730 规定的 A、B、C 三个环境级别来设计运行的建筑中人员的满意度数据进行了归纳，发现这些满意度数据并没有差别，均与 C 级建筑的预测与实际满意度处于同等水平。但 A 级建筑的初投资和运行能耗都非常高，B 级建筑其次，而 C 级则是最节省的。也就是说，这些分布于世界各地的案例在建筑室内环境方面的高投资、高能耗并没有为室内人员带来额外的舒适感受。相反的是，深圳市建筑科学研究院的室内热环境虽然连 ISO 的 C 级都够不上，但它采用了别具一格的建筑设计，大量采用了向室外半敞开的空间，如每层设置的综合会议、休闲、打印机区、茶水区、过道、楼梯间等诸多功能的室外平台，以及整面外墙都可以打开进行自然通风的报告厅等。这样的设计不仅有效地将建筑能耗降低到当地平均值的 60% 的水平，而且保证了室内人员的满意度不低于上述 Arens 等调查的 A、B、C 级办公楼的水平[3]。

为什么热舒适领域会产生这种理论认识与实际上的偏差呢？其实 ASHRAE 的舒适区和 Fanger 教授提出的 PMV 指标都是通过大量在严格控制的人工气候室内的稳态均匀热环境条件下的人体热舒适实验结果得出来的，且受试者基本都是青年白人。也有其他国家研究者根据本国的人种做了不同的实验。研究发现：在环境风速低于 0.15 m/s、相对湿度 50%、人员穿着棉质长袖衬衫和长裤（服装热阻为 0.6clo），处于静坐工作状态时，丹麦人[1]、美国人[4]、日本人[5]、中国人[6]的中性温度分别为 25.7℃、25.6℃、26.3℃和 26℃。可见东方人的热中性温度要高一些，但人种之间的差异并不很大，都是在 26℃附近。但需要指出的是，中性温度是随服装而改变的。根据 Fanger 教授提出的 PMV 模型预测，如果人身着西装，在低风速（0.15m/s）条件下，空调温度需降至 23.5℃才能感觉舒适；而改穿着短袖短裤，则中性温度可以提高到 26.9℃。

因此我们可以得知，即便依照 PMV 模型，26℃也并非夏季空调舒适区的上限。按照 90%的满意率来定的话，只要空调温度不超过 27℃（TSV<+0.5），绝大多数穿

长袖衬衫和长裤的人都会感觉舒适。因此，要求空调温度设置不得低于26℃并不会降低公共建筑环境品质和室内人员的舒适度。而日本政府规定政府建筑夏季室内温度不得低于28℃，实际只要室内人员穿短袖衬衣，加上一些电风扇辅助调节室内空气流速，也完全可以满足舒适要求。

（1）实际建筑中人体的热感觉

2001年，P. O. Fanger教授汇总了澳大利亚悉尼大学R. de Dear教授等不同国家的研究者在曼谷、新加坡、雅典和布里斯班等热带城市的非空调建筑中的数千组现场调查数据结果，发现环境越热，人们的实际热感觉与PMV模型预测值的偏离就越大，出现图3所示的偏差[7]。图中细虚线为Fanger教授期望因子修正PMV模型的结果，粗虚线为实验值的最小二乘法拟合直线。由图3可见，当室温接近32℃时，人们的实际热感觉投票为“微热”（+1），属于勉强可接受的热环境，但按照PMV预测模型计算得到的热感觉是“热”（+2），是属于明显不舒适的热环境了。可见在非空调环境中人们的感觉要比相同热环境下的稳态空调环境来得凉快，且温度越高差别越大。由于热感觉投票TSV在±0.85（满意度80%）之间为可接受热环境，那么根据图4的结果，在非空调环境中，人们可接受的环境温度上限约为29.6℃。如果按照TSV在±0.5（满意度90%）来确定热舒适区的话，这个舒适区的上限就在27℃附近，加上实际投票的中性温度是26.1℃，均明显高于ASHRAE舒适区的中性温度24.5℃，舒适范围为23~26℃。当然跟有空调的办公室环境相比，这些现场调查中人们的着装要更轻薄一些。

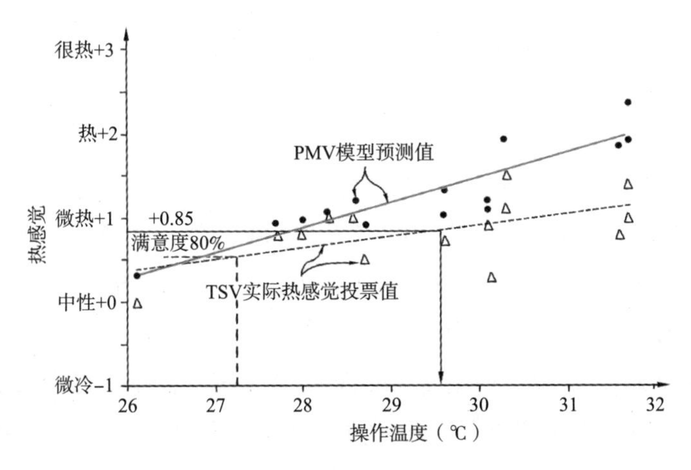

图3　曼谷、新加坡、雅典和布里斯班非空调建筑中的现场调查结果与预测值的比较

从图 3 可以看到，各国研究者已经发现，夏季人们在非空调的自然通风环境下的热舒适反应与空调环境下有较大差异，在非空调环境中居住者表现出更强的热适应性和更宽广的热舒适范围，具体体现在以下三个方面：1）在偏热环境中，自然通风环境下受试者的热感觉要比同样温度的空调环境下的热感觉凉快。如果拿稳态空调环境下导出的 PMV（预测平均评价）模型来评价非空调环境，预测结果将出现较大偏离；2）在非空调环境下受试者感觉舒适的温度上限要远高于稳态空调下室内的环境控制标准；3）在非空调环境下人员的健康和热耐受能力要高于空调环境。

所以热舒适区并不像 PMV 规定的那样仅取决于式中的 6 个参数，而且还应该与室外气候条件有关。很多研究者发现在实际现场调查中，人们喜欢的温度范围差别很大，即便是在服装相同的条件下，夏季可接受的温度偏高，而在冬季可接受的温度偏低 [8]。针对这个问题，清华大学的周翔进行了人工气候室实验研究。实验经历了过渡季和夏季，室外温度有一个较大程度的变化幅度，而实验中严格控制了人工气候室的温度、湿度、受试者的服装等参数。实验结果表明，室内温度在 26~28℃的中性范围附近时，受试者的 TSV 投票基本不受室外气温影响，但当室温达到偏热水平时（30℃、32℃），室外日平均温度越低，则人越感觉到热；而室外日平均温度越高时，人越觉得室内没那么热。这个结果表现出室外温度越高时热耐受性越强的规律 [6]。所以，舒适区其实是与人体对气候环境的适应性密切相关的。

另一组调查数据也有类似的结论 [9]。在过渡季和采暖季对某大学校园的教室楼进行了测试和调查，处理数据时把被调查者的服装热阻、相对湿度等参数进行标准化处理，最终发现，在同样的室温、同样衣着水平下，冬季人们觉得比较热，而在过渡季觉得比较凉。当室内温度比较低的时候，人们的感觉要比 PMV 的预测值要明显暖得多。如果以热感觉高于 –0.5 为舒适界限，如果人们着装的热阻达到 1.3clo 时，根据 PMV 模型得到冬季室内采暖温度不低于 20℃人们才能感到舒适，但实际调查却发现只要室内温度高于 17℃，90% 的室内人员都会感到舒适，其原因同样也是人体对冬季气候的适应性在发挥作用。

针对建筑中人体的实际热感觉与 PMV 模型存在显著性差别的现象，悉尼大学的 R. de Dear 教授提出了“适应性热舒适”模型，认为人体对室外环境有适应性，导致对室内的热环境要求也不同。例如，当室外比较热的时候，人们觉得舒服的室内温度也偏高，当室外比较冷的时候，人们觉得舒服的室内温度也会降低了，而且

这个舒适温度的区域也是比较宽的，如图 4 所示。但这个模型至今还是一个根据调查数据回归的黑箱模型，反映了现象，未能反映热适应的机理，所以还存在一些争议。尽管如此，目前这个模型已经被美国 ASHRAE Standard 55 以及欧洲标准 CEN EN 15251 采用，但仅限用于无空调采暖的建筑（free running building）。

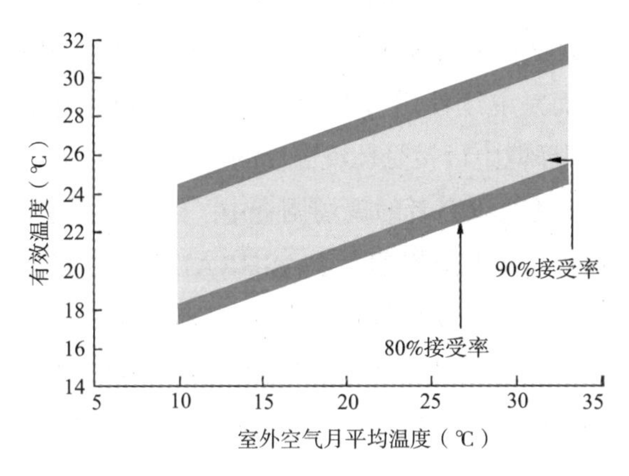

图 4　适应性热舒适模型的热舒适区

（2）人体热舒适的生理习服影响

空气调节设备从出现到广泛应用仅有短短的几十年时间，而在人类社会发展几千年的历史中，绝大部分时间都是通过其居住的建筑墙体蓄存、隔离外界热量，通过自然通风、服装、风扇等调节手段来达到夏季降温的目的，充分展现了人体适应自然环境变化的机体和机能。这样的生活方式，是一种能源节约、环境友好的生活方式，至今依然受到大多数居住者的偏爱。

尽管 Fanger 教授断定人体的中性温度不受季节影响，但上述几个实验和调查结果表明，由于人对热环境的耐受性受室外温度影响，所以舒适区的范围是受季节影响的。而在确定室内环境标准的时候，作为一个范围的舒适区比一个点的中性温度更有意义。在偏热的夏季，人经历过温度逐渐升高的季节，在进入某个房间前所经历的室内外的环境温度也较高，进入到室内以后，由于生理和心理上对偏热环境已经具备了适应性，表现出了较强的热耐受性，导致舒适区的温度上限比较高。当室外很冷时，人从室外进入到室内偏暖环境后，即使经历了短期（小时量级）的适应，身体达到了热平衡，但由于其缺乏对较高温度的生理和心理适应，热耐受性较差，所以在夏天还觉得可以接受的室内温度，在冬天就会觉得偏热。这就是在寒冷的季节，人们感到舒适的室内温度往往比 PMV 的预测值来得低的原因。

在我国各地开展的大量现场调研结果也表明，当环境温湿度相似时，非空调的自然通风环境比空调环境受到更多居住者的偏爱。居住者对于家中的空调往往采用“能不使用就尽量不使用”的态度，只要室内温度不达到不能忍受的范围，更乐于使用开窗通风或电风扇来进行降温。2000 年清华大学的调查发现，在“自然通风、有点热、总体可接受的环境”和“空调凉爽环境”中进行选择时，80% 以上的人选择前者。2003 年，清华大学在上海地区的住宅热环境调查结果表明，人们并非室温高于 26℃就开启空调，而是继续使用自然通风手段，直到环境温度高于 29℃时才开启空调，与上述非空调环境中可接受环境温度的研究结果基本一致。

2000~2005 年，在其他研究者的现场调查中，也发现夏季住宅室内可接受热环境的温度上限和舒适区温度上限均远高于 ASHRAE 标准中的舒适区上限。对北京夏季自然通风住宅的调研结果发现环境有效温度 (ET^*) 不超过 29℃时，90%的居住者感到满意，而 80%的人可以接受的温度上限是 30℃，如图 5（a）所示 [10]。另一个对江、浙、上海地区自然通风住宅居民的大规模调查也得到相似的结论，见图 5（b）[11]。

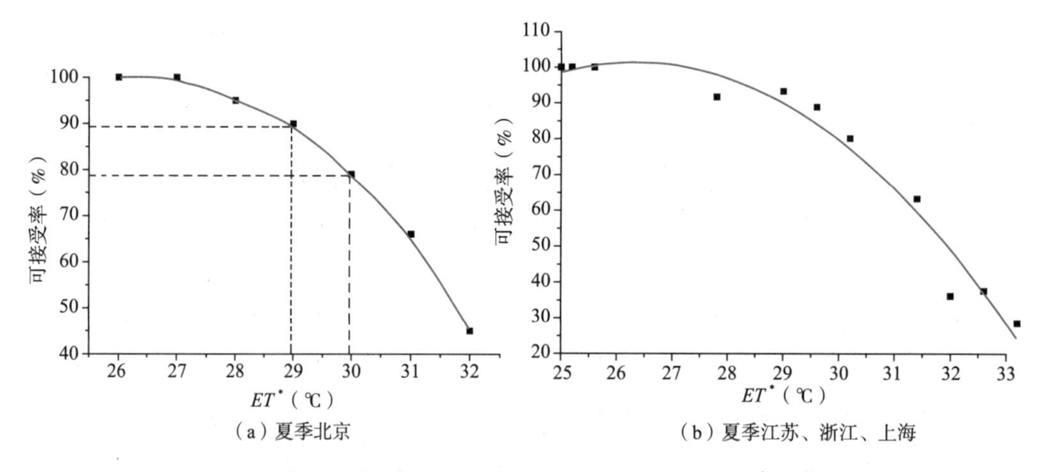

（a）夏季北京　（b）夏季江苏、浙江、上海

图 5　被测人群对非空调环境可接受率随有效温度 ET^* 的变化

除了室外热环境对人的热适应有重要影响以外，室内的热经历对人的热适应性也有非常重要的影响。

湖南大学于 2004 年 1 月至 2005 年 1 月期间在湖南省长沙市对无空调、无采暖室内环境的人体热感觉进行了现场调查，受试者为某高校的 615 名大学生。把所测的室内温、湿度和风速值转化为新有效温度 ET^*，将调查得到的全部热感觉 TSV 值

和计算得到的 PMV 值以算术平均的形式统计，如图 6 所示。该实验结果与前面所介绍的其他研究者的结论一致：在偏热环境中，人体的热感觉 TSV 较 PMV 模型的预测值要低；在偏冷环境下，人们的热感觉 TSV 较 PMV 模型的预测值要高。[8]

由于热感觉投票 TSV 在 ±0.85 之间为可接受热环境，从图 6 可以看到，如果按照 PMV 的理论模型，冬季室内温度需要达到 19℃以上人们才会感到满意，但按照现场调查的结果看，室内温度只要高于 14℃人们就感到满意了。这个数值比我国的北方住宅采暖标准 18℃要低很多，而实际上长江流域地区如上海等地的住宅冬季室内温度基本上也都控制在 14~16℃上下，现场调查也表明人们对这样的温度环境表示满意。为什么会出现这种现象呢？

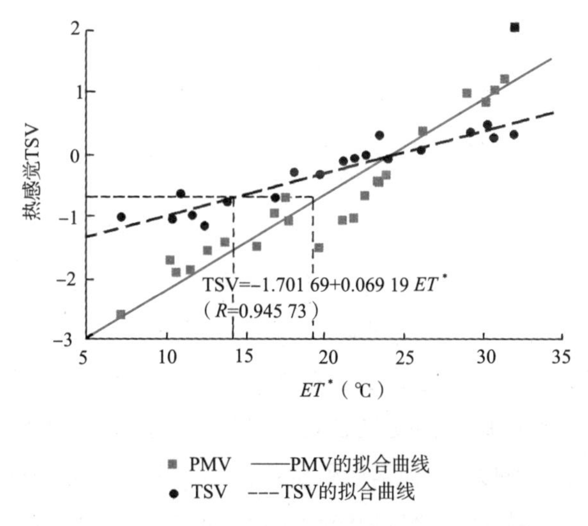

图 6　ET* 与平均热感觉 TSV 和 PMV 的关系

针对很多学者现场调查发现的问题，余娟等分别在上海和北京就居民对冬季供暖温度的反应进行了人工气候室的实验，温度范围为 12~20℃，实验时两地所有受试者穿着相同的服装。实验中不仅采集了环境参数和受试者反应，而且还做了受试者的生理参数测量。实验结果显示在所有室温工况下，上海组的热感觉投票均比北京组更暖和，上海组各个水平热感觉的温度均比北京组的低 2.5℃，也就是说上海组处于 15.5℃的热感觉与北京组处于 18℃的热感觉是一样的 [12]。这种差别是由于上海地区居民冬季长期较低室温的热经历使得他们已经对偏冷室内环境形成了生理习服，具有比较强的生理调节能力，使得他们在偏冷环境下并不容易出现不适感。因此即便在大家已经普遍具有自采暖措施且经济相当宽裕的情况下，该地区的居民依然习惯于把室温控制在 15℃以下。因此对热环境的生理适应是热适应最重要的因素之一。

（3）人体热舒适的心理影响因素

为什么国外热带城市、中国几个经济发达地区的现场调查结果都显示出人们喜欢自然通风环境胜于空调环境，只有室内温度过高的时候才不得已使用空调呢？为什么受试者投票显示出自然通风环境的舒适区温度上限要远远高于 ASHRAE 舒适区，达到 28~29℃，而可接受的温度上限更是接近 30℃呢？

对此问题，很多人都认为这是受经济条件制约导致的——因为经济拮据，因此舍不得开空调，所以人们会觉得舒适的温度以及可以耐受的温度就偏高了；如果人们更富裕，舒适温度就会下降——这是一种普遍的看法。但在发达国家如日本、新加坡、希腊（雅典）对自然通风环境居住者的热感觉调研也都得到人们对自然通风环境接受度比相同温湿度的空调环境更高的结论，这就使得经济条件影响热感觉的说法站不住脚。

另一个关于心理因素的看法跟期望值有关。Fanger 教授对图 3 的解释是由于在热带地区非空调环境下生活的人们觉得自己注定要生活在较热的环境中，对环境的期望值低，导致其具备更强的热耐受性，所以对环境比较容易满足，不容易觉得热得受不了。因此，他认为在经济发达地区经常使用空调的人热耐受性有可能比经济欠发达地区基本不使用空调的人要差。

针对这个问题，清华大学进行了一系列的在人工气候室内的心理对照实验，实验条件包括：（a）没有空调，但受试者要指出什么时候觉得热得受不了；（b）有空调，只要受试者需要就可以开，但需要付费；（c）有空调，只要受试者需要就可以开，不需要付费。实验结果表明：在相同温度条件下，没有空调的环境，受试者觉得最热，要付费空调的其次，免费空调的环境受试者觉得最不热。但付费空调的受试者选择开空调温度要比免费空调的高 0.4℃ [6]。由此可知：

A. 受试者认为没有空调时，在同等热环境下由于心理因素的影响导致舒适度比他认为有空调的时候要差。也就是说，如果受试者知道没有环境调控手段，那他对环境的心理承受能力会下降，对环境的感受会恶化，而不是更容易满足。

B. 如果空调需要自己付费，会略微恶化热舒适感，也就是受试者在相同温湿度条件下会觉得比免费的更热。由于选择收费开空调的温度比不需付费的开空调温度仅高 0.4℃，因此经济压力导致的热耐受力变化幅度是非常有限的。

由上述研究成果可见，自然通风条件下环境温度达到 29~30℃人们还能感到舒适，或者人们往往要室温超过 29℃才开空调，并非是经济压力导致的心理影响造成

的，而是具有可靠的物理、生理和心理学基础的。

我们还可以发现，使得居住者具有环境调控能力对改善热舒适是至关重要的。而环境调控能力并不等同于常规的空调，被动式手段也是调控能力的一种。例如，在非空调的住宅，人们往往可以通过增减衣服、打开窗户、开风扇、改变活动量等来改变自身的热感觉，多少会觉得自己有一定的环境调控能力，因此对热环境的心理承受能力要更强，温度高一点也不觉得很热。目前非空调环境往往属于等级要求不高的建筑，像普通办公楼、教学楼、宿舍，对室内人员的着装没有特别严格的要求，不会要求人们在夏季西装革履地办公、学习，因此室内人员穿着的服装都比较轻薄，甚至允许穿着短裤和凉鞋。而在住宅中，由于环境的私密程度更高，人们可以根据当时的室内温度更为自由地调整服装。而很多公共建筑如大型商业写字楼、大商场等窗户既打不开，室内人员也没有调控温度、风速高低的权力，使得室内人员的心理承受能力变弱，导致尽管有空调，但室内温度高一点点就会有明显反应。多数人使用家用空调器的时候往往把室内温度设定值定在 27℃以上而不是公共建筑定的 26℃，原因就是具有调节能力导致人们热感觉的改善。

因此，应当鼓励多采用被动式的环境控制手段，如使用开窗、开风扇、服装调节等手段来改善人所处的热环境。如果是有空调的办公建筑，也应该推广工位送风这样的个体空调措施，发挥个体控制对热感觉所造成的积极的心理暗示作用，这样就能避免室内空调温度过低，避免室内外温差过大对人体健康的不良影响，同时对建筑节能有着正面的作用。

上述实验都是针对夏季空调工况进行的，但进一步的现场调查结果证实了居住者具有环境调控能力对改善热舒适的正面影响同样存在于供热工况。2012~2014 年期间，清华大学和同济大学团队分别对北京和上海地区的集中供暖住户和采用壁挂炉或者空气源热泵进行独立采暖的住户进行了现场调查。调查结果发现，在相同的室温条件下，独立采暖的住户对室内热环境的满意度均高于集中供暖用户，甚至在独立采暖用户服装热阻低于集中采暖用户的条件下，其热感觉都比后者偏暖；独立采暖用户的服装调节更为积极；独立采暖用户的热中性温度低于集中采暖用户。最重要的是，独立采暖用户不仅对室内热环境满意度更高，而且采暖能耗费用比集中采暖用户低 40% 以上[13]。

（4）居住者生活习惯与室内热环境标准

在改革开放之前，我国只有严寒气候区和寒冷气候区的城镇地区才有采暖，室内采暖设计温度不低于 18℃，而其他气候区和农村地区都没有采暖，也没有采暖标准。目前夏热冬冷地区的居住建筑节能设计标准将卧室和起居室的冬季室内控制标准定为 16~18℃，在进行室内空调采暖能耗模拟的时候，把全年室内温度标准定在 18~26℃之间，即室温低于 18℃就要采暖，高于 26℃就要开空调。而北方农村建筑各家各户早已经自己用各种方式采暖，但至今却还没有采暖的室内设计标准，这对于我国新农村建设中非常重要的建筑环境改善和建筑节能来说是一个重大的缺憾。

夏热冬冷地区或长江流域地区住宅以及北方农村住宅冬季室内采暖能不能套用北方城镇地区住宅的采暖标准呢？

前文已经指出夏热冬冷地区居民对冬季室内采暖温度需求的特点以及其机理分析，另外，冬季室内舒适温度与居住者的生活习惯和衣着量是密切相关的。南北、城乡居民冬季的衣着习惯和起居习惯存在很大的差别，这就导致了冬季室内的舒适温度也存在很大的区别。在我国北方的严寒与寒冷地区，由于冬季室外寒冷，人们在室外必然要穿很厚重的衣服。但回到家里穿同样厚重的衣服起居活动很不方便，因此人们进入到室内就不得不去除厚重的外衣。这样，冬季采暖时保持较高的室内温度、维持较大的室内外温差是很适合当地人们的衣着和起居习惯的。但是在夏热冬冷地区，由于冬季室外温度并不很低，日间多数在 0~10℃之间，且有太阳辐射的作用，因此人们在室外的衣着并不厚重，进入室内也没有脱衣的习惯。如果室内温度过高，室内外温差比较大，居住者进入室内就不得不脱掉外衣，反而会为居住者带来不必要的麻烦，甚至易引起伤风感冒。所以在这样的条件下，当地居民普遍认为冬季偏高的室内温度是不舒适的。因此，在冬季室外温度偏高的地区，室内采暖温度需要考虑居住者的衣着习惯，而不应该盲目复制寒冷地区的采暖温度标准。

同样，我国北方寒冷地区的农村住宅建筑，由于生产与生活习惯的原因，人们需要频繁进出居室。如果室内温度过高，就使得居住者进出居室时不得不频繁更换衣着以避免引起伤风感冒，因此导致更多的不便。清华大学于 2008 年 12 月份和 2009 年 1 月份先后三次对北京郊区 6 户农宅进行了现场调研和测试，调查人员样本 75 人次。该地区是经济水平比较发达的农村，其室内环境水平和人们的热感觉应该具有一定的说服力。

该地区农宅的特点是庭院式，卧室和起居室并排连通，坐北朝南。厕所、厨房、储藏室均是分室独门，与卧室和起居室围合呈庭院状。各室进出均需要经过

庭院，院内还养有鸡、狗等动物。这些住宅的采暖方式主要为土暖气，也有部分煤炉。土暖气的锅炉一般安装在厕所或者厨房内。现场实测得知室外日平均温度为 -1.7~3.13℃，6 户农宅的室内温度控制都在 6.1~17.4℃之间，59%的室温测试值在 10~15℃之间，12.8%的测试值低于 10℃，28.2%的测试值高于 15℃。大部分受访者认为自己家的温度很合适，不冷不热，TSV 投票为 0。其热感觉与室温 To（综合了辐射作用的操作温度）的关系调查值和拟合关系如图 7 所示。以实际调查的 TSV 在 +-0.5 之间为舒适区间，从拟合直线可得到舒适温度范围非常宽，为 9.3~22.2℃，中性温度为 15.7℃。图中还给出了对应的 PMV 预测值和拟合直线作为对比。即便以 PMV 理论预测值在 ±0.5 之间为舒适区间，也可得到舒适温度范围为 11.6~21.3℃。实际现场调查的结果还证明了实际调查人们的热感觉比 PMV 理论预测更接近中性。

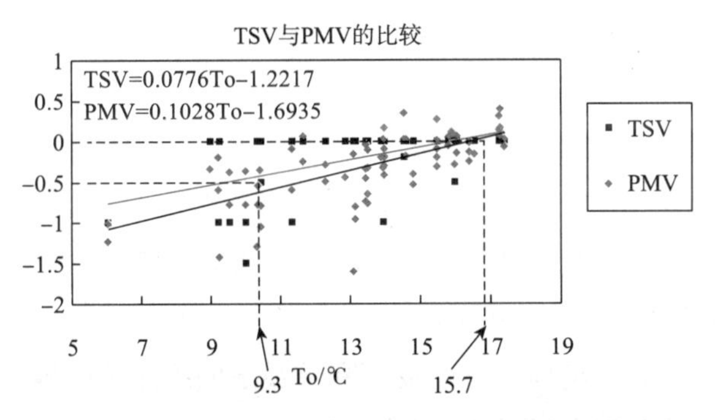

图 7　京郊农宅冬季室内采暖温度与热感觉之间的关系

通过调查和观察发现京郊农宅居民的服装热阻在 1.2~2.3 clo 之间。衣着水平在 1.5~1.9clo 之间的最多，占被访者总数的 57.3%，穿得比这少的人数占 25.3%，穿得更厚重的人数占 17.3%。服装热阻为 1.5 ~ 1.9clo，相当于穿了秋衣、厚毛衣、外套、毛裤、长裤、秋裤和冬季鞋袜，也是当室外温度为 5℃、低风速条件下在室外站立时感到舒适的服装热阻。服装热阻达到 2.3clo 的相当于穿了秋衣、秋裤、棉衣、棉裤、外套、线衣和冬季鞋袜的衣着水平。通过对农宅居民日间从早晨 8 : 00 到傍晚 6 : 00 的观察记录，尽管白天在家里逗留的居民在白天 10 个小时中有 70%的时间逗留在起居室，但每天日间要进出起居室 16 次左右，典型的例子为：早餐、午餐和晚餐的前后各进出厨房一次，上厕所 3~4 次，到厨房泡开水 3 次，喂鸡狗 2 次，打扫院子 1 次，为锅炉添煤 1 次。每次离开居室时间为 2~20 分钟，但午餐和晚餐前去厨房做饭要逗留 40~60min。离开居室的活动水平可以算作极轻劳动状态或轻劳动状态，但在居室内一般是静坐、偶尔走动或者极轻劳动状态。

可以确定的是，农宅居民频繁进出居室，并不更换衣着，因为如果一白天要穿脱十几次衣服实在是太麻烦了。那么他们的衣着水平肯定是要保证：(a) 在室外短期活动不会感到冷；(b) 不太臃肿以免妨碍在室内的活动；(c) 在室内逗留的时候不会太热。因此上述衣着水平是能够满足人们室内外不同活动水平的热舒适要求的，但前提是室内温度不能太高。因此根据这个衣着水平，大部分农宅居民认为10~15℃是舒适温度是非常合理的。这个结果说明北方农宅的采暖温度标准不能照搬城镇单元式住宅楼的采暖标准，不宜维持较大的室内外温差，否则就无法满足农宅居民的热舒适要求。因为城、乡居民的生活方式和衣着习惯不同，导致室内的温度标准必然不能相同。这样做，不仅是出于建筑节能的考虑，更重要的是考虑到居住者的方便、舒适与健康。

3.3　室内热环境与人体健康的关系

另外还有一些商业宣传导致人们认为恒温恒湿的热环境才是高档的、健康的、舒适的环境。事实果然是这样的吗？

人对冷热的反应其实是描述自己皮下和黏膜下的冷热感受器获得的信号，叫做热感觉，从生理学的角度来说是客观的。不冷不热的时候人的自主性体温调节系统不需要工作，因此不存在热应力故而感到轻松。在偏冷或偏热的环境下，人的体温调节系统就需要投入工作，会出汗甚至打冷颤，调节幅度比较大且时间比较长，人就会感到疲劳而导致不适。

人类身体这种对冷热刺激的应激与调节功能是人类在大自然中经历数千万年的进化获得的适应自然的能力。这一能力保证了人体在受到冷热冲击的时候能够调节自己的身体以保证其具有正常的功能。如果人体保持了良好的热调节能力，那么当人体处于一定热舒适偏离的条件下也能够轻松应对，并不会感到显著的不舒适并能维持较高的劳动效率。

在非空调环境下环境温度会随着室外气象参数变化而波动，人员具备较高温度环境下的“热暴露”的经历，一定程度上提高了人体的热调节能力。如果长期生活在恒温恒湿、严格控制的环境中，则会由于缺乏“热暴露”的刺激，从而导致热调节功能退化。缺乏热调节能力的人体在偏离热舒适的环境下，易出现过敏、感冒、

疲倦、综合体质下降，偶遇热冲击还容易导致疾病。

如果在空调房间内维持相对稳定低温的环境，会使得在这个环境长期逗留的室内人员缺乏周期性刺激，同时相对低温使人的皮肤汗腺和皮脂腺收缩，腺口闭塞，而导致血流不畅，产生“空调适应不全症”。当室外温度很高而室内设定温度过低的情况下，人们在进出空调房间时会经历过度的热冲击而导致不适，甚至会影响居住者的健康，除受冷热刺激而容易感冒以外，还会产生中暑、头疼、嗜睡、疲劳、关节疼痛的症状。因此，长时间停留于稳定低温的空调环境，虽然免除了夏日高温给人们带来的不适，但却改变了人体在自然环境中长期形成的热适应能力，损害人们的健康。

2000 年及 2001 年夏季，中国疾病预防控制中心通过科学的人群调查研究，探索空调环境不适综合征的人群分布及其影响因素，描述与夏季空调热环境因素联系密切的人群健康问题[14]。他们分别对江苏省两个城市及上海市两个城区实施现场的流行病学调查，调查人群是企事业机关和旅馆饭店的职员，以近 3~5 年内使用空调与否为标准分为四组，包括：工作场所和住宅均使用空调人群、仅工作场所使用空调人群、仅住宅使用空调人群，工作场所和住宅均不使用空调人群（作为对照组）。共回收有效调查问卷 3528 份，检测了 943 人的血清免疫指标。对问卷调查的分析结果显示所调查人群不适症状的发生与使用空调有关：

（1）使用空调人群各种不适症状的发生率均高于对照组。不适症状包括神经与精神类不适感、消化系统类不适感、呼吸系统类不适感和皮肤黏膜类不适感等，其中神经与精神类不适症状反应较明显；

（2）使用空调的人群暑期“伤风 / 咳嗽 / 流鼻涕”的发病率明显高于对照组；

（3）使用空调的人群在热反应时的生理活动程度大于对照组，对照组人群对热的耐受力好于使用空调人群。

2002 年春季和夏季，中国疾病预防控制中心在北京对一批大学生进行热适应和未热适应人体对高温热暴露的生理功能、神经行为功能反应实验，进而研究空调环境对人体影响。让受试者体验从舒适温度（24~26℃）到较热温度（32~34℃）环境的热暴露，以春季时和经历酷暑后的受试者分别作为未热适应组和热适应组，进行神经行为功能测试。结果发现，热未适应组和热适应组相比，在接受相同条件的温度突变的热冲击时，在注意力、反应速度、视觉记忆和抽象思维方面会受到一定的影响[15]。可以推断，长期在空调环境下工作学习的人群和非空调环境下的人群相比，在偏热环境条件下，其注意力、反应速度、视觉记忆和抽象思维方面都受到了一定的影响。

余娟通过人工气候室对比实验，发现整个夏季全天待在空调环境中的人群（空调组）与每天接触空调环境不足 2 小时的人群（非空调组）相比，前者不仅对偏热环境（36℃）的耐受能力差、不适感强，而且通过生理参数检测，发现他们的皮温调节迟缓、出汗率低，导致体内代谢热难以散出；更具有说服力的是表征热应激和热适应能力的热应激蛋白 HSP70 在前者血液中的含量还不及后者的三分之二。也就是说，长期在空调环境里逗留，他们身体的热调节系统的能力已经部分退化了[16]。这个实验结果证明了长期缺乏环境热应力的刺激锻炼，对人体来说是不健康的。

在医学领域已经发现人体内存在一种棕色脂肪可分解引发肥胖的白色脂肪，促进新陈代谢，防止肥胖，但又普遍认为这种棕色脂肪仅在婴儿期发挥作用，成人体内只残余很少的量。而肥胖是Ⅱ型糖尿病最主要的诱因，表现为产生对胰岛素的不敏感性，亦称对胰岛素的抵抗性。荷兰的热生理学教授 van Marken Lichtenbelt 于 2015 年 5 月 19 日欧洲健康建筑国际会议的大会主旨报告中介绍了其研究团队的最近发现。报告表示，把人放到 14~15℃的偏冷环境中每天暴露 6 个小时，共训练 10 天，人体内残余的棕色脂肪就会被激活，代谢率提高 10%~20%，热感觉得到显著改善。对Ⅱ型糖尿病人受试者进行相同的冷暴露实验还发现其体内的胰岛素敏感性也得到了显著提高，从而有助于治疗糖尿病。该团队在热暴露实验中也同样发现了人体代谢率显著提高的现象，只是不如冷暴露提高的幅度大。所以 Lichtenbelt 认为，适度不舒适的环境对人体反而是更健康的[17]。

综上所述，“舒适不等于健康”的说法同样适用于热生理领域。在夏季适当延长在非空调环境下的“热暴露”时间，冬季适当降低室内供暖温度，对保持人体对热环境的适应能力，减少热环境引起的疾病和不适症的发生率，对于人体健康是大有裨益的。

3.4　热环境与工作效率的关系

对于建筑节能的阻力还有一种说法，认为室内夏季温度越低工作效率就越高，多耗的能源费用与付给员工的工资相比只是一个小数，而员工工作效率高了，综合收益就增加了，所以在商业写字楼搞节能是没有意义的。

从 20 世纪初就有研究者对劳动效率与热环境之间的关系进行了研究，开始主

要针对工厂的体力劳动环境，而后又发展到打字员、电话接线员等办公室劳动的效率，近年来又有对中小学教室热环境对学生的学习效率影响的研究，而真正对现代办公室的白领工作人员、脑力劳动者的劳动效率研究并没有公认的可信的成果。其原因在于工厂劳动效率可以用产量和次品率来表征，打字员和接线员的劳动效率可以成果的量和错误次数来作为指标，但由于多数办公室白领的工作不是上述重复性的体力或者脑力劳动，效率的判断是非常困难的。常规的研究方法是利用 2 位数加法、单词记忆和对一片随机分布的字母按顺序连线的方法来测试其在一定工作时间内的错误率来判断脑力劳动的工作效率。随着计算机应用的普及，发展出了用反应测试软件来测试受试者劳动效率的方法，但受到受试者对电脑操作和对软件的适应程度的干扰，结果难以服众。目前还有一种测量脑血流的方法来通过测量人大脑的疲劳度与热环境的关系来分析热环境对工作人员劳动负荷的影响程度。热环境改变的时候劳动效率可能并无明显的改变，但却能够测得不适热环境对人员的大脑疲劳度的负面影响，从而确定最佳的劳动热环境以保护员工的健康。

现有的关于热环境与劳动效率之间关系的公认性的结论是：劳动效率跟一定的外部刺激是有关的。某些工作如果外部刺激较低，人尚未清醒到足以正常工作；但有些工作当外部刺激在较高水平上，比如环境太冷或太热，人体就会处于无意识的过度紧张而不能全神贯注于手头的工作。一项困难而复杂的工作本身会激起人的热情，没有外界刺激就能把工作做好；如果外部刺激太强，反而会致使劳动效率下降。而枯燥简单的工作则往往需要有附加外部刺激的情况下劳动效率才能得到提高。比如冬天温暖的室内环境会让人感到很舒服，但却会让人舒服得昏昏欲睡，打不起精神。一般认为在环境温度比中性温度低一点的时候，重复枯燥的工作劳动效率最高，而当环境为中性温度的时候复杂工作劳动效率最高。但当工作内容挑战性太强太刺激的时候，人们全神贯注于工作，环境温度即便有点偏离舒适，人们也会忽视掉。

现有的研究成果表明体力劳动达到最高劳动效率时的温度比脑力劳动的时候低，这跟人体的代谢率不同有关。但哪种劳动的最佳环境温度是多少？到现在都是众说纷纭，莫衷一是。比如图 8 给出的是几种现有模型对室外有太阳辐射的建筑工地劳动效率与温度关系的预测结果，可以发现劳动效率最高的温度从 10℃到 22℃都有，结论差别很大[18]。

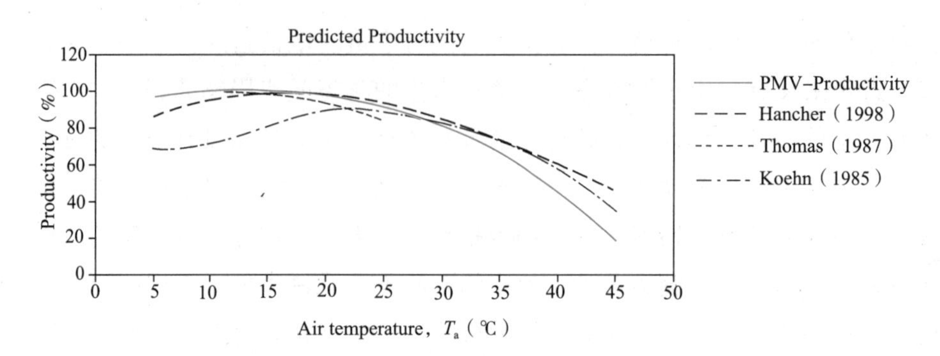

图 8　不同模型得出的劳动效率与空气温度之间关系的曲线

至于对办公室的劳动效率，有人认为 21.6℃时最高 [19]，有人认为 24℃时最高。例如有研究认为 25℃是中性温度，但 24℃时的劳动效率最高，且 25℃时会降低劳动效率 1.9%[20]，温度和湿度继续上升会损失更多。但该研究又认为纯打字和纯脑力思考的工作比较，后者受热环境的影响比较小，如图 9 所示。

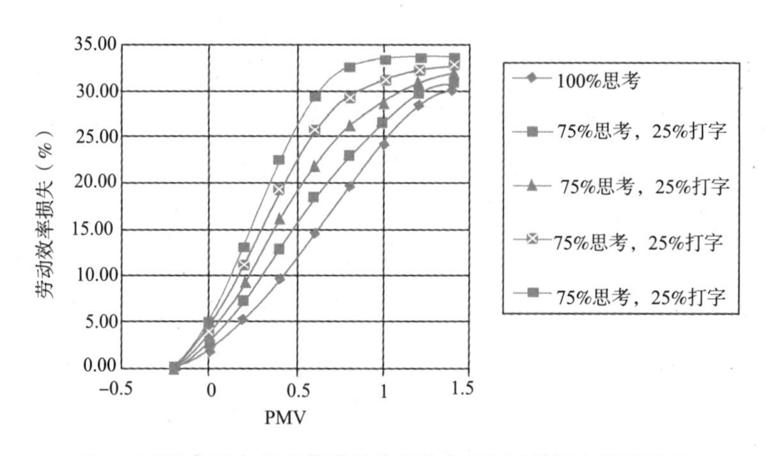

图 9　不同类型办公室劳动效率损失与 PMV 指标之间的关系

日本早稻田大学的田边信一教授对一个呼叫中心进行了现场调查，并用结果拟合了一条劳动效率随温度下降的直线。图 10 给出了调查结果，圆圈的大小代表了样本的个数，纵坐标是每小时接电话的数量，用来代表劳动效率 [21]。尽管田边教授赞同温度每升高 1℃，劳动效率就降低 2%左右的说法，但他的调查结果却表明在环境温度为 24~26℃的范围内，劳动效率其实并没有什么规律性的变化，甚至 26℃时还比 24℃时略高些。只有室温高于 26℃或者低于 24℃时劳动效率才有变化，而且由于样本数少，很难说明这是温度影响还是其他因素影响的结果。

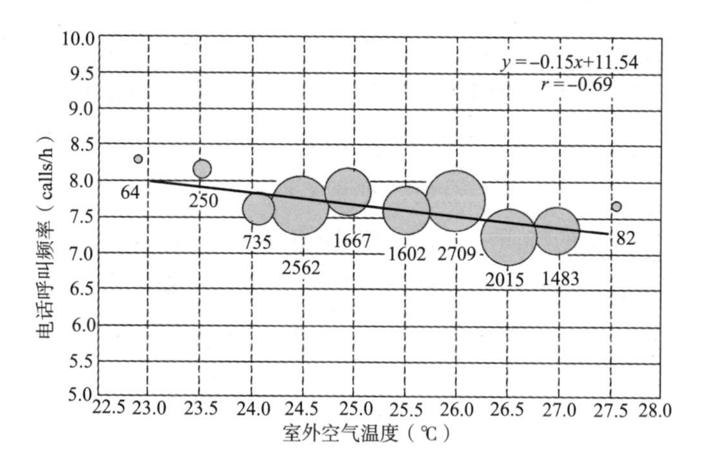

图 10 电话呼叫中心劳动效率与室温关系的调查结果

值得注意的是上述现场调查的研究成果中没有提到室内人员的衣着。其实衣着不同会导致劳动高效的温度不同。所以，脱离人员的衣着来谈劳动效率与室温之间的关系是毫无意义的。Wyon 和 Fanger 教授在 1975 年利用 2 位数加法、单词记忆和按字母顺序连线的方法来测试人工气候室内受试者的劳动效率。实验结果表明：受试者最喜欢的温度是：衣着水平是 0.6clo 时（棉布长袖衬衣、长裤、棉内裤、棉短袜）为 23.2℃，而衣着水平为 1.15clo 时（2 层棉运动衣、厚羊毛衫、3 层运动长裤、棉内裤、3 层羊毛短袜、软皮便鞋）是 18.7℃。这两个中性温度比 PMV 模型预测的要低（当代谢率按静坐算 58W/m^2 时，中性温度分别为 25.6℃和 22.5℃），Fanger 教授解释其原因可能是在做上述测试的时候受试者大脑高度紧张，代谢率高达 78W/m^2。可以确定的是在这两种温度和衣着状态下，人的劳动效率并无显著差别。也就是说，不管环境温度高低，只要人们自己觉得穿的衣服厚薄合适，不觉得冷或热，那么劳动效率就没有差别。尽管较低的空气温度使受试者觉得空气更新鲜、品质更好，但三种不同脑力劳动测试的结果发现较低空气温度对提高人们的劳动效率并无帮助 [22]。Wyon 和 Fanger 教授的这个测试条件非常宽而严格，测试对比的脑力劳动类型差别也很大，因此也成为经典的文献。

3.5 小结

由上述热舒适的研究成果，我们可以看到，“恒温恒湿”环境不仅不利于建筑节能，而且不利于满足居住者健康、舒适、便利的生活要求。主要结论总结如下：

（1）人体与生俱来的特质决定了人体对自然环境具有适应性，人体在冬、夏的舒适温度范围是不一样的。相同的温度和衣着，在夏季会觉得偏凉，冬季会觉得偏热。所以夏天的舒适温度偏高，冬天的舒适温度偏低。而长期处于缺乏刺激的“恒温恒湿”环境下，将导致人体热调节功能退化，健康水平下降。

（2）人体与生俱来的特质决定了自然通风能为人员提供了更宽广的热舒适范围，夏季舒适温度可达到29℃以上，同时变化的热环境更有利于人体的健康和舒适。因此自然通风并非穷人无可奈何的降温手段，而是更健康、绿色的室内环境控制措施，应予以充分保障。

（3）目前我国所有住宅的夏季室内设计温度标准均采用26℃作为上限，超过26℃就要开空调，这样导致很多被动式措施如遮阳、自然通风等发挥的作用都无法得到合理的评价。因此应该修订现行的节能住宅的室内环境标准，不应把超过26℃就开空调作为一种常态来考虑。本文介绍的多个研究成果对于制定和修编我国节能建筑室内热环境标准和被动式生态建筑的室内热环境标准有着重要的意义。

（4）夏热冬冷地区建筑以及农村住宅冬季的室内环境控制标准不应盲目向严寒/寒冷地区的城市建筑采暖室内标准看齐，而应充分考虑当地冬季室外温度以及起居方式决定的居住者的衣着水平以及起居的便利程度来制定标准，室内控制温度应低于严寒/寒冷地区的城市建筑采暖室内温度。

（5）26℃不是夏季空调舒适范围的上限，而是下限。规定公共建筑空调温度不得低于26℃，并没有降低舒适标准，反而有利于保证室内人员的健康，有利于减少“空调病”，同时又避免了无谓的能耗。

（6）降低室温并不能够有效提高工作效率。无论室温高低，只要人们能调节穿着使得自己觉得冷热合适，劳动效率就没有什么差别。因此提倡办公室温度不要设得太低，应该给予工作人员有更多调节服装的自由以适应热环境。采用变动风速的电风扇或者个体调节手段不仅能保证个体热舒适，同时还可以提高室内的舒适温度，更有效地减少空调能耗。

4 什么是建筑节能[1]

什么是建筑节能？用什么评价标准来评估一个建筑是否节能？这是建筑节能工作的基本问题。然而，目前在这个基本问题上似乎并没有形成完全一致的观点。为此有必要讨论和澄清。

4.1 查对技术清单的方法

这种办法就是考察一座建筑采用了多少项建筑节能技术，以此来考核和评价是否是节能建筑。例如，是否是外墙外保温，是否采用低辐射玻璃和“带呼吸幕墙”，是否采用水源热泵、地源热泵等等。然而，由于建筑性能对气候的依赖性，不同气候带的建筑，不同的建筑功能，不同建筑使用特点（如室内发热量大小），对建筑物的要求和建筑系统的要求差别很大，从而也就需要不同的节能技术措施与产品。在一定程度上甚至可以认为几乎没有哪种节能技术和产品在任何地区、任何功能的建筑中都普遍适用。并且，在很多场合，盲目地采用一些不适宜的“节能技术”，不仅提高了投资，而且还很可能导致实际能耗的增加。

例如，水源热泵提取地下水的低温热量，通过热泵升温后，作为采暖热源。由于热泵的电力消耗基本上与要求的热水温度与地下水温度的温差成正比，因此在地下水温度在15℃左右的黄河流域地区，当地下水资源条件具备时，地下水源热泵可以作为一种有效的建筑节能措施。而当在东北严寒地区使用这一方式时，由于地下水温度低，热泵电耗就高，这样，即使具备地下水资源，较高的电耗也使得这种方式失去了节能的优势，甚至导致实际的能源消耗高于常规方式。

围护结构的保温是又一例。对于室内发热量很高的建筑，例如人员密度较高的办公楼，把室内的热量散出到室外，是这类建筑的环境调节的主要任务。而春、秋、

[1] 原载于《中国建筑节能年度发展研究报告2009》第2章，作者：江亿，刘烨。

冬三季室外温度都低于室内温度，通过围护结构可以有效地把部分热量排出，减少机械系统的降温排热任务。此时，盲目地改善外墙保温，只能减少通过外墙的散热，增加机械系统排热负荷，最终导致建筑运行能耗的增加。

对建筑室内环境是“全面掌控”还是“适当改善”，这两种不同思路可能是造成实际建筑运行能耗差别的最主要原因。要用一种朴素的心态从“适当改善”出发考虑建筑与设备系统的设计，可能比较多的是做“减法”；而“全面掌控”则往往是做“加法”。查对技术清单法很容易从推进建筑节能出发，促进了“加法”，从而最终导致实际能耗的增加。美国费城一座2002年建设的办公建筑，在围护结构，控制系统等各方面都采用了多项节能措施。建成后请专家评议，一直认为是节能建筑，并给予按照50%的面积收取能源费的优惠。然而在2006~2007年的实测结果表明，其实际的运行能耗却比邻近的一般建筑高20%~30%。北京的一座2002年建成的办公建筑，审查的结果其所采用的各项技术都优于“公共建筑节能标准”中规定的各项节能措施。围护结构保温、热回收、变频风机等技术都得到普遍应用。然而连续几年的测试表明，它的单位建筑面积运行能耗却一直处于北京一批同类办公建筑之首。此类案例比比皆是。盲目地堆砌节能技术，其结果是实际能源消耗的上涨。这难道就是我们推动建筑节能工作的最终目的吗？

查对技术清单法导致建筑节能工作的形而上学和简单化，很难收到建筑节能的实效。以采用了多少项节能技术作为炫耀一座建筑的节能性，以某项节能技术在某地区广泛应用的程度作为炫耀该地区建筑节能的业绩，以引进和推广多少项先进节能技术作为完成建筑节能任务的主要途径，都很难真正实现建筑节能的真正效果，反过来却极有可能成为某类“节能产品”的推销机制。建筑节能的目的就是使建筑运行能耗的真正降低,而再无其他目的。因此查对技术清单的做法不可能真正实现建筑节能的目标。

4.2　考核可再生能源比例的方法

目前在很多新开发区和新开发项目中，都把用可再生能源占建筑总能源的比例作为考核一个项目是否节能、绿色、生态的重要指标。但这样一个指标是否科学和有效呢？我们希望降低建筑实际的运行能源消耗量，使用了一定比例的可再生能源，从而可以减少常规能源的消耗量。但是如果建筑总的能源需求量不同，A建筑比B建筑高50%。当A建筑采用了20%可再生能源时，实际的常规能源消耗量仍比B建筑高出20%，因此对于B建筑来说，A建筑仍然是高能耗建筑，而不能仅因为它

采用了 20% 可再生能源就成为节能建筑。

怎样考核可再生能源的利用量呢？目前纳入到建筑可再生能源利用中的技术措施主要包括：太阳能光伏发电、太阳能热水器、太阳能采光、与建筑结合的风力发电、地源热泵、水源热泵等。这些方式可以分为两类：将太阳能或风能转换为建筑需要的能源，可称为“直接型可再生能源利用”；通过热泵利用地下与地面的温差获取建筑需要的热量或冷量，可称为“热泵型可再生能源利用”。

对于直接型利用，是把太阳能、风能这些在建筑周边的低密度能源转换为高品位常规能源（如电能，生活热水除外），然后再通过常规系统由电力等常规能源形式的高品位能源通过常规途径服务于建筑所需要的各类需求。这些需求中大多数最终的形式实际要求的是低品位能源。这样的多次转换环节，按照热力学分析，一定是损失大，效率低，从而也就导致初投资高。用太阳能、风能满足建筑需求的最佳途径是太阳能风能的直接利用。例如通过合理的建筑设计使建筑内部获得良好的自然采光效果，从而大幅度减少白天对人工照明的需要；通过合理的建筑造型和围护结构设计使得冬季可有效地利用太阳光提高室温，减少采暖需求；在夏季通过避免阳光进入，减少空调需求；通过合理的建筑设计使得能够利用风能解决建筑物的通风换气，全面替代机械通风系统。这些与建筑融为一体的被动式设计，实现可再生能源到建筑需求的直接转换，也是低密度、低品位到低密度低品位的直接转换。无转换环节必然使得可再生能源利用效率高，增加的初投资少，效益高。这些方式是最应提倡的建筑节能和建筑中推广可再生能源应用的方式。然而这些直接应用却很难量化成可再生能源的利用量，从而往往不被计入可再生能源替代常规能源的替代比例中。于是，这样的考核方式就很容易促进不甚合理的可再生能源多次转换的利用方式，反而就可能抑制最合理的各种直接利用方式。转换环节的多少，转换过程中能源品位的变化，实际可以作为评价各种太阳能风能利用方式的指标。例如太阳能热水器直接把太阳能转换为生活热水，属于低密度—低品位的直接利用方式，所以是最合理的利用方式。这就是为什么在没有什么优惠政策的大环境下完全依靠市场机制就使我国太阳能热水器获得了广泛的普及，其成果举世瞩目。而太阳能热水器产生热水再进入散热器采暖的方式转换环节多，无政策支持，仅仅靠市场机制就很难推广。可是我们为什么要通过某种政策机制去促进一些不十分合理的利用方式呢？

再来看“热泵型”可再生能源利用方式。如果认为通过热泵从地下水、地表水或者海水中提取出的热量属“可再生能源”，那么通过空气源热泵从室外空气中提取的热量是否也可以归入可再生能源呢？如果在夏季向地下水、地表水或者海水中释放热量属于利用这些“可再生能源”中的冷量，那么通过一般的空调机向室外空气释放热量（也就是利用空气中的冷量）是否也可以属可再生能源呢？这样一来，概念就很模糊。有些地方不得已还下了很大的力量去界定哪些属于可再生能源，哪些不属于。然而，热泵的运行也需要消耗电力，包括压缩机耗电和两侧的流体输送系统耗电（水泵和风机）。热泵的功能实际是把电力这样的高品位能源转换为建筑需要的低品位热能。热泵系统是否节能完全取决于转换效率的高低。例如，北方地区许多地下水源热泵系统输出的热量与压缩机和地下水循环水泵耗电量之比仅为 2.5，也就是说，消耗一份电力最终获得的仅是 2.5 份热量。而这一份电力实际是消耗了 3 份热量的燃煤通过热电厂转换而来。如果用这些燃煤通过大型锅炉燃烧，也可以制备同样热量的热水（锅炉效率 83%）。这样的地下水源热泵系统充其量只能说减少了当地的空气污染，并无节能效果。但如果把这种热泵从地下提取的热量统统计入可再生能源，就可立即得到巨大份额的可再生能源利用比例。可是这到底对节省常规能源做了什么贡献呢？实际上有很多地下水源热泵系统，冬季实际运行的结果表明平均消耗一份电力仅产生两份热量。这样的系统从常规能源的消耗量看，不如大型燃煤锅炉，因此属于费能方式。而如果认为它提取的热量属可再生能源，则可得到这一系统在采暖的能源消耗中 50% 属可再生能源的结论！用这样的方式量化可再生能源的利用，再用这种可再生能源利用率来考核建筑节能工作，不会产生任何实际的节能效果，只会毁坏全社会对建筑节能高度关注的大好形势，浪费掉全社会投入到建筑节能事业中的宝贵资源。因此，不应该把使用可再生能源的比例作为建筑节能的考核指标。

4.3　比较能源利用效率的方法

建筑节能的一种英文对照用词是“Building energy efficiency”。再用中文解释，就是“提高建筑物能源利用效率”。那么建筑节能是否可以直接用建筑系统的能源利用效率来评价呢？

当谈到发达国家建筑能耗实际上高于我国现状这样一个事实时，很多人马上想到，这一定是我国建筑提供的服务水平低于发达国家，如果把服务水平折算到同一标准，能耗高低的关系可能就不一样了。这种说法的确没错。例如法国南部住宅冬季采暖能耗为 50kWh/(m^2· a) 热量，室内维持在 22℃。而同样的冬季气候条件，上

海地区住宅冬季采暖热泵耗电 5kWh，热泵产热量 12kWh/(m^2· a)，但室内是部分时间，部分空间采暖，有人时房间温度 15℃，无人时停掉采暖设备，房间温度自然降低。把这样一座上海住宅的实测状况按照法国标准，折合为室内 22℃，全空间、全时间采暖，可以计算出在这样的标准工况下需要的热量超过 60kWh/(m^2· a)。这样一来，法国南部这座住宅建筑的能源利用率高，而上海这座住宅建筑的能源利用率低。实际上，这座法国住宅建筑的能源利用效率确实高于上述的这座上海住宅建筑，但我们能认为那座实际消耗 50kWh/(m^2· a) 的法国住宅建筑比实际消耗 5 kWh/(m^2· a) 的这座上海住宅建筑节能吗？

一位很认真的北京的房地产开发商请专业的节能环保机构对他们的一个项目冬季采暖能耗状况进行了测试。这个项目采用辐射采暖，另外还有专门的新风系统提供加热加湿后的新风。整个冬季室温维持在 24℃，辐射采暖的热量平均消耗量为 14W/m^2，新风系统耗热量为 11W/m^2，这样，冬季采暖总的耗热量平均为 25W/m^2。测试机构认为，把辐射采暖的热量折合到北京市规定的采暖标准室温 18℃的工况，14W/m^2 应折合到 10.5W/m^2，而新风属于提供了额外的服务，因此其热量不应计入。这样，折合到标准工况，采暖能耗仅为 10.5W/m^2，仅为北京市建筑节能标准中采暖能耗 21W/m^2 的一半。因此可以得到结论，这座建筑的能耗比达到建筑节能标准的建筑能耗还低一半。但是，这座建筑实际消耗了平均 25W/m^2 的热量，明明比北京市节能标准中规定的 21W/m^2 高，怎么就比节能标准规定的能耗还节能了呢？这就是用能源利用率这种方式来评价是否节能所出现的问题。

建筑能耗不仅与建筑及设备系统的效率有关，还在很大程度上与建筑运行模式、使用者行为模式以及建筑提供的室内物理参数有关。我们抓建筑节能工作，也不是单单为了建造出一片高能效建筑，而是希望真正减少实际的建筑运行能耗。希望从建筑形式、设备效率、运行方式、使用者行为以及室内实际的设定参数等各影响因素全面奏效。只谈用能效率，尤其是将室内状态折合换算到同一标准后再比较能源消耗，就无法反映运行方式、使用者行为以及室内设定参数这些因素对建筑能耗的影响。这样就只能片面地反映建筑能耗问题，甚至回避了影响建筑能耗的最主要因素。实际上，相当多的建筑其能源利用率高，但实际能源消耗更高，主要原因就是没有正确地把握适当的服务标准，从“全面掌控”出发去营造人工环境。仅仅追求建筑用能效率，以此作为评价建筑节能的标准，往往鼓励的是这一类“全面掌控”的建筑和运营理念。最终的效果又导致实际能源消耗的大幅度增长。因此不能把追求高的建筑能源利用率作为建筑节能的追求目标和评价标准。

4.4　从实际能耗数据出发的方法

因为建筑节能的目标应该是实际建筑能源消耗数量的降低，因此就应该以实际的能源消耗数据作为导向，作为建筑节能工作唯一的评价标准和追求目标。什么是实际能源消耗数据？对于一个国家或地区来说，建筑节能的目标就是在满足人民生活水平和社会发展需要的前提下，降低建筑运行的能源消耗总量，总而减少资源消耗，保护环境，实现可持续发展的目标。为了降低建筑运行的能源消耗总量，就要：

（1）在满足人民生活和社会活动需要的前提下，尽量减少全社会的建筑总拥有量。建筑能耗总量与建筑总量成正比，超过社会需要量之外的多余建筑只是增加能源消耗，增加管理负担，浪费土地，而不会给人类的文明、进步和人民的幸福带来任何帮助。因此，严格控制建筑总量应成为建筑节能工作的关键措施之一。而从能源使用效率，可再生能源比例等指标出发都无法导出控制建筑总量的措施；

（2）提倡“绿色生活”，强调建筑与自然环境的沟通，严格控制建筑标准，尽量避免建造高能耗的“人工环境”建筑。同时，通过行为节能，减少室内外环境状态设定参数的差异，无人时关闭一切环境控制设备，提倡采用“部分时间，部分空间”的运行模式。这些措施也是可再生能源利用率或能源利用效率这些指标所无法导出的；

（3）用实际建筑运行能耗数据作为指导、规划和管理建筑节能工作的出发点。新建建筑的建筑节能不是以“节能百分之几十”来规划和考核，而是规划“新建建筑增加的运行能源消耗总量不超过多少”；既有建筑的节能改造也不是以完成了“百分之几十”的改造量作为任务和指标，而是通过节能改造后，能源消耗降低至多少；或者与原来相比降低的能源消耗量。这种对建筑能耗总量的规划、考核与约束，才可以与我们的能源与环境的整体规划衔接，并能够真正产生建筑节能的社会效益。

对于一座具体建筑，以能源消耗数量为目标的建筑节能就是分别考察建筑物实现的每个单位功能所付出的能消耗代价。例如，对于住宅建筑，就是考察其单位建筑面积用电量、单位建筑面积采暖消耗的热量和空调消耗的电量以及单位居住者的炊事和生活热水所消耗的能量。表 1 为我们参考各地实际能耗调查的结果并结合大量的计算分析，得到在基本满足住宅功能要求的前提下，我国几个典型城市住宅能耗的参照值，或者是当各项节能措施得到基本落实后，住宅能耗可以达到的水平。同样，对于不同类型的公共建筑，表 2、表 3 给出各个典型城市单位建筑面积电耗总量、

采暖热量、空调耗电量等指标。目前大约有一半左右的同类型建筑实际的能耗处于或低于这一指标。从社会公平化原则出发，如果这一地区一半的同功能建筑能够在这样的能耗指标下正常地发挥其功能，那么对新建建筑就不存在任何其他理由要在运行中超过这一用能指标。这些指标值可以作为目前建筑节能的参考值，用以评价一座同功能建筑能耗是正常、偏高还是低于平均状况。

当新建一座建筑，尤其是大型公共建筑时，以能耗指标作为考核建筑节能的目标，可以有效地统一建设与管理的全过程，并且使降低运行能源消耗的最终目标得以有效落实。 在项目规划初期，应该根据规划的建筑功能与规模，参考表 2、表 3 的数值，给出这一项目未来全年的总能耗和各项分解能耗，以此作为这一项目建筑节能的约束标准。在方案设计与评比阶段，这一建筑能耗指标就可以作为是否节能的最科学评价。可以利用现在的模拟分析手段，预测出在不同的使用模式下各个设计方案最终的运行总能耗和分项能耗。这些预测结果可以用来评价不同设计方案的能耗性质，帮助选择节能型方案，从而避免单纯地比较采用了哪些节能技术、安装了哪些节能产品。

有了这样的标尺，可以很方便地根据实际的能源消耗账单去判断一座建筑物的建筑节能水平，也可以根据建筑物内各类用能系统的分项电耗去分别考核各个系统的相关责任者（运行管理者、设备提供者以及设计者）在节能工作上的功过。这样建筑节能就不再是一句空话，也很难再成为某些机构的炒作题材。经过这样的考核被证实是实现了节能的项目，也就一定能从运行费用降低中获得经济回报。

用能耗数据说话，以能耗数据作为标尺，这应该是贯穿与建筑的规划、设计、工程验收、运行管理以及节能改造整个全过程中引导建筑节能工作的唯一的评价指标。

不同地区住宅建筑的能耗指标参考值 **表 1**

序号	用能类别	单位	住宅建筑			
			北京地区	西安地区	上海地区	广州地区
1	采暖全年耗热量	kWh/（m²·a）	65	55	15	—
2	空调全年耗冷量	kWh/（m²·a）	8	9	14	20
3	空调（包括上海、广州的采暖）全年耗电量	kWh/（m²·a）	3	3.4	10	7
4	全年总耗电量（包括各类电器）	kWh/（m²·a）	18	19	25	22

北京/西安地区不同功能建筑的能耗指标参考值　　　　表2(a)

序号	不同系统	单位	北京地区				西安地区			
			普通办公楼	商务办公楼	大型商场	宾馆酒店	普通办公楼	商务办公楼	大型商场	宾馆酒店
1	空调系统全年耗电量	kWh/(m^2·a)	18	30	110	46	20	31	112	47
2	照明系统全年耗电量	kWh/(m^2·a)	14	22	65	18	14	22	65	18
3	室内设备全年耗电量	kWh/(m^2·a)	20	32	10	14	20	32	10	14
4	电梯系统全年耗电量	kWh/(m^2·a)	—	3	14	3	—	3	14	3
5	给水排水系统全年耗电量	kWh/(m^2·a)	1	1	0.2	5.8	1	1	0.2	5.8
(1~5)	常规系统全年总耗电量	kWh/(m^2·a)	53	88	200	87	55	89	201	88
6	空调系统全年耗冷量	GJ/(m^2·a)	0.15	0.28	0.48	0.32	0.16	0.29	0.49	0.33
7	供暖系统全年耗热量	GJ/(m^2·a)	0.20	0.18	0.12	0.30	0.19	0.17	0.11	0.29
8	生活热水系统全年耗热量	GJ/(m^2·人)	—	—	—	12	—	—	—	12

上海/广州地区不同功能建筑的能耗指标参考值　　　　表2(b)

序号	不同系统	单位	上海地区				广州地区			
			普通办公楼	商务办公楼	大型商场	宾馆酒店	普通办公楼	商务办公楼	大型商场	宾馆酒店
1	供暖空调系统全年耗电量(包括热源)	kWh/(m^2·a)	23	37	140	54	40	55	170	78
2	照明系统全年耗电量	kWh/(m^2·a)	14	22	65	18	14	22	65	18
3	室内设备全年耗电量	kWh/(m^2·a)	20	32	10	14	20	32	10	14
4	电梯系统全年耗电量	kWh/(m^2·a)	—	3	14	3	—	3	14	3
5	给水排水系统全年耗电量	kWh/(m^2·a)	1	1	0.2	5.8	1	1	0.2	5.8

续表

序号	不同系统	单位	上海地区				广州地区			
			普通办公楼	商务办公楼	大型商场	宾馆酒店	普通办公楼	商务办公楼	大型商场	宾馆酒店
(1~5)	常规系统全年总耗电量	kWh/(m^2·a)	58	95	230	95	75	113	260	119
6	空调系统全年耗冷量	GJ/(m^2·a)	0.22	0.32	0.79	0.44	0.38	0.48	1.16	0.68
7	生活热水系统全年耗热量	GJ/(m^2·人)	—	—	—	12	—	—	—	12

北京 / 西安地区不同功能建筑的供暖空调系统能耗指标参考值　　表 3(a)

序号	不同系统	单位	北京地区				西安地区			
			普通办公楼	商务办公楼	商场	宾馆酒店	普通办公楼	商务办公楼	商场	宾馆酒店
1	冷机全年耗电量	kWh/(m^2·a)	—	14.0	28.7	18.6	—	14.6	29.4	19.2
2	冷冻水泵全年耗电量	kWh/(m^2·a)	—	3.8	7.5	5.2	—	3.9	7.7	5.4
3	冷却塔全年耗电量	kWh/(m^2·a)	—	1.6	3.5	2.4	—	1.7	3.7	2.6
4	冷却水泵全年耗电量	kWh/(m^2·a)	—	3.6	7.8	5.4	—	3.8	8.1	5.6
5	热源泵全年耗电量	kWh/(m^2·a)	—	1.0	1.1	1.6	—	0.9	1.0	1.4
6	风机盘管全年总耗电量	kWh/(m^2·a)	—	1.5	—	1.8	—	1.5	—	1.8
7	新风机组全年耗电量	kWh/(m^2·a)	—	4.5	—	5.2	—	4.6	—	5.2
8	空调送风机全年耗电量	kWh/(m^2·a)	—	—	50.6	4.8	—	—	51.1	4.8
9	空调排风机全年耗电量	kWh/(m^2·a)	—	—	10.8	1.0	—	—	11.0	1.0
(1~9)	供暖空调系统全年耗电量	kWh/(m^2·a)	18	30	110	46	20	31	112	47

上海 / 广州地区不同功能建筑的供暖空调系统能耗指标参考值　　**表 3（b）**

序号	不同系统	单位	上海地区				广州地区			
			普通办公楼	商务办公楼	商场	宾馆酒店	普通办公楼	商务办公楼	商场	宾馆酒店
1	冷机全年耗电量	kWh/(m^2·a)	—	18.0	45.0	24.0	—	30.0	63.7	39.4
2	冷冻水泵全年耗电量	kWh/(m^2·a)	—	4.8	11.0	6.2	—	7.4	14.1	9.8
3	冷却塔全年耗电量	kWh/(m^2·a)	—	2.2	5.0	2.8	—	3.2	5.8	4.5
4	冷却水泵全年耗电量	kWh/(m^2·a)	—	5.0	12.0	6.4	—	7.2	14.8	10.0
5	风机盘管全年总耗电量	kWh/(m^2·a)	—	1.6	—	2.0	—	2.0	—	2.2
6	新风机组全年耗电量	kWh/(m^2·a)	—	4.8	—	5.4	—	5.2	—	5.5
7	空调送风机全年耗电量	kWh/(m^2·a)	—	—	54.0	5.0	—	—	57.6	5.2
8	空调排风机全年耗电量	kWh/(m^2·a)	—	—	13.0	1.2	—	—	14.0	1.4
（1~8）	供暖空调系统全年耗电量	kWh/(m^2·a)	23	37	140	54	40	55	170	78

说明：

1. 由于住宅建筑的空调能耗与住户的空调使用方式密切相关，不同住户的空调使用方式由于生活节俭程度的不同差异很大。本表中提供的数据为中等节俭程度住户的能耗数据。

2. 建筑面积：本表中的建筑面积指建筑物除车库之外的建筑面积。

3. 普通办公建筑：指建筑面积在 2 万 m^2 以下且不设置集中空调的中小型办公建筑，该类建筑的主要特点为建筑内区很小、外窗可大面积开启。

4. 本表中的能耗指标均不包括信息中心、洗衣房、厨房、大型娱乐中心、车库。

5 零能耗建筑是建筑节能的发展方向吗?❶

随着建筑节能工作的日益深入人心，近年来在一些发达国家有学者和政府部门相继提出“零能耗”建筑甚至“负能耗”建筑（建筑对外输出能源）的概念，认为建筑节能的中心任务就是发展和推广零能耗建筑，建筑节能问题的最终解决就是把建筑全面建成零能耗建筑。由此观点出发，国内也开始陆续出现各种发展零能耗建筑的设想，甚至把建筑节能的希望寄托于零能耗建筑。那么，怎么看待零能耗建筑？什么是我们落实建筑节能任务、实现建筑节能目标的主要途径呢？既然上一节说明，应该以实际运行能耗数据作为建筑节能工作追求的目标，那么零能耗建筑不就是这个目标的最极致的表述吗？为此，需要深入剖析零能耗建筑这一概念。澄清这一问题对于有效地利用好当前各种社会资源，搞好建筑节能工作，真正实现建筑节能目标有重要意义。

5.1 什么是零能耗建筑

实际上有这样几种零能耗建筑的定义：

（1）独立的零能耗建筑：不依赖于外界的任何能源供应，建筑物可以利用其自身产生的能源独立运行。这是真正意义上的零能耗建筑，目前在世界上仅有很少几座以科学研究为目的的这种真正的零能耗建筑在服务于尝试性的研究工作；

（2）净零能耗建筑：与外电网连接，利用安装在建筑物自身的太阳能、风能装置发电，当产生的电力大于需要的电力时，多余的能源输出到电网；当产生的能源不足以满足需求时，再利用电网供应的电力补充不足。一年内生产的电力与从电网得到的电力相抵平衡，由此称“零能耗”；

（3）包括建筑本体之外设施的零能耗建筑（Off-site zero energy building）：在建筑之外建立风力发电、太阳能发电、生物质能发电以及用生物质能产生燃气（如沼气）

❶ 原载于《中国建筑节能年度发展研究报告2009》第2章，作者：江亿。

等，利用这些属于可再生能源的电力和燃气来支持建筑运行的能源需求。这是目前见到的较多的零能耗建筑。

要实现这三类零能耗建筑都需要作两方面的努力：一是降低对能源的需求，通过各种被动式建筑手段来尽可能营造室内较舒适的热湿环境和采光环境，最大限度降低对机械系统的依赖；二是尽可能利用太阳能、风能、生物质能等可再生能源，将其转换为建筑物所需要的电、热和燃料。前者是营造节能建筑、低能耗建筑所追求的共同目标，所要求的技术途径也基本相同，因此不属于零能耗建筑的特殊问题。而后者是要通过某种途径将可再生能源转换为建筑所需要的能源从而实现“零能耗”，因此这才是零能耗建筑之所以能够称为“零”的关键点。然而，上述第三类零能耗建筑，既 off-site 型零能耗建筑，也就是在建筑之外的土地上通过各类可再生能源和生物质能源利用设施为建筑物提供能源，更多的是反映建筑的建造和使用者节省能源保护环境的理念，与建筑本身无直接关系。因此单纯从技术层面讨论的话，这里只探讨上述前两类零能耗建筑。

5.2　实现零能耗建筑的条件与适应性

在探讨太阳能光伏电池在建筑中利用的可行性时，计算了要使一座充分使用了各种被动式技术的节能建筑全部用太阳能提供其各类能源时，所需要的接受太阳能的表面面积（计算过程请见《中国建筑节能年度发展研究报告 2009》中 3.3 节）。根据这一计算，可以判断，对于 3 层以上（包括 3 层）的住宅建筑和办公建筑，依靠其外表面面积接受太阳能来提供该建筑所需要的全部能源，实现“零能耗”，几乎是不可能的。其根本原因就是整座建筑可以接收到的太阳能能量在目前技术水平所能达到的能量转换效率下不足以提供这样大的建筑空间所要求的必要的运行能源。如果再考虑城市建筑密集，建筑之间的相互遮挡，建筑表面所能得到的太阳能量就更少。在城市建筑中采用风能为建筑提供能源的可能性目前也有了一些尝试。研究案例表明，对于高层建筑（如广州某大厦）在最大的可能性下安装风能装置，可提供的电能不足整个建筑用能的 1%。这样看来，在目前的技术水平下，3 层以上建筑很难完全依靠太阳能和风能提供其自身的全部运行能源需求，实现“零能耗”。从技术层面看，目前的零能耗只可能在 3 层以下的低密度建筑中实现。目前看到的世界上介绍的真正实现了零能耗的建筑案例，无一例外全部是 3 层以下建筑。我国城市建设面临的问题之一是土地资源匮乏，节能、节地是我们必须同时面对的问题。

扩大城市建设范围，发展低密度城市建设，还会导致交通需求量的大幅度增加，并降低公共交通系统的效率，增大交通能耗。因此大规模低密度城市建筑绝非我国城市建设发展方向。这样，依赖于低密度的"零能耗"建筑可以作为研究目标来建造，也可以在某些特殊条件下的项目中小范围尝试，但却不可能成为我国城市建筑节能的最终解决途径。

除了土地资源利用问题，还有能源的"品位对口，梯级利用"问题。能量优化利用的最基本策略就是根据需求特点，选择合适的能源类型，尽可能减少转换环节，实现各类能源的恰当匹配利用。建筑用能种类繁多，各自需要不同品位、不同形式的能源。例如，电视、电脑等电器设备必须用电力驱动；而采暖和生活热水可以使用各种可获得的低品位热能。太阳能尽管从原理上讲属于高品位光能，但由于其能量密度太小，所以其本质相当于低品位能源。这就是说，利用太阳能的最好方式是直接将它转换为建筑需要的某种低品位用能服务，而不是转换为高品位的电能。建筑的用能种类和用量很难与适合安置在建筑表面的各类可再生能源相匹配，为了实现零能耗，有时就不得已通过多环节的能源转换来满足建筑的多种需求。例如通过太阳能光伏发电电动水源热泵产生热水供建筑物采暖，如果光伏发电的光—电转换效率为 15%，热泵的电—热转换效率为 3，其综合效率也只是 45%，远低于直接用太阳能热水器产生热水可达到的 70%的光—热转换效率。而在能源供应系统完备的大城市，电网可以向建筑实时地高效地提供需要的电能，极少量的太阳能光伏发电很难产生对降低电力系统能源消耗的实质贡献。反之却在并网双向输电等方面增添了一系列的问题和困难。那么为什么要在高建筑密度的大城市倡导依赖于太阳能、风能发电的零能耗建筑呢？

什么场合是零能耗建筑最适宜的场合呢？应该是远离城市能源供应系统的边远地区。我国西部几千公里的边防哨所，能源供应十分困难，而人烟稀少，土地和空间资源极充足。我们的边防战士有时由于能源供应不足而忍饥受冻，由于没有电力供应而不能看电视、上网。而这些地方发展零能耗建筑不存在任何空间和土地紧张问题，也不存在维护管理力量不足问题，是发展零能耗建筑的最佳场合！我国目前西部和海岛还有一些电网不能到达的地区。为了解决这些地区的供电以及其他的常规能源供应，有时需要巨大投资。这些也应该是发展零能耗建筑的最好场合。由于距离远、末端负荷小，有时电网的输送损耗可达输送到末端电力的 30% ~50%。发展零能耗建筑，可以大幅度改善这些地区人民的生活状况。相比电网完善而建筑密集的大城市，其经济效益、节能效益和社会效益都完全无法相比。

我国社会和经济进一步发展的关键是提高农村的经济、文化和文明水平。建设社会主义新农村可能是当前促进我国社会和经济持续发展的最主要任务。与我国的城市形态不同，大多数农村建筑密度低，土地资源相对充足，劳动力资源相对富裕。反之，与城市相比，能源供应系统却相对落后。供电系统大多靠长途供电，由于末端的低密度负荷造成输电效率低、成本高。除了煤炭产区，多数农村煤炭等商品能源的输运成本高,实际的综合成本往往高于城市。目前许多农民家的厨房中,煤气罐、电饭煲、柴灶、蜂窝煤炉“四位一体”，“根据情况不断变换做饭的灶具”。这反映出农村目前能源系统不健全，各类能源供应不可靠的状况。而这种状况恰恰为在农村发展零能耗建筑的提供了最有利的条件。大多数农村有丰富的生物质能源，按照 Off-site 型零能耗的思路，开发基于生物质能、并辅之以太阳能和风能的新能源系统，全面解决新农村建设中的能源问题，走一条与目前城市中的能源供应系统完全不同的可持续发展的能源解决模式，这将是人类理想中的建筑能源模式。这会对我国社会主义新农村建设做出重大贡献，也将为缓解我国能源供需间的缺口产生巨大的贡献。农村燃煤消耗量的不断增加使灰渣堆积，成为包围一个个村落的垃圾围墙。用生物质能替代燃煤，生成物全部成为有机肥，可返回耕田。由此，零能耗建筑还是在农村实现资源循环利用的重要环节。中国零能耗建筑的前景在农村，那里有广阔空间，可以大有所为！

5.3　大城市倡导零能耗建筑的不良后果

当前，建筑节能已成为我国节能减排战略的重要任务之一。各级政府、社会各界都极为关注。各种社会资源也纷纷投向建筑节能事业。如何发展我国城市的建筑节能？怎样才能真正实现我国建筑节能的宏大目标？这是需要深入地进行科学探讨的大问题，也是建筑节能工作首先要解决的问题。把零能耗建筑作为实现建筑节能最终的解决途径，把盖几座零能耗建筑作为落实建筑节能的主要行动，就会将全社会对建筑节能事业的关注引导到不适宜的方向，就会过多地占用建筑节能的社会资源，从而影响建筑节能的主要工作。实际上，一个拥有几千万平方米建筑的城市（北京城市建筑面积约 8 亿平方米），即使盖出 10 万平方米的零能耗建筑，对整个城市建筑总的能耗也只能产生不足 1%的影响。而真要盖出这样大规模的零能耗建筑，可能要动用这一个城市在建筑节能工作中的全部资源。这些资源如果用在全社会的建筑节能工作中，建立建筑能耗数据统计管理平台与考核体系、针对高能耗建筑进

行有效地整改、加强运行管理提高建筑用能系统效率以及其他许多措施都可以有效地大幅度降低整个城市的建筑能耗。可能只要上述投资的10%，就可以使这个城市的建筑室内照明全部更换为节能灯，这可产生的节能效果会超过这个城市建筑总能耗的10%；如果在北方地区，这些资源用于热电联产集中供热系统的改造，可取得的节能效果则会超过这个城市建筑总能耗的20%！

有些城市希望把建成几座零能耗建筑作为建筑节能工作的标志性成果，作为建筑节能工作有显示度的业绩。我们考核建筑节能工作的成果一定是实际运行能耗的下降，是围绕降低建筑运行总的能源消耗所作的一切努力。实际上，建立全市范围内各主要建筑的运行能耗实时监管平台，通过加强管理切实降低实际能耗，可能远比几座零能耗建筑更有显示度，更能产生实际的节能效果，也更节省投资。通过这样的建筑运行能耗监管平台实时获取实际的建筑运行能源消耗状况，通过各种途径和方式向全社会公示，所引起的全社会关注程度和市民介入程度都将远远大于盖几座零能耗建筑所能起到的宣传和带动效果，也更能体现出有关部门对建筑节能工作的重视。这可能会成为更大的更有显示度的业绩。

某些企业是出于商业目的，利用全社会对建筑节能事业的高度关注，把各种最新的建筑节能技术汇集，通过零能耗建筑的概念打包，获取某些商业利益。实际上目前国内不少号称零能耗的大型建筑在这种影响下大幅度增加了投资，尽管一时换取了有关部门和社会上的某些赞誉，但却很少产生真正的节能效果。长期运行的结果表明不仅不能“零能耗”，有的项目实际能耗还要高于一般建筑水平。这类项目占用了社会资源，玷污了建筑节能事业，业主也很难从中得到任何好处，实际上是“伪零能耗建筑”。在城市大力倡导零能耗建筑，很容易最终变为“伪零能耗建筑”，其客观作用是在为这种做法煽风鼓气。多少年来，我们搞“大跃进”性质的运动，好大喜功，最终浪费掉宝贵资源，无一而成。这种经验教训已经很多了，建筑节能工作该吸取这种历史的经验教训，坚持科学发展观，按照科学规律办事，说真话，办实事！

5.4 对发展“零能耗建筑”的态度

按照上述讨论，我们对零能耗建筑的态度是：

（1）零能耗建筑不可能是未来城市建筑节能的最终解决途径，尤其不是高密集建筑、土地资源匮乏城市的建筑节能任务的解。

（2）从科学研究的目的出发，建一两座零能耗建筑无可非议，但不可在大城市大规模发展零能耗建筑。

（3）边远地区，常规能源系统难以提供服务的地区，应该是零能耗建筑发展的最佳场所。结合建设社会主义新农村任务，从零能耗建筑的理念出发，发展新的农村能源系统，是零能耗建筑的研究与推广重点。

（4）应该警惕以零能耗建筑作为招牌来达到各种商业的和其他的目的，抵制伪零能耗建筑。建筑节能事业绝不可再搞“大跃进”了。

6　坚持科学发展观，实现中国特色的建筑节能[1]

我国的社会和经济发展目前正处在一个转型时期。前十年间 GDP 持续以 10% 左右的速度增长，城市建成面积每年以接近 10% 的速度增长，能源消耗的年增长率也一直高居于 10% 左右。查阅美国、日本的发展历史，可以发现我国城市的单位面积建筑能耗水平、经济发展水平与 20 世纪美国 50 年代及日本 60 年代末非常接近。这两个世界上最发达的国家从那时候起，经过了 15 到 20 年的时间，单位建筑面积能耗增加了 1 到 1.5 倍。之后尽管经济仍持续发展，单位建筑面积能耗基本上不再有大的变化（尽管历经 70 年代能源危机和历次节能减排运动的努力）。在最后单位面积能耗大致稳定的这 20~30 年间，替代于单位建筑面积的增长，是与经济发展同步的全社会总的建筑拥有量的缓慢增长，由此使建筑能耗总量持续增长，并逐渐成为制造、交通、建筑三大能源消费领域中的比例最大者。近 30 年来，以美、日为代表的发达国家从政府、社会各方面一次次周期性地对建筑节能给予高度关注和巨大的财政资助、立法监管和舆论导向，新的建筑节能技术也层出不穷，各国还相继出现了不少集成了各种节能技术的低能耗建筑，但如果观察全社会单位建筑面积能耗量，却很难发现明显的下降趋势。

目前我们的单位面积建筑能耗水平与当时的美、日基本相同，与现在的美、日相比则只是 40% 到 60%。根据他们走过的历程，如无切实有效的行动，15 到 20 年后很自然地就会达到他们的水平（韩国就是从 20 世纪 80 年代初期起，经过 15 年左右的时间，单位建筑面积能耗与人均 GDP 同步增长，经过了这一飞速发展期后，目前建筑能耗与日本处于完全相同的水平）。如果中国的城市建设持续飞速发展，20 年后城镇建筑存有量增加一倍，单位建筑面积能耗增加一倍，那时候我们的建筑运行总能耗就将与目前的全国商品能源消耗总量相同。无论从能源的来源，能源的运输还是能源转换后的碳排放，我国都不可能承担这样大的能源消耗量！这是因为我们的人口总量太大，国土面积和资源量有限，并且由于发展期的不同，现在已经不

[1] 原载于《中国建筑节能年度发展研究报告2009》第2章，作者：江亿。

可能再像美、日那样大规模借助于国外的自然资源了。我们要实现的任务是在满足社会、经济发展与人民生活水平提高的需求下，使单位建筑面积实际运行能耗基本上控制在目前水平，或者努力在目前的基础上进一步降低。这是一项史无前例的任务，是面对人类社会发展模式的挑战。不迈过这一步，城市建设就会受到能源与环境的严重制约，城市建设发展的制约又会进一步约束城市和社会的发展。中华民族在未来保持腾飞的态势，真正全面进入小康都将面临由此带来的能源和环境问题的挑战。

按照发达国家所走过的建筑节能的路来应对这一挑战？历史演变的事实证明是行不通的。美、日从 20 世纪 50~60 年代的“改善型”发展为“全面掌控型”使单位建筑面积能耗翻了 1.5 番，而进入“全面掌控型”后，即使再下大力量完善各环节的技术，提高各环节的效率，也很难使实际的建筑能耗有质的改观。面对这一现实，西方一些有识之士开始反思，提出要回归自然，要从生活方式、行为模式上重新考虑，人类应如何营造自己的生活空间，人类应该如何对待自然——是与自然和谐相处，还是驾驭自然之上？纵观人类的文明史，工业革命使人类可以在很大的程度上驾驭自然，但最终也带来了资源耗竭、环境破坏的后果。人类文明的进一步发展是改善与自然的关系，在和自然和谐的基础上实现可持续发展，从而实现生态文明。这应该是人类文明历程中的一个重大进步，也应该是人类发展的必然。从这一理念出发，人类营造自己生活空间的方式也应该得到反思，由此也就可以导出我们实现建筑节能宏大目标的新思路。

首先，什么是舒适、健康的室内环境？本章第 3 节介绍了这一领域的研究发展状况。实际上研究的焦点就是怎么对待建筑物的服务对象——居住者或使用者。从单纯机械论的观点出发，把人也看作一个机械对象，追求一个绝对的舒适点、舒适区，再通过各种机械手段去营造恒定于这一点的室内环境，这是“全面掌控型”室内环境营造的基本出发点，也是“现代建筑”能耗居高不下的主要原因。越企图把室内环境全面地恒定于一点，能耗就越高。在这样的目标的基础上再怎样通过先进技术和“零能耗”手段，也很难实现运行能耗的有效降低。而从辩证唯物论的观点看，居住者受建筑室内环境的影响是相对的、是变化的，这里不存在绝对的舒适点和舒适区。人体根据所处的热环境状态和自身所处状态（工作、休息、运动）不断调节自己身体热适应系统和代谢系统，以实现与外环境的热平衡。这是人体的基本能力和健康表现，也是人类在自然界万年的进化和发展过程中逐渐培养和健全的能力。舒适和健康的室内环境一定是建立在这一基础之上的。要有利于维持人体的调节能

力，要有适当的变化和刺激，要生动的，“活”的环境而不是僵死的，“枯燥”的环境。而这一切又恰恰是在大多数场合自然环境恰好可以提供的！真正舒适和健康的室内环境应该是尽量接近自然的环境，只是当出现极端不适宜环境时，再用机械系统进行适当的改善。第2节中讨论的“改善型”室内环境营造策略正好与这一思路一致。因此这可能是最符合人类本身需要的室内环境，也是人类进入生态文明后营造自身生活的室内环境的主要策略。而这样的室内环境营造又恰恰可以完全实现我们建筑节能的目标！

最适宜人生活居住的“改善型”室内环境并不是简单地维持我们目前的室内环境营造方式。研究表明最受欢迎的室内环境要素为：

（1）居住者与自然界的沟通能力。例如在需要的时候可以得到有效的自然通风，自然采光和日照，以及对外界良好的视觉效果；

（2）居住者对局部环境的调控能力。例如对自然通风、自然采光和日照的调控，对局部环境温湿度和照度的调控，对外界声响的调控（可以听到，也可以完全割断）。

从这一目标出发，在不同的气候带，需要的建筑形式就会很不相同，要求的机械设备系统的形式和特点也会很不一样，要实现降低运行能耗的关键点也就会因气候特点而异，因建筑功能而不同。但是，从这一追求目标出发，通过技术和管理的创新，却完全有可能实现我们建筑节能的目标，既提供更舒适和健康的居住与生活环境，又不使能源消耗增加。

同样，对于居住者生活的态度，也需要从可持续发展的角度进行探讨。例如曾一时鼓吹的“智能家居”，一切全依靠自动化、机械化系统实现，那么人在家里仍然是主人还是将沦为这些机械系统的奴隶？家庭劳动具有享受生活和繁琐劳动这两方面。机械化已经把人类从繁琐的家务劳动中解脱出来，不再碾米推面，炊事工作大为方便，洗衣机已替代了手工洗衣，如此等等。而进一步的全部自动化，就会完全丢掉享受生活的一面，居住者剩下的就只是被动地接受服务。而付出的代价呢？就是高额的能源消耗。这也不应该是我们小康生活所追求的。摆正人与环境的关系，理顺居住者与居室的关系，提倡“绿色生活”，这对我们规划未来的生活方式，从而相应的考虑合理的住宅设计非常重要，同时也是实现住宅能耗降低（至少不使住宅能耗再大幅度增加）的关键。

对于办公环境，购物环境，以及学校、医院等各类非居住建筑空间，也同样存在追求什么样的环境的问题。实际上目前社会上流行的所谓“豪华写字楼”，“豪华购物场所”等建筑环境，无论是建筑物内外的人流交通的便利性、与自然的沟通能力，还是使用者对局部环境的调控能力，都远远不如现在大多数“一般写字楼”和“一般购物场所”。而除了这种不便利之外，另一巨大的差异就是运行能耗上的巨大差别。这种“豪华建筑”由于其不得已的与外界的封闭性导致其运行能耗比“一般建筑”高出几倍。而以高得多的投资，高得多的运行费，高得多的不方便与不舒适换取的只是一种符号化的满足感。“我在这座豪华写字楼内上班！”，“本公司设在此高档写字楼中”，这实际是经济高速发展时期容易出现的一种文化现象。而这种文化导致了大量资源、能源的浪费，既影响了我们城市健康的发展模式，也还会影响整个一个社会群体的生活方式。因此从社会文化宣传教育上，怎样倡导先进的生态文明理念，建立起“节约为荣，浪费为耻”，“做绿色减排的地球人”等提倡生态文明的新文化，为建立资源节约型社会构成文化基础。这件事非常重要，应成为全社会的大事，需要从各级政府开始带头提倡，带头行动，形成风气，发展成新的文化。减少资源与能源的浪费，形成资源节约型社会，与扩大内需，促进经济发展二者无任何矛盾。扩大内需是为了增加金融的流动性，提高就业率，其核心是增加劳动力的需求量和消费量，从而促进经济的增长。扩大内需绝不是扩大对不可再生性资源的低效消耗和浪费。这些不可再生的资源永远是我们子孙后代赖以生存和发展的基础。

如果这样的思路是我们建筑节能问题的最终解决途径，那么当前的建筑节能工作就应该朝这个方向抓起。一方面是倡导绿色生活，绿色办公，绿色购物，逐渐形成生态文明的先进文化，另一方面就要从实际的能源消耗数据抓起，用能耗数据评价，用能耗数据考核，用能耗数据奖惩。建立起全面的清晰的建筑能耗监测统计和管理体系，获取有效的实际数据，这可能是实现“用能耗数据导向”的最主要的基础工作。无法全面切实地获取建筑能耗数据，用数据导向就只能是一句空话。但在数据监测统计系统上的投入可能远比建一两座示范建筑或零能耗建筑重要，也比用财政补贴的方式推广某种“节能技术”有效。当真正得到全面有效的建筑能耗数据，并能用这些数据管理和考核实际责任者时，市场就会以十倍百倍的力量推动那些能够真正降低运行能耗的技术、产品和措施进入最恰当的应用场合。建筑能耗的高低不仅取决于节能技术和产品的采用，更取决于运行者科学的运行管理和使用者绿色的行为模式。通过财政补贴支持某些节能技术，很难影响运行管理与行为模式，其结果往往会使这种技术被市场无边际的扩充，不论适用与否，盲目地推广。最终往往是把建筑室内环境营造方式推向“全面掌控”的建筑环境控制理念，与我们希望的可持续发展模式背道而驰。而以能耗数据分项监测为主导，在此基础上根据实际

能耗数据来考核与奖惩，却可以使建筑节能的事业全面地朝着生态文明的绿色解决方案推进。即可促进真正节能的产品与技术的应用，又可鼓励节能的管理模式和建筑使用方式，还会逐渐形成“建筑节能，人人有责，从每个人做起”。当我们从建筑的规划、设计，到系统的选择、调试，直到设备的日常运行，电灯与电脑的开闭，都把降低能耗作为重要的行动准则，形成生态文明的先进文化，我们就必然能够完成节能减排的历史使命，跨过这一障碍中华民族持续发展屏障，实现我们的小康社会发展目标。同时也为世界上其他正在积极探讨可持续发展的科学道路的新经济体国家提供成功示范。这将会是中华民族对人类做出的重大贡献。

参考文献

[1] Fanger P O. Thermal comfort - analysis and application in environment engineering. Danish Technology Press, Copenhagen, Denmark, 1970.

[2] Arens E., Humphreys M.A., de Dear R., Zhang H. Are ‘class A’ temperature requirements realistic or desirable? Building and Environment. 45(2010): 4-10.

[3] 清华大学建筑节能研究中心 . 中国建筑节能年度发展研究报告 2014. 北京：中国建筑工业出版社，2014.

[4] Nevins, R.G. 1966 Temperature-humidity chart for thermal comfort of seated persons. ASHRAE Transactions, Vol.72, pp.283-291

[5] Tanabe, S., Kimura, K., Hara, T. (1987). Thermal comfort requirements during the summer season in Japan. ASHRAE Transactions, 93(1), pp 564-577.

[6] 周翔 . 偏热环境下人体热感觉影响因素及评价指标研究 . 清华大学博士学位论文，2008.

[7] Fanger P. O., Toftum J.. Extension of the PMV model to non-air-conditioned buildings in warm climates. Energy and Buildings, 2002, 34(6): 533-536.

[8] 江燕涛，杨昌智，李文菁，王海 . 非空调环境下性别与热舒适的关系 . 暖通空调，2006(5).

[9] 曹彬等 . 过渡季和采暖季室内人体热适应性调查 .2008 全国暖通空调年会 .

[10] 夏一哉 . 气流脉动强度与频率对人体热感觉的影响研究 . 清华大学博士学位论文，2000.

[11] 纪秀玲 . 人居环境中人体热感觉的评价及预测研究 . 中国疾病预防控制中心博士学位论文，北京，2003.

[12] 余娟，欧阳沁，朱颖心等 . 供暖地区与非供暖地区居民对室内偏冷环境的热适应性研究：以北京与上海地区为例 . 暖通空调 , 2011, 41(11): 96-100.

[13] 罗茂辉，李敏，曹彬等 . 北京冬季住宅供暖热舒适与经济性研究 . 暖通空调 , 2014, 44(2): 21-25.

[14] Cao B., Shang Q., Dai Z. et al. The impact of air-conditioning usage on sick building syndrome during summer in China. Indoor Built Environment. 2013, 22: 490-497.

[15] 谭琳琳，戴自祝，刘颖 . 空调环境对人体热感觉和神经行为功能的影响 . 中国卫生工程学 . 2003，2(4):193-195

[16] Yu J., Ouyang Q., Zhu Y. et al. A comparison of the thermal adaptability of people accustomed to air conditioned environments and naturally ventilated environments[J]. Indoor Air. 2012, 22: 110-118.

[17] van Marken Lichtenbelt W. To comfort or not to comfort? International Conference of Healthy Buildings Europe. 18-20 May 2015, Eindhoven, The Netherlans.

[18] S. Mohamed, K. Srinavin: Forecasting labor productivity changes in construction using the PMV

index, Int. J. of Industrial Ergonomics, 35 (2005) 345-351.

[19] D. Johansson: Life cycle costs for indoor climate system with regards to system choice, airflow rate and productivity in office, IAQVEC 2007, Sendai, Japan.

[20] R. Kosonen, F. Tan: Assessment of productivity loss in air-conditioned buildings using PMV index, Energy and Building, 36(2004) 987-993.

[21] S. Tanabe, et al: Performance evaluation measures for workplace productivity, IAQVEC 2007, Sendai, Japan.

[22] D. P. Wyon, P. O. Fanger, et al: The mental performance of subject clothed for comfort at two different air temperature, Ergonomics, 18(4) 359-374, 1975.

中篇

分论

1　北方城镇供暖能耗现状与分析❶

图 1 为影响建筑采暖及其能源消耗的各个环节。从图中可以看到，采暖能耗不仅与建筑保温状况或建筑采暖实际消耗的热量有关，还与采暖的系统方式有关。采暖系统的构成方式不同，系统中各个环节的技术措施与运行管理方式不同，都会对实际采暖能耗有很大影响。不同的采暖方式对应的环节不同，所谓的采暖能耗也不同。根据热源的设置和管网状况，大体上可以把采暖分为三类：分户或分楼采暖，小区集中热源，城市集中热源。目前我国北方地区城镇采暖方式中，这三种类型大致各占三分之一。下面从图 1 中的各个环节出发分别对我国北方城镇采暖目前现状进行分析。

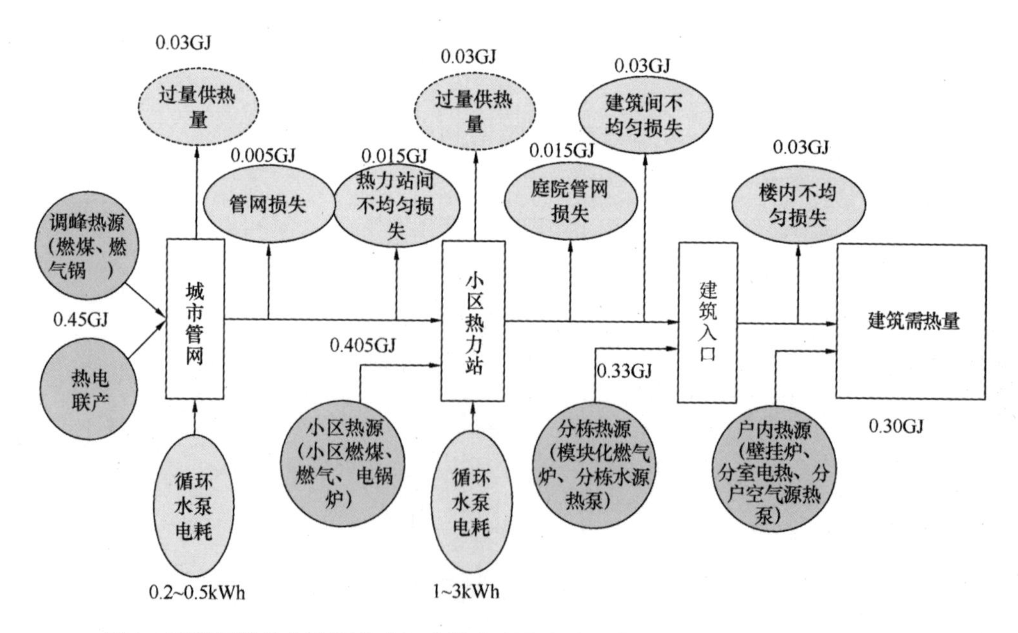

图 1　采暖系统的各个环节（图中数字为北京地区典型的单位面积年采暖能耗）

❶　原载于《中国建筑节能年度发展研究报告2011》第2章，作者：江亿，刘兰斌，夏建军，刘华。

1.1 建筑采暖用热量状况

1.1.1 建筑采暖需热量

建筑采暖需热量就是为了满足冬季室内温度舒适性要求所需要向室内提供的热量。单位建筑面积的采暖需热量 Q 可近似地由下式描述：

Q =（体形系数 × 围护结构平均传热系数 + 单位体积空气热容 × 换气次数）× 室内外温差 × 层高

体形系数就是建筑物外表面面积与其体积之比。建筑物的体量越大，体形系数越小；建筑物的进深越大，体形系数越小。表 1 给出不同形状的建筑的体形系数范围。表中表明作为我国北方城镇住宅主要形式的大型塔楼或中高层板楼，其体形系数大致在 0.2~0.3m^{-1} 之间，而作为西方住宅主要形式的别墅和联体低层建筑（Town house）其体型系数则在 0.4~0.5m^{-1} 之间。

不同形状的住宅建筑的体形系数范围 **表 1**

建筑类型	体形系数
多层住宅	0.3 ~ 0.35
塔楼	0.2 ~ 0.3
中高层板楼	0.2 ~ 0.3
别墅和联体底层建筑	0.4 ~ 0.5

围护结构平均传热系数由外墙保温状况、外窗结构与材料以及窗墙面积比决定。我国 20 世纪 50~60 年代北方地区的砖混结构的传热系数在 1~1.5 W/（m^2·K）；“文革”期间和 20 世纪 80 年代部分建筑采用 100mm 混凝土板和单层钢窗，围护结构平均传热系数可超过 2 W/（m^2·K）。从 20 世纪 90 年代开始，建筑节能逐渐得到全社会的关注。尤其是近年来，北方地区城市新建建筑符合建筑节能标准的比例不断升高，这就使得新建建筑的围护结构平均传热系数大幅度降低，图 2 是按照耗热量指标折算出的北方不同地区不同节能标准居住建筑综合传热系数。可以看到，达到 65% 节能标准的新建建筑，其综合传热系数已达到 0.7~1.2 W/（m^2·K）之间。发达国家也经过了与我们类似的过程，一些早期建筑围护结构平均传热系数也在 1.5 W/（m^2·K）以上，从 20 世纪 70 年代能源危机开始，各国开始注重围护结构的保温，写入欧美各国建筑节能标准中的围护结构平均传热系数可低至 0.4 W/（m^2·K）。但

由于近 30 年内新建的建筑占建筑总量的比例不大，（不同于我国，70% 以上的城市建筑为 20 世纪 90 年代以后兴建），因此发达国家的既有建筑围护结构保温的平均水平仍处在传热系数为 1W/（m^2·K）左右的水平。

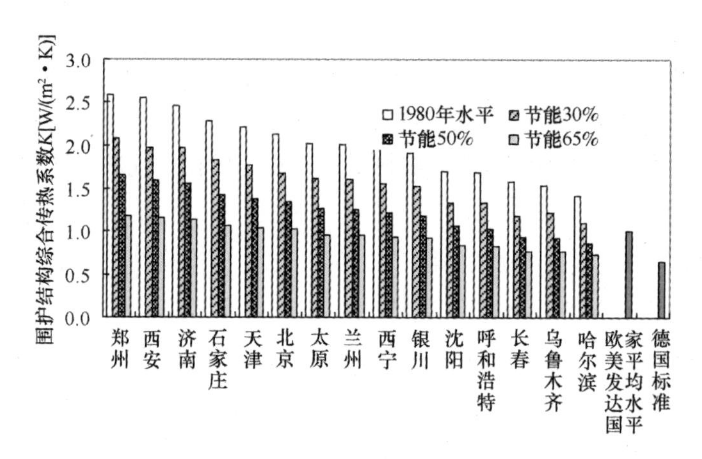

图 2　不同节能标准的居住建筑综合传热系数

换气次数指室内外的通风换气量，以每小时有效换气量与房间体积之比定义。我国 20 世纪 90 年代以前的建筑由于外窗质量不高，房间密闭性不好，门窗关闭后仍撒气漏风，换气次数可达 1~1.5 次 /h。近年来新建建筑采用新型门窗，密闭性得到显著改善，门窗关闭时的换气次数可在 0.5 次 /h 以下。实际上为了满足室内空气品质，必须要保证一定的室内外通风换气量。对于人均 20m^2 的居室面积 0.5 次 /h 的换气次数应是维持室内空气品质的下限。近年来在发达国家越来越关注室内空气质量。对于密闭性较好的建筑都要求采用机械通风的方式保证室内外的通风换气。目前发达国家对住宅建筑机械通风换气的标准是 0.5~1 次 /h，这就使我们的通风换气造成的对采暖热量需求的影响与发达国家基本相同或者小于发达国家。图 3 是不同地区对应室内温度 18℃，同样换气次数所需要的热量，可以看到对于度日数较大的严寒地区，同样换气次数所需要的热量是寒冷地区的 2 倍，并且在严寒地区，随换气次数的增加能耗增加幅度较大，当换气次数由 0.5 次 /h 增加到 1.5 次 /h 时，需热量增加 0.15~0.2GJ/m^2，这已经相当于寒冷地区的三步节能建筑（65% 节能标准）的需热量了，因此严寒地区加强建筑密闭性能就显得尤为重要。影响换气次数除门窗密闭性能外，还与居民生活习惯有关。一般来说，北方严寒地区由于室内外温差较大，用户较少开窗，相比之下寒冷地区的用户开窗喜好明显增加。由于这种生活习惯使得寒冷地区的用户换气次数由 0.5 次 /h 增加 1.5 次 /h。这样北方寒冷地区和严寒地区密闭性较好的建筑由于换气所需热量大致相当。

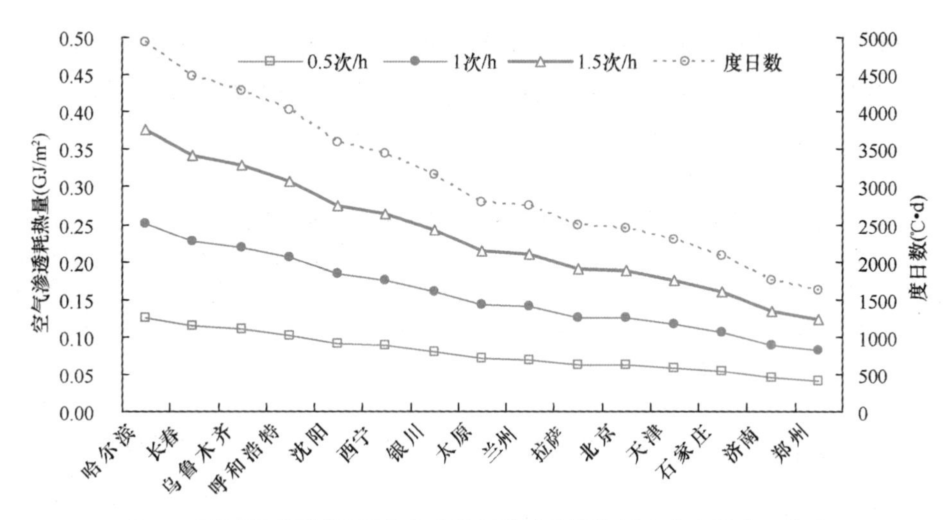

图 3　不同地区不同通风换气次数下造成的需热量（室内温度 18℃）

采暖期间的室内外平均温差与室外温度和室内温度有关。我国规定的采暖期间室内温度为 18℃，对于北京，采暖期室外平均温度为 0℃左右，这样平均室内外温差为 18℃，发达国家采暖室内设计温度多为 20~22℃。如果室外采暖期平均温度仍为 0℃，则采暖期室内外平均温差为 20~22℃。这就使得比北京的情况高 12%~22%。图 4 为不同地区达到 50% 节能标准的建筑，室温平均升高 1℃需热量增加的百分比，从图中可以看到，严寒地区相比寒冷地区，由于室内外温差大，室温升高 1℃需热量增加的百分比较小。这样相比寒冷地区，当热源多供出相同比例的热量时，在严寒地区造成的室温升高幅度就大，更容易过热。

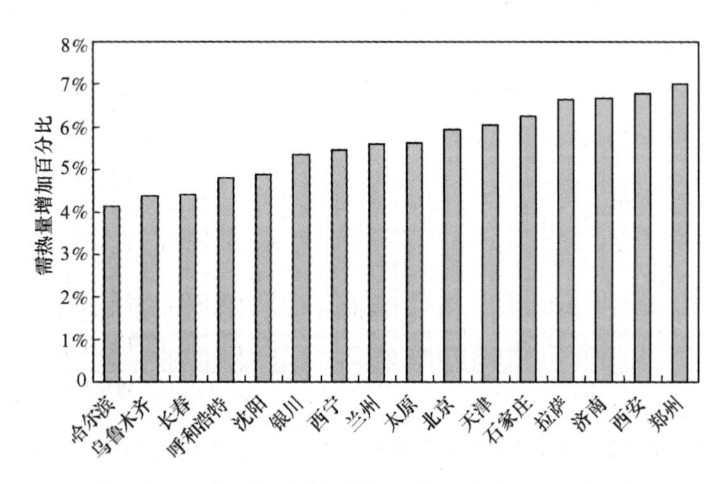

图 4　不同地区室温升高 1℃所增加的需热量百分比（50% 节能标准的建筑）

综合上述各因素，表 2 列出一些典型情况下计算出的北京冬季 3000h 采暖的需热量，以及发达国家同样气候条件下的采暖需热量，表中数据表明我国符合建筑节能标准的建筑采暖需热量基本上接近或低于发达国家的平均状况。

北京及发达国家同样气候条件下住宅单位面积采暖需热量　　表 2

围护结构类型	单位面积采暖需热量 [kWh/(m²·a)]	备注
20 世纪 50 ~ 60 年代砖混结构	96 ~ 155	体形系数 0.3 ~ 0.35，换气次数 1 ~ 1.5 次 /h
60 ~ 80 年代建筑（100mm 混凝土板和单层钢窗）	111 ~ 167	体形系数 0.2 ~ 0.3，换气次数 1 ~ 1.5 次 / h
90 年代中期以后的建筑	60 ~ 100	体形系数 0.2 ~ 0.3，换气次数 0.5 次 / h
欧美发达国家建筑	95 ~ 154	体形系数 0.4 ~ 0.5，换气次数 0.5 ~ 1 次 / h

图 5 为 2005~2006 年采暖季清华大学建筑节能在北京市不同建筑热入口实测出的全采暖季建筑实际耗热量。所测建筑室内温度在采暖期都高于 18℃。这些数据包括不同采暖和不同保温水平的建筑。实测的这些耗热量数据基本处于表 2 中列出的数据范围。这表明表 2 中的数据基本反映出实际的建筑采暖需热量。图 6 为欧洲一些国家住宅采暖能耗数据。这些数据与表 2 中对这种情况下的估算结果也非常接近。

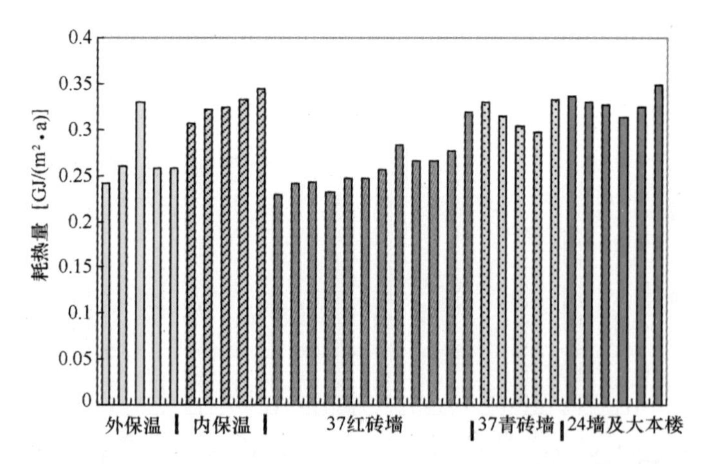

图 5　2005 ~ 2006 年清华大学在北京市不同建筑热入口实测全采暖季建筑实际耗热量

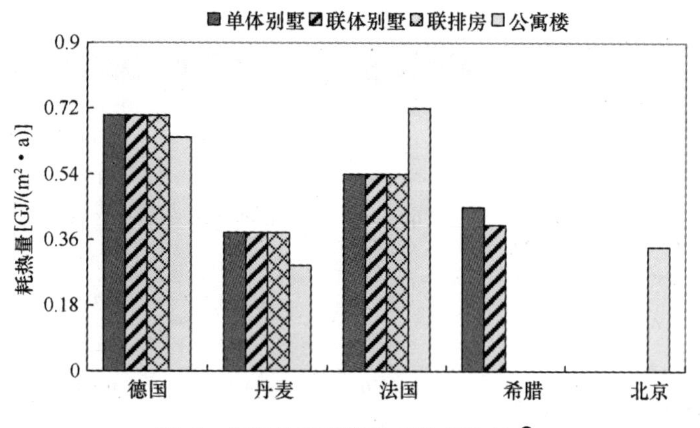

图 6　各国住宅建筑物耗热量比较 [1]

数据来源：Intelligent Energy of EPBD. Applying the EPBD to Improve the Energy Performance Requirements to Existing Buildings- ENPER-EXIST. Europe: Fraunhofer Institute for Building Physics, 2007。

我国北方城市随地理位置不同，室外气候不同，建筑保温水平与房间密闭状况也不同。表 3 是经过初步调研和计算得到的不同省份建筑采暖需热量状况大致分布，表 4 是北京、济南以及长春几个城市的一些典型案例的实测结果，基本位于表 3 中的范围之内，这表明表 3 基本能反映各省份的需热量状况。初步可以得到，当维持采暖期室温为 18℃时，北方城镇建筑采暖需热量在 0.23 ~ 0.42GJ/（m^2 · a）之间，随地域等条件不同而异。通过对各个省份建筑面积的加权，可以估算出我国北方地区建筑冬季采暖平均需热量为 0.33GJ/（m^2 · a）。

北方省份采暖需热量状况分布　　　　**表 3**

	需热量范围(GJ/(m² · a))	平均需热量(GJ/(m² · a))	分布范围(GJ/(m² · a))			
北京	0.18~0.45	0.30	0.3~0.45	0.25~0.3	0.2~0.25	<0.2
			5%	70%	13%	13%
天津	0.18~0.45	0.29	0.3~0.45	0.25~0.3	0.2~0.25	<0.2
			8%	74%	9%	10%
河北	0.15~0.5	0.32	0.4~0.5	0.3~0.4	0.2~0.3	0.15~0.2
			5%	75%	13%	7%
山西	0.2~0.5	0.32	0.4~0.5	0.3~0.4	0.2~0.3	
			4%	87%	9%	

[1] 数据为单位建筑面积采暖能耗，但这里的建筑面积，均指从外墙内表面量起的计算结果。与我国的建筑面积从外墙外表面测算方法有区别。这样，欧洲国家建筑面积折算为外墙外表面计算的面积，需乘一个1.01 ~ 1.1的系数，系数大小由建筑物的体形系数决定，体形系数越大，需乘的系数越大。

续表

	需热量范围(GJ/(m^2·a))	平均需热量(GJ/(m^2·a))	分布范围(GJ/(m^2·a))			
内蒙古	0.30~0.7	0.48	0.5~0.7	0.4~0.5	0.3~0.4	
			3%	87%	10%	
辽宁	0.2~0.55	0.36	0.45~0.55	0.35~0.45	0.25~0.35	0.2~0.25
			6%	76%	9%	10%
吉林	0.23~0.6	0.42	0.5~0.6	0.4~0.5	0.3~0.4	0.23~0.3
			4%	80%	10%	6%
黑龙江	0.25~0.7	0.48	0.55~0.7	0.4~0.55	0.3~0.4	0.25~0.3
			7%	82%	9%	1%
山东	0.2~0.4	0.27	0.3~0.4	0.25~0.3	0.2~0.25	
			3%	76%	21%	
河南	0.13~0.35	0.24	0.3~0.35	0.25~0.3	0.2~0.25	0.13~0.2
			3%	76%	15%	6%
西藏	0.3~0.8	0.44	0.5~0.8	0.4~0.5	0.3~0.4	
			4%	78%	19%	
陕西	0.20~0.5	0.30	0.3~0.5	0.25~0.3	0.2~0.25	
			3%	84%	13%	
甘肃	0.2~0.55	0.36	0.4~0.55	0.35~0.4	0.25~0.35	
			5%	84%	11%	
青海	0.25~0.9	0.47	0.55~0.9	0.4~0.5	0.3~0.4	0.25~0.3
			2%	63%	23%	11%
宁夏	0.25~0.55	0.37	0.45~0.55	0.35~0.4	0.25~0.35	
			3%	88%	9%	
新疆	0.22~0.9	0.36	0.45~0.9	0.35~0.45	0.22~0.35	
			4%	87%	9%	

北方几个典型城市建筑采暖需热量　　**表 4**

城市	建筑采暖耗热量（GJ/（m^2·a））
北京	0.18 ~ 0.45
济南	0.20 ~ 0.40
长春	0.25 ~ 0.50

图 7 是北方各省若将非节能建筑和 30% 节能标准建筑全部改为 50% 节能标准建筑后所能降低的需热量百分比，也即通过既有建筑围护结构改造的节能潜力。可

以看到，北方各省的节能潜力在 15%~20%，不仅黑龙江、辽宁等严寒地区进行围护结构节能改造的潜力较大，对于天津、河北等寒冷地区虽然采暖季平均温度要明显高于严寒地区，但由于围护结构保温性能较差，通过既有建筑围护节能改造的节能潜力并不低于严寒地区。总体上，通过围护结构改造，加强围护结构保温和密闭性能，可使得我国北方地区建筑冬季采暖平均需热量降低 18% 左右，由目前的 0.33GJ/（m^2·a）降低至 0.27 GJ/（m^2·a）。

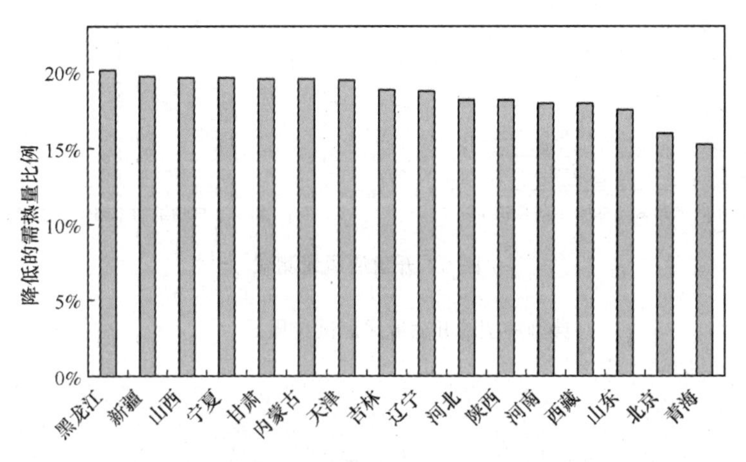

图 7　不同地区通过围护结构改造可降低的需热量百分比

1.1.2　实际建筑采暖耗热量

上述采暖需热量并非实际的建筑采暖能耗。采暖系统实际送入建筑内的热量不一定等于采暖需热量。当实际送入建筑的热量小于采暖需热量时，采暖房间室温低于 18℃，不满足采暖要求。这是以前我国北方各城市冬季经常出现的情况。随着采暖系统的改进和对人民生活保障重视程度的提高，目前实际出现的大多数情况是由于各种原因使得实际供热量大于采暖需热量，表现出的现象就是部分用户室温高于 18℃，有时有的用户甚至可高达 25℃以上。同时，过高的室温引起居住者的不舒适，为了避免过热，居住者最可行的办法就是开窗降温，这就大幅度加大了室内外空气交换量，从而进一步加大了向外界的散热，增加了采暖能耗。

图 8 和表 5 是通过示踪气体测试的不同户型不同开窗情况下的通风换气量和计算按此换气量损失的热量与围护结构传热量的比例，可以看到开窗后换气次数可以增加十几倍，这样由于室内外空气交换所消耗的热量与围护结构传热量的比例由仅

为围护结构散热的 20% 上升至是围护结构散热量的 2~3 倍，成为热散失的最主要部分。对于保温性能好的建筑，这种现象尤为明显。

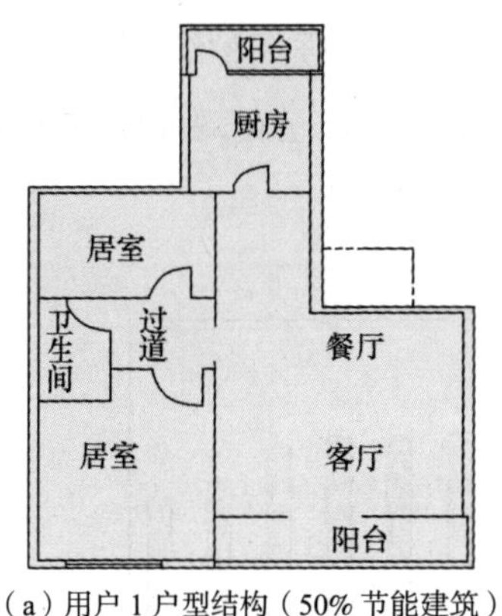

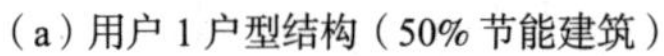
（a）用户 1 户型结构（50% 节能建筑）

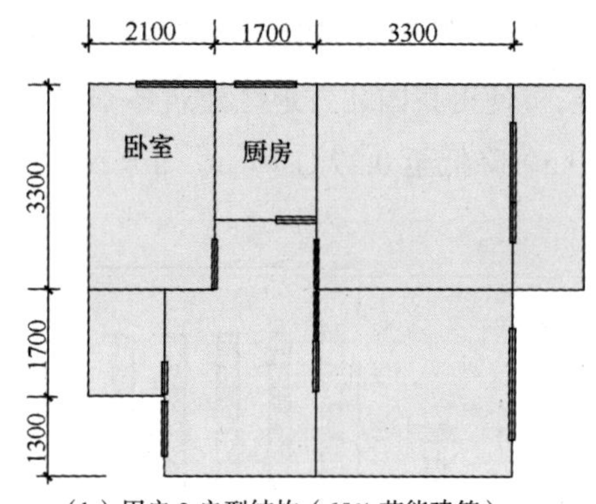

（b）用户 2 户型结构（65% 节能建筑）

图 8 开窗通风量测试

典型户型的开窗通风测试结果 **表 5**

户型1（50%节能建筑）				户型2（65%节能建筑）			
	工况	换气次数（次/h）	开窗损失与围护结构传热比例		工况	换气次数（次/h）	开窗损失与围护结构传热比例
居室	房间门窗均关闭	0.68	18%	卧室	门窗全关	0.90	47%
	房间门打开窗关闭	2.54	69%		开窗，门关闭	5.34	281%
	开窗 15cm	4.97	134%		开门，窗户关闭	2.93	154%
	开窗 35cm	7.50	203%		开窗，对应房间开窗	15.88	837%
	开窗 62cm	6.70	181%	厨房	窗户关闭，门有缝开	2.27	120%
	窗开 35，在对面房间开窗 40cm	12.66	342%		开门，窗户关闭	3.78	199%
厨房	房间门窗关闭	1.49	40%		开窗，门关闭	12.75	672%
	开窗 3cm	3.25	88%		开窗，门开	13.30	701%
					开窗，对应房间开窗	22.12	1165%

图 9 为北方省会城市或供热改革示范城市的实际耗热量状况调查结果，图中 C1～C18 是按城市所处纬度从高到低排列，从图中可以看到，我国北方采暖地区城镇实际的采暖耗热量大体位于 0.4～0.55 GJ/（m^2·a），平均约在 0.47GJ/（m^2·a），应注意这是热源总出口处计量的热量，扣除 5% 左右的一、二管网热损失，则建筑内实际消耗的热量约为 0.45GJ/（m^2·a），高于建筑需热量 0.33/（m^2·a）的 35% 左右。

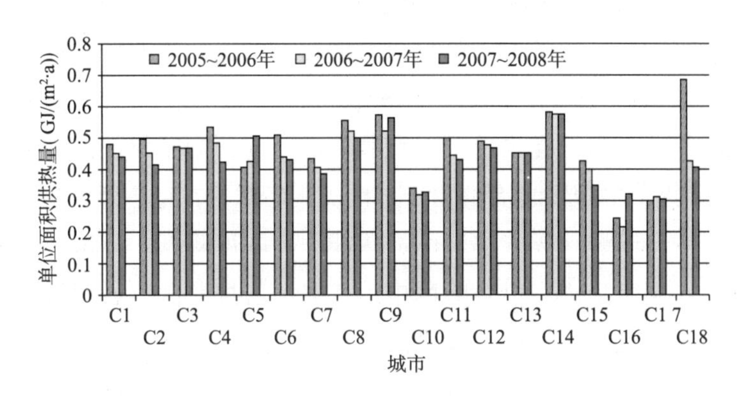

图 9　不同地区实际耗热量状况（图中是热源总出口处计量热量）[1]

注：城市 C1 ～ C5 位于严寒地区，C6 ～ C18 位于寒冷地区。在这 18 个城市中，C18 以燃煤锅炉作为主要热源，C5、C6、C7、C8、C12、C13、C14、C17 以热电联产作为主要热源，C1、C2、C3、C4、C9、C10、C11、C15、C16 二种供热方式兼有。

1.1.3　建筑实际耗热量高于需热量的原因

仔细分析建筑实际耗热量高于需热量的原因，主要包括两个方面：一是空间分布上的问题，各个用户的室内温度冷热不匀，在目前末端缺乏有效调节手段的条件下，为了维持温度较低用户的舒适性要求，热源处只能整体加大供热量，这样就会使得其他用户过热，称这种损失为“不均匀损失”；二是时间分布上的问题，集中供热系统热源未能随着天气变化及时有效调整供热量，使得整个供热系统部分时间整体过热，称之为“过量供热”，这种现象初末寒期尤为明显。

供热系统冷热不匀的程度依据供热系统的规模而有所区别，按照空间规模大小可以分为楼内冷热不匀，楼栋之间冷热不均和热力站冷热不匀，而造成这种空间上冷热不匀现象的原因有：

（1）散热器面积偏差程度不一致。首先是设计的问题。由于历史原因，目前采暖系统设计规范仍延续 50 年前的设计参数，供水 95℃，回水 70℃，但由于散热器面积偏大，实际运行中几乎没有任何采暖系统真正运行于这一参数，这样就使得设计者无法按标准设计，而运行者也无法按标准运行。这种设计参数的不确定使得设计者为保守起见，只有留够足够的余量，并且不同设计院、不同设计人员设计的采暖系统实际计算用水温不同，造成的偏差程度也不一致。而同一个热力站或锅炉房很难保证先后不同时间建造的各座建筑都采用同样的采暖参数进行散热器设计，这就使这种散热器安装数量彼此不同的现象到处存在；另一个导致散热器面积偏差程度不一致的原因是目前普遍存在的用户私改散热器现象。用户在装修过程私改散热器几乎不会依据专业人员设计，往往凭自己的感觉或商家简单咨询来决定散热器面积，在当前按面积收费的情况，为了保证室内足够暖和，也尽可能增大散热器的面积；也有的出于室内美观考虑，在室内装修过程中将原设计中的明装系统变为暗装，导致实际的散热能力大幅度降低。当这些不同状况的建筑或用户连接在同一个集中供热管网中运行时，若按照散热器面积相对偏小的用户恰好满足正常室温时的供热参数供热，就会导致那些散热器容量过大的建筑或用户过热，造成室温过高。这种设计参数、房间结构、用户行为的不确定性使得散热器面积过大的现象不可避免，只能通过更好的系统形式和调节手段来改善，而很难完全寄希望于更准确的设计和施工。

此外，由于目前提倡分户计量，分户调节，考虑到分户计量后邻室不供热时也能保证足够的室温，就又要加大散热器安装面积，而至今还没有统一的标准给出应该的增加量，这样，在没有有效调控手段时，就更容易造成不均匀损失。

（2）集中供热管网的流量调节不均匀，导致部分建筑热水循环量过大，从而室温高于其他建筑。而为了保证流量偏小、室温偏低的建筑或房间的室温不低于18℃，就要提高供热参数，以满足这些流量偏小的建筑或房间的供热要求。这就造成流量高的建筑或房间室温偏高，这种流量调节的不均匀性不仅存在于建筑之间，也存在于城市集中热网的不同热力站之间以及同一栋楼的不同用户之间，特别是对于单管串联的散热器系统，流量偏小会使得上下游房间的垂直失调明显加重；

（3）同一建筑物不同位置用户的负荷率变化不同步。由于不同时间不同朝向房间的需热量不同，当流量分配不变时，为了使温度偏低的房间温度不低于18℃，必然造成对温度偏高的房间过量供热从而导致过热。分析表明，当采用目前常用的单管串联方式的散热器连接时，由于各支路的流量不能随时调整，这种过热将导致供热量增加10%以上。其他连接方式只要不能随时调节各支路的流量比，这种局部过冷过热的现象总不能避免。

具体这种空间上的冷热不匀造成的热量损失有多大？有没有可能通过某种措施避免或削弱？下面分别分析不同尺度的冷热不匀损失。

（1）楼内冷热不匀损失（10%）

目前不管是以热电厂为热源的区域集中供热系统还是以燃煤或燃气锅炉为热源的小区集中供热系统，在用户一侧的主要调节方式是质调节，即根据室外温度的变化统一改变供水温度，而不可能对不同的用户供给不同的供水温度。而由于不同朝向太阳辐射，不同室内得热，同一栋楼不同位置用户在同一时间内的负荷的变化差异很大。图 10 给出不同位置用户典型日的负荷率变化，从图中可以看到，同一时刻不同位置用户的负荷率相差 10%~30%。此时若要保证最不利用户的室温，就必须按照最大负荷率的用户确定供热参数，其他负荷率偏小的用户就必然过热。这样，即使各个散热器都严格按照设计参数安装，由于负荷随时间不均匀的变化，楼内不均匀损失也将占到楼内需热量的 10% 以上。

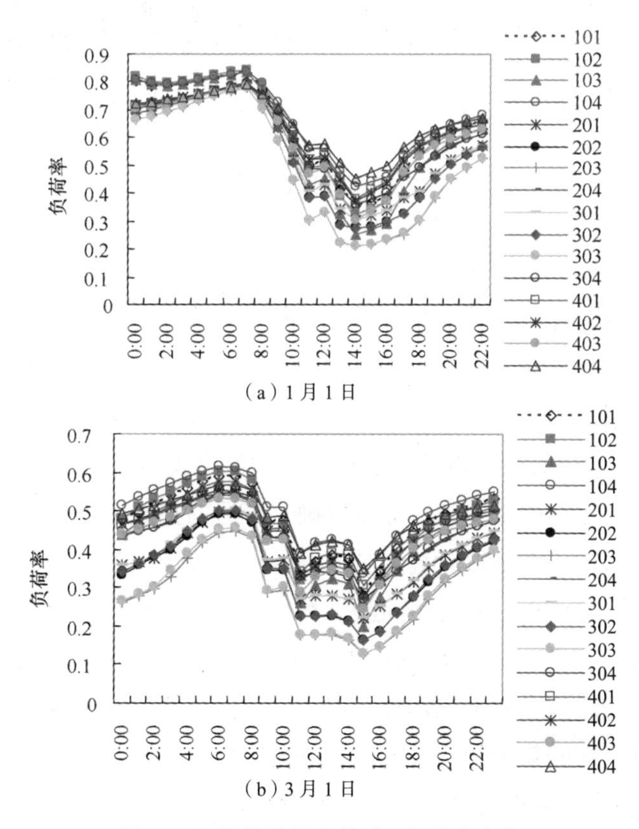

图 10 不同位置用户典型日负荷率变化

（2）楼栋之间冷热不匀损失（10%）

图 11 是长春某小区楼栋入口耗热量测试结果，按照建筑是否完全相同将该小区 15 栋建筑分成了五类。对于完全相同的建筑，当没有明显的投诉情况时，则可认为平均耗热量最低的楼栋完全满足供热要求，以此作为建筑的需热量，则高于此值的建筑即为楼栋之间冷热不匀损失。从图中可以看到：楼栋之间的冷热不匀损失范围较大，最小仅 0.3%，最大可以达到 18.7%。这与各建筑间流量不同有关，更与各座建筑的实际使用状况不同有关（如人员多少、开窗状况，室内电器和其他发热装置情况等）。

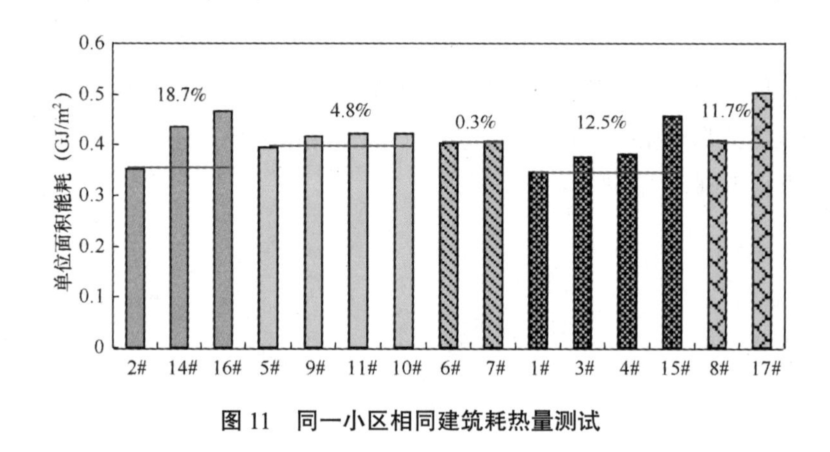

图 11　同一小区相同建筑耗热量测试

（3）过量供热

过量供热的原因有：1）当集中供热系统规模过大以后，系统的热惯性也相应较大，在热源处对热量的调节需要一天以上的时间才能反映到末端建筑。在目前的供热条件下很难根据天气的突然变化实现及时有效地调整，这在规模很大的城市热网中更为突出。2）目前的集中供热系统调节主要在热源处采取质调节的方式。由于末端建筑千差万别，这种调节方式除难以确定合适的控制策略、给定合适的供水温度外，对于一些只能依靠运行管理人员的经验“看天烧火”供热系统，很难仅凭经验就能做到热量供需平衡，为了保险起见，减少投诉率，运行人员往往会加大供热量，从而造成系统整体过热。应注意的是这种现象在初末寒期更容易出现。图 12 是相同两栋建筑，一栋建筑采取末端调控手段，另一栋建筑没有调控手段，二者相比采取调控手段每日节约的热量随室外温度的变化曲线。可以看到节约的热量和室外温度变化正相关，即室外温度越高，节约的热量越多，间接说明初、末寒期负荷较低时，热源调节难以与负荷变化同步，很容易过量供热。

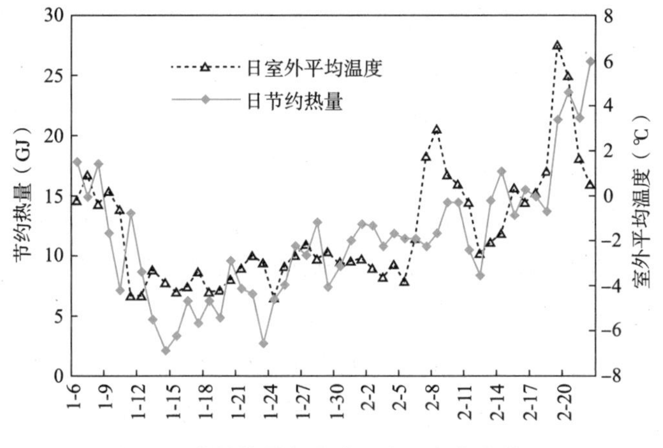

图 12　节约热量与室外温度日变化曲线

图 13 是北京两个小区锅炉房通过改变运行调节策略后 2006 年与 2005 年单位面积采暖燃气消耗量的差别。由于两年的气候有所不同，所以图中根据实测的外温度日数对燃气消耗量进行了修正，折算成同一气候条件下采暖天然气消耗。通过改变锅炉的运行调节策略，两个小区分别节省了 14.4% 和 9.4% 的热量。这表明目前这种过量供热的损失至少可达 10% ~15%。

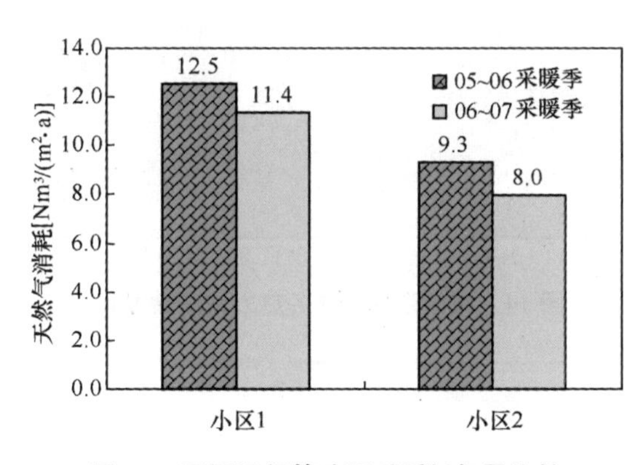

图 13　不同运行策略下采暖耗气量比较

当城市热网具备完善的自控系统后，各个热力站一次侧流量可以通过自控阀门调节，因此只要调节措施恰当，基本可以消除各热力站之间水量不均匀带来的影响。城市大热网热力站环节主要存在过量供热损失。图 14 为某大城市城市热网各热力站冬季单位面积的供热量，大热网具有完善的一次网自控系统，可以看到每个换热站的耗热量为 0.28GJ/（m^2·a）到 0.53GJ/（m^2·a）之间，很难说哪个换热站负担的建筑保温好，哪个保温不好，如果认为各小区的保温水平差别不大的话，以最小耗热量的换热站水平作为需热量（图 14 横线处），则其他高于此水平的热力站就是由于冷热不匀和过量供热造成的损失，约占需热量的 29%。图 15 为该市中等规模集中燃气锅炉房冬季单位面积的供热量。城市热网平均耗热量比采用集中燃气锅炉高约 23%，这部分可以认为是由于大热网惯性大所增加的过量供热、天然气锅炉房与城市热网在热力站侧精心管理的程度不同以及热力站之间冷热不匀所造成。由此可以推断城市热网各热力站间的冷热不均可能造成的热损失约为 6%。图 16 是该市部分采用分户燃气壁挂炉采暖，室温维持在 18℃的住户冬季单位面积耗热量。同样，尽管这些建筑形式和保温水平各不相同，但从统计数据看，如果认为燃气壁挂炉采暖不存在过量供热，则可从这三个图中比较出不同规模集中供热系统目前由于冷热不匀和过量供热造成的热损失。

综上可知集中供热系统各个环节损失的能耗，楼内冷热不匀损失约占需热量的 10%，楼栋之间冷热不匀损失同样占 10%，热力站间冷热不匀损失占 5%，小规模集中供热的过量供热量约占 10%，大型城市热网的过量供热量约占 20%。

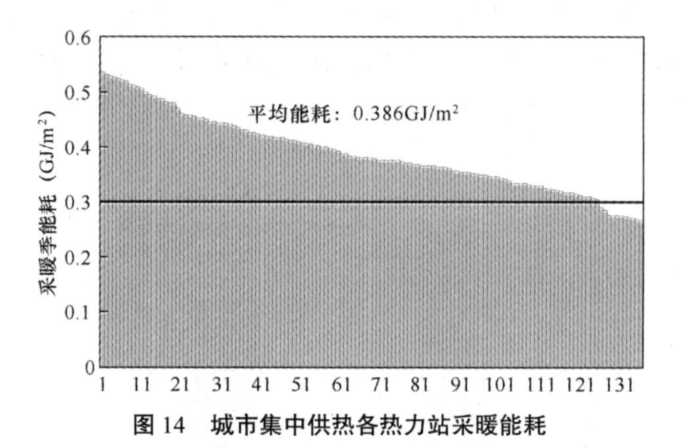

图 14　城市集中供热各热力站采暖能耗

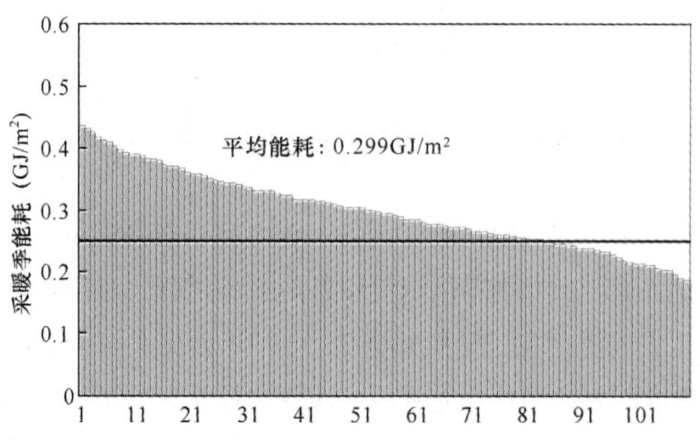

图 15　燃气锅炉供暖采暖能耗（已经扣除锅炉效率的影响）

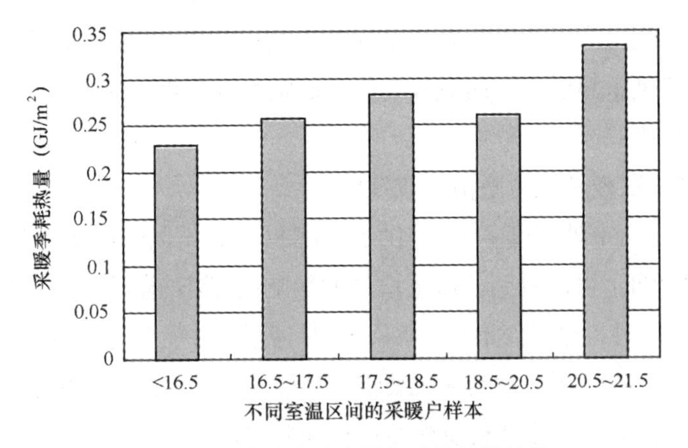

图 16　某大城市分户燃气壁挂炉供热量

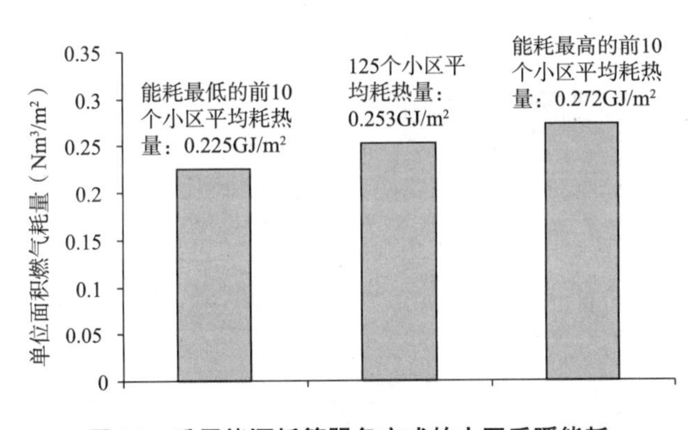

图 17　采用能源托管服务方式的小区采暖能耗

1.1.4　为了减少“冷热不匀”和“过量供热”的几种措施

由前所述，要减少“冷热不匀”损失和“过量供热”，就需要改善以下几个环节：（1）散热器的偏差程度不一致;（2）楼内用户负荷率的不同步;（3）流量调节不均匀;（4）供水温度不能随着天气变化及时调节。

对于散热器的偏差程度，由于设计参数、房间结构，用户行为的不确定性，很难通过审查或精细的设计来改善。对于用户私改散热器，改变散热器安装方式的行为在目前按面积收费的情况想通过管理节进行约束也很难做到。不同位置用户的负荷率不同步更是建筑内热负荷本身特性，这两个环节只能依靠更好的系统形式和用户末端的调节手段来改善，而不能寄希望于更准确的设计和施工。关于流量调节的不均匀性可采用安装调节阀门进行水力平衡调节的方式来进行。这是目前对楼栋之间水量不均匀采取的最常见方法，但无法解决楼内各立管流量不均和各房间负荷率不同所造成的温度不匀；对于采暖初末寒期出现的过量供热现象，则采用“气候补偿器”方式调节供水温度。下面对各个调节措施可以产生的效果进行分析。

（1）水力平衡调节效果分析

1）散热器并联楼栋水力平衡调节效果

图 18 所示是当室外温度 –9℃，供水温度 80℃，不同供回水温差下，流量调节不匀对热量的影响。可以看到，流量增加的影响明显小于流量偏小的影响，流量增加到原来的 1.5 倍时，热量仅增加 2.9%，但是流量减少为原来的 50% 时，热量减少 7.8%，此时若要使得该用户达到采暖要求，其他用户就会过热。按照目前供热状况，这种流量不平衡的影响，会使得供热量增加 5%~8%。

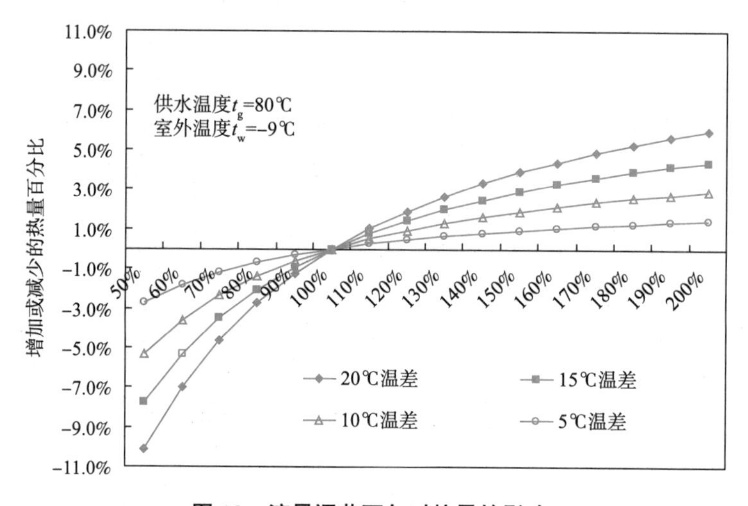

图 18　流量调节不匀对热量的影响

2）散热器串联楼栋水力平衡的效果

由于用户之间的散热器采用串联连接，流量偏小会造成用户之间热力失调，因此为满足室温最低用户采暖要求，就不得不提高供水温度，造成热量浪费。

图 19 所示是当室外温度 –9℃，供水温度 80℃，回水温度 65℃时，在不同流量偏差下立管所串的房间室温，可以明显看到，流量的偏差对下游房间的影响明显高于上游房间。当流量偏高时，整体过热，并且下游房间的升高的幅度高于上游房间，当流量减小时，下游房间的温度急剧降低，此时若要下游房间温度满足要求，就不得不提高供水温度，从而造成热量浪费，图 20 是在不同流量偏差下使得所有用户满足要求所增加的热量，当流量增加到原来的 1.5 倍时，热量仅增加 3%；但是如果流量减少为原来的 50% 时，为了使得温度最低房间满足要求，供热量需增加 8.1%。

按照目前供热状况，这种流量不平衡的影响，同样会使得供热量增加 5%~8%。

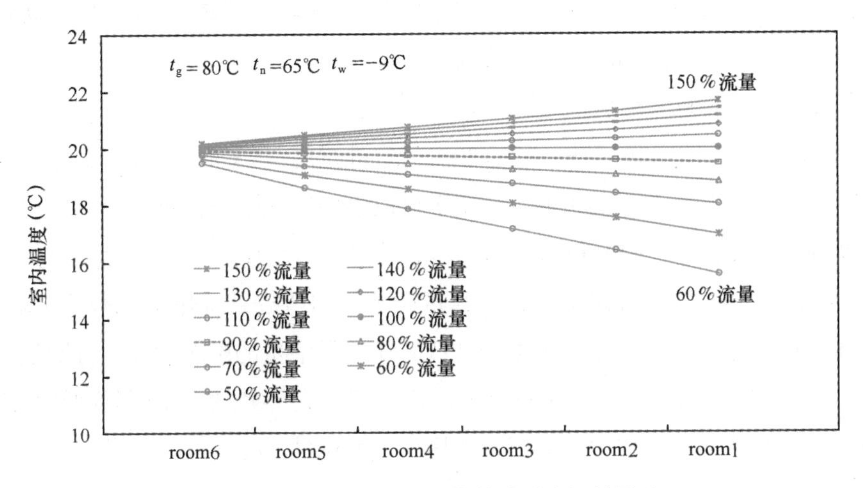

图 19 散热器串联时流量偏差对室温的影响

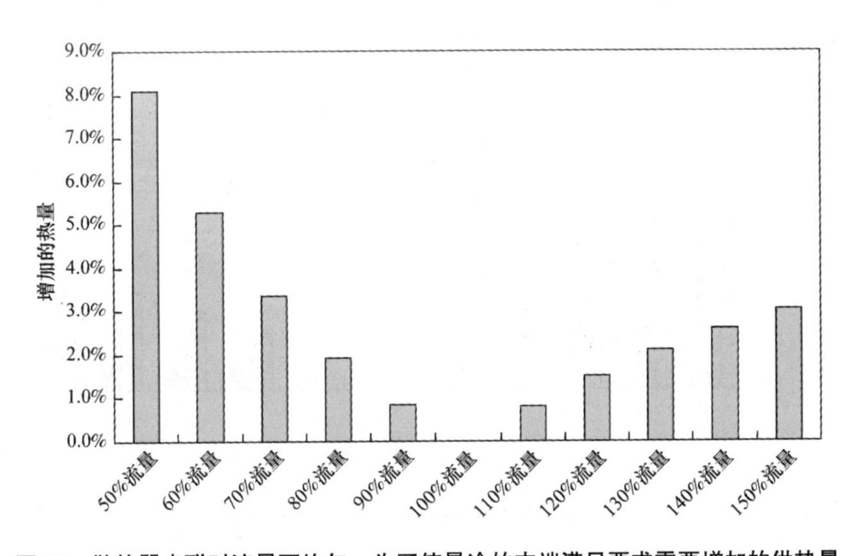

图 20 散热器串联时流量不均匀，为了使最冷的末端满足要求需要增加的供热量

上述结果表明，无论是散热器串联还是并联，流量不均匀会造成热量增加 5%~8%，也就是说通过调节水力平衡可以节约 5%~8% 的热量。

（2）“大流量、小温差”低温系统利弊分析

用户侧“大流量、小温差”低温运行是目前集中供热系统的普遍现象，这种运行方式的突出优点是可以有效减少末端冷热不匀，其缺点是由于流量的增加会增加输配系统的电耗。近年来，随着变频技术的发展，不少技术人员提出对于目前的“大

流量、小温差”系统，应对循环水泵安装变频器，减少用户的循环流量，节省水泵电耗，但随之而来的是问题是有可能进一步恶化末端的冷热不匀程度，如何科学认识这一做法？下面将结合“大流量、小温差”低温系统利弊作具体分析。

1）水量调节不匀的影响

图 21 是当散热器串联，供水温度 80℃，室外温度 -9℃时，不同供回水温差下，流量调节不匀对用户需热量的影响，从图中可以看到：当系统的供回水温差为 10℃时，流量偏少 50%，要使所有用户都满足室温要求，热量仅需增加 5.1%；而当温差为 20℃时，热量需增加 11.5%。即系统流量越大，水量调节不匀造成系统热量浪费的影响愈小，反之系统总的流量越小，水量调节不匀造成系统热量浪费的影响愈大。特别是当流量不足时，这种“大流量小温差”对于改善由于水量不匀导致的室温不匀的效果更为明显，这就是为什么实际工程中，运行人员热衷于大流量工况运行的原因。

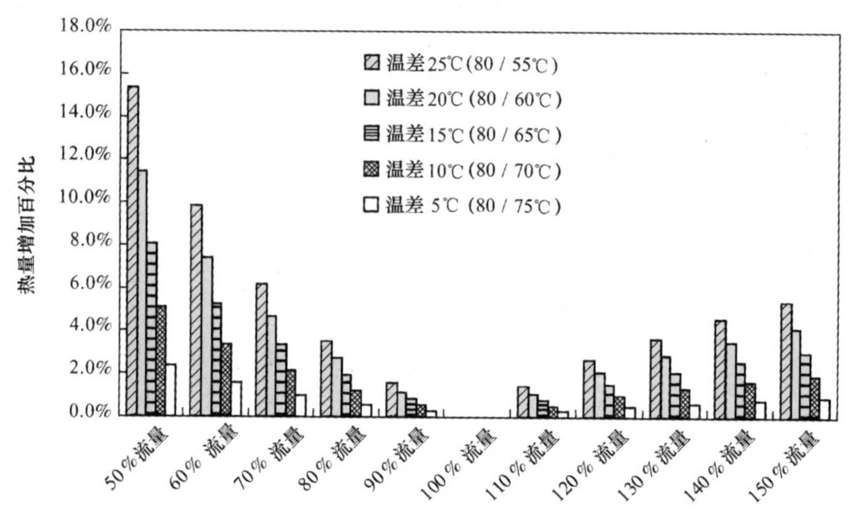

图 21　不同供水水温差水力不均匀的热损失

2）散热器面积偏大的影响

当散热器串联时，部分房间散热器面积过大，超过设计计算要求的散热面积。这使得这部分房间过热，甚至导致与其相连的下游房间由于供水温度低而偏冷，这样就不得不提高整体的供水温度，造成大部分房间过热。

图 22（a）、（b）分别是当散热器串联时，为保证所有房间的室温满足要求，上游第一个和下游最后一个房间散热器面积发生偏差，不同散热器平均温度下需要增加的热量。从图中可以明显看到，散热器平均温度越低，散热器面积偏差对热量的

影响愈小，即低温系统有利于削弱散热器面积偏差带来的冷热不匀的影响。图 23 所示的对于并联系统散热器面积偏差的影响，也有同样的结论。

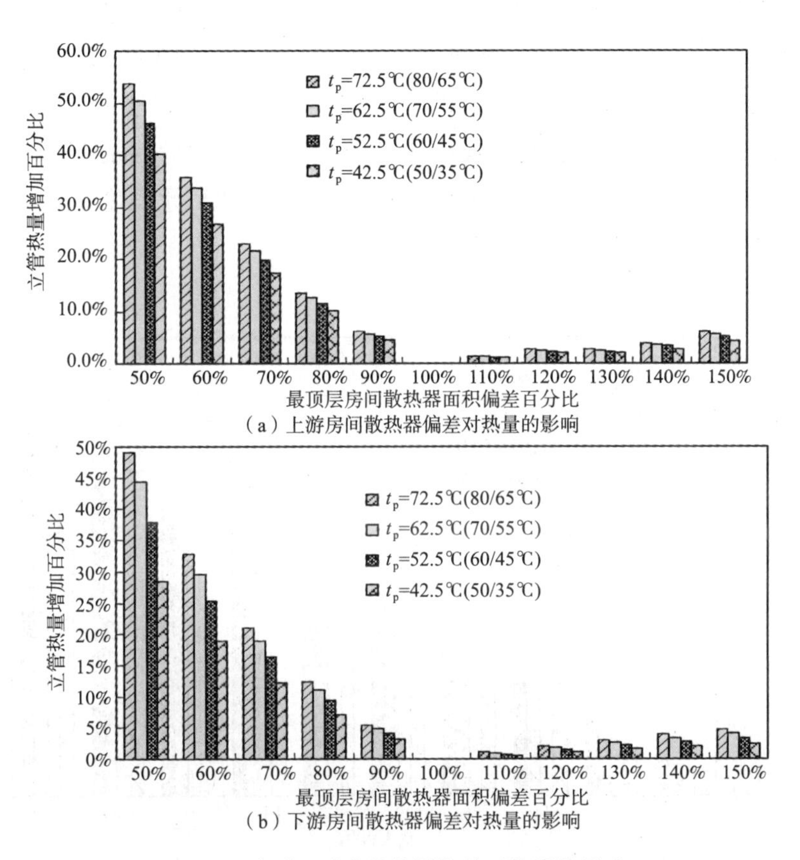

（a）上游房间散热器偏差对热量的影响

（b）下游房间散热器偏差对热量的影响

图 22　串联系统中散热器偏差对热量的影响

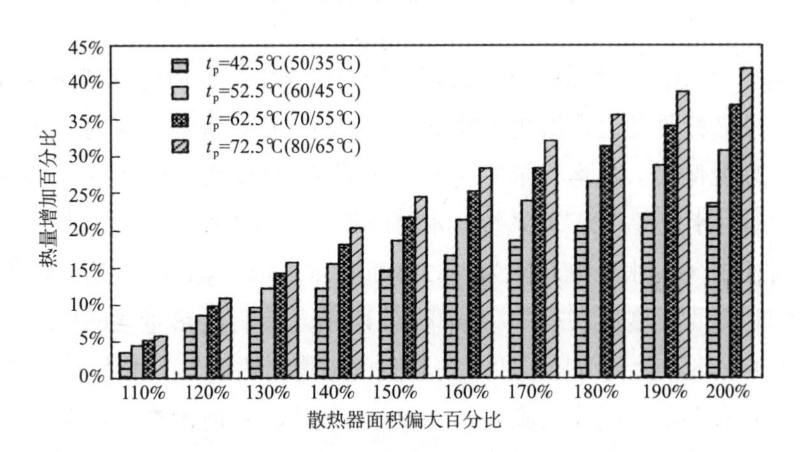

图 23　并联系统中散热器偏差对热量的影响

3）室内得热的影响

部分房间其他的热量来源，例如东向房间上午的太阳辐射，或室内人员、设备过多，都会造成过热。不同参数的系统对于利用这些自由热的程度是不一样的。图24是当散热器平均温度不同时，不同程度的室内得热可以减少的供热量。同样可以看到：当散热器平均温度越低，同样的室内得热量可减少的供热量越多。如当室内得热量是20%的热负荷时，当散热器平均温度为72.5℃（供回水温度80℃/65℃），可以减少供热量约3%，而散热器平均温度为42.5℃（供回水温度50℃/35℃），可以减少供热量5%。

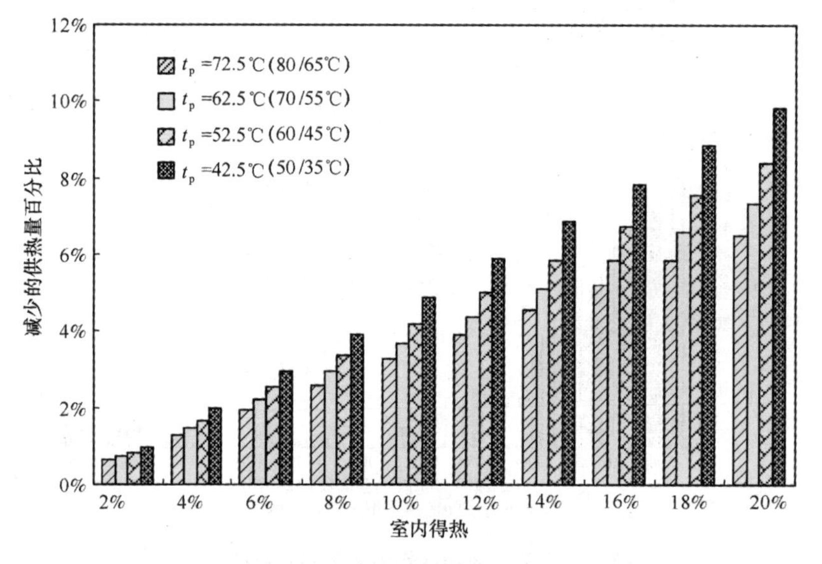

图24　室内得热对供热量的影响

“大流量、小温差”系统的唯一缺点是增加水泵电耗，但注意到一方面水泵所消耗的电能最终都要转化为供热系统循环介质的热量释放到房间内，从能源利用上看，属于高能低用。从运行成本上看，大流量运行能有效降低不均匀热损失，目前用户侧供回水温差12℃的系统，水泵电耗在1.5kWh/（m^2·a）左右，当供回水温差提高至20℃，水泵电耗降为0.32kWh/（m^2·a），但同时不均匀热损失约增加5%，也即按照需热量0.33GJ/（m^2·a）计算，多消耗热量4.6kWh/（m^2·a），这样多投入1份电，大约可以减少4份热量的不均匀热损失，相当于*COP*为5的热泵。另一方面水泵电耗等于流量 × 扬程 ÷ 效率，目前集中供热系统实际状况是由于阀门、过滤器设置不合理或由于水泵选型太大为防止电机超载关小总阀门

的做法造成了过大的压降，这种不合理的压降可以占水泵有效扬程的 30% 甚至更多，另一普遍现象是水泵选型不合理，导致水泵实际工作点普遍偏离高效点，标称效率 70% 的水泵实际效率仅 50% 左右。因此目前减少用户侧循环泵电耗的主要途径就应该是解决阀门、过滤器等造成过大的压降，同时保证水泵在高效点工作，而不是降低系统流量。

一般来说，对于目前的实际供热系统用户侧由于水泵选型都会偏大，供回水温差多在 10~15℃，因此，实际也是按“大流量、小温差”这一方式在运行，鉴于上述分析，现有大流量系统就没有必要为了节省水泵电耗，再增加变频措施降低循环流量。对于新建的供热系统，完全可以通过适当增大管径，保证大流量运行的系统阻力和现在相差不大，使得水泵总扬程在 20mH_2O 左右，循环流量也调整在使供回水温差 10K 左右。大管径的干管还有利于楼栋之间的水力平衡，减少水量调节不匀的热损失。因此，一定程度下的“大流量、小温差”系统是合适的。

20 世纪 50 年代，能源供应充足而钢铁供应严重不足。为了尽可能减少采暖系统用钢量，制订了高温采暖标准。目前能源价格与钢铁价格之比增加 3 倍以上，节能减排成为主要任务，而低温采暖系统除了上述减少不均与热损失外，还有利于实现能源的梯级利用，提高采暖系统效率，如热电联产吸收式换热技术、工业余热供热技术等（详细介绍请见《中国建筑节能技术辨析》第 2.2、2.3、2.6 节）。因此应尽可能地采用低温末端。

综上所述，在条件允许的情况，集中供热系统供回水平均温度控制在 35℃，供回水温差控制在 10℃左右比较适宜。

（3）减少过量供热的途径

要减少过量供热，就必须使得供热系统能够根据室外温度的变化及时调节热源出力，在时间轴上实现系统热量的供需平衡。目前可能达到这一目标的途径主要有热力站（锅炉）集控系统或气候补偿器两种方式（详细介绍请见《中国建筑节能技术辨析》第 2.15 节），两种方式的原理都是当室外温度改变时，根据室外温度首先计算出一个与之相对应的用户需求供水温度，再通过可自动调节的阀门调节热网的供水温度至供水温度设定值，从而使供水温度随天气变化及时调节。理论上讲，只要控制策略得当，就可以实现时间轴上的热量供需平衡，但是适当的控制策略恰恰是这些最核心问题和难题，控制策略不当，则可能无法达到减少过量供热的目的，也无法取得预期的节能效果。

由于不同供热系统所负担建筑围护结构性能，供热系统形式，水量不均匀程度，散热器面积偏差程度等千差万别，因此对于不同的供热系统，在满足房间供热品质的前提下，同样室外气候条件下对应的系统需求供水温度也就不同。只根据室外温度和回水温度很难判断识别出实际的采暖房间室温的整体状况，这样也就很难得到最合适的供水温度设定值。随着计算机通信与遥测技术的发展，实时测试一定比例的采暖房间温度已经不是遥不可及的事，系统成本也逐渐可以接受。因此，考虑这些相关技术的发展变化，尽可能更多地获取实际的室内温度状况，从而有效地掌握系统采暖的综合水平，更精确有效地实时确定供水温度，是减少过量供热的有效途径。另一方面，如果每个采暖末端都能自行根据室温对供热量进行调节，则可以完全避免过量供热现象。因此实现分散的末端室温调节控制，应该是解决过量供热最好的、最有效的方法。

1.1.5　如何认识“供热改革”

由上面分析可知，采用水力平衡调节仅能解决水量调节不匀带来的影响，对于目前开始提倡的分户成环并联的系统，通过在入栋管道处安装水力平衡阀使每座建筑的循环流量基本均匀大约能节约 5%~8% 热量；通过应用各种适量供热技术，在调节策略适当的情况下，也仅能降低 5%~8% 的过量供热损失。综合这两种措施，在有效的情况大约可以减少 10%~15% 的热量，而剩余 20%~25% 的热量损失则通过这些措施都无法解决，这是因为在建筑内部的不均匀现象是绝对的，通过系统整体的和整座楼的调节，不可能彻底解决建筑内部的问题，因此解决不均匀供热和过量供热造成的热损失的最根本的措施就是实现对每个采暖末端根据室温进行单独的调节。如过所有的房间温度在整个采暖期都能较准确地维持在要求的采暖温度周围，同时不再出现居住者随意开窗通风的现象，上述这些损失就都可以避免，采暖能耗就有可能在目前的基础上降低 30%甚至更多。

不管是哪种原因造成空间上的热不均匀损失还是时间上的过量供热损失，都是由于供热系统缺少末端调节，造成某时间段上局部或全部用户的室温偏高，如果在采暖房间安装有效的调节装置，使散热器的散热量能够根据房间温度及时调节，避免房间过热，这样即使完全不采取水力平衡调节和适量供热技术，也能够消除或大幅度减少各种不均匀损失和过量供热损失，节约热量 30% 以上。这就是目前“热改”工作的核心：通过安装有效的调节措施，使得室温可控，同时改革采暖收费方式，变按面积收费为按热量收费，促进各种末端调控措施能够被接受和实际使用，从而避免个房间的过量供热，降低采暖能耗。

而目前的问题是一提到“供热改革”，人们首先关注甚至于唯一关注的就是计量是否“公平”。什么叫公平？实际上集中供热本身就很难找到一个真正客观的公平标准。按照每户的实际供热量计算热费，由于建筑存在屋顶、墙角，每套住房在达到同样室温时需要的热量有很大差别（这个差别可达到2~3倍），当某户为了省采暖费不采暖或降低室内温度时，周边邻室房间的热量就会通过内隔断墙传入这一户，使这一户室温并不太低，而周边邻室的供热量却都有所增加。对于这些问题，很难得到公平的解决方案，或者说根本就不存在客观的公平。因此供热改革也绝不是为了公平，而是为了促进各个相关的采暖节能措施的实施。我国在20世纪50年代开始发展集中供热系统，并按采暖面积进行热费结算，直到90年代中期才提出进行分户计量改革，其目的绝不是因为按面积收费不公平，要找到一个更公平的热费结算方式，而是由于按面积收费阻碍了建筑节能的开展，所以要改为按热收费。但按热收费本身并不等于节能，其只是促进用户行为节能的一个手段，所安装的热计量仪表也只是计量工具，并不具备节能效果，关键是实现室温的良好调节。要达到这一目的，绝不是通过一个收费方式就可以解决的，而是需要三个要素：一是末端要有调节设备；二是这些调节设备能够有效且方便操作；三是促使用户有意愿去调。这三个方面缺一不可，按热收费只是解决了其中的第三个要素。

这样，对热计量技术的核心要求就是：1）首先是要有效可靠的调节；2）其次是有相对合理的热费分摊方式使得用户能够接受。这二者并非并列关系，而是有主从次序的，前者处于第一位，后者服务于前者，合理分摊并非追求“公平”，而是为了更好地促进调节。合理的程度就是用户基本接受即可，过于追求公平的结果就有可能舍本逐末甚至背道而驰。

从这一认识出发，对“热改”有如下认识和建议：

（1）“从上到下”“从细到粗”：先对热力站输出的热量进行准确计量，按照热量由热源提供商（例如热电厂）与热力站运行管理者进行结算；对各座住宅楼入栋热量进行尽可能准确的计量，考核各座楼的用热状况；对楼内各户的用热计量“宜粗不宜细”，目的是促进使用者对暖气的调节行为，同时减少开窗。

（2）室温调控是“供热改革”的核心，是实现节能的关键。问题是现有热计量方案都是在散热器末端安装恒温阀，而这一方式由于各种原因尚不能完全满足室温调控要求，包括：①恒温阀要实现良好的调节效果需要同时对热源的精细调节和对外网的有效控制。这些目前在国内都不容易做到；②恒温阀易堵塞，可靠性低、调节量小并且易滞后，控温精度低；③不适应地板辐射等热惯性较大的新型采暖末端，而这一末端方式应用越来越广，并且由于它可以实现前述的低温采暖参数，还是未来采暖末端的发展方向；④无法应用于单管串联系统，而我国大部分既有建筑户内采暖系统相当多地采用单管串联方式。大量的工程实践表明，目前这种采暖恒温阀很难满足我国大多数集中供热系统的实际需要。

基于对供热改革的上述认识，从我国采暖系统实际情况出发，提出了一种同时解决室温调控和热计量的末端通断调节技术（详细介绍请见《中国建筑节能技术辨析》第 2.14 节），该技术可在各种条件下将室温控制在“设定温度 ±0.5℃”，从而可以有效消除散热器偏差不一致、流量调节不均匀以及供水温度不能随天气变化及时调节等各种因素带来的冷热不匀和过量供热现象。

图 25 是长春某住宅区利用“通断调控”方式分户调节室温的采暖耗热量与没有采用这一方式的临近相同的住宅建筑采暖耗热量的比较。图 26 是某大学学生宿舍采用“通断调控”方式对各垂直立管进行控制后的采暖耗热量与另一无调控方式的采暖耗热量的比较。

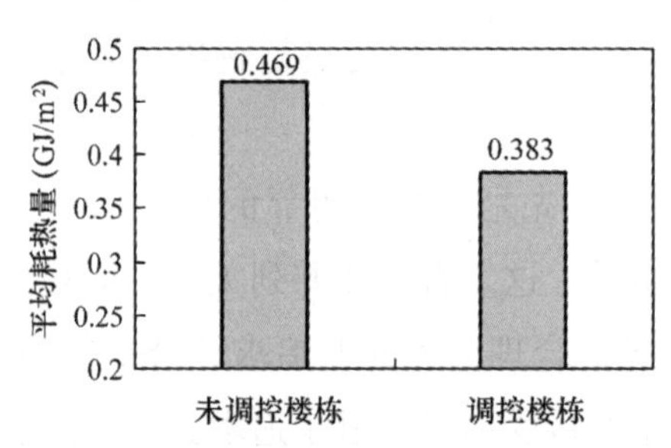

图 25　长春某住宅小区“通断调控”方式分户调节室温的采暖耗热量比较

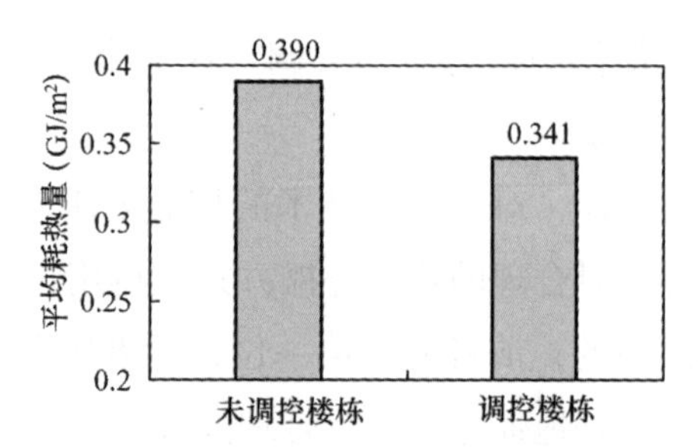

图 26　某大学学生宿舍采用“通断调控”对各垂直立管控制采暖耗热量比较

由于没有完全解决收费政策，从而没有形成使用者自行调控的机制，所以这两个调控实验并不充分，有 40% 以上的实验房间并没有被实际调控，许多房间的室温仍然偏高。但即使如此采暖耗热量仍降低 15%~20%。这也从一个侧面证实上述估算的目前集中供热采暖普遍存在的过量供热损失，而通过系统、机制和技术措施的全面改革，全面实行有效的室温控制，完全可以实现采暖热好降低 30% 的目标。

1.2　集中供热管网能耗状况及存在的主要问题

1.2.1　集中供热外网损失

我国目前的集中供热系统管网损失参差不齐，差异非常大。对于近年新建的直埋管热水网，其热损失可低于输送热量的1%，而对于有些年久失修的庭院管网和蒸汽外网，管网热损失可高达所输送热量的30%，这就导致供热热源需要多提供30%的热量才能满足采暖需要。由于管网热损失差别非常大，因此很难进行全面统计给出整体水平。根据初步调查，管网损失偏大的主要是两类情况：①蒸汽管网，采用架空或地下管沟方式，由于保温脱落、渗水，再加上个别的蒸汽渗漏，造成10%到30%的管网热损失。②采用管沟方式的庭院管网，由于年久失修和漏水，有些管道长期泡在水中，造成巨大的热量损失，表6是实际测试7个小区的庭院管网损失，相比之下，城市集中大热网一次网损失则由于管理水平较高和采用直埋管技术，热损失在1%~3%。外网的热损失可以很容易在下雪时根据地面的融雪状况简单判断。如果存在这类管网损失，实行“蒸汽改水”和整修管网，可以大幅度减少采暖供热量。这可能是目前各种建筑节能措施中投资最小、见效最大的措施。

庭院管网热损失实测结果　　**表6**

	管网保温损失率	管网漏水损失率	管网损失率
小区1	5.30%	2.88%	8.18%
小区2	3.24%	0.05%	3.29%
小区3	6.59%	0.12%	6.71%
小区4	11.66%	1.52%	13.18%
小区5	6.19%	0.41%	6.60%
小区6	9.20%	0.98%	10.18%
小区7	5.63%	1.86%	7.49%

1.2.2　集中供热系统输配能耗

目前集中供热输配系统存在的主要问题主要包括两个方面：一是用户侧循环泵选型普遍偏大，造成水泵实际工作点偏离高效区。二是由于阀门、过滤器设置不合理或由于水泵选型太大为防止电机超载关小总阀门的做法造成了过大的压降，这种不合理的压降可以占水泵有效扬程的30%甚至更多。图27是六个小区17台循环水泵实际运行效率的测试数据。这些水泵的额定效率均在70%以上，而水泵的实际效率平均只在50%左右，最低效率仅为33.5%。因此，通过更换合适的水泵提高水泵效率，解决阀门、过滤器等造成过大的压降是节约集中供热输配系统能耗的最有效方式。

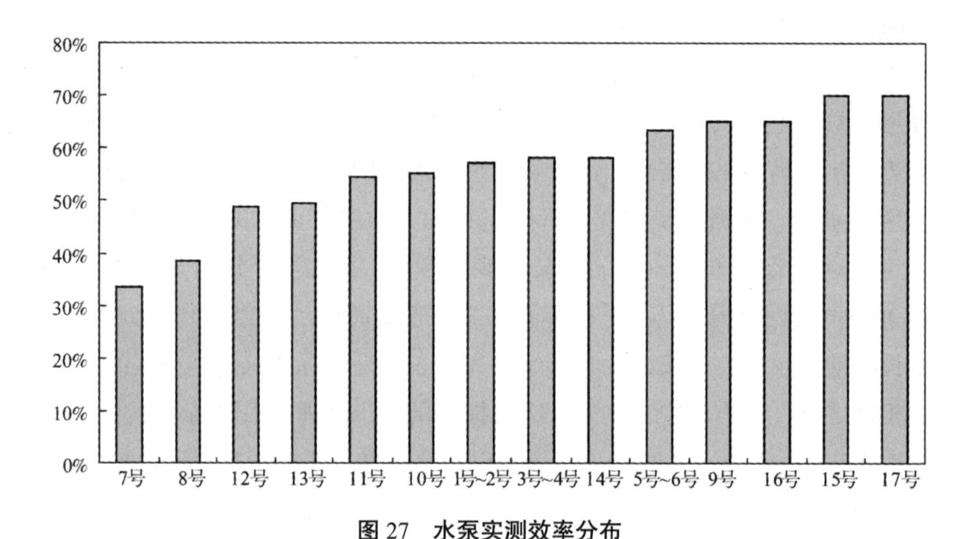

图27　水泵实测效率分布

图28是对这六个小区的输配系统电耗进行拆分后的结果，其中小区4和小区5是间供系统，电耗包括一二次所有水泵电耗，其他为直供系统。可以看到，单个采暖季，对于直供系统的输配系统实际泵耗约为1.5~2.0 kWh/m²，对于设有一、二次泵的间供供热系统，输配系统实际电耗2.5~3.5 kWh/m²。水泵工作点偏离高效点引起的电耗损失约为0.1~0.9 kWh/m²。

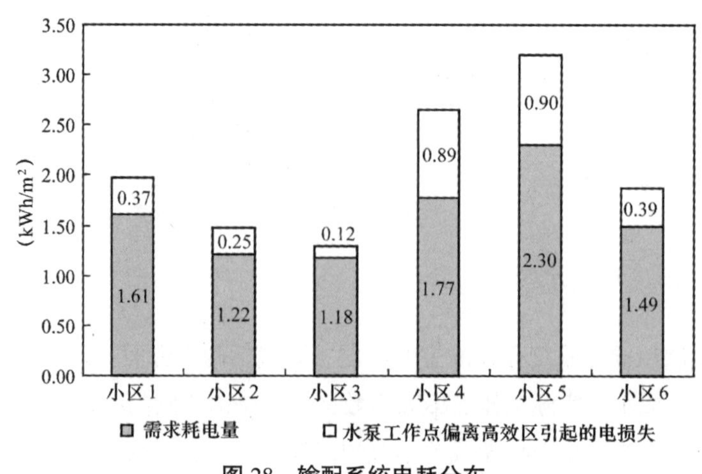

图28　输配系统电耗分布

1.3　各类采暖热源方式的能耗状况

我国北方城镇采暖热源如果以燃料形式划分可分为热电联产、燃煤、燃气和电四种形式，由于不同形式的能源品位有高有低，而同一能源采用不同供热方式利用效率差异也很大，下面将对这些方式的能源利用效率和应用场合进行分析。

1.3.1　热电联产集中采暖

热电联产是利用燃料的高品位热能发电后，将其低品位热能供热的综合利用能源的技术，是目前各种热源中能源转换效率最高的方式。按照发电机组容量大小主要可分为两类：

（1）小规模凝汽为主的热电联产：恶化冷凝器真空度，用汽轮机冷凝器的热量加热供热热水，再用低压或中压抽汽补充供热量的不足；这主要是不足一万千瓦发电量到几万千瓦发电量的小型热电联产机组，是20世纪80~90年代兴建的热电联产电厂的主导形式。这种方式在冬季供热时，发电效率可达20%，供热效率65%。如果一千克标煤可以发电1.628kWh，产热5.29kWh，与我国目前发电煤耗为320gce/kWh的骨干电厂相比（1千克标煤发电3.125kWh），减少发电3.125－1.628=1.497kWh，获得了5.29kWh的热量，这就相当于*COP*=3.53的电动热泵，能源利用效率与运行良好的水源热泵相近。然而，在非供热期，由于这些热电机组容量小，锅炉出口蒸汽参数低，因此单纯发电时的发电效率往往不足30%，发电煤耗在400gce以上，远高于发电煤耗为320gce /kWh的骨干电厂，因此就应该采取各种措施严格禁止这类小机组在非供热期运行。

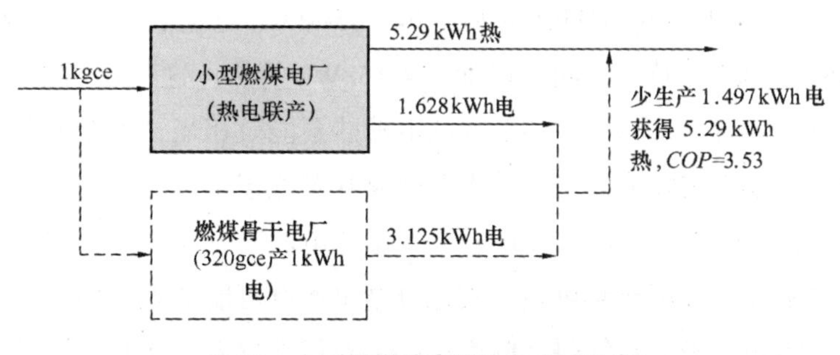

图29　小型燃煤热电联产与分产比较

（2）大、中规模抽凝电厂：21世纪以来兴建的热电联产电厂主要是单机容量为

20 万、30 万千瓦发电量的大型凝气机组。这些电厂在非采暖期可以高效发电，发电煤耗与目前的全国平均发电煤耗接近。在冬季热电联产工况，则完全依靠抽取低压蒸汽加热，但为了维持汽轮机的正常运行，仍有约三分之一的蒸汽要通过低压缸继续发电，然后再放出低温余热。此时的机组发电效率约在 30%，供热效率 40%，这样 1 千克标煤可发电 2.44kWh，产热 3.26kWh，同发电煤耗为 320gce /kWh 的骨干电厂相比，相当于减少了 3.125－2.44=0.685kWh 的电，增加了 3.26kWh 的热量，就相当于一台 *COP*=3.26/0.685=4.76 的热泵（图 30），因此，大中型燃煤热电联产是一种高效的能源利用方式。

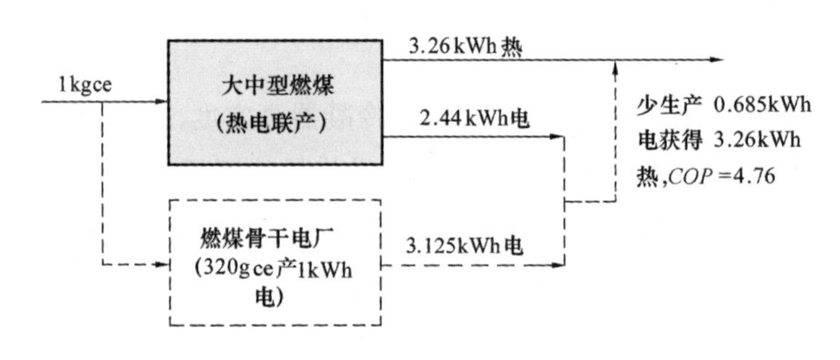

图 30 大、中型燃煤热电联产与分产比较

天然气热电联产是热电联产的另一种形式，虽然目前还未大规模的应用，但随着能源结构的调整和环保要求的提高，一些城市在“十二五”期间大力发展这种形式。天然气热电联产是否同燃煤热电联产一样高效？采用燃气蒸汽联合循环的天然气电厂，纯发电效率可达 55% 以上，即 $1Nm^3$ 天然气可以产电 5.44kWh, 目前有一些天然气热电联产项目，冬季发电效率为 40% 时，供热效率约为 42%，这时 $1Nm^3$ 天然气可以同时产电 3.95kWh 和产热 4.15kWh，与天然气纯发电相比，减少了 5.44－3.95=1.49kWh 的电，同时增加了 4.15kWh 的热。这就相当于一台 *COP* 为 4.15/1.49=2.78 的热泵（图 31），和普通的电动热泵能效相当，若考虑到集中供热各种损失，则这种方式实际上低于电动水源热泵甚至低于小型的电动空气源热泵。也就是说，对于这样的天然气电厂发电，不实施热电联产，而是用一部分电力在用户侧驱动水源热泵或空气源热泵供热，其综合结果还有可能节省一部分天然气或节省一部分电能。因此对于天然气热电联产，一定要仔细核算，并非只要是热电联产就一定节能，参数选择不当，还反而费能。当然，如果科学地设计、优化，天然气热电联产可以产生和燃煤热电联产相同的节能效果。

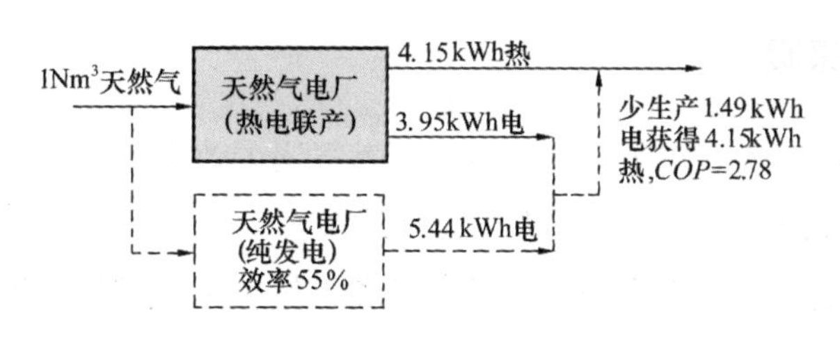

图 31 天然气热电联产与分产比较

1.3.2 燃煤锅炉采暖

通过锅炉直接燃烧燃煤的方式提供采暖所需热量也是目前比较普遍的方式，按照燃煤锅炉的大小主要分为区域燃煤锅炉集中采暖和分户燃煤炉的分散采暖。

（1）区域燃煤锅炉

我国北方城镇大约有 22 亿 m^2 的建筑目前是靠不同规模的燃煤锅炉房作为热源的集中供热系统进行采暖。由于煤是固体燃料，以接触式表面燃烧为主，燃烧的完全性受炉膛温度的影响，锅炉容量越小平均炉膛温度越低，燃烧越不完全，经过锅炉的各种热损失相对也较大，因此燃煤锅炉效率和锅炉容量大小有很大差别，在 35%~85% 之间。当单台锅炉容量达到 20t/h，效率可以达到 80% 以上。但对于几吨或更小蒸发量的锅炉，有的效率可低至 35%。据统计，2007 年我国集中燃煤供热锅炉平均效率约 60% 左右。

（2）分户燃煤炉

用蜂窝煤或其他燃煤的小火炉或家庭土暖气采暖。这种采暖方式主要分布在低收入群体居住区、小城镇、大城市的城乡交界区等处。根据炉具和采暖器具的不同，燃煤分散采暖的燃料利用率在 15%~60% 间。其排烟和灰渣造成较严重的空气污染和环境污染。这种采暖方式一般来说效果不佳，使用者的维护管理相当麻烦，同时还存在室内一氧化碳和其他有害气体污染的危害，时有煤气中毒的事故出现。因此为改善人民生活状况，提高住宅室内安全，在大多数场合这种采暖方式应逐渐被其他清洁采暖方式替换。分户燃煤炉由于效率较低，平均在 30% 左右。

燃煤是固体燃料，其最大的问题是排烟污染、灰渣污染以及堆放的燃煤的污染。大规模锅炉有利于煤和灰渣的运输，有利于排烟的污染处理，也有利于采用自动化控制。这就使得燃煤锅炉的使用原则是“宜集中不宜分散，宜大不宜小”，因此对于必须采用燃煤供暖的区域，应尽可能地采用大吨位的燃煤锅炉集中供热。

1.3.3 燃气采暖

燃气锅炉不同于燃煤锅炉，表 7 表明，燃气锅炉效率只与锅炉的过量空气系数和排烟温度相关，而与锅炉容量的大小没有关系。

锅炉过量空气系数即为锅炉空气进气量和天然气进气量的体积比，合理的过量空气系数应介于 1.1~1.2 之间。空气过量系数过低，会导致氧气量不足，可燃气体不能完全燃烧，锅炉效率降低，表 8 中小区 1 相同型号的 1 号炉和 4 号炉在排烟温度相同的情况下，空气过量系数只有 1.04 的 1 号炉效率比空气过量系数较为合理的 4 号炉（其值为 1.12）低 0.5% 左右；空气过量系数过高，会增加排烟量，从而增加了排烟热损失，也会导致锅炉效率降低，表 8 中小区 2 相同型号的 1 号炉和 2 号炉运行状态和排烟温度相同的情况下，锅炉效率随着空气过量系数的增大而降低。

排烟温度是影响燃气锅炉效率另一个重要因素，理论可以计算排烟温度每升高 10℃，锅炉效率值将减小 0.5% 左右，表 9 是在过量空气系数相近情况下，实测的排烟温度对锅炉效率的影响，与理论得出的结论基本一致。

天然气锅炉的热效率 **表 7**

	锅炉类型			
	分户壁挂炉	家用容积式	0.7MW 以下	0.7MW 以上
排烟温度（℃）	45~110	50~130	85~150	90~180
过量空气系数	1.5~2.5	1.4~3.6	1.2~2.1	1.1~1.3
热效率（%）	90~96	86~93	87~94	87~95

实测燃气锅炉空气过量系数对热效率的影响 **表 8**

		状态	排烟温度（℃）	过量空气系数	锅炉效率（%）
小区 1	1 号	大火	155.2	1.04	91.5
	4 号	大火	155.2	1.12	92.0
小区 2	1 号	大火	151.1	1.48	90.4
	2 号	大火	147.5	1.29	91.8
	1 号	小火	122.0	3.05	84.0
	2 号	小火	123.8	1.83	90.5

部分单位排烟温度对锅炉效率影响的比较　　表 9

单位	锅炉编号	状态	排烟温度（℃）	过量空气系数	锅炉效率（%）
小区 1	3 号	比例	125.9	1.28	93.2
	4 号	比例	120.5	1.29	93.4
小区 2	3 号	大火	193.6	1.37	88.3
		小火	159.9	1.46	89.7
小区 3	2 号	大火	157.4	1.17	91.7
		小火	136.6	1.28	92.5

（1）区域燃气锅炉

设置大的燃气锅炉集中供热，一方面其锅炉效率并未能随着锅炉容量较高而有所升高，图 32 则为实测的 17 台区域燃气锅炉的实际效率。从图中可以看到，锅炉效率变化范围很大，高的可以达到 93%，低的可以低至 70%，相差近 20%，仔细分析这些锅炉效率之所以出现这样大的变化范围主要是因为运行调节与控制不同所致（如鼓风量不同、启停次数等）。另一方面集中供热系统的热损失率却随着规模增大而迅速增加，导致能耗增加。

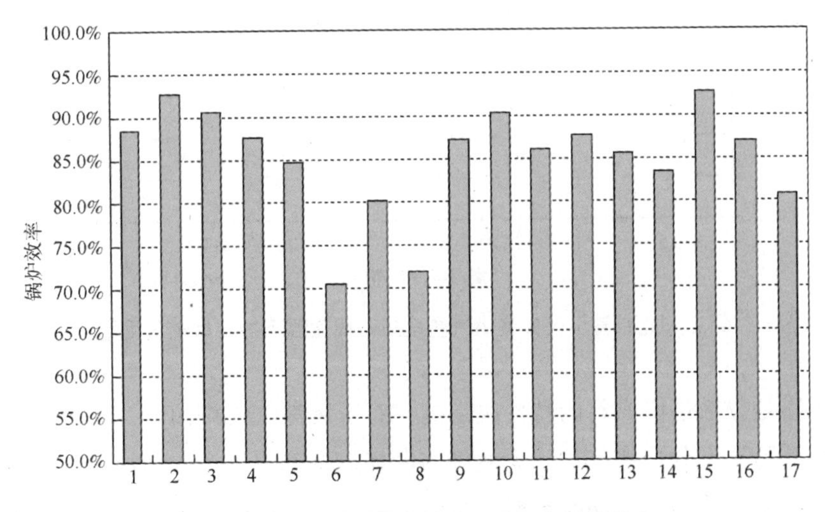

图 32　北京市实测的燃气锅炉的能量转换效率

数据来源：《中央国家机关锅炉采暖系统节能分析报告》，清华大学建筑节能研究中心，2006 年 6 月。

（2）分户燃气采暖

采用分户的小型燃气热水炉为热源，通过散热器或地板辐射方式进行采暖。随着天然气供应量的增加和可以使用天然气的区域的扩大，这种方式近年来增加很快。不仅用于许多新建住区，还成为旧城区改造中替代原有的分散燃煤采暖的一种有效方式。大量实测结果表明由于这种采暖方式水温较低，燃烧温度低，因此大多数合格产品的实际能源转换效率可达90%以上，排放的NO_x浓度也低于一般的中型和大型燃气锅炉。图33为在北京某小区实际调查得到的采用燃气壁挂炉冬季燃气用量和室温的分布。当维持室温平均在18℃以上时，整个冬季用气量为8.5m^3/(m^2·a)，也就是0.31GJ/(m^2·a)。考虑燃气锅炉的平均效率为93%，实际供热量平均为0.29GJ/(m^2·a)，这与前面讨论的北京市采暖需热量完全一致。因此这种分散供热方式不存在过量供热问题。这是由于每户都要计量燃气量，并按照燃气量缴费。计量缴费方式和燃气炉的分散调节能力就使得这种供热方式几乎不会出现过量供热问题。因此当需要用燃气采暖的场合，这种方式无疑应是最适宜的方式。

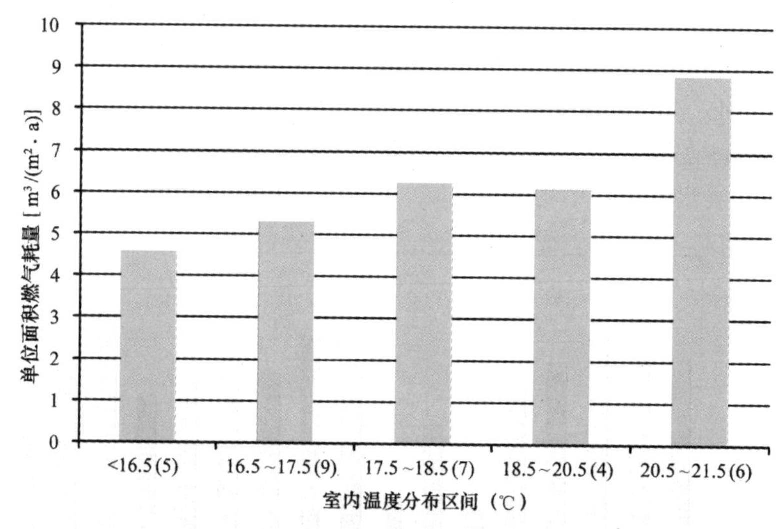

图33 北京某小区实测燃气壁挂炉不同室温下的冬季燃气用量

集中还是分散是由燃料的特性决定的，对于天然气锅炉而言，无论是大锅炉还是小锅炉，乃至于分户燃气炉，天然气的燃烧效率都很高，差别很小，集中还是分散对燃烧效率影响很小。同时天然气是清洁能源，污染排放很小，反而大锅炉的燃烧温度高，NO_x的排放大，在运输管理方面，天然气是气体燃料，管道输送方便，不需要集中使用。同时天然气锅炉的自动化水平高，没有必要一定要集中管理，目前广泛使用的户用生活热水燃气炉完全可以证明这一点，因此就应尽可能地避免集中供热带来的各种管网损失和过量供热损失，所以，在保证安全和加强管理的前提

下，天然气锅炉“适宜于分散，宜小不宜大”。

1.3.4　电采暖

（1）集中电热

即设置大型电锅炉进行集中采暖的方式。这不仅将高品位电能转化为低品位热能，使得高质能干低级活，同时还汇集了集中供热包括各种管网损失和过量供热损失在内的所有弊端。因此绝不是一种好的采暖方式。由于我国的电力大多数是依靠燃煤电厂产生，3 份热量的燃煤才能产生一份热量的电力，而这种电锅炉直接把电力转换为热量，折合到一次能源，其效率仅有 30%。或者说与燃煤锅炉相比，产生同样的热量所消耗的燃煤为锅炉的 2~3 倍。这一方式的能耗折合标煤大于 40kgce/（m^2·年），能源利用率极不合理。采用集中电热的一个理由是为了改善电力负荷的峰谷差，削峰填谷。即便是这一理由，也不应采用集中电热锅炉，而是应考虑带有蓄能装置的分散分户方式，从而避免集中供热造成的各种损失。因此从电力合理利用，能源有效转换的各个角度看，任何采用集中直接电热锅炉采暖的方式都应该严格禁止。特别注意的是这一方式可能披着高科技、节能技术的外衣以一些新的形式出现，如“林州停暖”事件爆出的“电磁采暖”。

（2）分室电热

各种直接把电转换为热量满足室内采暖要求的方式，例如电热膜、电热电缆、电暖气，以及各类号称高效电热设备的“红外”，“纳米”等直接电热设备。这些方式实际都可以实现 100% 的电到热量的转换，并且大多具备很好的调控功能，从而不存在过量供热问题。特别是当建筑保温性能较好或只保证有人活动局部区域温度时，由于需热量较小，加上这样的精确控制，用电量可控制在 60kWh/（m^2·a）以下，在北京基本上就可以满足供热要求。当享受某种电采暖优惠政策，采暖电价为 0.5 元 /kWh 时，采暖费用可控制在 30 元 /（m^2·a），接近北京市天然气热源集中供热的采暖价格，这就是为什么在一些场合直接电热采暖能够被接受的原因。然而因为我国目前冬季北方地区的电力基本上来源于火力发电，2008 年中国火力发电平均效率为 347gce/kWh。70kWh 的电力需要 24.3kgce，高于各种集中供热方式的煤耗。因此在能够使用集中供热采暖或分散燃气采暖的场合，还是不应该用直接电热采暖。如果出于电力削峰填谷的目的，利用某种蓄热手段，如采用某种以硅铝合金作为相变材料的相变蓄热电暖气，与通常铸铁暖气相同体积，5h 内即可蓄存一天的供热量，从而在夜间电力采暖并蓄热，以平衡电力负荷的日夜差别，则还可以适当地使用。

（3）电动空气热泵

使用电供暖的最好方式是热泵方式。空气源热泵是通过对室外空气制冷，从中提取热量，这部分热量通过热泵使其温度提高到高于室内需要的温度，再通过空气或水送到室内，满足供暖要求。由于此时的电是用来实现热量从低温提升到高温，因此热泵的用电量大致与所提升的温度差成正比。当外温为0℃而热量以40℃放出时，1kWh电可产生约3.5kWh的热量，效率为350%，考虑燃煤的供电效率为33%，空气源热泵等效的燃煤—热转换效率约为110%，高于直接通过锅炉燃烧燃煤的效率。但如果是从－10℃的室外温度中提取热量，或者从0℃把热量提升到50℃再用来供热，则1kWh的电能就只能转换为2.6kWh左右的热量，这时，其转换效率就不如大型燃煤锅炉了。因此热泵是否节能很大程度上取决于其工作时两侧的温度。

限制空气源热泵使用的另一个重要因素是当用于冬季室外温度长期处于0℃左右并具有较高湿度的地区时，其蒸发器表面结霜，将导致机组制热性能迅速下降甚至失效，通过各种化霜措施可以缓解结霜情况，但会使热泵效率和出力都大大降低。此外，空气源热泵系统的容量规模不宜过大，这是因为当空气源热泵容量大于2MW后，其*COP*就不再随容量增加而增加，而集中供热的各种损失却随规模增大而增大。

（4）水－水热泵

水－水热泵系统有多种形式，包括以地下埋管形式从土壤中用热泵取热、通过打井提取地下水通过热泵从水中取量、采用海水、湖水、河水，利用热泵提取其热量；利用热泵从污水提取热量等。目前这些方式作为节能的采暖措施在我国北方地区得到大力推广。但是这一方式除注意热泵机组压缩机的性能外，还应注意热泵两侧循环泵电耗，在北京或北京以北地区，为了防止取热侧结冰，要求的低温冷源侧循环水量较大。同时为了维持热泵的较高效率，热端循环水量也大于一般的集中供热方式，这就导致两侧循环泵电耗很高，有时有可能高于热泵压缩机耗电。举例来说，当供回水温差在2℃，每千瓦时的供热量需要循环泵的电耗大约0.3kWh，再加上热泵机组压缩机耗电0.25kWh（*COP*=4），这样提供1kWh的热量总耗电就为0.4+0.25=0.55kWh电力，相当于系统制热性能系数*COP*=1.8，折合187gce/kWh热量，高于大型燃煤锅炉的154gce/kWh（效率80%），更高于热电联产的73gce/kWh。所以水源热泵不是永远节能，而是在很大程度上取决于系统设计和运行状况以及当地

水温状况。

综上所述，从节约能源和保护环境出发，北方城镇冬季供热对热源得考虑原则应该是：

（1）充分发挥现有城市集中供热热网的作用，增大热电联产供热范围，替代区域锅炉。只要能采用热电联产的方式，则一定优先使用热电联产供热；充分挖掘热电联产系统的潜力，通过“吸收式循环”，在不增加燃煤量，不降低发电量的前提下，增加供热量 20% ~40%。

（2）当不能实现热电联产供热，只能采用区域锅炉房时，优先考虑大型燃煤锅炉，并坚持“宜集中不宜分散，宜大不宜小”的原则，坚决砍掉小型燃煤锅炉。

（3）城市大型集中供热热网应只支持热电联产热源和大型燃煤区域锅炉房热源。当采用燃气锅炉时，应坚持“宜小不宜大”原则，应越小越好。有条件时利用小型天然气锅炉在末端为大型集中供热进行分散式调峰。否则就尽可能采用分户、分栋、小规模方式。

（4）当只能用电时，则尽可能的采地各类热泵方式。与天然气采暖一样，采用直接电采暖和电动热泵时，其规模也是越小越好，争取做到分户、分栋或几栋建筑的小规模，避免大规模集中供热造成的各种不均匀和过量供热损失。严格禁止集中电热锅炉的采暖方式。

1.4　工业余热利用

除了热电联产、水地源热泵，是不是还有其他可以进行挖掘的采暖热源呢？目前多数发达国家的工业生产领域能耗低于 40%，而中国工业生产领域能耗约占社会总商品能耗的 70%，远远高于发达国家，这是由于我国经济结构特点所决定，并且不会在短期内改变。而工业生产中，化工、水泥、其他建材窑炉、有色金属冶炼和钢铁生产五大行业的能源消耗占到我国工业总能耗的约 70%。这些工业生产过程能耗的热效率在 20%~60%，所剩下的余热多在 30~160℃左右的温度下排放，其中相当一部分还通过冷却塔靠水的蒸发排放，从而使冷却和排除工业余热构成工业耗水的重要部分。在夏季 30℃的热量可以认为无任何价值，但在室外温度为 -10℃的冬季，30℃的热量就变成了宝贵的资源，有可能用于本来就不需要太高温度的建筑采暖中。这些工业生产大量分布在我国北方地区的地级城市，占到北方地级以上城市总数的 64%，工业生产中消耗能源约 150 亿 GJ。若按照生产过程能源热效率为

35% 估计，则仅中国北方全年就有 98 亿 GJ 的热量排放。大量余热直接排到环境中，造成热岛现象和工业耗水。

现有的工业余热的主要方式是余热发电，但这只能利用其高温部分；较低温度的余热一般在冬季可就地利用于工业厂房和办公或宿舍区的采暖，以及生活热水的加热。但此时产热量与这些热量需求很不匹配，这就使得余热的利用效率不高。然而，如果能在冬季把这些热量整合起来，作为北方中等规模城市建筑供暖的热源，则有可能解决这些城市 50%左右的采暖热源，也使上述的工业余热的利用率达到 25%左右。实现这一设想的关键是：能够把各类不同温度下排放的工业余热整合成统一的温度参数从而能够通过输入到城市供热管网中，成为城市集中供热网热源的一部分。目前我国北方大多数具有工业余热资源的城市都建有完整的城市供热管网，目前的普遍问题是冬季热源不足。这样，工业余热就有可能成为支撑这些城市集中供热网的骨干热源。目前已经有系列成套技术实现不同温度的热量的整合与长距离输送，这为我国北方地区城镇供热的发展给出一个新的思路。

1.5 总体展望：北方城镇冬季供热事业的发展设想

2013 年，我国北方城镇采暖建筑 120 亿 m^2，冬季采暖能耗 1.681 亿 tce，是我国建筑能耗最大的组成部分。在四大类建筑能耗中（北方采暖、住宅、公共建筑、农村建筑），只有在北方城镇建筑采暖方面，我国目前的能耗与发达国家差别较小，而其他三大类能耗我国目前都显著低于发达国家状况。北方城镇建筑采暖是我国建筑节能潜力最大的领域，应该成为实现我国建筑节能目标的最重要和最主要的任务。到 2020 年，我国北方城镇建筑规模有可能增加到 120 亿 m^2，如果维持目前采暖的能耗水平，仅采暖一项每年将消耗 2 亿 t 以上的标煤，通过全方位努力，根据我国的实际情况，有可能把 120 亿 m^2 建筑的采暖能耗控制在 1 亿 tce 以内，平均每平方米建筑采暖用能每年不超过 8kgce，这将大大缓解城市建设发展和人民生活水平提高给能源和环境带来的压力，为我国城市和社会的持续稳定地发展其重大作用，同时在世界上也将是实现大面积低能耗采暖的先进典范。

为实现这一目标，从技术上必须“开源节流”，进一步降低建筑耗热量、减少输配过程的热损失到最小、深入挖掘各种低品位热源；从管理上必须科学规划，从各个城市的实际情况出发，做出全面优化的解决方案，并贯彻实施；在政策上必须从机制改革入手，依靠市场力量，形成推进节能技术能迅速推广、科学规划能顺利

落实的机制，全面实现最佳的技术方案、最优的体系结构和最好的运行模式，从而在我国整个北方地区实现平均采暖能耗每年每平方米不超过 8kgce 的最终目标。下面分别从技术、管理和政策三方面进行说明。

1.5.1　实现北方城镇采暖节能目标的技术途径："开源节流"

首先要节流，也就是通过改善围护结构保温和气密性进一步降低建筑采暖的需热量；通过强化室温调节方式彻底解决不均匀供热和过量供热导致的热量浪费；通过推广低温末端采暖的新方式降低采暖末端大温差传热造成的有用能损失从而使各类低品位热源得以广泛利用。

围护结构的改善重点是气密性很差的钢窗、外门。通过全面更换这些门窗，使换气次数降低到 0.5 次 /h 以下，不仅可大幅度降低采暖需热量，也可以显著改善室内的舒适性，为百姓办一件大好事。这是投资少、见效大的利民工程。此外，对于 20 世纪 80 年代建造的外墙传热系数大于 1.5W/（$m^2 \cdot K$）的建筑，全面进行增加外保温的改造，也将产生显著的节能效果。这两项措施的全面落实，可以使我国北方地区目前的约 20 亿 m^2 左右的高能耗采暖建筑平均需热量（不同气候地区平均）降低到 0.25GJ/m^2 年以下。同时，进一步贯彻国家各项建筑节能标准中对新建建筑围护结构保温的要求，使新建建筑平均需热量（不同气候地区平均）不超过 0.2GJ/（m^2·年）。良好的建筑保温和气密性是全面实现采暖节能的基础。

强化室温调节的目的就是把目前由于室温不均匀和过量供热造成的高达 30% 的热量浪费省下来。如果使冬季所有的采暖房间整个采暖季的室内温度都在 19 ± 0.5℃间，我国采暖能耗可以在目前水平上降低 30%。目前采用的各类"流量平衡阀"、"气候补偿器"等措施，都是在这个方向上的努力，但从理论和实践上都表明这些方式很难使局部过热的问题得到全面彻底的解决。问题出在采暖末端，解决的措施也一定落实在采暖末端。实践表明分户或分立管的"通断式调节"是实现室温调控的有效方式。对于分户水平连接的采暖方式，可以低成本地避免局部过热；对于传统的单管垂直串联和垂直串并联方式，当循环流量足够时，"通断式调节"也可以低成本地实现所有房间有效的室温控制。当采用地板采暖等新型采暖末端方式时，"通断式调节"更是解决部分时间过热，改善室内热舒适的有效措施。全面推广采暖末端的"通断式调节"，并使其真正使用起来，实施其调控功能，将使我国北方地区采用集中供热方式的采暖能耗降低 30%。如果每户住宅平均 80m^2，"通断式调节"装置投入约 1000 元。使其真正使用起来（也就是把室温设定值设定在 18~20℃），每年可平均节省 6GJ 热量，目前我国北方大多数地区采暖热源厂的热价已达到 30 元 /GJ，仅通过节省热源厂的热费，也可以使这一改造投资在 5 年左右的时间得到可靠的回收。对于办公、学校、商店等非住宅建筑，也应该全面采用这种室温调控方式，彻底解决部分区域部分时间的过热现象，节省这部分高达 30%的热量。

在新建建筑中推广新型低温采暖末端，也应该作为一项重要的节能措施。吉林省延吉市全面推广地板采暖，实现大规模的低温集中供热，大幅度提高了热电联产电厂的能源利用效率，就是一个很好的实例。近年来我国北方很多城市地板采暖方式发展迅速，但由于调节不当、造成室温过高，由于施工质量、造成有泄漏现象。由于这些问题，部分地区开始限制地板采暖的使用。实际需要解决的应该是增加末端调节装置（例如通断式调节阀），避免过热现象；增加楼栋入口水温调节措施（如入口混水器），使采用地板采暖方式的建筑可以与常规末端方式的建筑接入到同一个集中供热网；加强管理，监控埋管质量和施工质量。地板采暖可以使得回水温度在 30~35℃下实现严寒地区建筑的良好供热，这就为各种高效热源的利用和各类低品位余热的开发打下基础，是许多可以大幅度提高热源效率的新的热源方式得以实现，同时还可以获得更舒适的采暖效果。由于不占用室内空间，这种方式也得到居民的广泛接受。因此在新建建筑和既有建筑改造中一定在政策上全力支持这一方式，在管理上保障这一方式的质量，在技术上实施适宜这一方式的相应措施。地板采暖和其他一些新型低温采暖末端方式是全面采用各种新型采暖热源、实现节能的重要基础，实现集中供热回水温度不超过 30℃应成为室内采暖系统设计和运行的努力方向。

在某些早期建成的小区庭院采暖管网年久失修，造成的管网散热损失可达总热量的 30%以上。管沟内常常冒出热气，在地面白雪覆盖时可以从地面上清楚地看到管网走向。对于这样的管网重新铺设、进行全面的保温改造，可以产生很大的节能效果。近年来我国已发展出完善的热水管网的直埋管技术，庭院管网的热损失完全可以限制在 2%以下，可以使得在地面覆盖白雪时完全看不到管网的走向。这可以作为判断庭院管网是否需要改造的标准。

与建筑采暖的“节流”相比，在“开源”上目前有更多的发展空间和创新。目前我国北方城镇供热中，燃煤燃气通过锅炉直接燃烧制备热水仍是主要的热源方式，这实际是用高品位热能提供低品位热量，造成巨大的可用能损失。尽可能挖掘现在被排放的和没有被充分利用的低品位热能，用它来解决冬季建筑采暖，这应该是未

来城市建筑采暖热源的主要发展方向。在城市和城市周边都存在哪些可能利用的低品位热能呢？按照温度高低可以列出下面这些可能的热源：

（1）燃煤、燃气燃烧的排烟。根据使用烟气回热器的状况不同，其排烟温度在50~180℃之间；锅炉燃烧时的烟气热量可达总产热量的10%，燃气轮机的排烟量可提取的热量可高达燃料总热量的20%；

（2）热电厂冷凝器排热，（包括大型核电站）根据空冷还是水冷等方式不同和运行工况不同，冬季的排热温度在20~40℃之间；排热量相当于发电量的70%~200%；

（3）各种工业生产过程的余热，如工业窑炉、钢铁企业、有色金属、化工厂等，温度在30~200℃之间；排出的热量相当于工厂能耗的30%~80%；

（4）污水处理厂污水处理之后的中水，温度在20℃左右；温度降低到10℃时每吨中水可放出近12kWh的热量；

（5）分布在城市各处的、未被处理过的原生污水，温度在20℃左右；

（6）分布在城市各处的地下水，通过提取热量后再排回到地下，可利用的温度在10~15℃之间。

除上述最后两项外，前面的各类低品位余热都远离城市中心区，对我国北方绝大多数大中型城市，在30km的半径内都可以找到足够的低品位余热（不包括前述最后两项:原生污水和地下水），可以满足城市70%以上的采暖供热的热量需求。这样我们就可以仅补充提供30%左右的热量就可以实现冬季供热，与常规方式比，可以节能70%！要实现这样的供热，关键的问题就成为：怎样才能经济有效地提取这些低品位余热，并把它们长途输送到城市建筑中？目前可能的热量输送方式，最可靠可行的还是热水循环方式。我国北方绝大多数城市都已建成覆盖全城区的城市集中供热网，这是输送这类低品位热量的最好的条件。世界上除了北欧、东欧国家，很少建成也很难建成像我国北方城市这样大型城市供热网，所以很难解决这种热量输送问题。大型城市热网是我国宝贵的基础设施资源。因此就可以利用这个热网连接各类低品位热源和城市建筑，把各类热源产生的热量输送到需要供热的建筑中。由于热源分布状况、热量产生模式、建筑物布局状况等各种原因，不可能在热源与建筑物之间实行一对一的供热，而一定是和电网一样，把这种热源整合到一起，通过热网统一输送到城市中，再共同为各个建筑供热。图34给出这种系统可能的形式。这时，城市热网就成为采集各类余热，向城市建筑提供热量的能源采集和输配系统。

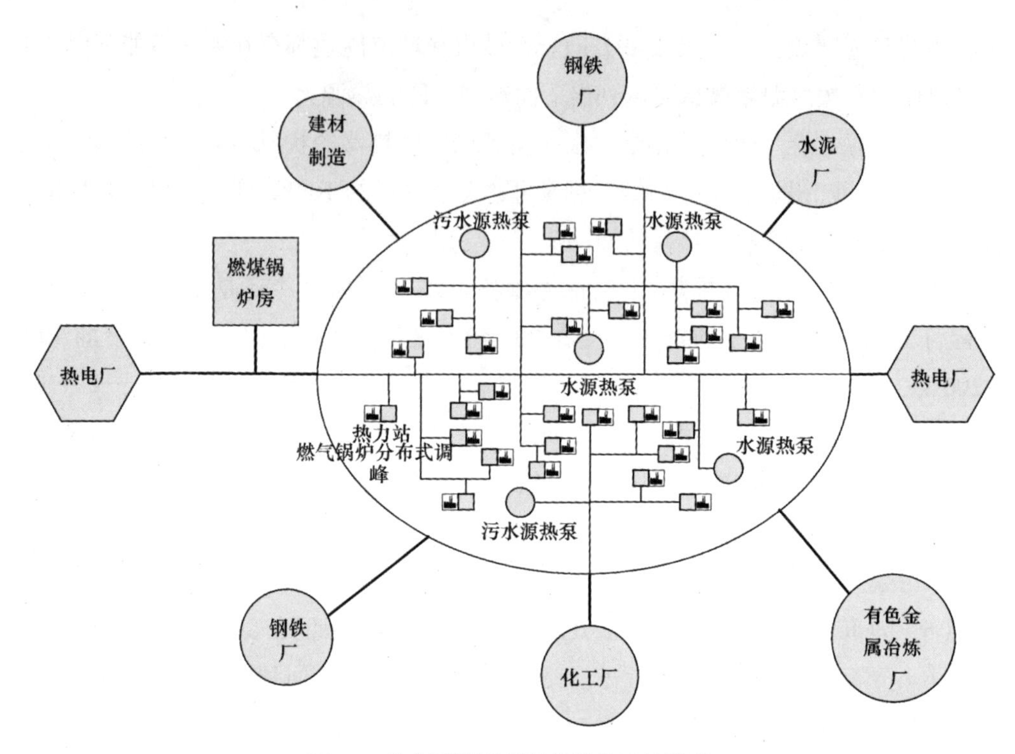

图 34　北方城镇采暖理想供热系统模式

由于要把各种热源的热量整合到一起，首先就要确定统一的热网循环水温参数，各个热源都要从热网回水管中引入低温回水，再利用余热把水加热到统一的供水温度，送回到供水管。各个建筑附近的热力站则通过换热器把高温供水降温到低温回水，并从中得到向二次侧建筑提供的热量。按照这种模式，管网中的供回水温差越大，热网的热量输送能力越高。但如果要求的供水温度越高，提取低温热源产生高的供水温度就越困难；而要求的回水温度越低，则在热力站提取热量从而把回水冷却到要求的回水温度也就越困难。综合各方面平衡优化，同时考虑各种换热技术的可行性，初步考虑可以把供水温度设定在 120~130℃，回水温度设定在 15~30℃。在热力站可以采用“吸收式换热器”，实现一侧为 120~130℃供水、15~30℃回水，另一侧为建筑采暖要求的 40~60℃左右温度的热交换。实际上，当供水温度 130℃，回水温度 30℃时，还有可能在热力站利用高温热水通过吸收式热泵进一步提取当地的地下水或原生污水中的热量，从而从大热网中得到的一份热量可以产生 1.2~1.3 份热量输出到采暖建筑中。而在各类热源侧，可以利用吸收式热泵，通过部分高温热源驱动吸收式热泵，提取低温热源的余热把 15~30℃的回水加热到 120~130℃。这样，

就可以经济有效地实现上述构想。

利用上述方式为城市建筑采暖还必须解决的有一个问题就是各类低品位热源的随时间恒定产热与建筑需求热量随时间的变化之矛盾。建筑供热的负荷随气候变化，初末寒期的热负荷大约只是最大热负荷的一半。而上述各类低品位热源产生的热量大都是生产过程的副产品，所产生的热量随生产过程变化而很少随天气变化。为了保证这些低品位热源对应的生产过程能够正常进行，并且充分利用这些低品位热源，最好的方式是其他的配置调峰热源，通过城市管网输送的低品位热源提供建筑采暖的基础负荷，由调峰热源补充严寒期热量的不足。为了保证城市建筑供热的安全性，也需要配备调峰热源，以防备余热利用系统和城市热网临时出现故障时的问题。采用小型天然气锅炉在各个热力站甚至直接在建筑内作为调峰和备用热源，应该是最合适的调峰方式。这样既可充分利用各种生产过程的余热，使高投资的热量采集、变换和输送装置得以长时间满负荷运行，又通过天然气备用和调峰，提高了供热系统的安全可靠。尽管调峰设备的容量可能达到总装机容量的一半，但调峰运行时间很短，需要提供的热量仅为冬季总的采暖热量的25%。高投资的复杂的余热利用与输配系统可以长期在一个最优的稳定工况下运行，避免调节困难；低投资宜调节的燃气调峰系统则充分发挥其易于调节、灵活调节的特点，承担调节任务，既应对天气出现的变化，也满足各个建筑供热的不同需求。这样的双热源供热方式，还可以起到互相备用的作用，使得任何一侧热源出问题都不致使供热全部停止，最差时也能维持10℃左右的基础供热水平，避免出现冻害。

1.5.2 实现北方城镇采暖节能目标所需要的管理：科学规划，严格落实

要实现上述节能目标，既需要创新的技术方案，更需要科学决策、科学规划和严格落实。随着我国城市建设和基础设施建设的飞速发展，各北方城市也都在积极规划建筑供热方案。

例如北京市就在积极规划基于天然气的城市清洁能源供热规划，建立一批清洁能源中心，利用天然气热电联产和天然气锅炉为城市提供热源，辅助以部分电动水源热泵、地源热泵和电采暖，全面解决整个城市的冬季供热热量需求。由于城市管网输送能力不足，也由于冬季可能的天然气量有限，因此尽管燃气热电联产通过能量梯级利用，可以获得较高的用能效率，但仍然有相当大的比例依靠燃气锅炉房直接燃烧提供热量，而如果保留和改造目前的燃煤热电联产热源，通过充分利用其排出的余热使其产热量在目前基础上再提高35%，补充适量的燃气热电联产热源，充

分利用目前的城市热网，并通过与其他热网并网等方式适当扩充，并且通过城市热网输送热电联产产生的热量，充分发挥目前分散在城区内各处的天然气锅炉对热网进行末端调峰，并全面回收燃气排烟余热，就有可能使城市供热网承担60%以上的城市采暖建筑，高效的热电联产热源提供城市热网75%的热量，燃气的末端调峰热源补充剩余的25%热源，再配合有效的末端调控手段，使建筑耗热量进一步降低，从而可大幅度降低冬季采暖燃气需要量，大大缓解天然气供应的困难，又可以比目前规划方案至少降低20%的一次能源消耗。这无论从初投资、运行成本、能源消耗量以及城市大气环境污染看，都将造成很大的不同。如果目前基于天然气的城市清洁能源供热规划方案在“十二五”中实现，以后再行改造，不仅造成极大的投资浪费，而且会给未来的工程改造实施带来极大的困难。因此，如果能再进一步充分听取各方面意见，充分论证，科学规划，在真正科学的规划基础上再去实施，可能会给未来带来很大的不同。这应该是我们城市管理者的重要责任。

再举沈阳市的案例。对于这样一个地处严寒地区、并已建成很好的热电联产和城市热网系统、并且在城市周边有大量各种工业设施的北方工业城市，充分发展其城市热网，采集各类生产过程排热（包括电厂余热），还可以进一步利用热网的高温热水在热力站驱动吸收式水源热泵，提取目前分布在各处的地下水循环热量，这样就可以形成一个遍及全市的高效的以各种余热采集为主和统一配送的供热系统。在未来东部天然气管网开通，沈阳市得到一定量的天然气供应后，再进一步开展热力站天然气调峰，就可以建成理想的高效率、高可靠的城市供热系统。然而目前沈阳市全面推行电动水源热泵方式，将其作为节能减排的重要任务来落实。而实际上，沈阳地处严寒地区，地下水温度较低，水源热泵采暖效率并不高。大量实际工程的实际运行结果也表明水源热泵系统的综合 *COP*（包括两侧的水泵）很少有达到3以上的，远低于热电联产产热等效 *COP* 的5~6的水平。由于不能继续享受优惠电价，水源热泵采暖的用户运行成本过高，难以为继。面对这种情况，如果沈阳市能够深入进行科学规划，全面整合各种可以利用的资源、设施，深入挖掘各种可能利用的低品位热量，完全有可能构成高效率、低成本、高可靠的城市供热系统，不仅解决目前面对的困难，还可以使沈阳市的节能减排工作再上一个台阶。

再看银川市的案例。近年来一直在城市供热规划上徘徊。是发展热电联产集中供热，还是天然气锅炉供热，或者是燃煤锅炉？银川不仅有丰富的燃煤、燃气资源，更是西北重要的能源基地，城市周边有大型火电厂、化工厂、建材厂。整合这些不同品位的工业余热，完全可以向整个城市提供供热基础热源，再通过天然气末端调

峰，会形成非常好的低能耗、高可靠的城市供热系统。和城市采暖抢用天然气的化工企业可以变为为城市采暖提供低品位热量的热源，使城市采暖与大量用气的工业企业不再争抢用气，从而避免在冬季由于大量天然气供热导致大型化工企业停产待气的现象。这更需要全面的科学规划、综合协调，切实落实。

在高度重视供热改革、建筑节能改造的同时，以同样的重视程度开展北方各个城市的供热规划，或者以比建筑节能改造更大的推动力来进行整个城市的供热规划和实施落实，避免短期行为和某些盲目的不科学方式，把我国北方城市的供热系统建设和改造作为我国扩大内需和基础设施建设的重要组成部分给予充分重视和财政支持，是全面实现前面描述的低能耗高可靠的城市采暖模式的重要保证。

1.5.3 实现北方城镇采暖节能目标所需要的政策：适宜的体制，配套的机制

北方城镇采暖要实现上述节能目标，除有创新的技术方案，科学决策和科学规划外，还需要从政策层面改革不适宜的体制、配套相应的机制。

目前集中供热采暖仍按照面积收费，建房者用于改善围护结构保温性能的投资得不到任何回报，改善建筑保温状况就不可能自觉地执行，只能通过制定建筑设计标准、审查设计方案和图纸等来保证建筑围护结构性能达到有关要求，由于不符合市场经济的规则，偷工减料，以次充好的现象也很难从根本上杜绝；同样，对于用户来说，即使末端装有有效的调节手段，鉴于不能从节能中获取利益，当温度过高时，其可能的做法仍然是开窗散热而不是关小阀门，这样就很难从调节上取得节能效果。因此在市场机制的环境下，这种收费体制严重阻碍了采暖节能工作的开展。十年来，有关部门多次制定各种指令性文件,要求进行以收费体制改革为主要内容的“热改”。然而尽管各方面都在努力，但北方地区真正实现了收费改革的地区依然是凤毛麟角。这里面除技术原因外，也有体制上的原因。

以热电联产为例，目前的集中供热管理体制基本模式是“厂网分离”：热电联产热源电厂归电力公司管理；城市供热网（包括调峰热源、一次网、热力站）归供热企业管理；而二次网和终端服务则取决于终端用户方式。对作为独立消费者的住宅用户，供热企业直接服务到户；对公共建筑用户，供热企业服务到热入口，楼内设施的运行和维护由大楼的管理者自行承担；对大院式用户，供热企业也只服务到大院的热入口，院内系统运行和维护则由大院管理者承担。对于现在大量出现的商品住宅区，也有由供热企业支付一定的费用委托给小区物业或其他机构代管的模式。根据运行管理责任的划分，目前的经营核算模式为：供热企业根据热源电厂供出的

热量支付电厂热量费，再根据末端用户的供热面积收取供热费，其利润从按照面积收取的热费与按照热量支付给热源电厂的热费的差额中产生。

这样的管理体制和经营核算模式下，供热企业就不欢迎甚至抵制“热改”，这是因为：（1）对于供热企业来说，当采暖按面积收费时，只要保证一定的供热面积和一定的热费收缴率，全年就有稳定的收入，基本上不存在经营性的风险。当改为按热收费后，则可能由于不同类型建筑的耗热量和缴费差异造成企业收益减少。像商场，办公楼这类保温好，能耗低，很少拖欠热费的用户是目前供热企业主要的盈利对象，当按面积收费时，某种程度上从这类建筑获取的热费客观上弥补了住宅建筑欠费的损失。当改为按热收费后，商用建筑由于耗热量低，热费大幅度减少，而住宅建筑能耗高，应收缴的高热费又收不上来。丢失了原来的盈利渠道，新的高收费对象又交不上钱，供热企业就存在经营性风险。（2）当按热收费后，供热企业要增加大量额外的维护管理工作，在计费、收费上也比较复杂，而“热改”却并未给供热企业带来太多的好处，甚至存在效益降低的风险。如此的利益机制就很难让供热企业积极地参与进来。

此外，目前的集中供热管理体制不利于终端采取灵活的收费制度，一定程度上也阻碍了“热改”。由于我国供热系统终端的建筑状况、室内供热系统形式多种多样，而目前很难找到一种热计量方式完全解决所有问题，因此若能根据终端特点，灵活采取相适应的收费制度，将有可能实现在不同的条件下采用不同的收费方式，并且可以分期分步地逐渐实现供热收费体制改革。然而，按照目前的供热管理体制，当一个热网中部分用户实行“按照热量收费”，部分实行“按照面积收费”时，由于这两类用户的调节目标彼此相反，供热企业对热网集中调度和运行调节就出现极大的困难。

上述的热电联产集中供热管理体制也不适合推广前述的高效热电联产与分布式燃气调峰方式。这是因为采用“吸收式换热循环”的高效热电联产方式不仅要求供热企业热力站进行改造外，还要求在电厂进行一定的改造，投资比例相当。由于二者都需要改造，都需要一定的资金投入，就需要供热企业和电厂通力合作。而在实际操作中，由于目前的“厂网分离”现状和二者按热量结算的模式，就会出现回收余热所获取的经济利益应如何分配的问题。二者利益博弈的结果往往是最终无法协调成功而导致项目无法实施，从而在某种程度上阻碍了提高热源效率新技术的推广。目前的供热管理体制也不适合“分布式燃气调峰”方式的推广。按照目前供热企业的管理模式，调峰热源设置在一次网，有利于热网总调度室进行均匀性调节，降低

总耗热量。而当采用“分布式燃气调峰”方式，由于各个热力站单独设立热源，就要求各个热力站管理人员独立承担起调节任务，而在目前的供热管理体制下，各个热力站没有独立的热量计量装置或设有计量装置也不作为热力站管理人员业绩考核的指标，管理的好坏只看终端用户满意率的高低，这样当调峰热源设置在二次侧时，热力站管理人员就会尽可能加大供热量以满足末端的供热品质，提高用户满意率，而不计较所消耗的热量，很可能导致末端用于调峰的燃气消耗量增加，既造成能源的浪费，又造成供热成本的增加。

此外，目前的供热体制下，各地名义上取消但实质上仍存在的管网配套有可能导致供热企业“依赖于扩充”的经营模式，使本来应用于供热基础设施投资的资金成为企业效益的主要来源，就可能掩盖供热企业经营中的各种问题，供热企业也没有节能的紧迫感。同时，目前的供热体制下，臃肿庞大的供热企业难以实现终端高效率的管理、给予困难群体的供热补贴也难以发挥最大效能（详见《中国建筑节能技术辨析》第 2.19 节）。

鉴于目前的热电联产集中供热管理体制存在上述问题，不利于节能工作的开展，建议在管理体制上进行如下改革：将目前“电力公司管热源电厂，供热企业管供热网和末端服务”的现状，调整为“热源公司管理发电、调峰与一次管网，若干个供热服务公司分别管理各个二次管网与终端用热服务”的模式。同时取消以各种名义收取的管网配套费，以实际计量的一次管网进入二次管网的热量作为热源公司与供热服务公司之间唯一的结算依据，并且热源公司按照每年瞬态的一次网进入热力站的最大流量从供热服务公司收取一定的容量费。供热服务公司可以根据所服务的建筑群性质，以多种形式存在。例如对于住宅小区可归入物业公司；对于机关学校大院可直接由原来的运行管理部门管理，对于公共建筑，则可交由大楼的运行管理机构管理，对于多种性质混合的二次网，则可以成立专门的供热管理服务公司以合同能源管理的模式对末端用户进行供热服务管理。无论何种形式，每个独立的管理实体都要根据实际计量的热量和最大瞬态流量，向热源公司缴纳热量费。而这些供热管理服务机构可依据自身不同组成形式和不同的服务对象，在最终用户间采用不同的计量和收费结算方式。例如机关学校大院和单一业主的公共建筑很多情况下是直接报销的方式；住宅小区可以根据情况采用按照面积分摊，按照各单元楼的计量热量分摊或直接进行分户计量收费。

这样，热源公司的经营发展目标将转为努力提高能源生产与输送效率，降低能耗；而供热服务公司的发展目标则成为降低供热二次管网损失和过量供热损失，并为终端用户提供更好的服务。上述出现的各类问题在这样的新模式下就都有可能解决：

（1）新的管理体制下，热源公司不会抵制“热改”。这是因为：对于热源公司来说，由于其通过卖热从供热服务公司获取收益，与终端的收费方式没有直接关系；管网配套费的取消也使得热源公司的目标转为尽可能地提高能源生产和输送效率；同时由于热源公司与供热服务公司是企业间的商业行为，即使发生欠费情况也容易循求司法途径解决，因而不用担心欠费对效益的影响，这样，热源公司就不再有抵制“热改”的理由。和现有的经营模式相比，实际是把原来在电厂出口的热量计量结算点移到了各个热力站的入口。

（2）新的管理体制下，热源公司通过卖热获取效益，其提高效益的唯一方法就是提高能源生产和输送效率，加强管理，节约管理成本，再加上“厂网一体”的体系结构使得利益得到统一。热源公司出于自身利益的考虑，必然愿意采用提高热源效率的新技术，这样也才有可能在中国北方城镇全面推广以热电联产方式为热源的高效集中供热系统。

（3）对于供热管理服务机构来说，在做好末端供热服务的前提下，节省从一次网获得的热量是其产生经济效益的最重要的途径。由于每个独立核算的供热管理服务机构（公司）所服务的一个热力站所连接的建筑面积一般只在 5 万 ~10 万 m^2，依靠专业的运行管理人员可以通过精细调节，有效地减少过量供热量。这时如果减少热量的费用直接就转换为供热管理服务机构（公司）的收益，对管理服务公司和直接进行服务与运行调节的人员来说，这将是他们的全部收益。这样，即使对末端用户仍维持按照面积收费的模式，只要在楼内有足够的调节手段，使运行调节人员能够进行各种调节操作，就可以起到有效的节能效果。由于运行调节人员更具备调节能力，因此通过把节能省下来的费用转给专业运行调节人员，可能比留给末端用户所产生的节能效果更大。

（4）可以设计恰当的机制使供热服务（机构）公司拥有所管理的二次网的产权（这对于公共建筑和“大院模式”已经不成问题），这样供热服务公司为了使系统有更好的调节能力以获得更好的节能效果，就会自行筹资，进行系统改造甚至对建筑进行节能改造，从改造后的节能效果中获得收益回报。

（5）分布式燃气锅炉调峰方式可以有效运行。采用上述新的体制，对热源公司来说，最佳的运行方式是在整个供热季恒定地供应热电联产高效产出的热量，使热源设备和城市一次管网一直处在最大负荷下工作，因此是具有最高的经济效益的运

行工况。对于末端的供热管理服务公司，则担负起运行末端调峰燃气锅炉的任务，根据气候状况和供热需求，调整燃气锅炉的出热量。燃气锅炉比安装在热力站的一次网与二次网间的换热器有更大的调节能力，使得供热管理服务公司有能力应付可能出现的各种情况，从而保证更可靠的供热效果，因此对他们来说也是愿意接受的方式。热网提供的热量的价格大约仅为燃气产生的热量的价格的60%，尽可能多地从热网获得热量，尽量少地用燃气再热，又与他们的经济利益直接挂钩，而这也与热源公司的利益一致。实际上，在这种状况下热源公司与供热管理服务公司的关系是：供热服务公司从技术上可以任意减少从热网获得的热量，而热源公司则从技术上可以限制每个热力站可从热网获得最大热量。这样，经济利益与技术条件相互制约，在热源公司与供热管理公司之间形成一个有效的相互制约和相互促进的机制，导致这种燃煤燃气联合供热的方式可以得到推广和很好地运行。

（6）无论是热源公司还是供热服务公司的管理都可得到加强。这是因为在新的管理体制下，以服务型人才需求为主的终端服务和以技术型人才需求为主的前端服务清晰分开。因而处于自动化水平较高，并且以技术型人才需求为主的热源公司就可以借鉴欧洲的管理模式，在现有的基础上大幅度减少管理人员，节约管理成本。对于供热服务公司来说，完全不同于当前带有一定垄断性质的供热企业，由于管理范围相对较小，各种职责和分工就可以做到很明确，管理模式、激励机制也可以相对灵活，管理的好坏也很容易从效益上体现，加上市场的竞争压力使其必然主动采取各种措施加强自身的管理。

（7）政府补贴更能发挥应有作用，令供热企业头疼的欠费问题造成的影响大幅度减小。欠费的原因主要是供热企业提供的服务不到位或是由于经济困难难以负担造成。在新的供热管理体制下，完全靠提供服务获取效益的供热服务公司基于自身利益考虑，必然会大幅度改善服务质量，从而减少由于服务质量问题引起的欠费。北京市某能源托管企业90%以上的收费率相比托管前80%的收费率就是很好的证明。对于困难群体的欠费，与终端用户密切接触的供热服务公司可通过提交详细的用户资料向政府申请补贴，这样一方面保障了供热服务公司的利益，另一方面也使得政府补贴用在最恰当的场合，充分发挥补贴设置的初衷。

综上所述，要实现北方城镇采暖要实现上述节能目标，必须改革不适宜的管理体制和配套相应的机制：

（1）改革现行的集中供热管理体制，即将目前“CHP归电力公司管，城市供热归供热企业管”的现状，调整为“热源公司管理发电、调峰与一次管网，供热服务公司管理二次管网与终端用热服务”的模式。

（2）改革现行的价格体系。取消对终端用户收取的管网配套费。以实际计量的热量作为唯一的热源公司与供热服务公司之间的结算依据。督促供热服务公司根据终端用户的特点选择合适的终端收费制度，并逐渐建立在不影响供热效果前提下的节能长效机制。

（3）鼓励采用合同能源管理等市场机制参与采暖系统运行管理，工业余热回收以及热电联产新技术的推广，分享节能效益，促进节能技术的推广。

2 北方城镇供暖节能理念思辨[1]

2.1 供热与环境

2.1.1 环境污染严重，供热面临挑战

随着雾霾天气的加重，北方地区城镇供热的环保压力陡然增大。从我国北方典型城市的大气污染状况全年分布可以看出，如图 1 所示，污染最严重的天数大都集中于冬季采暖期，因此冬季供热如何减排极其重要。

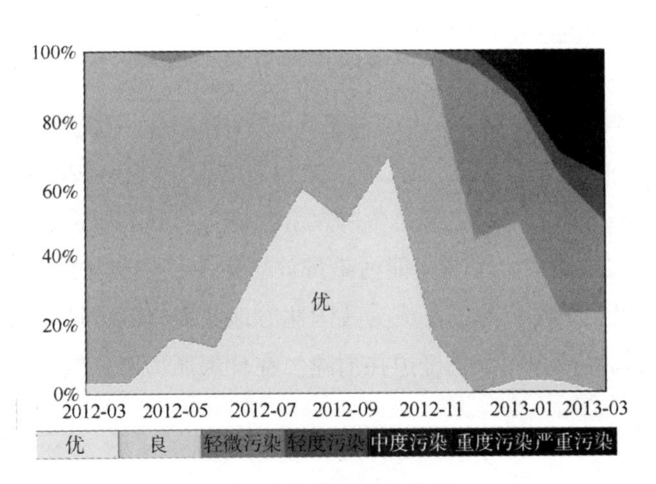

图 1 全年大气污染状况

研究表明，燃煤是我国雾霾产生的主要根源。而供热燃煤在冬季燃煤中比例很大，图 2 为我国北方某省会城市全年燃煤消耗量，燃煤热电厂和燃煤锅炉房等因供热而消耗的燃煤占到全年耗煤量的一半以上。我国供热系统的能源结构 90% 以上是

[1] 原载于《中国建筑节能年度发展研究报告2015》第3章，作者：付林，郑忠海。

燃煤，每年燃烧的近 2 亿 tce 与供热相关。燃煤中相当部分是通过污染严重的锅炉房烧掉，其单位燃煤污染排放量是燃煤电厂的数倍，而且排放时间集中于冬季，空间上集中于北方地区。因此，考虑单位燃煤排放大，以及时间和空间的相对集中，则冬季采暖期的供热系统的污染排放量足以与超过全国耗煤量一多半的发电行业大气污染排放相比。

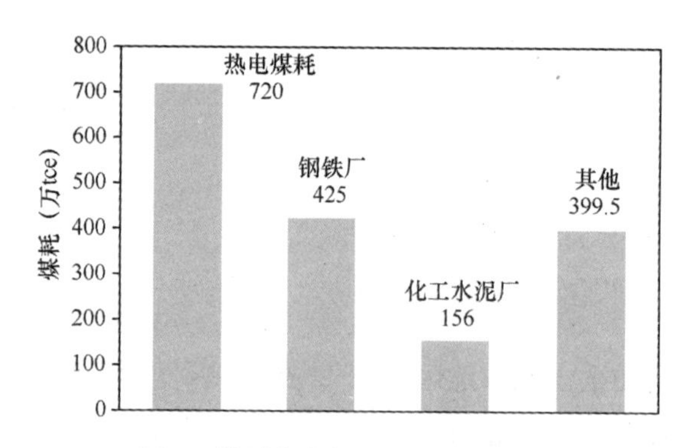

图 2　某城市全年燃煤消耗量构成

京津冀地区是全国大气污染最为严重的地区，尤其是冬季，其中能源消耗是排放的主要来源。根据初步统计的全年京津冀地区能源消耗，可以计算出作为二次污染主要来源的氮氧化物的排放来源，见图 3。可以看出，采暖期的 12 月、1 月和 2 月氮氧化物排放的来源中，北京和天津供热相关的排放在已经排在第一位，超过了交通车辆排放和工业排放，这主要是冬季大量燃烧天然气和煤造成的。河北省钢铁、电力等工业能耗大户集中，工业用能污染排放居首位，供热排放仅次于工业排放在第二位。由此可见，采暖供热已经成为我国北方地区大气污染排放的一个主要来源，供热领域如何大幅度减少污染已经迫在眉睫。在环保压力下，供热出路在哪里？

2.1.2　对目前清洁供热方式的认识

正值作者撰写此文之际，读到一则重磅消息，称山东某市为了减小供热对大气污染排放，对“煤改气”进行大幅度财政补贴。天然气锅炉供热每立方用气补贴 2.72 元，天然气分布式能源供热项目每立方用气补贴 1.32 元，并按发电容量给予高达 2000 元 /kW 的补贴，对于热泵等供热方式也有相应的补贴激励政策，且不说这样的补贴政策是否合理，仅从其补贴力度之大是全国空前的角度看，反映了该市政府对环保的重视程度和对清洁供热的渴求。目前北方地区很多城市同样面临如何选择清

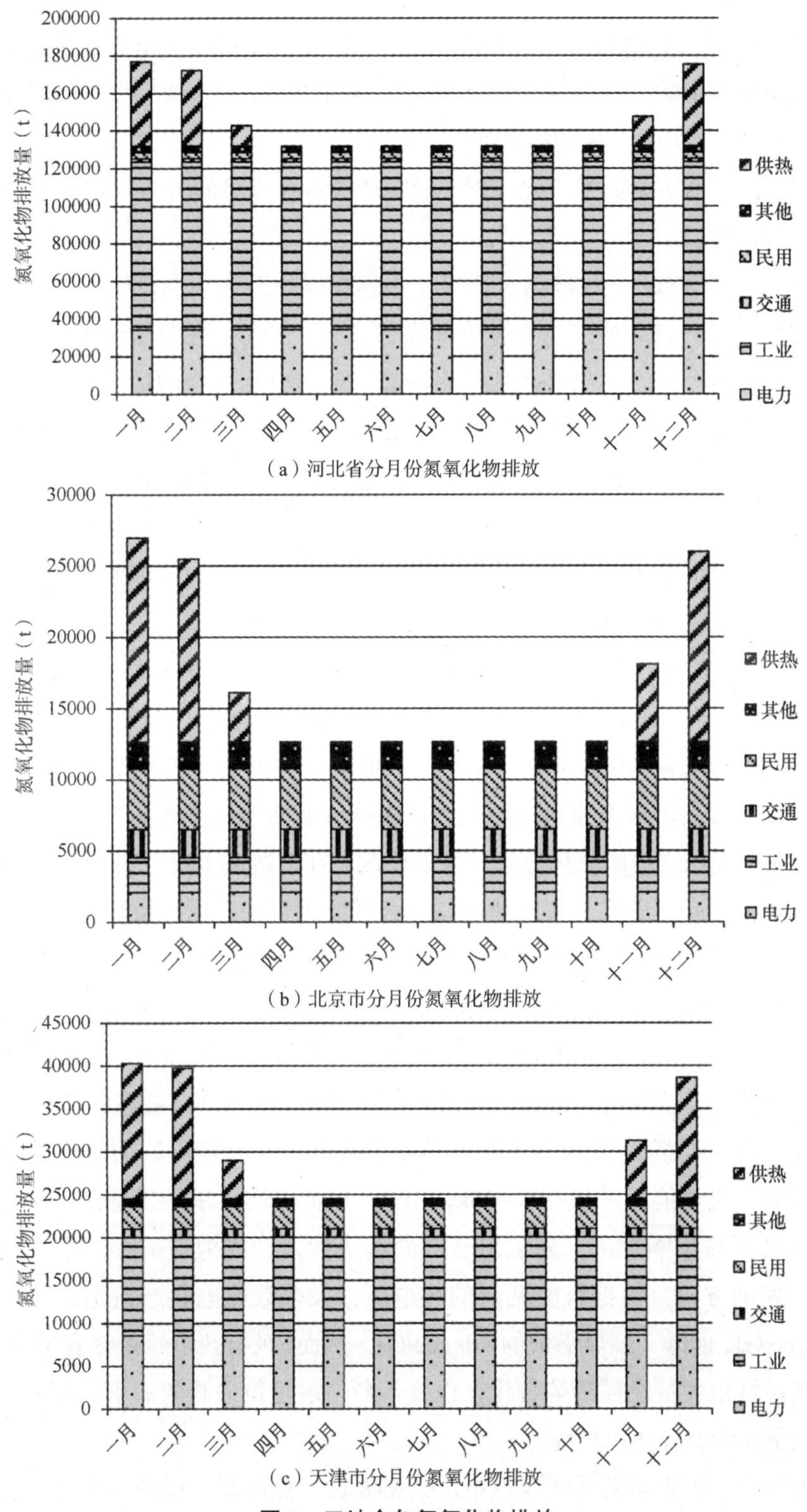

图 3　三地全年氮氧化物排放

洁供热方式问题，有些城市“煤改煤”，希望建设大型燃煤热电厂或者清洁燃煤锅炉来替代小燃煤锅炉，有些城市“煤改气”，大量建设燃气锅炉，甚至燃气电厂，有些城市规划“煤改电”，采用电驱动的各类热泵，等等。那么这些清洁供热方式究竟应用如何，是否值得全面推广呢？以下简单谈谈各种常见的清洁供热方式适用性。

（1）“煤改煤”

所谓的“煤改煤”，就是仍然烧煤，小燃煤锅炉改为大燃煤锅炉，城市中心燃煤改为郊区燃煤，链条炉改为室燃炉即煤粉炉等。同时，在脱硫、脱硝和除尘等减排措施方面更加严格，污染排放比很多现有排放措施不严格的锅炉有明显改善。然而，这种供热方式在环保上仍然有一定不足，一是存在城市周边近距离排放的问题，二是毕竟还要燃煤，燃煤燃烧后仍然会一定程度的排放。例如燃煤的固体颗粒物排放，虽然可以通过严格的除尘设备将较大颗粒物除掉，仍然会有更加细小的颗粒物排放。因此，目前国家环保部门不仅对燃煤出台更加严格的排污染放标准，而且还对各地燃煤总量实行控制。

从节能角度，虽然一些大型燃煤锅炉效率已经很高，甚至达到 90%，但锅炉燃烧高过 1000℃，然后经各环节换热变为 100℃左右的热量供向建筑物，从热力学看，锅炉直接供热的能源利用效率是非常低的，能源品位损失程度仅次于电采暖。

因此，燃煤锅炉作为独立热源供热，无论从节能还是从减排看，都存在很大问题，不宜作为优先选择的供热方式。既然要改，在改造成本没有根本差别的条件下，就要改得更为彻底。应优先考虑热电联产替代燃煤锅炉，承担供热的基本负荷，并考虑在天然气供热存在气源短缺或者经济承受能力不足的情况下，燃煤锅炉作为热电联产的调峰热源。只有在不具备热电联产条件的情况下，可考虑采用燃煤锅炉独立供热，并采取燃煤的清洁燃烧和排放技术，使燃煤锅炉房供热的污染排放量大幅度降低。而随着天然气使用比例的增加，燃煤锅炉供热将逐步被燃气所替代。

另外一种主要燃煤供热方式就是燃煤热电联产，其能源利用效率明显高于其他供热方式，供热能耗一般在 8～25kgce/GJ，远低于燃煤锅炉供热能耗 40kgce/GJ，供热成本又不高于锅炉房，显示出良好的经济性，已成为目前大型集中供热的主要方式和发展方向。根据目前调研的热电厂，大多数热电联产机组的供热煤耗在 20～30kgce/GJ，远低于燃煤锅炉的 40kgce/GJ。然而，现有热电厂供热容量是有限的，不足以满足城市大量燃煤锅炉替代，以及不断新增建筑采暖的需求。那么，是否应该继续大量建设燃煤热电厂呢？

首先分析一下大量新建燃煤热电厂的必要性。热电联产供热机组全年耗煤量是

供热锅炉房的三倍之多，即便电厂大气污染控制较好，也会增加城市就地排放的负担，对大气环境产生不利影响。从另外一个角度看，我国发电装机容量已经基本满足现有电力需求，并出现电力过剩现象。2013 年，全国发电设备累计平均利用小时只有 4511 小时，同比减少 68 小时。2014 年比 2013 年该发电设备利用小时数又有所下降。在这一形势下，再通过大量建设新热电厂，必然会导致发电容量更加过剩，造成国家重复投资浪费。目前，城镇以燃煤锅炉作为主热源的建筑以及目前缺乏采暖热源的建筑总面积超过 50 亿 m^2，如果全部由新建热电厂承担，则需要新建发电机组超过 2 亿 kW，相当于使全国火力发电容量增加超过 20%，这将导致巨大的发电资源的浪费，显然是不现实的。

实际上，我国火力发电厂发电装机容量约 10 亿 kW，大部分集中于北方采暖地区，如果其中的 4 亿 kW 装机容量可以用于供热的话，加上 30% 的供热调峰容量，可以承担 150 亿 m^2 的供热需求，完全可以满足上述 50 亿 m^2 的新增建筑供热面积需求。问题是这些电厂往往距离供热负荷中心比较远，只要供热距离在 300km 内，这种发电厂改为供热电厂就会比天然气供热成本低，具有经济上的可行性（详见《中国建筑节能技术辨析》第 2.12 节）。而在这个供热半径辐射的范围内，绝大多数燃煤热电厂都具有改造为热电联产电厂的条件，也就是说这种纯凝火力发电厂改为热电联产电厂的方式应该成为解决城市燃煤锅炉房替代和热源短缺的主要途径。

这样，再回过头来探讨一下新建电厂的条件。如果不具备纯凝发电厂改为热电厂的条件，在当地有新上电厂指标或者当地缺电等情况下，当然考虑建设新热电厂。然而在目前我国电力状况下，这种情况很少见。从未来发展看，随着经济的增长，电力以及供热负荷需求也将会不断加大，将来新建电厂是不可避免的。从环境保护的角度，建设热电厂的选址也应该远离城市负荷中心。因此，由于供热半径的技术突破，未来北方地区新建电厂项目的建设与审批，应充分考虑供热因素。

（2）煤改电

电能对当地零排放，因此电能往往被视为清洁能源，电能驱动的供热方式也成为很多城市降低供热大气污染的手段，并成为政府供热财政补贴的一个主要对象。尤其是近年来天然气不断涨价，使得电能供热的经济成本凸显出一定优势，使其呼声越来越高，并得到较快发展。电能供热的方式主要有两种，即电直热采暖和电动热泵采暖。

1）电直热采暖是能源转化效率最低的供热方式

电直热采暖是一种将电能通过电阻直接转化为热能的供热方式，目前常用的电暖气、电热膜等都属于这种方式，具有投资小、运行简单方便等优点，然而它却是能源转换效率最低的一种方式。众所周知，我们国家电能70%来自于火力发电，一份化石能源转为电能并再送到用户就只剩下三分之一。从这一点看，电直热方式采暖效率只相当于40%的燃煤锅炉。因此，当追溯到电的来源，电驱动的供热方式也不是那么清洁了，当地排放是没有了，只是转移到电厂排放了。

目前很多电采暖与蓄热相结合，这样可以采用低谷电，通过优惠的低谷电价降低供热成本，往往会使得电直热采暖方式比天然气锅炉供热成本还要低。低谷电用于供热与目前我国弃风电等可再生能源利用相结合，使得电采暖似乎充分符合节能减排理念。然而，从能源利用的角度，电是品位最高的能源，相对于电直热采暖，电能可以采用提高数倍效率的供热方式利用，即电动热泵。因此，电直热采暖方式，包括电锅炉与蓄热相结合利用低谷电的供热方式，不应鼓励大面积推广使用，只有在一些特殊场合，例如环境保护要求严格而热网和燃气网辐射不到的地方，才可以考虑电直热采暖方式。

2）电动热泵受到应用条件的制约，应因地制宜

热泵利用电能作为驱动力，通过提取低温热源的热量而产生数倍于所消耗电能的热量，以满足不同温度水平的供热需求。低温热源可以是室外环境的空气、地下水、地下土壤、江河湖海水、甚至是城市污水处理厂中水乃至原生污水等。另外，还有一个更加巨大的低温热源，就是目前正在排放掉的工业低温废热。热泵可以使一份电能产生出多于一份符合温度要求的热量，亦即热泵的性能系数 *COP* 大于1。因此，相对于上述电直热采暖方式，热泵供热具有明显能效优势。借助于政府各种财政补贴和鼓励政策，近年来这种供热方式得到很大程度地推广。然而，热泵的能源利用效率在很多情况下并没有优势，在考虑到全国发电效率水平情况，一般热泵综合 *COP* 大于3才能与锅炉供热相比有节能优势，才具有一定的推广价值。

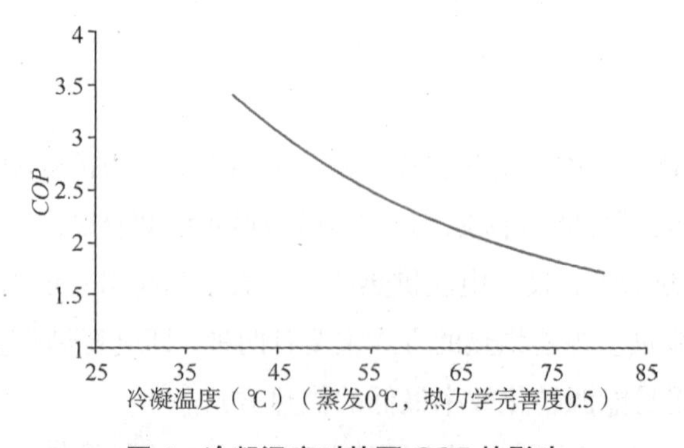

图4　冷凝温度对热泵 *COP* 的影响

热泵性能系数和经济性首先取决于热泵低温热源取热和输出热量的温度，图4反映了螺杆压缩式热泵性能受蒸发温度（低温热源）与冷凝温度（输出热量）影响情况。空气、土壤以及江河湖海在冬季特别是严寒期的温度很低，接近零度，甚至零度以下（空气源），造成热泵性能系数较低，使热泵系统能效和经济性恶化，甚至在严寒期供暖效果恶化不能满足要求，使热泵应用受到一定程度的制约。例如，空气源热泵受气候条件影响较大，在寒冷地区气温很低的情况下热泵性能系数下降明显，*COP* 甚至低于2，能耗高于锅炉供热，失去了节能优势。对地下水源热泵而言，除非地下水流动性较好，否则需要夏季制冷工况向地下蓄热，才会避免出现地下取热温度衰减而导致热泵性能和出力的下降。对于目前应用较为普遍的土壤源热泵，同样存在土壤冬季取热和夏季蓄热之间的平衡问题。

对于湖水源、海水源、污水处理厂中水源而言，由于这些低温热源的热量相对集中，适合大型集中热泵系统，而这种供热系统能效和经济性受到另一个关键因素影响，即热量输送。热网供回水温差是决定热量输送能力的主导因素，然而无论低温热源的热量输送还是热泵产出的热量输送，热网供回水温差都难以拉大。对于低温热源侧的热量输送，温差拉大意味着回水温度的降低，这就导致热泵蒸发温度下降，使这些低温热源取热的温度更加降低，从而使热泵电耗进一步增加。而对于高温热源侧的热量输送，温差拉大就需要提高供水温度，将导致热泵冷凝温度升高，进而使热泵冷凝与蒸发温差拉大，最终使热泵性能系数下降。热泵供热的供回水温差一般在5~15℃之间，这与区域供冷系统中输送冷量的温差相近。众所周知，区域供冷因冷量输送困难而存在供冷半径瓶颈，热泵集中供热也同样存在输送泵耗和管网投资大的瓶颈，使供热规模和供热半径受到严重限制。

3）优先考虑利用工业余热的热泵供热方式

上述低温热源的取热温度低是影响电动热泵供热系统性能和经济性的主要原因。而有一种低温热源具有较高的温度条件，而且资源丰富，那就是工业余热。更高温度的工业余热资源大多目前已经得到利用，比如利用有机朗肯循环发电等，但实际上绝大多数工业余热分布在低温区，尤其是25~45℃之间，这些低温余热目前在工业中因难以利用而通过冷却塔排放掉了。如果利用热泵加以回收，其热泵电耗会大大低于上述低温源热泵。当然，由于这些热量往往巨大，一个工业余热源点供热能力可能超过1000万m^2，而且往往距离负荷中心较远，因而热量输送是难点。但是，采用针对性技术（详见《中国建筑节能技术辨析》第2.6节），使热网输送温差拉大至40℃以上，则供热半径每增加1km，热量输送成本只增加0.5~1元/GJ。而工业余热回收通过直接换热或利用热泵，其回收利用余热的电耗比上述热泵系统降低一半以上，相应的综合供热成本降低 30% 以上，具有突出的经济和节能优势。

4）电热泵是热电联产集中供热的补充

以上电动热泵供热方式与热电联产相比，无论是能源利用效率，还是经济性，在绝大多数情况下都处于劣势。热电联产利用有一定发电能力的余热直接供热，而热泵供热的过程相当于：热电联产的余热先发电并产生低温废热（20~40℃），然后再利用电能驱动热泵从低温热源提取热量。热泵与热电联产相比，一方面多出了热泵由电变热过程这一能源转换环节，另一方面，热泵从低温热源（空气、土壤、海水等等）提取热量比电厂通过冷却塔排掉的废热温度更低，使热泵处于耗电高的状态。只有利用工业余热的热泵供热方式，因余热温度较高，其能效才会与热电联产具有可比性。当然，工业余热利用与热电联产相比，会更加受热网输送距离的限制。

总之，"煤改电"的定位应该是优先发展热电联产集中供热和利用工业余热供热，在这两种方式难以涉及的区域，因地制宜地发展各种电动热泵供热。而电直热采暖因能效转换效率低而应慎重使用。

（3）煤改气

天然气供热的主要方式有燃气锅炉、天然气分布式能源及热电（冷）联供和大型燃气蒸汽联合循环热电厂等三种。目前我国具有较大规模的天然气供热城市有北京、天津、乌鲁木齐、兰州、银川等，而规划大力发展天然气供热的城市更多。那么目前的天然气供热方式是否合理，需要理性地认识。

1）天然气供热存在的问题

实际上，北方地区一些城市在推广天然气供热过程中遇到了很大难题，主要体现在：

①冬季天然气资源保障问题。我国天然气资源极其有限，例如 2013 年天然气消费约 1700 亿 m^3，仅占一次能源消费量的 5.9%，大约天然气消费总量的 40% 用于采暖供热以及供热相关的热电联产，导致天然气消费的季节性峰谷差不断拉大，使得整个北方地区冬季缺气现象严重，天然气供热安全得不到保障。

②供热成本昂贵。近年来随着天然气价格不断攀升，其燃料成本已经高出燃煤的 3 ~ 5 倍，多数城市难以承受天然气供热的沉重经济负担。

③天然气仍然存在污染排放问题，燃烧后仍然会产生氮氧化物，它是雾霾二次污染的一个主要根源，其单位热值的排放量和燃煤是同一量级的。因此，虽然天然

气与燃煤比相对清洁，但氮氧化合物的问题不容忽视。并且当产生同样多的热量时，由于天然气热电联产的热电比小，所以大型燃气热电厂对当地排放的烟气中氮氧化物含量比燃煤锅炉还要多。

2）天然气锅炉与热电联产

鉴于以上天然气供热中的突出问题，对北方地区“煤改气”应该理性分析。天然气供热有两种方式，一是燃气锅炉，另一个是燃气热电联产。燃气锅炉是目前最为普遍的天然气供热方式，大到承担数百万平方米的区域燃气锅炉房，小到壁挂炉。从节能角度，锅炉的能源利用效率很低，通过近 1000℃的烟气直接产生几十摄氏度热水供热，造成能源品位的很大浪费。因此无论是供热成本还是节能角度，北方地区城市还是优先考虑发展以燃煤或工业余热为热源的大型集中供热，即便是热量从 300km 以外的热源输送过来，也比天然气锅炉供热合理。只有在热网难以覆盖的区域，根据环保要求，才可考虑采用燃气锅炉供热。需要指出的是，只要是集中供热，就要有过量供热损失、管网输送能耗以及管网热损失等。所以如果是燃气锅炉，就应该尽可能发展壁挂炉，分户分楼供热，从而充分发挥其分散可调的特点，尽管是高品位能源低品位应用，但可以大大降低过量供热等集中供热的损失。

燃气热电联产从规模上有大型的燃气蒸汽联合循环热电厂，还有小型的分布式热电冷联供系统。由于同时供热和发电，相同供热量下，天然气资源消耗量和当地污染排放量要比天然气锅炉显著增加，而经济成本因发电也会导致成倍增加。虽然天然气热电联产能源利用效率比燃气锅炉高，但是从远离市中心的燃煤电厂以热电联产形式引入余热，同样具有高的能源利用效率，更能减少大气排放对城市的污染，而供热的经济性更具优势。因此，发展远距离输送燃煤电厂余热的集中供热系统比在城市内建设天然气热电联产更为合理。因此，只有从电力角度需要在城市中心建设支撑电源的情况下，才有研究建设燃气热电联产的可能性，为了同时兼顾供热和电网调峰两种功能。

3）天然气合理供热方式分析

从全局角度看，如前所述，我国天然气资源短缺，天然气利用应该结合我国国情，是优先保障诸如炊事等民用气、作为工业原料等基本需求，代替污染严重的燃煤，优化发电上网的电源结构等。

如图 5 所示，目前供热领域已经成为我国北方地区天然气消费的主要用户，近年来冬季天然气保障问题一直是国家高度重视的大事。2014 年 12 月中石油在新闻发布会上宣布这个冬天这个采暖季期间筹措 607 亿 m^3 天然气，全国天然气消费采暖季和非采暖季之间相差两倍之多，冬季供热气源保证近年来一直是令国家头痛的难题，目前天然气供热的发展思路值得深思。然而，通过以上分析，供热领域或许远不需要这么多天然气，应该有更加环保、安全和经济的供热解决方案。

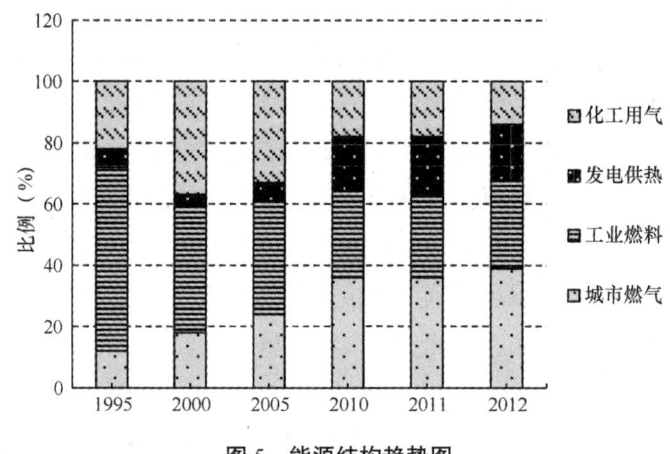

图 5　能源结构趋势图

从能源结构看，未来逐年增加天然气消费量已成为趋势，但这并不意味着供热领域“煤改气”就可以盲目的大规模推广。对于天然气应用而言，还有一个更大领域尚待开发，即发电领域。世界天然气消费的 1/3 用于发电，而我国天然气用于发电比例还非常低，且以热电厂居多。相对于燃煤发电而言，天然气不仅高效清洁，而且运行调节灵活，更加适宜为电力调峰。在我国电源结构中，热电联产的比例逐年增高，同时风能、太阳能等可再生能源发电上网容量迅速增加，导致我国电网的刚性越来越强，电力调度越来越困难，甚至出现严重的弃风电现象。因此，随着天然气消费增加，未来我国天然气应该大幅度用于发电，增加电网电源装机容量中天然气发电的比例，通过燃气电厂为燃煤发电和可再生能源发电调峰，增加电网的柔性，为电网消纳更多比例的可再生能源创造条件，减少诸如弃风电现象的发生。在这一电力调峰模式下，有条件的情况下兼顾供热，也即发展以电力调峰为主要目的的燃气热电联产，而不是传统意义上以“以热定电”思路建设和运行天然气发电。

在供热领域，对于集中供热网难以覆盖的地区，可以考虑以燃气锅炉对污染严重的小型燃煤锅炉替代。天然气锅炉供热，应该坚持“宜小不宜大”的原则，锅炉房尽量靠近用户。目前很多城市单个天然气锅炉房承担几十万平方米供热面积，甚至上百万平方米面积，规模过大。因为天然气管网输送能力远远大于热网输送能力，小规模燃气锅炉房可减小热网输送成本，并减少热网的热损失以及热力水平失调现

象，更加有利于供热节能。对于热网能够覆盖的地区，可以利用燃气锅炉替代燃煤锅炉为城市热网调峰，即作为调峰热源。天然气锅炉的效率和排放量与规模无关，考虑到燃气相对于热网在输送方面的优势，应坚持“宜小不宜大”原则，调峰热源小型化，最适宜的是与热力站相结合，这样一次热网承担基础热负荷，最大程度发挥热网和热电联产热源的作用，增加城市热网供热规模，合理优化供热系统结构。对于天然气热电联产项目应慎重考虑，从经济成本和当地环境保护角度，更合适的方案是远距离输热。除非从电力角度，城市需要建设电源作为城市电网的支撑。

2.2　我国北方城市供热节能的模式创新

2013 年我国北方城镇采暖面积目前为 120 亿 m^2，冬季采暖能耗为 1.81 亿 tce，是我国建筑节能潜力最大的领域，应该成为实现我国建筑节能目标的最重要和最主要的任务。到 2030 年，我国北方地区城镇建筑面积规模可能会增加到 200 亿 m^2，如果维持在目前采暖能耗水平，仅采暖一项每年将消耗 3.0 亿 tce。通过全方位努力，根据我国实际情况，有可能把这 200 亿 m^2 的建筑采暖能耗控制在 1.22 亿 tce，也就是采暖能耗与当前总量相比还降低 30% 以上，平均每平方米建筑采暖用能每年不超过 6.1kgce，这将大大缓解城市建设发展和人民生活水平提高给能源和环境带来的巨大压力，为我国城市和社会的持续发展发挥重大作用，同时在世界上也将是实现大面积低能耗采暖的先进典范，引领世界供热节能发展方向。

为实现这一目标，需要从节能思路上有重大转变，从热的“质”和“量”视角审视目前供热系统的节能潜力，狠抓技术和体制创新。从技术上必须“开源节流”，深入挖掘以热电联产和工业余热为主的各种低品位热源，进一步降低建筑耗热量，减小输配系统和用户的过热损失；从管理上必须科学规划，从供热机制改革入手，依靠市场力量，形成节能技术能迅速推广、科学规划能顺利落实的机制，全面实现最佳的技术方案、最优的体系结构和最好的运行模式，从而在我国整个北方地区实现平均采暖能耗每年每平方米不超过 10kgce 的目标。下面就如何实现这一目标进行分析。

2.2.1　重新审视供热节能思路—节能应“量”和“质”兼顾

以往我们做供热节能工作，都集中在节约多少热量，例如现在所做的围护结构保温、热计量等，都是着眼于热量。然而，任何东西的评价都是有质和量两方面，供热也应不例外。同样数量而不同品位热量的产生，所需要的一次能源消耗量相差很大，因此，如果不仅仅从热的量上分析研究供热系统节能，而是同时兼顾热的质与量，则会在节能路线上展现出不一样的思路。因此，降低供热能耗应从两个途径着手：

（1）解决“热量”的问题：加强保温，避免过量供热

通过改善围护结构保温和气密性进一步降低建筑采暖的需热量。围护结构改善的重点是气密性差的钢窗、外门。通过全面更换这些门窗，使换气次数降低到 0.5 次 /h 以下，不仅可以大幅度降低采暖需热量，而且还可以显著改善室内的舒适性，是投资少、见效快的民生工程。此外，对于 20 世纪外墙传热系数高的老旧建筑，全面进行增加外保温的改造，也将产生显著节能效果。这两项工作在供热领域正在实施，全面落实后可以使我国北方地区约 20 亿 m^2 的老旧建筑平均全年需热量（不同气候地区平均）降低到 0.25GJ/（$m^2 \cdot a$）以下。同时，进一步贯彻国家各项建筑节能标准中对新建建筑围护结构保温的要求，使新建建筑平均需热量（不同气候地区平均）不超过 0.2GJ/（$m^2 \cdot a$）。良好的建筑保温和气密性是全面实现采暖节能的基础。

通过强化室温调节方式彻底解决不均匀供热和过量供热导致的热量浪费。大力推进室温调节的目标是把当前由于室温不均匀和过量供热造成的高达 30% 热量浪费省下来。如果使冬季所有采暖建筑的室内温度都控制在 19℃，我国采暖能耗可以在目前的水平上降低 30%。目前采用的各类“流量平衡阀”、“气候补偿器”等措施，都是为了解决这类不均匀供热问题，但实践证明这些方式很难使局部过热的问题得到全面彻底的解决。问题在于采暖末端，解决的措施也一定落实在采暖末端。设置在用户末端的室温调节手段是局部过量供热的有效解决方法。实践表明，“通断式调节”是实现室温调控的有效方法。近年来，由于政府的大力推动，室内调控装置已经在很多地区普遍安装，但解决过量供热的应用效果没有凸显，问题是如何能够制定出合理的热费机制，有效调动用户主动进行室温调控的积极性。在这一问题没有彻底解决之前，可以考虑由供热管理单位统一通过末端调控装置，统一控制室内温度。全面推广采暖末端的“通断式调节”并真正使用起来，实施调控功能，将使我国北方地区采用集中供热方式的采暖能耗降低 30%。

除了上述建筑物围护结构保温以及室内末端调控等措施外，热网方面也需要进一步加强节能工作，包括采取楼前混水、热力站小型化等措施，实现楼前热网温度和流量分别调节，有效缓解楼栋之间供热不均匀导致的过量供热问题。同时，一些早期建成的小区庭院供热管网因年久失修而保温层破坏甚至脱落，可造成这些管网的散热损失超过 30%。将这些管网重新铺设，进行全面保温改造，对于这些供热小

区而言可以产生显著的节能效果。近年来我国已经发展出完善的热水管网直埋技术，保温性能很好，北方城市主干网基本上全部采用这种技术，使一次网散热损失控制在 5% 以下，保温改造重点在上述一些二次庭院管网，采用直埋技术后这些庭院管网的热损失可控制在 2% 以下。

（2）解决“质”的问题：降低供热温度水平，采用低品位热源。

对于锅炉而言，将燃料烧到 1000℃左右再通过各种换热环节降低到 20℃室内温度来满足采暖需求，是能源品位的极度浪费。由于燃料直接燃烧供热其单位供热煤耗可以由锅炉效率简单计算得出，如果考虑锅炉效率 85%，则供热消耗标煤 40kgce/GJ。

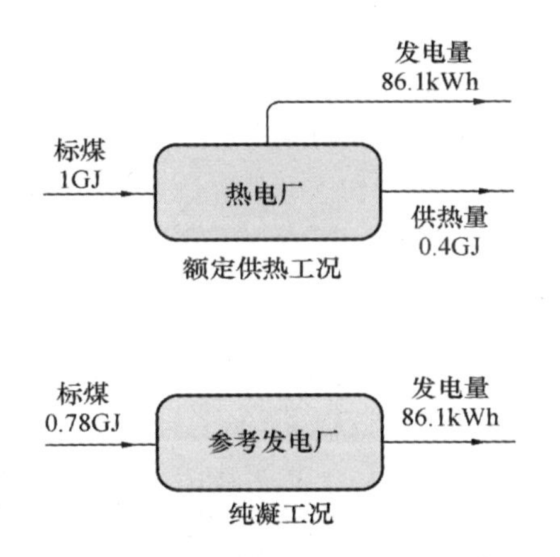

图 6　某 300MW 供热机组设计工况下能源平衡

对于热电联产而言，供热汽源来自汽轮机低压抽汽的余热，该余热品位远低于锅炉直接产生的高温高压蒸汽，怎么评价其能耗呢？可认为该抽汽供热的能耗等效于抽汽导致发电量的减少所折算成的煤耗。对某典型的 300MW 机组而言，抽汽压力 0.4MPa，如图 6 所示，热电厂输入 1GJ 的燃料发电 86.1kWh 和供热 0.4GJ，对于发电煤耗 350gce/kWh 的参考电厂，产生相同的电量需要消耗标煤热量为 0.78GJ，因此与这一发电煤耗水平的电厂相比，该热电联产机组的供热煤耗为（1－0.78）/0.4 × 34.2=19.2kgce/GJ，只有燃煤锅炉供热能耗（锅炉效率取 85%）的 48%。

合理热电联产工艺下的供热能耗决定于供热温度水平，见图 7。供热温度越低，意味着抽汽参数可以越低，也就是影响发电越少，或者更有条件通过技术手段，例如通过热泵甚至汽轮机低真空运行等减少抽汽量，最终减小供热对发电量的影响。因此，通过降低热网温度水平，合理优化热电厂供热工艺流程，热电联产供热能耗可以进一步大幅度降低，甚至仅为传统热电联产供热能耗的一半，单位供热煤耗降低至 10kgce/GJ 以下，只有燃煤锅炉的四分之一。

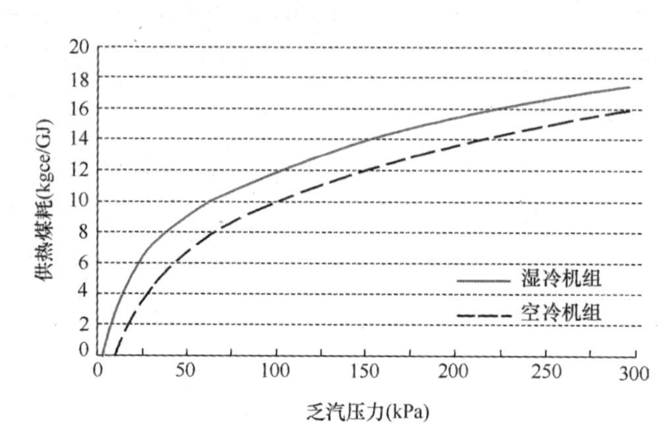

图 7　乏汽压力对供热煤耗影响（300MW 机组）

对于热泵供热而言，利用土壤、空气、江河湖海等自然环境的低温热源，通过电能驱动热泵产生适于供热温度的热量供热，如果热泵的综合 *COP* 为 3.5，即其供热耗电量约 80kWh/GJ，相当于消耗标煤 26kgce/GJ，是锅炉供热能耗的 65% 左右。

对于工业余热利用而言，这些低温（100℃以下）余热原本因无利用价值而排放到环境中，一些温度在 50℃以上的工业余热可以直接换热后输送至用户，供热能耗仅为热网输送泵耗，是上述所有供热方式最低的。当然，还有更多的工业余热温度在 40℃以下，这些热量的回收利用需要热泵，其供热能耗将会有所升高，但这些低温热源还是高于上述自然环境温度，因此供热能耗仍然要低于常规地源和水源热泵。工业余热的供热一次能耗一般在 5~25kgce/GJ，从节能角度，值得大力推广应用。

通过以上分析结果可以看出，热电联产和工业余热利用的供热能耗最低，是亟待全面推广应用的供热方式。应该以其为主，辅助以各种热泵供热，形成北方城镇的新的采暖热源模式，实现大幅度节能减排。

以上从能源品位角度分析得到应优先采用低品位热源供热。对于低品位热源，供热温度水平对供热能耗起到决定作用。如果供暖房间要求维持在 20℃，理论上讲任何高于 20℃的热源都可以供热，如果是这样，问题是怎样把热量从热源处输送到末端，并通过末端换热设备传递到房间中。由于供热输送和换热都需要消耗温差，从而要求热源提高供热温度。要求的热源温度越高，对应的实际能耗就越高。怎样降低各个环节的温差消耗就成了最主要的问题。目前集中供热系统包括三个消耗温差的传热环节：热网首站的热源与热网换热温差，热力站的一次热网与二次热网之

间的换热温差以及建筑物内采暖末端与室内环境的换热温差，如图 8 所示。如何通过减小这几个环节的换热温差损失（或者称“�耗散”）而降低供热温度水平，成为从供热品位上降低供热能耗的关键。

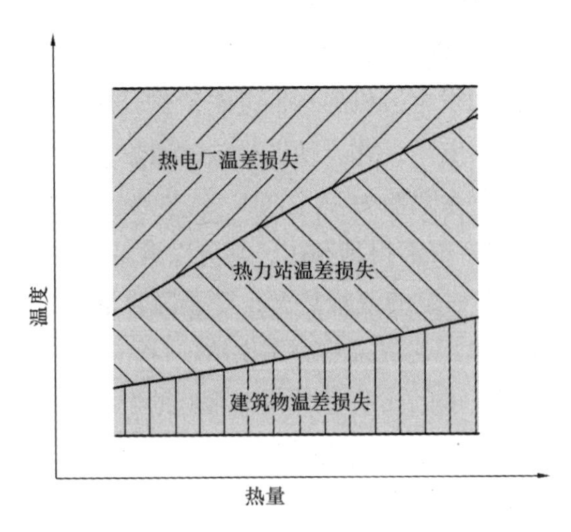

图 8　供热过程中的温差损失

因此，从“质”上节能，充分利用各种低品位热源，尽可能减少各个环节的传热温差，是实现低能耗供热系统的重点。

2.2.2　热源结构调整是供热节能首要任务

前面已讲，我国未来城镇供暖节能减排的出路应是充分开发各种热电联产与工业余热的低品位热源，替代目前的各类供暖锅炉。利用低品位能源最大程度的满足城镇建筑供暖需求。下面具体讨论实现这一目标的可能性。

（1）各类可利用的低品位热源

我国包括发电、钢铁、化工等领域工业余热潜力巨大，为低品位热源替代锅炉和满足新增建筑采暖提供保障，完全能够满足北方城镇供热需求。这些热源主要包括：

①燃煤、燃气燃烧排放的烟气，其排烟温度一般在 60~180℃之间，锅炉燃烧的烟气热量约占其总产热量的 10%，燃气轮机的排烟气量则更大，其可提取的热量可高达燃料总量的 20%。相比燃煤烟气而言，天然气烟气含有水蒸气，其汽化潜热量大，清洁易回收，更有利于作为建筑采暖热源。回收天然气烟气余热供热的技术目前已经成熟，并已经在一些城市得到应用。燃煤燃烧烟气的余热深度利用于供热

的工作则尚有待于开展。

②电厂汽轮机乏气余热，这些热量通过冷却塔、空冷岛等各种冷却装置排放到环境中去，排热温度一般在 20~40℃。对于纯凝电厂，该余热约占电厂燃料总热量的 50%，对于热电厂抽凝机组，该余热占抽汽供热量的 30%~50%，潜力巨大。我国火力发电装机容量约 9 亿 kW，据估计超过 2/3 分布在北方供热地区，即我国供热地区拥有超过 6 亿 kW 火力发电装机容量，考虑冬季运行小时数为 2000，发电煤耗取为 300gce/kWh, 则火力发电厂在北方地区排放的余热（含热电厂供热量）约为的火力发电厂冬季排放的乏气余热约为 80 亿 GJ。这些热量可以承担超过 200 亿 m^2 的供热面积，如果其中的 50% 能够得到利用，则可以满足目前北方地区城镇全部 100 亿 m^2 建筑的供热，再考虑一定的调峰热源，则热源容量保障更加充足。利用吸收式热泵、高背压等技术的电厂乏气余热利用供热项目，近几年已在我国很多供热系统得到应用，应用面积超过 1 亿 m^2，显示出非常好的发展势头。

③各种工业生产过程中的余热，包括钢铁厂、工业窑炉、化工厂等，这些企业的高温余热基本都得以利用，包括发电和生产蒸汽等。从能量品位分析，由于冬季供热室温要求为 20℃，因此温度高于 20℃的余热都可以回收用来供热。利用余热供暖，应该遵循“能级匹配，阶梯利用”的原则。另外，由于不同的工艺流程，各个过程产生的余热废热往往难以被自身的其他工艺流程利用，如果能把这些工业余热用于供热，将为各种工艺流程提供较为稳定的冷源。据估算，北方地区采暖季（4 个月）内低品位工业余热排放量约 30 亿 GJ，也可以为城镇约 60 亿 m^2 的建筑提供供暖热源。

目前已有大规模成功利用工业余热供热的案例，已凸显出显著的经济和节能效益。

④通过江河湖海提取热量，冬季温度一般在 10℃上下，通过热泵集中提取热量并输送至建筑物。

⑤城市污水包括分布在城市各处的原生污水以及经污水处理厂处理之后的中水，温度在 15~20℃，通过热泵将温度降至 5~10℃提取出热量供热。目前也已有大量工程应用。

⑥浅层地热，利用分布在城市各处的地下水或直接土壤埋管，提取地下热量，温度由 15℃降至 5℃。这种地源热泵供热方式已经在我国应用较为普遍。

除上述最后两项可以在建筑就地取热外，其余的各类低品位余热热源都远离供热负荷中心，需要通过热网长输至各用户。因此实现发电余热和工业低品位余热为城镇建筑供暖，关键问题就成为怎样经济、高效地实现长距离的热量输送，把这些

热量从几十甚至上百千米远的热源处输送到城市。幸运的是我国北方城市基本上都已建成覆盖全城区的城市集中供热网，这是输送这类低品位热量的最好条件。世界上除了北欧、东欧国家，很少建成像我国北方城市这样完善的大型热网，所以也很难解决这种热量输送问题。城市大型热网是我国宝贵的基础设施资源，因此应该充分利用好这一热网，把各类热源产生的热量输送至需要供热的建筑物中，实现热量互通互联。

（2）多种热源结构互补，实现低品位热源的调峰

仅仅依靠这些低品位热源承担城市供热负荷是不够的，因为要用这种方式为城市建筑采暖还必须解决一个问题，即各类低品位热源产热与建筑物热需求随时间变化的供需矛盾。建筑物供热的负荷随气候变化，初末寒期的热负荷大约只是最大热负荷的一半。而低品位热源产生的热量大都是生产过程的副产品，该热量随生产过程变化而很少随天气变化而变化。为了保证这些低品位热源对应的生产过程能够正常进行，并且充分利用这些低品位热源，最好的方式是配置调峰热源。调峰热源主要有季节性调峰和日调峰两类热源。

通过城市热网输送的低品位热源提供建筑采暖的基础负荷，由调峰热源补充严寒期热量的不足，即季节性调峰热源。为了保证城市建筑供热的安全性，这种调峰热源还可以作为防备与热利用系统和城市热网临时出现故障时的备用热源。采用小型天然气锅炉分布在各个热力站作为调峰和备用热源，还可以作为降低一次管网回水温度的驱动热源，这应该是最合适的调峰方式。这样既可以充分利用各种生产过程中的余热，使投资高的余热收集、变换和输送设备能够长时间满负荷运行，又通过天然气备用和调峰，提高了供热系统的安全可靠性。尽管调峰设备的容量可能达到总供热容量的一半，但提供的热量仅为冬季总的采暖热量的25%。高投资复杂的余热利用和输配系统应该在整个采暖期长时间稳定运行，以保证投资的有效回报。低投资易调节的燃气调峰系统承担随负荷变化的调节任务，满足天气变化下建筑供热的不同需求。并且两种热源互为备用，使得其中任何一种热源出现问题都能使供热能够维持基础供热水平以上，供热系统的安全性能够得到充分保障。当然，天然气对城市热网的调峰，会造成天然气消费的冬夏不平衡，这对于天然气的生产和输配是不利的。因此，城市应配套天然气季节性储气设施应对这一问题，例如建设地下储气库或LNG装置，非采暖期储气，并在严寒期将这些天然气释放出来为热网调峰。

低品位热源产热会随生产过程在一日内的变化而波动，会造成热量采集、变换和输送各环节一日内工况频繁变化，从而影响整个供热系统的安全以及供热能力和

供热质量，解决这一问题的方法就是设置蓄热调峰装置，典型装置是蓄热罐。该调峰装置设置在热源处，保证在生产过程波动时不影响供热。以作为我国北方地区城市供热主热源的热电厂为例，传统“以热定电”的运行方式导致热电厂发电负荷在一天内难以调度，近年来随着热电厂在发电领域比例的不断增高，这一运行模式已经严重影响北方电网正常运行，许多大型高参数电厂成为热电厂的调峰电源，造成大量主力发电厂的低效运行。因此，应通过设置蓄热调峰装置，使热电解耦，改“以热定电”为“热电协同”模式，从而也使得城市热网和区域电网由相互矛盾转变为相互协同。

2.2.3 低温回水是实现上述方案的重中之重

要实现上述供热模式，关键问题是：怎样才能经济高效地提取这些低品位余热，并把它们长途输送至城市建筑物中？答案是降低供热温度水平。从图 7 可知，低温供热是实现低品位热源高效利用的保障，热电厂供热能耗受供热温度影响很大。为此，北欧一些国家研究低温供热问题，其技术路线是同时降低热网供回水温度，目标是热网供水 50~60℃，回水 30℃左右。对于北欧城市供热规模较小、热量输送距离较近的情况下，这一技术路线是发展方向。而对于中国这样热网规模大、供热输送距离长这一特点，热网输送能力是瓶颈，因此应该因地制宜，保持适当的供水温度，而通过大幅度降低热网回水温度，则可以即增加了热网输送能力，又降低了热网整体温度水平，为低品位热源高效利用创造条件。现有热网供水温度为 120~130℃，这是为了尽可能加大热网的供回水温差，最大限度地提高管网的热量输送能力。而高温热水到了热力站已经完成其“输送”的使命，直接换热就是损耗其热量品位。因此用达到热力站完成了输送热量使命的高温热水驱动吸收式换热，物尽其用，可以把一次热网回水温度降低到 15~30℃，并使热力站大温差换热造成的不可逆损失大幅减小。

进一步，考虑减小建筑物末端环节的不可逆损失，采用低温末端采暖，使二次网温度水平由目前的 60/45℃逐步降低至 40/30℃，这可使一次网温度降低至 10℃左右，并还可以在热力站利用高温热水通过吸收式热泵进一步提取当地浅层地热或其他低品位热源的热量供热，从而从大热网中得到的一份热量可以产生 1.2~1.3 份热量输送至采暖建筑物中。当然也可以在确保热网输送能力的条件下，适当降低热网供水温度，使供热温度水平整体降低，为热源高效取热创造更加有利条件。

由以上分析看出，立足于低温供热的视角，热网和热用户会发生很大变化。下面再进一步讨论热网及用户的一些变化。

（1）室内散热器该装多少，装少了就节能吗

很多用户认为暖气片装多了就会向房屋传热量大，浪费能源。实际上，只要房间温度不变，除非开窗，供暖需热量并不会改变。如果散热器装少了，为了保证足够的供热量，就必须提高供水温度。因此，全面增加建筑物末端散热器面积，尤其是采用地板辐射末端，使热网温度降低，会产生大幅度节能效果，应作为今后供热节能的重大举措。

（2）热网是直供还是间供问题

目前我国北方城市热网绝大多数是间供热网，若干年前曾经是直供网的一些城市热网近年来随着热网规模的扩大也都纷纷改为间供网。间供网对于热网失水，特别是二次网失水的管理方便，有利于减少管网失水，同时对于水力工况的控制有利。但是间供网相对于直供网存在一二次网换热的温差，又会导致一次网回水温度的升高，从而造成热电厂能耗的增加，不符合低温供热理念。因此，热网是直供还是间供，应根据具体热网加以分析，而不应该盲目推广间供技术、直供变间供，未来一些热网很可能要间供变直供。

（3）关于热力站规模

目前我国北方地区集中供热的热力站多数供热规模在5万～10万m^2，由于一个热力站所带的各座建筑物保温状况、散热器状况各不相同，往往需要的供水温度也不相同。而这些建筑物统一按照相同的供水温度供暖，就必然造成冷热不均，形成过量供热现象。可以通过末端混水以及各住户的末端控制等措施来解决冷热不匀失调问题，但这仍然不是最终解决方法。各座建筑不同的回水温度汇在一起，造成回水的冷热掺混，也影响了最终低回水温度的获得。采用小型化热力站直至楼宇式换热站，并采用楼宇式大温差换热机组，会更加有利于系统合理配置，使一次网回水温度实现最大程度地降低。同时，由于实现了为不同建筑提供不同的供水温度，可有效缓解过量供热现象。

（4）关于热网运行方式，质调节还是量调节

为了节约热网主循环泵电耗，目前一次网调节均采用变流量调节即量调节为主，或者质、量并调。如果整个采暖季采用量调节，则初末寒期可以最大程度地降低热网供水温度，实现整个采暖期供热温度水平最低化，虽然牺牲了一定的热网主循环水泵电耗，但毕竟热网输送能耗在供热中占的比例很小，热电厂等低品位热源效率和经济性会因此获益更大。因此，合理的热网运行模式应该是定流量调节，也就是质调节。

2.2.4　集中供热新模式展望

在节能减排的大环境下，北方城市供热系统正在迎接一场革命，一个崭新的城市供热模式已经呼之欲出，如图 9 所示。在以上分析讨论基础上，将其技术特征归纳为：

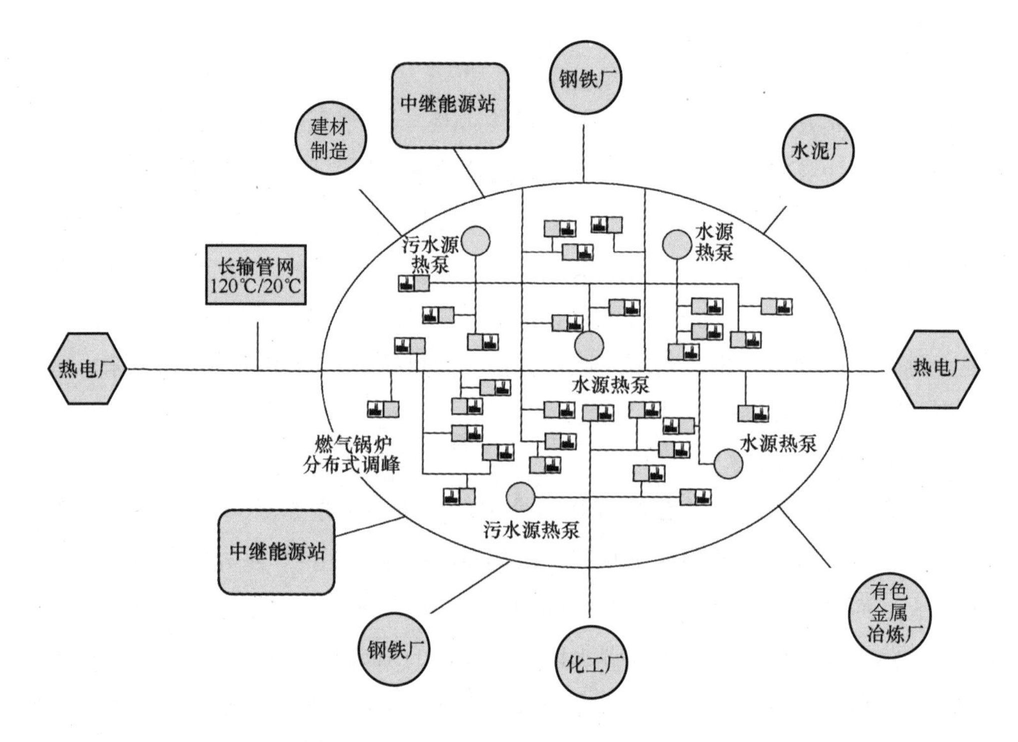

图 9　供热系统新模式

（1）低品位余热、电和天然气的城市热源结构

低品位余热包括热电联产、电厂乏气余热以及冶金、化工等其他工业低品位余热等，承担供热的基础负荷。除了中、低温热能以外，电力可以作为驱动能源配合利用低品位热源或者用以降低热网回水温度，而天然气作为以低品位热源为基础的城市集中热网调峰热源。从降低大气污染看，对于燃煤热电联产，应选择远离城市中心的燃煤热电厂作为热源，其余全部都是工业余热、电和天然气等清洁能源作为供应。从城市电力支撑需要一定比例的城市电源考虑，可以在城市中控制建设合理规模的天然气热电联产系统，同时兼顾电力调峰。在节能方面，形成以低品位热源为主的供热能源结构，取代独立锅炉房供热，将使北方城市供热能耗降低一半。

（2）热、电、气协同的运行模式

以城市热网为纽带，在北方城市形成热电气协同的运行模式。在热网系统中建设蓄热装置，实现热网与电网的协同，乃至让城市供热系统起到为电网调峰的作用，并从中得到经济上的实惠。由于天然气的蓄存要比电和热的蓄存更加容易，天然气在城市能源中除了承担必要的民用和工业燃气需求外，将起到为热网、电网调峰作用，需要建设储气库、LNG 厂站等备用的天然气调峰设施，并在调峰运行过程中确保天然气运行的经济性。

（3）低品位热源利用的关键—低温供热

低温供热的主要特征是城市热网回水温度的大幅度降低，由现在的 50~70℃降低至 10~20℃，建筑物采取低温采暖末端，使二次热网供回水温度降低至 40/30℃，甚至更低。而热网供水温度需要综合考虑低品位热源高效经济利用和热网输送能力两个因素，对于远离城市中心的热源，尤其是热电联产，供水温度 120~130℃，城市中心及附近，供水温度可合理降低。在低温供热实施过程中，需要针对城市供热系统现状，采取相应的过渡技术和措施，实现供热温度的逐步降低，比如在老城区集中设置中继能源站等。

（4）热网呈现长输距离超大管网趋势

低品位热源一般具有容量大、远离负荷中心的特征，单一热源的供热能力动辄数千万甚至上亿建筑平方米，而且一般分布在远离中心城市的地区，需要超大规模供热管网长距离输送至供热负荷中心。对于热网而言，超低温回水温度所形成的热网大温差供热，可使热网输送能力提高 80%，为大规模远距离输送热量奠定了基础，从经济合理角度可以将数百千米以外的热源送至城市。当然，对于这种原本闭式循环且温度较高的热网系统，在长距离输送过程中应该考虑诸如如何防止水击所带来的管网承压以及汽化等问题，这些热网运行的安全问题都可以通过相应技术手段加以解决。因此，未来的热网将打破过去热网局限于一个城市的格局，实现城际供热。就像燃气管网由过去每个城市孤立的煤气网变为西气东输的区域天然气管网一样，热网将远离城市的低品位热源的热量可以送往临近的多个城市，从而构筑多城市联网的区域热网体系。

按照以上供热模式，通过进一步大力发展一些城市的城市热网，我国北方城镇 75% 以上的民用建筑都完全有条件依靠城市热网实现高效可靠供热。对于无条件接入城市热网的 25% 建筑，可以通过土壤源热泵、空气源热泵以及分散的燃气采暖等方式解决采暖问题。我国北方城镇采暖建筑面积达到 200 亿 m^2 时，采用集中热网供热的建筑应达到 150 亿 m^2，如果充分实现了建筑保温标准，并有效抑制了过量供热现象，使由于过量供热造成的损失从目前的15%~25%降低到15%以下，这样可将方采暖地区的建筑供热量控制到0.33GJ/m^2。我国北方地区燃煤热电厂如果80%改为热电联产，可供热量40万MW，北方地区规模以上工业可产生低品位余热30万MW，如果应用其70%作为供热热源，则供热量20万MW。燃煤热电厂余热和工业低品位余热可提供60万MW热量，相当于为集中供热建筑提供36 W/m^{2}的基础热负荷，通过天然气在末端调峰满足严寒期热量需求，平均只需要18 W/ m^2。这样，热电联产共计承担59%的供热量，工业余热共计承担30%的供热量，天然气锅炉提供剩余的11%的供热量，集中供热的总耗能为0.72亿tce。通过热泵、地热以及其他方式以解决无法集中供热的约50亿m^{2}的区域，单位供热量能耗可控制在30 kgce/GJ，分散供热总能耗为0.50亿tce。这样可以计算出，200亿m^{2}供热面积年采暖能耗可以控制在1.22亿tce以内，平均每平方米每年能耗6.1kgce，比目前采暖能耗强度的一半还要低。因此全面实施后每年供热将节能1.84亿tce。实现这样的目标需要增加的投资大约在7000~9000亿元，增加的投资将在6~8年内全部回收。而这节省的1.48亿tce将占未来全国能耗的3%以上，基本消灭所有燃煤锅炉房独立供热，这对于处于经济较高发展而节能减排压力巨大的大国而言，具有重大意义！

2.2.5　“按温计价”机制是集中供热新模式的保障

长期以来，集中供热的热价并不随热网温度等参数而改变。然而，热网的供回水温度对热电厂供热成本和能耗起到了关键作用，原有“按热计价”的热价体系已经不利于推动供热领域的节能减排，亟待推出“按温计价”的热价体制。

降低热网温度可以大幅度降低供热能耗和成本。一般降低热网温度主要通过降低热网回水温度实现，这就需要热网增加相应设备和改造，需要增加投资。如果热网回水温度降低使电厂供热成本的降低没有给热网公司一定的经济回报，则会导致热网公司因缺少积极性而不努力降低回水温度，从而导致整个供热系统无法推进合理的节能减排方案。而这一问题如果不能够得到全面解决，将会对整个供热行业进步与发展产生重大负面影响。

以某城市集中供热系统为例，实施大温差技术使热网回水由60℃降至20℃，热网公司需要在末端增加20元/m^{2}投资，如果通过直接加大管径提高热网输送能力，则仅需要10元/m^2。因此将低温回水给电厂带来的收益通过热价适当降低从而把收益的一部分分给热网公司，才会使热网公司产生积极性。通过回水温度降低，两家共同受益，最终实现通过增大电厂供热能力和提高供热效率，替代能效低、污染严

重的燃煤锅炉，实现供热。

采取按温计价的热价体系，将强有力推动热网公司改造热网降低回水温度，而回水温度的降低，又大幅度降低了热电厂成本和能耗，并促进更多远距离电厂改造为热电厂替代燃煤锅炉，最终对我国集中供热节能减排起到重大推动作用。为此，建议国家发改委联合住房城乡建设部，尽快制定按温计价的集中供热热价体制，并落实北方地区城镇强制执行。

2.2.6 对热网系统节能的讨论

以上主要论述了供热系统的“开源”，而供热系统在节能方面的“节流”工作也不容忽视。“节流”工作主要体现在热网系统，主要指供热管网和建筑物末端两个环节，以下分别讨论。

（1）管网节能—重点在于运行管理

热网节能主要涉及输送泵耗、管网散热损失以及水力失调等三方面。

管网输送能耗占总供热系统能耗的2%~5%，其中一次热网输送能耗约为1%~2%，其余为二次管网能耗。一次网通过加大供回水温差和热力站分布式变频水泵实现输送能耗的降低，二次网输送能耗甚至比一次网要大，除了合理选取水泵型号避免容量过大外，通过减小热力站规模，直至楼宇式热力站以实现输送泵耗的大幅度降低。

热网散热损失方面，目前一次网基本上都实现预制保温管直埋方式，保温效果很好，一般热损失不超过5%。二次网过去以岩棉保温的管沟方式居多，保温层脱落等造成热损失比较大，往往超过10%，年来也逐步实现预制保温直埋管对岩棉保温管的替代，热损失问题逐步得到改善。因此，目前国家正在推行的老旧管网改造工程的目标不应是减小一次网热损失，而是重点着眼于供热管网的寿命安全问题，以及改造岩棉保温的二次管网以减小热损失。

实际上，热网在节能方面的主要问题体现在热网水力失调而导致的不均匀供热，使建筑物内供热量不均匀，包括各建筑物之间供热的水平失调以及同一建筑物供热的垂直失调问题，会导致建筑物过量供热损失超过20%。目前这一问题的解决主要通过两个途径，一是目前正在推广的热计量改革，通过用户主动调节来避免过热，但由于末端用户主动调节供热量的积极性不够，热计量改革的节能效果尚没有得到完全体现，热力失调问题也因此没有得到解决；二是通过热网调节，实现均匀供热，由于过去没有用户末端供热效果的直接反馈信息，以及热力公司缺乏精细管理，通过热网调节控制手段目前也没有很好的解决这一问题。解决供热失调是多年来集中热网一直没有很好解决的难题，这与过去的供热管理机制和供热技术条件的限制有关。在管理方面，可以通过将各个热力站到末端的供热管理独立于一次管网的运行管理以外，热力站管理者的管理水平通过在保障末端用户采暖质量的条件下减小一次热网供热量得以体现，例如实施科学合理热力站的承包制或合同能源管理机制等。而随着供热计量的推广，现有末端热计量与调节技术的应用也为这一管理机制提供了支持与配套，这一技术就是目前广为应用的通断面积时间热计量方法，即末端通断控制技术。通过该技术，可以实现管理者通过末端反馈的房间温度判断热力失调情况，并通断末端的通断控制阀加以调节。管理机制的改革又会充分调动管理者的积极性，这种管理与技术的双管齐下，会对热网失调问题有根本的解决，使供热系统的供热量降低约 20%。

（2）供热末端节能—关于热计量问题的再认识

供热末端节能是我国正在实施的供热领域节能的重中之重，包括围护结构保温、热计量改革等。其中热计量改革近年来一直是政府供热节能工作的重点，政策和补贴力度之大是空前的。然而，热计量改革推进的真正效果却不尽人意，硬件设备安装了不少，真正按照热量给末端用户计量的很少，即便计量，用户主动节能的效果也差强人意，热计量改革的方向和路线值得反思。

热量性质与水、电不同，水、电按照需求使用，多消耗对于用户没有更多好处，因而能节约的就节约了。而热量需求则有很大弹性，原本按照 18℃供热，实施热计量后，即便 20℃以上，多数用户仍然不认为需要减少供热量，宁愿因舒适度提高了而多交些费用。因而热计量后，并没有实现设想的节能效果。反而，供热公司为满足可调节供热量的需求，往往加大供热能力使用户可在较大范围内通过控制热量调节房间温度，反而因用户调节主动性不够造成过量供热，增加了供热量。

热计量的热价由基础热价和热量热价构成，基础热价越高，热量热价就会越低。由于存在基础热价，使得热量的价格不高，更加挫伤用户通过调节过量供热而节能的积极性。而降低基础热价、提高热量价格也不尽合理，又会伤及供热公司的利益，刺激供热公司的抵触情绪。

综上，供热计量与电、水等计量特点不同，不能简单采取热量表就能解决供热节能问题。合理方式应该通过由供热公司等供热管理者统一调控，使建筑室内温度达到 18~20℃，并通过技术手段使供热均匀，减小供热失调问题，由供热公司控制用户室温，实现供热均匀，避免过量供热，最终实现供热系统的节能。

2.3　供热模式创新的应用与实践

2.3.1　供热新模式应用案例

低品位热源替代燃煤锅炉，实现城市供热大幅度节能减排，已不是理论上研讨阶段，而是在近几年已有成功实施的案例，而且一些北方地区城市也已纷纷以这一新模式为核心列入供热专项规划，指导今后供热发展。

（1）太原市清洁能源供热案例

太原市集中供热面临热源严重短缺和采暖燃煤造成严重的大气污染两大难题。截至2012年底，太原市各类需供暖建筑面积1.46亿m^2，其中分散燃煤锅炉房供热4100万m^2。另外城市中心区总供热面积以每年约800万m^2的速度增加。为根治冬季供热带来大气污染问题，太原市政府指定由城管委牵头，组织编制太原市清洁供热规划。规划方案内容：形成一张大网，大温差运行（供回水温度125/20℃），多热源联网。热源包括分布在城市以外四个方向的四个电厂余热（热电联产）和市区现有的三个热电厂以及太原钢铁厂余热，这样形成八个热源以工业余热和热电联产承担基础负荷，而天然气热源在热力站调峰，原有大型燃煤锅炉房作为安全备用热源，见表1，规划成独树一帜的“太原模式”：一张大温差热网，多个热电联产和工业余热承担基本负荷，天然气调峰，满足未来2.5亿m^2的供热需求，并留有一定热源备用容量。供热方案如图10所示。全市余热占全部供热量的52.6%。每采暖季可节约214万tce。由于大部分主热源均远离主城区，主城区受污染物排放影响很小，对改善太原市冬季大气环境效果将极为显著。

远期2020年太原市供热热源配置　　**表1**

热源		装机容量（MW）	供热能力（MW）	采暖抽汽（MW）	余热（MW）	供热面积（万m^2）
基础热源	新太一电厂	4×350MW	1868	1400	468	3336
	太二电厂	4×300MW	1703	1062	641	3041
	古交电厂	2×300MW+4×600MW	4055	1811	2244	7241
	太钢		1339	375	964	2391
	嘉节燃气电厂	2×9F	729	530	199	1302
	瑞光电厂	2×300MW	934	735	199	1668
	阳曲热电厂	2×350MW	934	700	234	1668
	东山燃气电厂	2×9F	729	530	199	1302

续表

热源		装机容量（MW）	供热能力（MW）	采暖抽汽（MW）	余热（MW）	供热面积（万m²）
燃气调峰热源		—	1908	—	—	3407
备用供热热源	城西热源厂	4×116MW	464	—	—	—
	东山热源厂	3×64MW	192	—	—	—
	城南热源厂	7×64MW	448	—	—	—
	小店热源厂	2×14+1×28+2×70MW	196	—	—	—
	晋源锅炉房	3×35MW	105	—	—	—
	民营区锅炉房	2×35MW	70	—	—	—
	经济开发区锅炉房	70MW	70	—	—	—
	合计		15744	7143	5148	25355

注：燃气电厂除乏汽热量外还包括排烟余热回收热量。

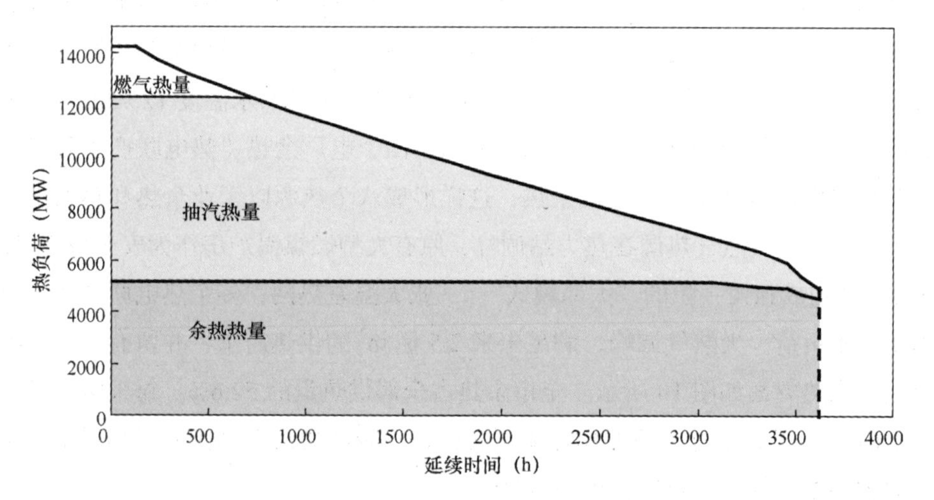

图 10　太原市供热延时负荷曲线

以正在实施的古交电厂长输管网供热项目为例，该项目利用距离太原市城区 40km 以外的古交电厂排放的乏汽余热，承担市区 8000 万 m² 建筑供热。4 根 *DN*1400 长输管线，采用大温差供热技术比常规热网输送能力提高 70%，可输送热量 3488MW。同时，古交电厂高效利用乏汽余热降低了近一半的电厂供热成本，电厂出口供热热价仅为 15 元 /GJ。从古交兴能电厂购热长途输送至太原中继能源站，综合供热总成本为 40 元 /GJ，低于区域燃煤锅炉的供热成本，在经济上是可行的。该电厂利用余热供热没有增加热源大气污染物排放，同时热源相距太原主城区 40 余千米，不给城区造成污染。

这一供热模式对太原市而言是一项改善大气环境和保障百姓采暖的浩大民生工程，投资总计约 140 亿元。由于该项目是涉及多家单位的复杂工程，由太原市城管

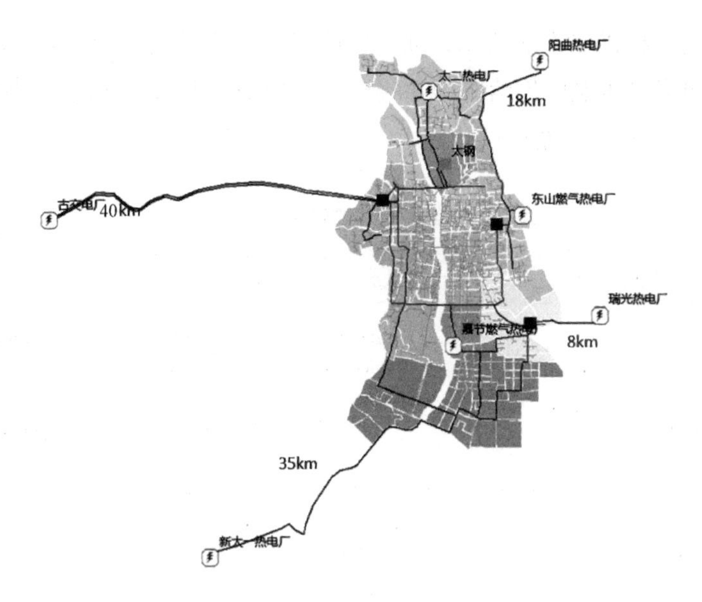

图 11 太原市供热方案示意图

委代表市政府主导牵头组织实施，由太原市热力公司具体执行。政府先期对该项目制定出太原市清洁供热实施方案和太原市供热专项规划等，并按照该方案和规划逐年实施。2013 年启动，历经 5 年至 2018 年将全部完成改造项目。政府首先投入一定启动资金，并开通多种融资渠道，包括国内外金融机构贷款等，由于供热属于民生工程而热网又具有垄断属性，市政府将一次热网的建设和运行划分给其下属的太原热力公司。热网的上下游，即热源和小区供热给市场配置留有空间，分属不同性质的单位所有，包括央企、省企乃至民企的改造，与热网之间按照热量结算。同时为促进大温差方案落实，鼓励降低热网回水温度，采取“按温计价”的机制创新。

（2）其他城市应用情况

2010 年在大同市建成工业化大规模示范工程，标志着该技术在大型集中供热系统的成功推广。从 2011 年开始，除了上述太原以外，石家庄、济南、银川等城市也已经将工业废（余）热作为供热主热源划入城市供热规划中，并开始陆续实施。

1）大同

大同市城区集中供热率在 90% 以上，供热面积近 7000 万 m^2，全市基本上全部实现了以热电联产为热源的集中供热。由于主城区燃煤供热锅炉房全部拆除，再加上城市建筑物的快速发展，热源短缺问题非常突出。2010 年启动大同第一热电厂 2×135MW 机组的余热利用改造工程，使热电厂供热能力由 400 万 m^2 增加至 640 万 m^2，利用余热增加电厂供热能力 50%。目前，大同市拥有四个热电厂，都实施了余热利用改造工程，如表 2 所示，通过回收乏气余热供热面积达到 1900 万 m^2。尽管如此，大同第二热电厂仍然有 2800 余万 m^2 的余热潜力，在没有调峰热源的情况下可以满足未来 10 年的新增供热需求。

大同市热电厂余热改造情况　　表 2

	大同第一热电厂	大同第二热电厂	大唐云岗电厂	同煤大唐热电厂	汇总
机组配置	2×135MW	6×200MW；4×600MW	2×200MW 2×300MW	4×50MW；2×350MW	—
原供热能力（万 m^2）	400	2600	1600	1400	6000
改造新增能力（万 m^2）	240	260	800	600	1900
尚待开发能力（万 m^2）	0	2800	0	0	2800
合计	640	56600	2400	2000	10700

2）石家庄

该市目前供热面积 1.5 亿 m^2，承担供热的热源全部都在城市区域，且绝大多数为燃煤热源，对于市区大气污染有很大影响。为此，一些燃煤热源已被政府列入关停计划，但却由于没有替代热源还在勉强维持运行。2014 年石家庄市政府主持完成了余热废热利用为主的供热规划，仅开发利用城市以外的上安、西柏坡电厂乏汽余热就可以增加 1.5 亿 m^2 以上的供热面积，如图 12 所示，另外还有循环化工基地等多个低品位热源可以利用以增加更多供热能力，供热成本只有 45 元 /GJ，远远低于天然气供热。通过利用现有低品位余热资源，不仅能够替代现有城区内污染严重的燃煤热源，而且可以满足未来 10 年内的新增供热负荷发展需求。

3）银川

该市目前供热面积约 5000 万 m^2，冬季大气为煤烟型污染，燃煤锅炉供热占全市供热 50%。为改善大气环境，市政府曾经于 2009 年在供热规划中采用天然气作为供热主要能源，并相继建成两个燃气热电厂和多个燃气锅炉房。然而，由于供热成本高，气源保障差，燃气热电厂至今仍无法正常供热，政府承受不起天然气供热带来的经济压力，一直寻找更好的供热办法。实际上，银川市东部 30km 以外的宁东能源基地拥有众多大型火力发电厂，其排放的乏气余热足以满足银川市区效率低下、污染重的燃煤热源替代以及长期供热发展需求。同时，城市西部一个大型石化

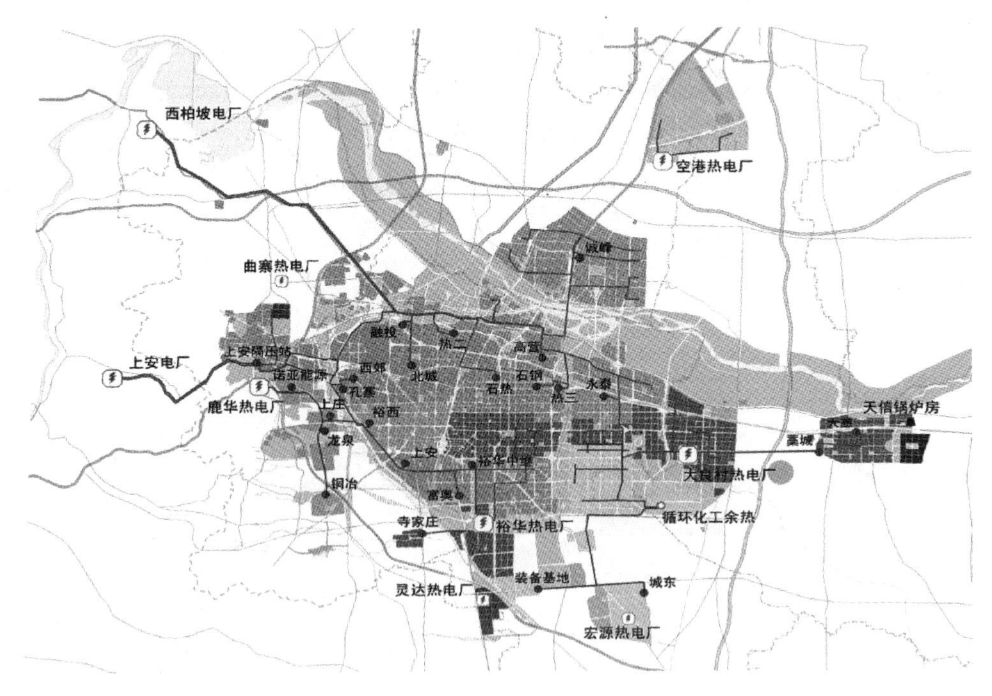

图 12　石家庄市供热方案示意图

企业拥有大量余热可以利用。余热资源分布如图 13 所示。2014 年银川市政府修订了供热规划，制定了利用这些工业余热为主的供热发展方案，不仅找到了比天然气节能减排效果更好的供热办法，而且可以大幅度降低供热成本。

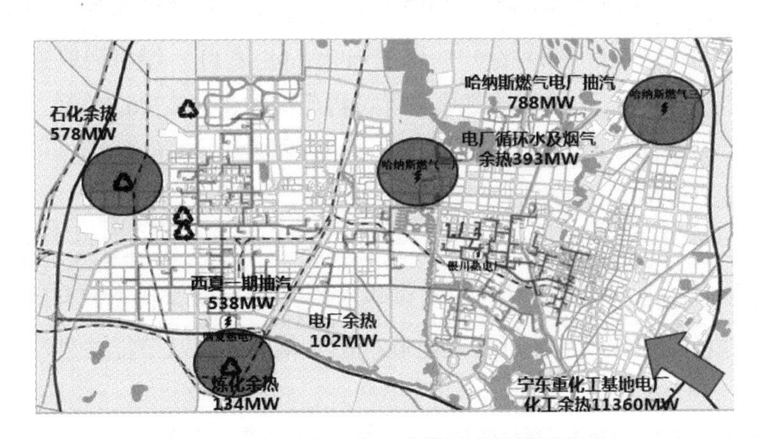

图 13　银川市区主要热源及余热资源分布

4）济南

该市经常被列入我国大气污染最严重的十个城市之一，环保压力很大。市政府决定于 2015 年底前关停 35t/h 及以下燃煤锅炉，在天然气源得不到保证的情况下，市政府决定挖掘城区内的黄台电厂余热可增加供热面积至少 1000 万 m^2，同时改造东部城区 20km 以外的章丘电厂两台 300MW 纯凝机组并回收乏气余热，又可以增加供热能力 2000 余万 m^2。这样就可以基本解决济南中心市大部分区域的锅炉房替代和近三年的新增负荷需求。

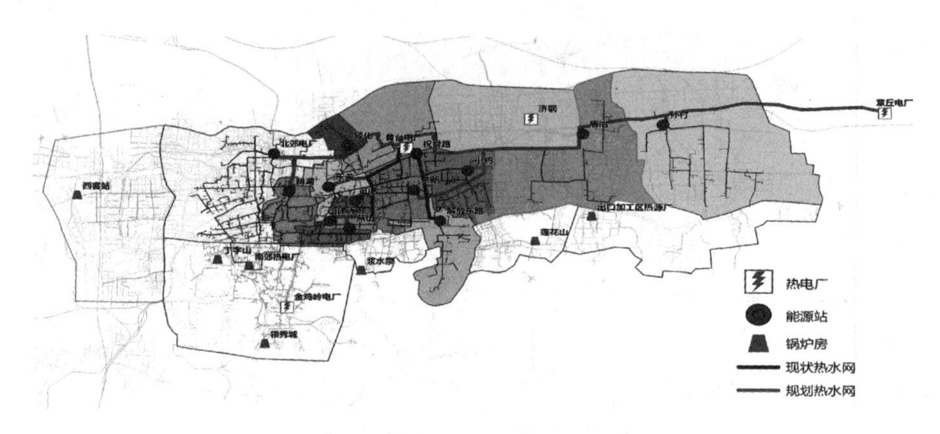

图 14 济南市电厂余热利用集中供热管网图

2.3.2 北京供热发展中存在的问题分析

北京市供热发展现状为：截至 2012 年底，北京市总供热面积达到 7.68 亿 m^2，其中，城市热网集中供热 1.84 亿 m^2，燃气锅炉 3.63 亿 m^2，燃煤锅炉房供热 1.76 亿 m^2，燃油和电供热 901 万 m^2，地源热泵等可再生能源供热 3700 万 m^2。

北京市作为首都，供热存在严重问题，主要表现为以下几个方面。

（1）能源浪费现象严重

目前北京市以锅炉供热为主，供热能耗大，热电联产供热方式比例只占 15%，是全国北方大中城市比例最低的，全市供热面积的近 80% 是由能源利用效率低下的锅炉承担，这种供热方式的能耗是热电联产的 2 倍之多，从节能角度看亟待被低品位热源替代。

（2）供热的大气污染排放仍然很大

天然气燃烧仍然会产生大量氮氧化物，它是雾霾产生过程中二次污染的主要污染源。北京市因供热而大量使用天然气，并没有从根本上解决供热的大气污染排放，计算表明，天然气氮氧化物排放在冬季已经超过汽车，成为北京市该污染物第一大排放

源。同时，由于北京占用了过多天然气资源，造成河北等周边地区由于缺少天然气供应而无法实现清洁能源对污染严重的燃煤替代，同样影响了北京大气环境的改善。

（3）供热安全面临严峻考验

气源保障问题已成为北京市供热安全的主要障碍，北京市冬季供热缺气已成常态化。2013 年北京市用气量达 99.4 亿 m^3，其中采暖和发电分别占 42% 和 23%，而且季节性峰谷差已拉大 10 倍以上，2013 年高峰日用气量约 6465 万 m^3，低谷日用气量约 553 万 m^3，峰谷差比值约 11.7 ∶ 1，用气结构不均匀性给气源保障带来了极大的压力。未来随着四大热电中心建成投入使用，天然气用量将会在现有基础上大幅增加，“十三五”规划预计 2020 年采暖和发电用气量达到 175 亿 m^3，占北京市总用气量 78.5%，供热安全将遭受更严峻挑战。北京巨大用气量所造成的气荒问题不仅威胁着北京当地供热安全，而且已使北方地区多个省市的百姓冬季用气采暖受到影响。

（4）政府背上沉重的经济包袱

近年来天然气价格不断攀升，使天然气供热成本更加昂贵。目前采暖燃气价格为 3.09 元 /m^3，对于天然气锅炉供热而言，仅燃料成本约达到 90 元 /GJ，是燃煤锅炉供热燃料成本的 3~4 倍。而对于燃气热电联产，由于因发电还需要消耗更多的天然气，热源的运行成本就更加昂贵了，全年天然气电厂需要补贴量是同样供暖面积的天然气锅炉的 3 倍之多。据了解，目前北京市政府为天然气供热和由供热而建设的燃气发电每年财政补贴近 100 亿元，这给政府造成沉重的经济负担。更严重的问题是政府如此买单是否值得？巨额的财政补贴换回来的是供热能源的浪费、氮氧化物等大气污染物大量排放和供热安全受到严重威胁。

北京供热存在如此严重的问题，发人深思。北京市供热的出路在哪里？

北京的供热模式需要研究新的发展模式，以走出上述困境。城镇目前总供热面积已达 8 亿 m^2，其中中心城供热面积 6.5 亿 m^2，每年新增供热面积 2500 万 m^2。到 2020 年，新增供热面积约 2 亿 m^2，加上现在有 1.7 亿 m^2 供热面积的燃煤锅炉房需要代替，“十三五”末刚性缺口就达 3.7 亿 m^2。除此之外，还有目前约 4 亿 m^2 的天然气锅炉供热方式需要改变。目前北京四大热电中心以及一些燃气锅炉房等热源的烟气余热挖潜可新增供热面积 5000 万 m^2，利用燕山石化等工业余热可以承担 3000 万 m^2 建筑供热，利用地热、城市污水的热泵供热等可以满足 5000 万 m^2 供热。这样，利用北京市现有余热等资源可以承担 2020 年共计约 1.3 亿 m^2 供热负荷，尚不能满足新增建筑供热需求，更无法替代更多的现有锅炉房供热。最终北京市供热解决方案应该是实现京津冀供热资源一体化：引入北京周边地区的大型电厂余热及工业余热热源，加上市内燃气热电联产热源，基于一张城市热网，通过大温差提高热网输送能力（130/10℃），实现热量远距离输送，充分发挥分散在城区各处的天然气锅炉对热网进行末端调峰，并全面回收燃气排烟余热，就可能使城市供热热网承担80%以上的城市采暖建筑，高效的热电联产热源提供城市热网80%的热量，燃气的末端调峰热源补充剩余的约20%热源，再配合有效的末端调控手段，使得建筑耗热量进一步降低，从而可大幅度降低冬季采暖燃气需要量，彻底摆脱供热对天然气的依赖。因此，新供热模式将充分回收北京市周边地区和市内的余热资源，实现热量远距离输送，大幅提升供热系统的节能、环保、经济和安全性。

2.3.3 京津冀供热资源一体化的构想

京津冀地区电厂和工业余热的回收利用应本着就近供热的原则。从该地区整体供需平衡看，北京工业余热资源最为短缺，而天然气消耗量巨大。因此，京津冀地区利用余热供热的核心是供热资源一体化，统一优化，将河北天津的过剩余热资源引入北京，从而使北京腾出大量的天然气资源解决河北供热调峰热源问题以及替代集中供热达不到的地区的污染严重的燃煤锅炉房。以下首先探讨解决北京供热问题的方案，然后分析京津冀地区供热一体化的思路和大致效果。其中一些数据及举例方案可能会与实际有所偏差，但能够起到支持整体方案思路的效果。

（1）探讨“大联网”供热解决方案

北京市2020年供热面积按照10亿m^2计算，则供热需求约50GW，根据表3所示的北京市内和周边余热资料，北京市内的燃气电厂供热能力7GW，燕山石化工业余热供热能力1GW，天津市和河北省燃煤电厂余热供热能力19.5GW，考虑40%燃气调峰，总供热能力约9.2亿m^2。周边热源考虑廊坊、三河市、保定市、涿州市等长输管网沿程预留供热面积1.2亿m^2，最终对北京市8亿m^2的建筑供热。如图15所示，北京市利用电厂余热的长输管线分为西南线路、东南线路、东向线路和西北线路。

1）西南线路

河北定州电厂为2×600MW+2×660MW的发电机组，将其余热通过西南线路输送至北京，便可满足房山、门头沟和西城等地区的供热需求，该长输管线经过保定和涿州等地，亦可承担沿线周边的供热负荷。

2）东南线路

天津电厂为2×1000MW发电机组，以及黄骅港沧东电厂为2×600MW+2×660MW

的发电机组，通过长输管线将其引入北京后，可满足大兴、丰台和东城等地区的供热需求，沿途经过廊坊、天津等地亦可承担沿线区县的供热需求。

3）东向线路

三河热电厂为 2×350MW+2×300MW 发电机组，距离通州距离为 30km，位于北京东边 60 余公里的盘山电厂余热资源也较为丰富，其配有 2×500MW+2×600MW，将这两个电厂的余热进行回收利用后可满足通州、顺义、昌平、密云和东城等地的供热需求。

4）西北线路

西北线路引入北京的热源为宣化电厂和张家口电厂余热资源，宣化电厂配置为 2×300MW 机组，张家口电厂为 8×300MW 机组，其余热资源可满足延庆和昌平等地区的供热需求，此外可满足沿线区县的供热需求。

向北京市供热的热源平衡 **表 3**

区域	名称	装机容量（MW）		供热能力（MW）	供热面积（万m^2）
北京燃气电厂	华能北京热电厂（东南热电中心）	1600	4600	1400	2800
	高安屯热电厂（东北热电中心）	1600	4600	1400	2800
	京能草桥热电厂（西南热电中心）	800	200F	700	1400
	高井热电厂（西北热电中心）	2400	6400	2100	4200
	太阳宫热电厂	800	200F	700	1400
	郑常庄热电厂	800	200F	700	1400
北京	燕山石化工业余热	–	–	1000	2000
廊坊	三河发电有限责任公司	1300	23000+20300	1988	3976
天津	天津国华盘山发电有限责任公司	1000	20000	1423	2847
	天津大唐国际盘山发电有限责任公司	1200	22000	1708	3416
	天津国投津能发电有限公司	2000	200000	2600	5200
张家口	大唐国际发电股份有限公司张家口发电厂	2400	84000	3976	7952
	河北建设宣化热电有限责任公司	600	20000	994	1988
保定	河北国华定州发电有责任公司	2520	25200+20660	3416	6832
沧州	黄骅港沧东电厂	2520	25200+20660	3416	6832
合计		–	–	27521	55043
燃气调峰		–	–	18348	36695
总计		–	–	45869	91738

注：热负荷指标按照 50W/m^2 估算。

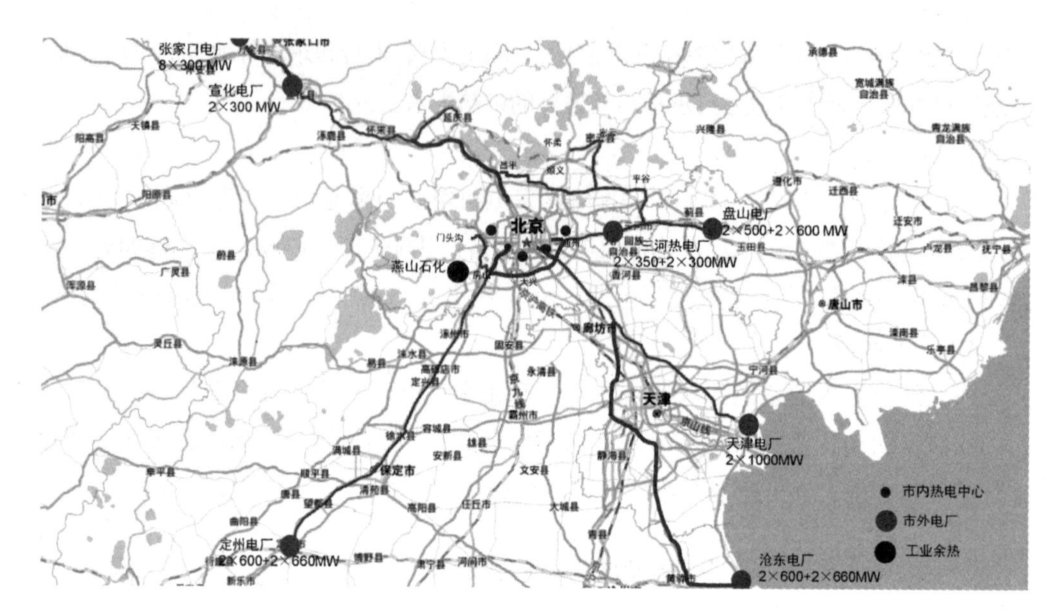

图 15 北京市电厂余热供热总体方案

四个方向的长输管网将电厂余热送入北京后，再通过北京市现有热网输送至各用户。虽然现有热网只承担 2 亿 m^2 供热，但热网采用大温差技术后，可以使输送能力大幅度增加。同时，通过增设末端燃气热源调峰、热网与现有燃气锅炉房整合等措施，就会在目前北京市热网主干道不改造的情况下，承担 8 亿 m^2 供热面积。

这 8 亿 m^2 供热面积每个采暖季总热量 3.01 亿 GJ，热电联产电厂及余热承担基本供热量的 82%，天然气调峰热源承担供热总量的 18%，天然气耗量为 15.5 亿 m^3。而全市其余 2 亿 m^2 面积可由以地源、水源、空气源热泵以及燃气锅炉等其他方式承担，如果其中天然气锅炉承担 1 亿 m^2 建筑供暖的话，每年需要天然气 8 亿 m^3，1 亿 m^2 建筑用各类热泵承担，每年需要电力 20 亿 kWh，再加上驱动各类余热输送的各种设备电耗约 10 亿 kWh。全市燃气热电厂采用电力调峰运行模式，全年运行小时数为 2400h，其中采暖期减少至 1200h，全年天然气耗量 38 亿 m^3，发电量 199 亿 kWh。综上，10 亿 m^2 建筑每年消耗天然气 62 亿 m^3，消耗电力 51 亿 kWh，各电厂及工业余热供热能耗折合标煤 150 万 t。把燃气按照热值转换为标煤，电力按照发电煤耗转换为标煤，北京 10 亿 m^2 建筑冬季的供暖煤耗可以控制在 670 万 tce，折合每平方米建筑供热能耗 6.7kgce。

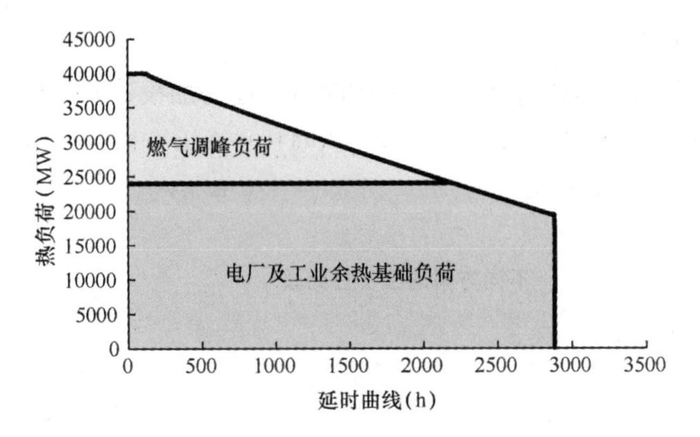

图 16 北京市电厂余热供热负荷延时曲线图

目前的北京“煤改气”方案：按照目前北京市供热发展思路，可以大致给出北京目前“煤改气”供热方案，即除了北京市现有以天然气热电厂（9F 机组）为主热源的大热网供热 2 亿 m^2 外，各类热泵承担 1 亿 m^2 供热，天然气区域能源系统（9E 及以下容量机组）承担 0.5 亿 m^2，其余 6.5 亿 m^2 全部采用燃气锅炉供热，则相应的天然气消耗 147 亿 m^3，电耗 30 亿 kWh。于是，供热能耗折合 1035 万 tce，折合每平方米建筑供热能耗 10.4kgce。燃气热电厂全年发电小时数为 3600h，上述天然气消耗量中的 84 亿 m^3 用于燃气热电厂，发电量 416 亿 kWh（9F 和 9E 机组）。

1）节能评价

大联网方案相对于煤改气方案，北京可以实现供热节能 365 万 tce，节能率为 35%，见表 4。

不同方案的能耗情况 **表 4**

供热方案	热电联产及余热折合能耗（万tce采暖季）	供热气耗（亿m^3/采暖季）	供热电耗（亿kWh/采暖季）	供热能耗（万tce/采暖季）
煤改气	0	70	30	1035
大联网	150	25	51	670

2）天然气耗量

大联网方案相对于煤改气方案每年节约天然气 85 亿 m^3，见表 5。这些天然气可以满足天津、河北全部集中供热调峰热源用气以及用天然气锅炉替代供热管网难以达到的建筑采暖。

3）经济性评价

经初步估算，本方案因管网和大温差改造建设增加投资679亿元，每年减少天然气消耗量和市内发电量，需从市外引入热网热量和电网购电，每年能源成本节省134亿元，约5.1年回收成本。

不同方案的经济性比较　　表5

供热方案	总气耗（亿m^3/年）	发电量（亿kWh/年）	耗电量（亿kWh）	长输管网外购热量（亿GJ）	总运行费用（亿元）
煤改气	147	416	30	0	286
大联网	62	199	51	1.4	156

注：总运行费用按照外购气价3.09元/m^3，电价0.45元/kWh，外购热量15元/GJ计算。

4）环境减排

“大联网”方案替代现有燃煤锅炉，使得当地污染排放减少，其中NO_x排放减少2.34万t，SO_2排放减少2.18万t，烟尘排放减少1.35万t。NO_x，SO_2和烟尘的总减排量相当于北京全市排放总量的14%，33%和26%（根据2014北京市统计年鉴，2013年北京市NO_x排放16.6万t，SO_2排放8.7万t，烟尘排放5.9万t），为减少雾霾做出重大贡献。

（2）京津冀供热一体化设想

根据表6所示的京津冀地区电厂及工业余热资料，该地区电厂及其他工业余热资源量95GW，其中，电厂排放的余热充分利用，可以实现供热能力达65GW，其他工业包括钢铁、水泥、陶瓷及焦化厂等，各种工艺过程包含了大量的余热废热。经过初步调研，唐山、邯郸和天津的工业余热量均较为丰富，京津冀的可回收工业余热总量为30GW。如果建筑热指标取50W/m^2，其中32W/m^2的基础热负荷，而余下的18W/m^2可由燃气锅炉调峰，则上述电厂及工业余热可满足30亿m^2的热负荷。通过初步统计，京津冀地区目前城镇供热总面积22.5亿m^2，如果京津冀地区每年建筑增长0.8亿m^2，则上述电厂与工业余热可满足这一地区未来10年的建筑供热需求。

京津冀地区电厂及工业余热资源估计　　表6

城市	电厂余热资源（MW）	工业余热资源（MW）	总余热资源（MW）
北京	7000	1951	8951
天津	12680	4835	17515

续表

城市	电厂余热资源（MW）	工业余热资源（MW）	总余热资源（MW）
石家庄市	10374	2355	12729
承德市	1491	944	2435
张家口市	6958	598	7556
秦皇岛市	1988	0	1988
唐山市	5684	10636	16320
廊坊市	1988	40	2028
保定市	4410	374	4784
沧州市	4410	1526	5936
衡水市	1988	39	2027
邢台市	994	1411	2405
邯郸市	5404	5646	11050
总计	65369	30355	95724

京津冀地区供热资源一体化初步方案（简称“一体化”）构想：

北京市的热负荷可以通过从天津、廊坊、张家口输送热量来满足，而天津可从本市、沧州及唐山取热，热量富裕的石家庄可以为附近的衡水、保定提供热量，邢台则可从附近的邯郸取热。从而构建区域供热管网，以就近供热并区域平衡，实现70%的集中供热普及率，供热面积达21亿m^2，由电厂和工业余热承担基础负荷，天然气调峰，消耗余热每年8.2亿GJ，天然气24亿m^3。其余30%的建筑采暖方式选取为：15%的供热面积即4.5亿m^2采取燃气锅炉，消耗天然气37亿m^3，10%的面积即3亿m^2采取分别在天然气管道难以到达的偏远乡镇可采用清洁燃烧技术的燃煤锅炉，并严格控制污染排放，消耗燃煤约386万tce，其余5%的面积即1.5亿m^2采用各类热泵等技术，消耗电力45亿kWh。综上，供热能耗2082万tce，折合每平方米供热能耗6.94kgce，全年天然气消耗总量101亿m^3，其中，天津和河北消耗的天然气资源消耗约40亿m^3，可以全部由北京市“大联网”方案节省下来的天然气提供。

与现状供热相比（假设现状供热面积的30%为大型燃煤锅炉供热，锅炉效率取85%，30%为小型燃煤锅炉，锅炉效率取60%），则减少燃煤量约1960万t，则可

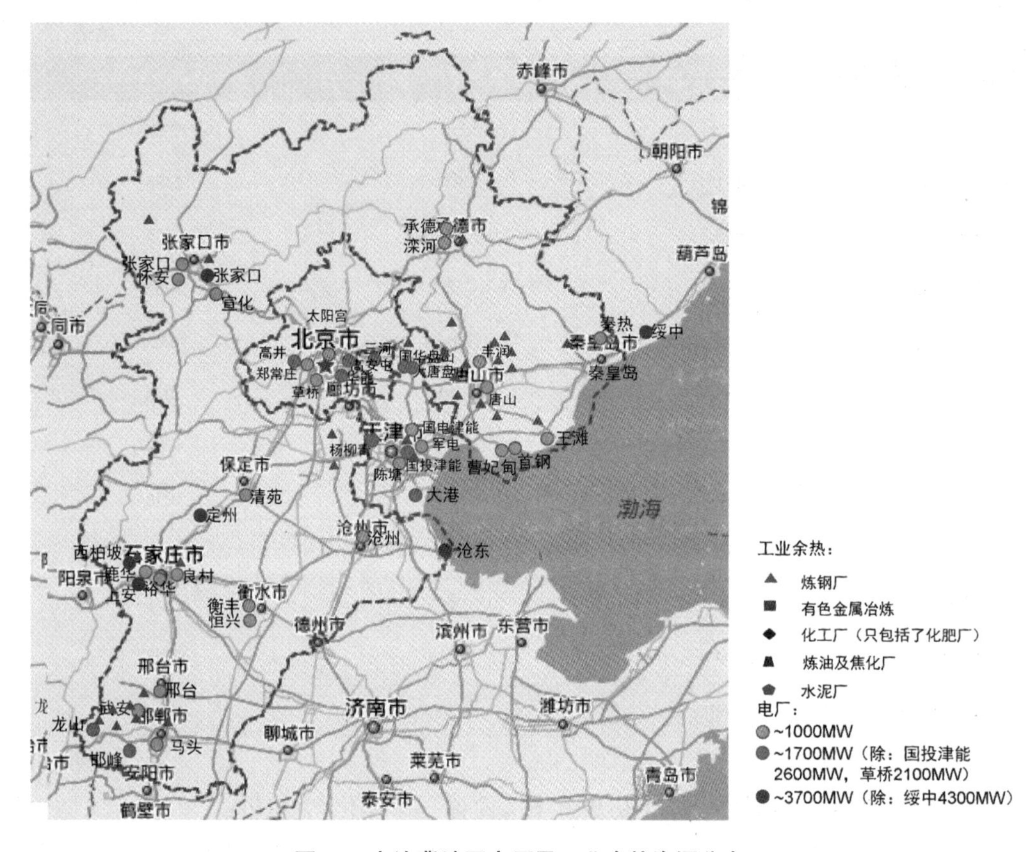

图 17　京津冀地区电厂及工业余热资源分布

实现 NO_x 排放减少 8.1 万 t，SO_2 排放减少 18.09 万 t，烟尘排放减少 12.65 万 t。

（3）京津冀余热供热一体化的政策机制及建议

为了全面推进京津冀地区余热供热一体化方案，从建立领导机构、启动京津冀供热一体化规划、启动示范工程建设和建立推进政策和运行机制四个方面给出相应的政策建议：

①建立相应的专门领导机构

本项目跨省市、跨部门、投资高，并涉及各种利益重组，任务艰巨，协调难度大，建议设置专门领导小组和机构，发改委（能源局）、财政部、环保部、住房和城乡建设部、工信部和科技部共同参加，加快实施这项重大工程。

②制定工业废热用于供热的统一规划

合理配置北方地区工业废热资源和天然气等清洁能源和热力管网布局，重点针对雾霾相对严重的京津冀地区，河北、天津及周边地区大量工业废热合理配置满足

当地需求。

建议国家有关部门协调地区有关部门、工业行业协会、工业企业和节能研究机构等，对工业余热资源的开发利用进行统筹规划，组织制定“十三五”工业余热资源开发利用总体方案。

③启动示范工程建设

由于该工程涉及多个地区单位协同配合，建议首先启动余热回收进行长距离输送的示范工程建设，如前所述，针对北京地区，通过将周边丰富的电厂余热进行长距离输送以满足北京地区的供热需求，全面替代燃煤锅炉，进而解决以燃气供热为主所带来的供热安全隐患和高昂供热成本等难题。同时，通过示范工程建设，将余热回收技术和长输管线技术进行展示和推广，为京津冀地区全面推动余热回收技术打下坚实基础。

④建立推进政策和运行机制

由于该项目需要多部门和多单位协同配合实施，建议出台针对该技术方案相应的政策，以便积极的协调和促进各个部门单位具体实施，通过推进政策的建立促使京津冀余热供热一体化的有序稳定发展。

3　公共建筑能耗现状与分析[1]

3.1　近年公共建筑节能工作的进展

大型公共建筑具有能耗高、节能潜力大的特点，一直被作为建筑节能的重点，被各级政府主管部门高度重视。2008年,公共建筑节能被《民用建筑节能条例》和《公共机构节能条例》两个重要的国家建筑节能相关法律法规列入，并有专门的条例规定了公共建筑的能耗调查、审计、统计等工作。2007年起，建设部、财政部开始推进《国家机关办公建筑与大型公共建筑节能监管体系》建设，在全国二十余个省市试点示范对各类公共建筑能耗数据进行能耗统计、能耗审计、分项计量系统建设等。加上从20世纪90年代中期以来，我国各高校、科研院所调查统计的各类公共建筑能耗数据，可以说，对于中国各类公共建筑，包括办公楼、学校、商店、旅馆、医院、文化体育设施、交通枢纽等，各种规模，从几百平方米到几十万平方米，各种气候条件、社会经济发展水平下的实际建筑能源消耗状况，有了较全面的了解。

最近的几年中，对于公共建筑实际运行条件下的能耗数据调查有了较快的发展，已经开展和建立的能耗调查与数据统计及定期国内、国际合作研究和交流活动包括：

1）住房和城乡建设部会同财政部组织的全国大型公共建筑和国家机关办公建筑能耗统计、审计、公示等工作：从2007年起，第一批24个示范省市相继开展国家机关办公建筑和大型公共建筑能耗统计、能源审计、能效公示工作，截至2009年底，第一批示范省市已经完成了统计、审计任务，并公示了一批建筑的能耗情况。第二批示范省市的大型公共建筑能耗统计、审计、公示工作也已经起步。

2）大型公共建筑分项计量实时监测系统建设：2006年起，北京市科委对十座大型公共建筑、北京市发展改革委对54家政府机构办公建筑开展用电分项计量实时监测系统改造，拉开了大型公共建筑分项计量系统建设的序幕。2007年，住房

[1] 原载于《中国建筑节能年度发展研究报告2010》第2章，作者：魏庆芃。

和城乡建设部会同财政部，以北京、天津、深圳为第一批试点城市，每个城市选择50~100座公共建筑实行能耗分项计量改造，目前已基本完成系统建设，第二批试点省市的分项计量系统也将从2010年起建设。同时，上海、浙江、南宁、青岛、江苏等省市也开展了公共建筑用电分项计量系统建设。

3）京沪深三地四方建筑节能交流活动：2007年1月起，已举行7届，由清华大学、上海市建筑科学研究院、深圳市建筑科学研究院、北京市建筑工程技术研究院等发起，就北京、上海、深圳等地大型公共建筑能耗数据、特征、节能诊断和改造等领域的工作进行定期交流。这一定期交流机制也随着国家“十一五”科技支撑项目的研究深入而不断产生新的成果。

4）国际能源组织IEA ECBCS ANNEX 53：这一ANNEX于2007年3月在中国发起筹备，2009年2月正式启动（http://ecbcsa53.org）。由中国、美国、日本等13个国家参与，对各国居住和办公两类建筑的能耗数据进行合作研究，包括能耗数据表述方法、案例研究和公共建筑分项能耗数据监测系统、统计分析和宏观统计、模拟分析等内容。经我国有关部门批准，中国已于2009年正式加入ECBSC（建筑与社区系统节能）合作协议。

5）其他国际合作：美国能源基金会组织的对武汉、成都等城市公共建筑能耗调查；由清华大学、香港太古地产、日本名古屋大学和日本建筑与系统性能检定学会、美国德州农机大学和宾夕法尼亚大学等共同发起的中日美公共建筑能耗数据与节能诊断定期交流机制等。

上述国内合作研究和国际学术交流合作，都是基于能耗数据的研究与合作，试图将各自的数据、数据分析的经验进行分享，通过讨论、互相借鉴并产生新的想法。目前对于公共建筑能耗数据的收集和调查仍处于起步阶段，为了使所涉及的数据更有意义并反映真实情况，有两点值得注意：

一是不宜将北方集中供热能耗并入公共建筑能耗中进行分析，原因是公共建筑除采暖之外的能耗在全国范畴上有很多共性可以挖掘和讨论。并且经过调查发现，不包括采暖能耗的大型公共建筑能耗全国各大城市的平均值彼此相差不大，这表明此部分能耗受气候影响已较小，可以相互对比分析。而若把北方的普通公共建筑采暖能耗加进来，则采暖地区和非采暖地区就出现明显差异。并且大多数北方地区采用集中供热的公共建筑都没有实际计量，很难得到不同建筑的实际采暖能耗，把这样一个数值较大的不确定量并入公共建筑总能耗，不仅不利于深入分析，而且容易掩盖问题。

二是对于特殊功能的公共建筑，例如信息中心、餐厅、洗衣房、消毒间等，其能耗特点与工业建筑类似，是为满足特定功能服务，形成较大耗能。这部分能耗密度高，主要由功能和规模所决定。将这部分能耗纳入总的公共建筑能耗，同样会掩盖公共建筑能源消耗中的问题。因此建议单独对于这类建筑或建筑中的这类空间的运行能耗进行单独统计和分析。

调查和统计分析结果显示，2013 年，我国公共建筑总建筑面积约 99 亿 m^2，总电耗 5427 亿 kWh，总能耗 2.04 亿 tce。单位面积能耗 21.3kgce/m^2。上述能耗数据均不含北方城镇集中采暖能耗部分，以下的讨论也仅讨论公共建筑除集中采暖部分的能耗特点。

3.2　各类公共建筑的能耗特点

3.2.1　一般公共建筑的能耗特点

我国公共建筑除采暖外的单位建筑面积能耗，随规模和服务标准不同有很大差别。大量调查研究表明，与采暖能耗不同，公共建筑除采暖外的单位面积能耗随地域的变化不大，而与公共建筑的体量和规模相关。当单栋面积超过 2 万 m^2，并且采用中央空调时，其单位建筑面积能耗是普通规模的不采用中央空调的公共建筑能耗的 2~8 倍，并且其用能的特点和存在的主要问题也与普通规模的公共建筑不同。因此，通常将公共建筑按单位面积能耗强度大小分为大型公共建筑和一般公共建筑。

一般公共建筑，指单体建筑面积在 2 万 m^2 以下的公共建筑或单体建筑面积超过 2 万 m^2，但没有配备中央空调系统的公共建筑，包括普通办公楼、教学楼、商店等类型建筑，其能耗包括空调系统、照明、办公用电设备、饮水设备、电梯、其他辅助设备等。其单位面积耗电量通常在 30~50kWh/（m^2·a）。对比大型公共建筑和一般公共建筑，其建筑设计、空调系统等方面的主要差别如表 1 所示。

普通公共建筑与大型公共建筑在设计与系统方面的差别　　　　**表 1**

	普通公共建筑（办公楼，教室，旅馆，商店等）	大型公共建筑
建筑设计	体型较小；窗可开启	体型大，内区大；多采用玻璃幕墙；外窗不可开启
空调系统	电风扇，分体空调器，VRF	集中空调系统
电梯	无电梯	有电梯

各分项电耗的数值和用能特点及与大型公共建筑的对比如下：

1）照明电耗：8～12kWh/（m^2·a）。普通办公建筑的室内照明可以在很大程度上利用自然采光解决，只有当自然采光不足时才使用人工照明补充；而大型公共建筑照明能耗一般在10～30kWh/（m^2·a）。

2）空调耗冷量：以北京为例，约30kWh冷量/（m^2·a），在春秋天的大部分时间可以通过开启外窗、自然通风冷却。同时，由于操作灵活，基本上可以杜绝无人空间或无人时间段的空调器无谓开启。大型公共建筑采用中央空调，在北京的空调耗冷量为80～120kWh/（m^2·a）。

3）空调系统电耗：8～15kWh/（m^2·a）。虽然分体空调器的效率（*COP*在2.0～3.0之间）要低于集中空调系统的大型制冷机（设计工况下*COP*>5），但在一般公共建筑中没有空调风机、水泵，新风也通常依靠外窗开启解决，因此输配能耗几乎为0；而大型公共建筑风机水泵能耗占空调系统能耗很大部分，总的空调能耗在15～80kWh/（m^2·a）。

4）通排风机电耗：因为建筑体量小，室内通风基本可以靠开窗通风解决，基本不存在通排风机电耗；而大型公共建筑这一项可达5～30kWh/（m^2·a）。

5）办公电器设备电耗：8～15 kWh/（m^2·a），与人员密度、人均建筑面积有关，因为此部分能耗基本上与人员密度成正比。

6）电梯电耗：没有或非常低，因为建筑物体量很小，即使有电梯使用频率也很低。而大型、超大型建筑的电梯能耗却不可忽视。

调查表明，我国目前既有公共建筑中能耗水平较低的一般公共建筑面积占公共建筑总面积的70%以上，数量占95%以上，是我国公共建筑的主体。然而，目前有两个发展趋势非常明显：一是新建公共建筑中的一般公共建筑已经很少，大型公共建筑成为新建公共建筑的主要形式；二是一些原本能耗水平较低的公共建筑，通过改造，变为外窗不可开，再加装中央空调系统、加装电梯等，导致能耗大幅度增加，其能耗性质转为大型公共建筑。

3.2.2　各类大型公共建筑能耗的基本构成

某典型的大型政府办公楼和某典型大型商业写字楼除采暖之外的能耗构成如图1、图2所示。可以看出，大型办公建筑除采暖之外的能耗构成主要包括：

照明电耗，办公电器设备电耗，电热开水器和电梯等综合服务设备系统电耗，空调系统电耗，以及厨房和信息中心等特定功能设备系统电耗等五个方面。

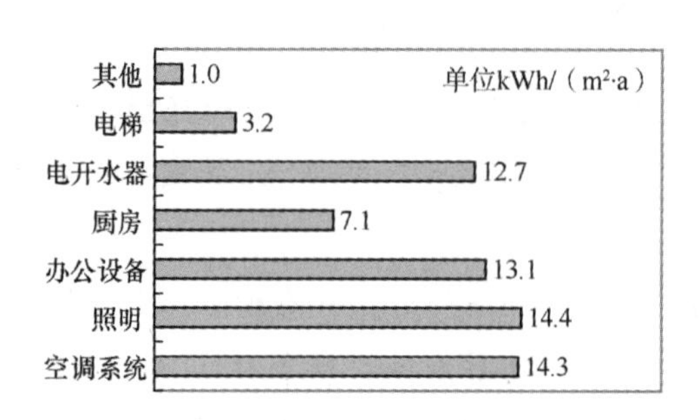

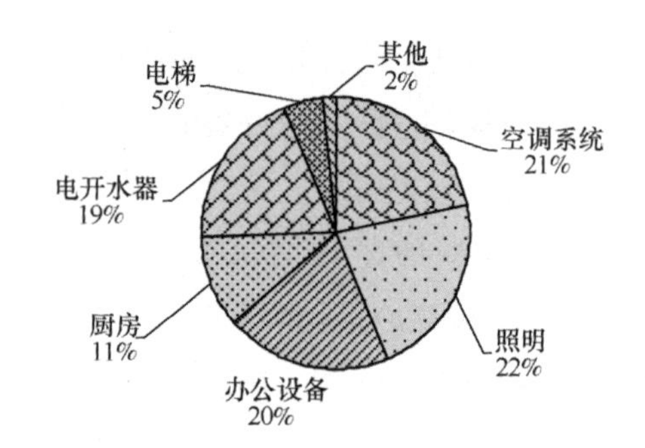

图 1　某典型政府办公楼各分项耗电量及比重

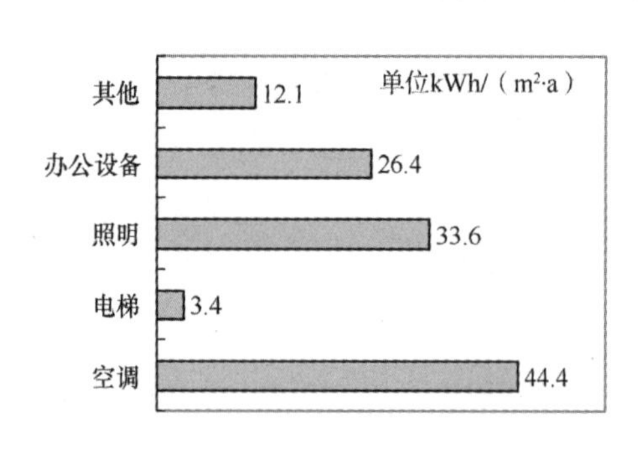

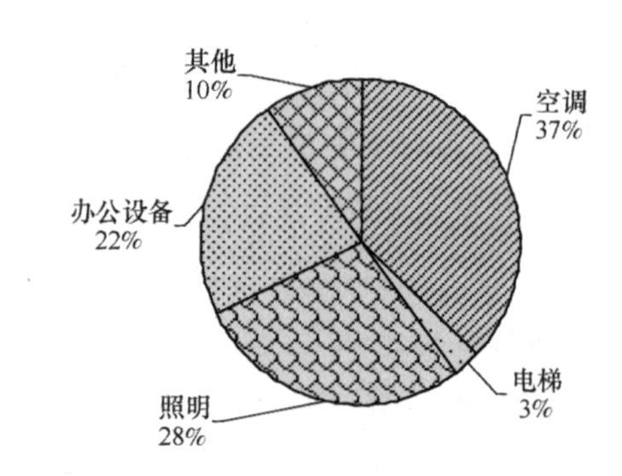

图 2　某典型商业写字楼各分项耗电量及比例

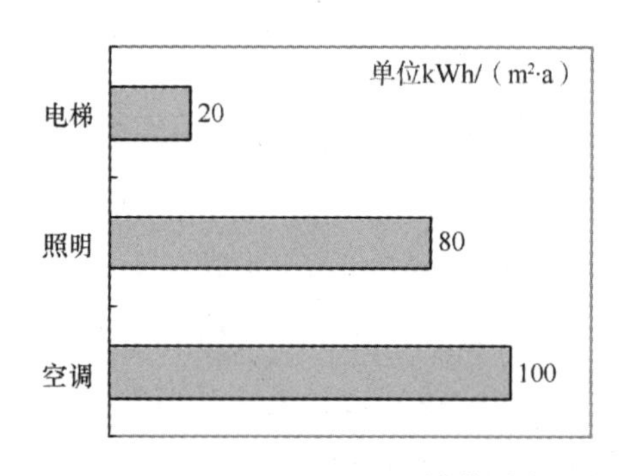

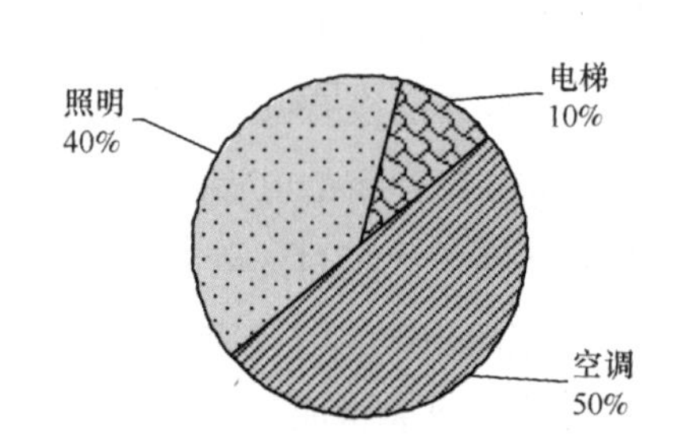

图 3　某典型商场各设备分项耗电量及比重

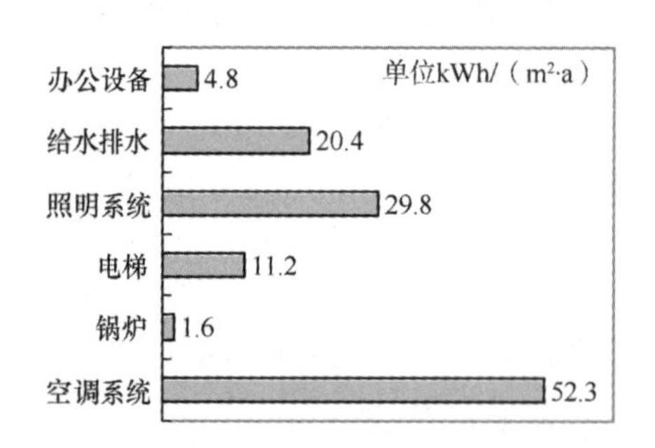

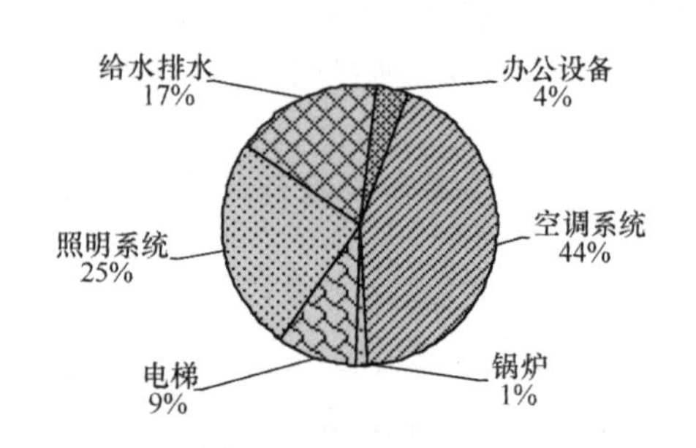

图 4　某典型星级酒店各设备分项耗电量及比例

某典型商场和某典型星级宾馆的各分项能耗及比例分别如图 3、图 4 所示。可以看出，其除采暖之外能耗的构成与办公建筑基本相同，只是能耗绝对数量、比例和重点有所不同。

以上诸案例表明，各个分项能耗在不同建筑中的比例不仅与该分项能耗的绝对数值有关，还与总能耗有关，因此，在进行不同建筑物之间的比较时，不应比较某一分项能耗的百分比，而应该用单位面积能耗绝对数值进行比较和分析。

大型公共建筑特点不同，各个分项能耗和空调系统分项能耗的构成和特点也不相同。本节分别论述各类大型公共建筑、各个分项能耗的共性特点、个性问题、总体状况和节能潜力。

3.2.3 办公建筑能耗构成及特点

图 5 给出清华大学、上海建筑科学研究院、深圳建筑科学研究院等单位对北京、上海、深圳等地部分大型办公楼单位面积能耗调查结果（折合为用电量，北京的公共建筑能耗数据除去了采暖能耗）：均值为 111.2 kWh/（m^2·a），方差 25.7 kWh/（m^2·a）。

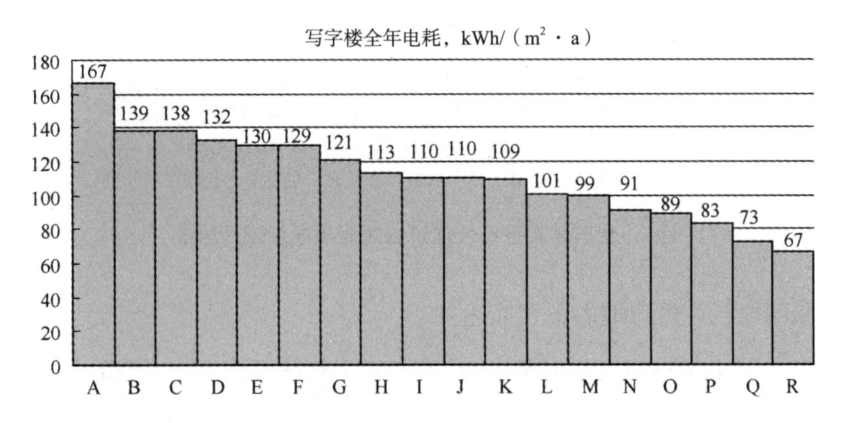

图 5　办公楼建筑除采暖外单位建筑面积电耗调查结果

注：单位：kWh/（m^2·a）；横坐标不同字母代表不同的楼，下同。

办公建筑能耗构成的主要部分能耗现状和特点分别如下。

（1）照明电耗

以办公建筑为例，调查得到各座大型公共建筑照明电耗在 5~25kWh/（m^2·a）之间，如图 6 所示。图 7 记录某大型公共建筑连续三周逐时照明电耗情况，可看出办公建筑中的照明电耗有很强的规律性。

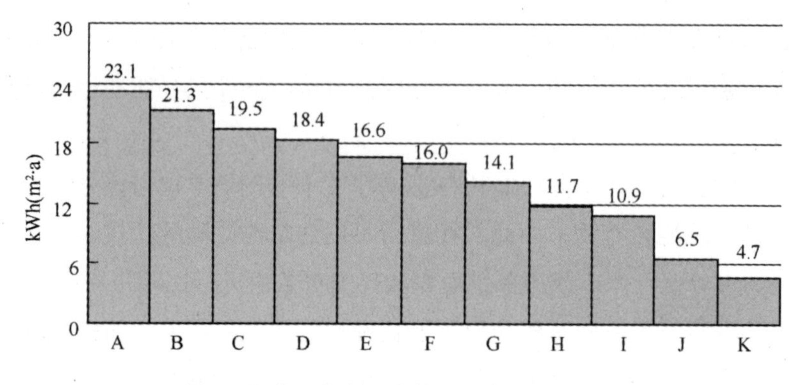

图 6　北京一些办公建筑照明电耗调查结果

注：单位：kWh/（$m^2 \cdot a$）

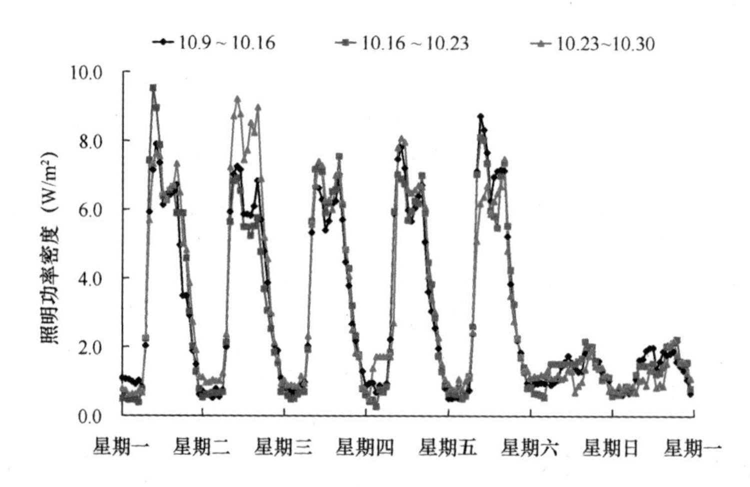

图 7　北京某大型办公建筑逐时照明电耗测试结果

全年照明电耗可近似地由下式描述：

$$耗电量 = 运行小时数 \times 单位面积平均照明功率 \times 面积$$

其中：

1）运行小时数：一方面，与是否保持下班或外出时随手关灯的良好习惯有关，另一方面与自然采光有关。一般公共建筑外区多、可自然采光、开灯时间少，照明电耗与天气阴晴相关。而大型公共建筑内区大、或是选用茶色玻璃进行美观，都导致工作时段开灯时间长。此外还与加班情况有关。不同的建筑物，这一开灯时间可从 2~10 h 不等。

2）单位面积平均照明功率：一方面与照明灯具的装机功率密度有关，将白炽灯等更换为节能灯显然可以降低灯具装机功率密度。另一方面，与建筑物内各种功能区域所

占比例有关，对于办公楼中的走廊、卫生间等次要空间适当降低照度，会议室、大厅等在不使用时关灯以降低总平均功率密度。这一平均功率密度一般在 2.5~10W/m^2 范围内。

例如，以每日工作时段开灯 10h、照明平均功率 6W/m^2、非工作时段全部关灯计算，全年照明电耗为 15kWh/（m^2·a），落在图 6 的范围内。从上述分析可以看出，降低照明电耗的关键，在于通过建筑设计充分利用自然采光以减少开灯时间、保持人走灯关的习惯（贯彻部分时间、部分空间控制理念）、选用节能灯具等。表 2 反映这三个措施的节能效果，可以看出，能有效减少人工照明时间的前两者，节能效果更加明显，成本也低。

几类主要措施的节能效果比较 **表 2**

	运行小时（h）	平均功率（W/m^2）	全年电耗[kWh/（m^2·a）]	相对参考建筑	实例
参考建筑	10	6	15	100%	内区较大的大型办公楼，照明灯具为 T5 灯管电子镇流器
自然采光	2	6	3	20%	良好自然采光设计的节能楼
	6	6	9	60%	小型板式办公楼
人走灯关	24	6	36	240%	美国办公楼
节能灯具	10	4	10	67%	选用 LED
	10	9	22.5	150%	沿用 T8 荧光灯，电感镇流器
	10	12	30	200%	过分强调照度

（2）办公电器设备电耗

调查得到各座大型公共建筑办公电器能耗在 6~45kWh/（m^2·a）之间，如图 8 所示。

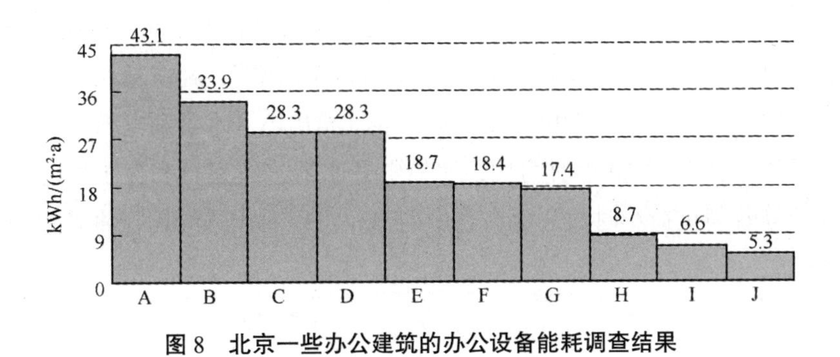

图 8 北京一些办公建筑的办公设备能耗调查结果

与照明电耗类似，办公电器设备电耗可以用相同形式的公式来描述，例如：

$$耗电量 = 运行小时数 \times 单位面积平均设备功率 \times 面积$$

其中：

1）运行小时数：与下班后是否关闭密切相关，也与工作性质有关

2）单位面积平均设备功率：除了与办公自动化程度有关，还与人均办公面积有关，人均办公面积小、平均功率密度就大，例如在香港的写字楼和国内高档商业写字楼中存在这种现象；而相反的，人均办公面积大、平均功率密度就小，在国内政府办公楼中比较普遍。设备平均功率密度可以如下描述：

$$单位面积平均设备功率 = \frac{每套电脑设备功率}{人均办公面积}$$

可以看出，造成上述办公设备电耗较大差别的主要原因有：人均办公面积多少，工作时间长短等。其节能潜力在于杜绝非工作时间段的办公电器待机电耗、以及选用节能的电脑设备。还应注意的是，并非该项能耗很低就一定合理，因为这一较低能耗可能是由于人均面积过大而导致的，因此用人均办公设备耗电量更合理，但人数统计有一定困难，目前不容易得到有效的人数。需要说明的是，上述办公设备耗电量不包括需要全天 24 小时、每周 7 天连续运行的信息中心等服务器电耗。此部分电耗应该单独计量和分析

（3）建筑物内综合服务设备电耗

对于电热开水器、电梯、给水排水泵等建筑物内综合服务设备，其耗电量在办公建筑中也占有 5%~10% 的比例。这类设备的能耗特点是：往往只有很少一部分时间工作在额定功率下，启停或功率变化频繁，具有较大的随机性。近来，通过对这类设备在建筑物中实际使用状态下耗电量的实时监测，发现其耗电量也随工作日工作时段和非工作时段、休息日的工作时段和非工作时段变化，可以引入一个 0 到 1 之间的“负荷系数”，这一“负荷系数”在上述四个时段各不相同，将这四个时间段加权，就得到这类设备的“全年等效满负荷运行小时数”，耗电量用“全年等效满负荷运行小时数 × 设备额定功率”来描述。表 3 给出电开水器和电梯在“负荷系数”的参考值。以工作时段 10 小时为例，比较电开水器连续运行和仅工作时段运行两种模式的“等效满负荷小时数”也在表中列出，可以看出连续运行将导致一倍以上的能源消耗。

电开水器与电梯在各时段的"负荷系数"参考值 表 3

		电开水器		电梯
		24小时运行	仅工作时间段运行	
工作日	工作时段	0.06	0.08	0.2
	非工作时段	0.04	0	0.02
休息日	工作时段	0.05	0	0.1
	非工作时段	0.04	0	0.02
全年等效满负荷小时数		412	200	

（4）特定功能设备电耗：信息中心、厨房餐厅

在对中央国家机关办公建筑能耗调查发现，200m^{2}左右的信息中心全年耗电量，能占到一个2万~3万m^{2}的办公建筑全年电耗的30%~40%，这一比例可由下面的简单算例说明：20000m^{2}某政府办公楼中有一个200m^{2}的信息中心机房，机房内设备耗电量300W/m^2，全年8760h运行，信息中心耗电量折算到整个建筑物面积上为：300×8760/1000×1%=26kWh/（m^2·a），而办公楼中其他99%面积的耗电量50kWh/（m^2·a），这样信息中心耗电量所占比例就占到三分之一。这一现象在政府办公建筑、以及金融、税务、IT等行业办公建筑中相当普遍。办公建筑中的厨房餐厅也属于面积小、密度高、运行时间长的区域。因此在分析办公建筑耗电量时应当把信息中心、厨房餐厅等特点功能用电部分先剔除，然后再就照明、办公、空调等具有共性的能耗部分进行深入分析和相互对比。

3.2.4 其他类型公共建筑能耗现状和特点

（1）商场

商场类建筑的能耗的基本特点，一是客流密度大，各种照明、电器密度高，导致室内发热量大；二是大型商场体量大导致中央空调系统能量传输距离长、并且多采用全空气系统；三是运行时间长，一般每天运行12小时以上、不分工作日、休息日。因此，大型商场与其他大型公共建筑或中小型商场相比，单位面积耗电高、全年总耗电量大，冬季采暖耗热量很小。图9给出北京市部分大型商场全年除采暖之外耗电量。

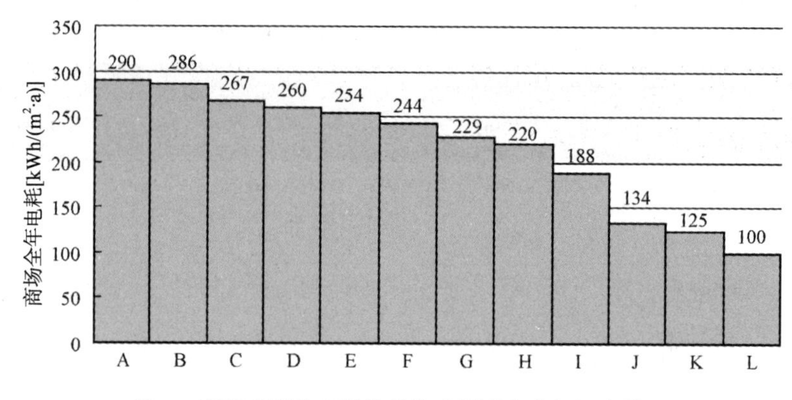

图 9　商场建筑除采暖外单位建筑面积电耗调查结果

典型商场的能耗构成参见图 3，商场空调系统的能耗构成参见图 15。与办公建筑相比，商场建筑在能耗方面有以下的特点：

1）照明电耗较高，这一方面是由于商场建筑绝大部分是内区需要人工照明，另一方面则是照度普遍偏高，以较高的照度、合适的色温来展示商品、吸引顾客，照明设备单位面积功率较高。另外，商场的照明设备难以实现“部分空间、部分时间”开启，只要是在营业时间，照明基本全部开启，否则可能影响销售，因此照明设备开启时间长。降低商场照明电耗的途径，一是选用更高效的节能灯具，二是在公共走廊等区域可以适当采用自然采光以减少人工照明。

2）空调风机能耗普遍较大。这主要是由于商场空间开阔，多采用全空气系统，甚至绝大部分全空气系统为定风量系统，风系统输送系数较低，而商场建筑室内发热量大、需冷量也大，因此空调箱风机电耗是商场建筑空调系统中最重要的部分，也是节能潜力最大的部分。最直接的途径就是空调箱风机变频，在部分负荷情况下调低风机转速，风量随频率线性下降，风机功率则随频率的三次方下降，节能效果巨大。此外就是在相对独立分隔的商户区应用风机盘管系统、在共同区域应用全空气系统，这样商户可以自行决定风机盘管的开启，也减少了全空气系统的比例。

3）商场建筑室内发热量大，理应能充分利用自然通风降温，减少空调箱风机和其他空调系统设备的开启时间。但现在的商场建筑设计，大多难以实现自然通风；若依靠新风机提供大量新风，则风机电耗巨大。因此，如何通过建筑设计使得商场建筑获得充分的自然通风，对于节能非常重要，因为良好的自然通风可以极大地减少空调系统设备的开启时间。

4）能耗与围护结构基本无关，但要处理好中庭的采光和气流组织，一方面充

分利用自然采光，另一方面利用好中庭对自然对流的强化作用。还有一点要注意的是，对于负责中庭及其周边环境的空调箱，其测量室温的传感器位置应避免受透过中庭顶部太阳辐射的影响，以免误导空调箱的控制调节。

5）超市类商场建筑的生鲜冷冻设备电耗巨大，应作为特定功能用电设备单独计量，并通过专门的技术降低其电耗。

（2）宾馆饭店

下图给出京沪鹏三地部分宾馆饭店全年除采暖之外的耗电量调查结果。

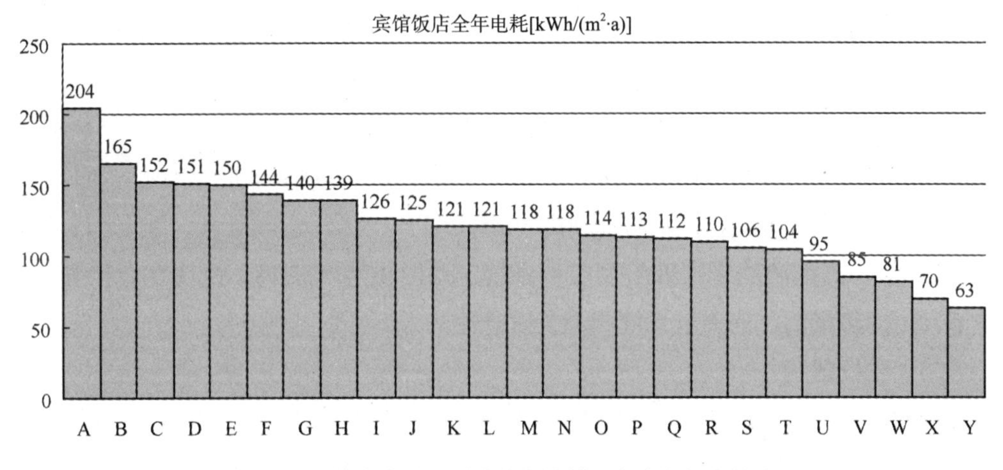

图 10　宾馆建筑除采暖外单位建筑面积电耗调查结果

典型宾馆饭店能耗构成参见图 4，其空调系统的能耗构成参见图 16。与办公建筑相比，宾馆饭店建筑在能耗方面有以下的特点：

1）宾馆饭店的空调系统往往同时有全空气系统和风机盘管 + 新风系统，前者多用于大堂、宴会厅、会议室等空间的环境控制，后者用于客房的环境控制。其中，全空气系统多为定风量。目前宾馆饭店管理水平都较高，空调箱的开启往往是根据这些场所使用状况预约，提前 15~20min 开启，在结束使用前 15~20min 关闭。宾馆饭店的空调系统风机电耗取决于全空气系统的风机电耗，与其经营状况密切相关，也与全空气系统所占面积、使用小时数有关，须单独计量其风机电耗。

2）宾馆饭店需要随时供应生活热水，则生活热水循环泵全年 24 小时连续运行，造成相当可观的电耗。北京某宾馆全年从市政热力购买生活热水花费 20 万元，但两个生活热水循环泵每年耗电 54 万 kWh，循环泵电费是生活热水费用的两倍多。这主要与生活热水循环系统结构、水泵的控制方式有关。对该宾馆的生活热水循环系统进行小的改动，并修改了水泵控制策略，每年节电 35 万 kWh，三个月不到收回改造成本。对生活热水循环泵耗电量应予以充分重视。

3）通过能耗实时监测发现，宾馆饭店单位面积瞬时冷量通常都低于办公建筑、远低于商场建筑，空调系统 24 小时连续运行，冷量昼夜差别不大。这是由于白天客人外出、客房有一定的空置率，夜间客房全部使用，但室外气温降低、没有太阳辐射，而且会议室、宴会厅等不再营业，冷量远低于设计时的极端情况，空调系统绝大部分时间工作在部分负荷工况下。若能在客房设置一定可开启外窗、实现自然通风，对空调系统在夜间、春秋季、或者入住率较低、只有部分楼层或房间使用等各种部分负荷情况下的运行策略进行优化调节，在外温较低的过渡季采用冷却塔冷水直接换热制备冷水等措施，将有助于降低空调系统能耗。

4）相当多的宾馆饭店建筑中设有蒸汽锅炉，生产蒸汽用于餐饮、洗衣、生活热水等，这往往是用能大户，所消耗的燃料费占到宾馆饭店能源总费用中很大比例。通过改变工艺过程，甚至采用洗衣外包等方式来取消蒸汽，可以大幅度降低能耗，降低运行成本。

5）部分高级酒店采用四管制空调系统，同时供冷和供热，往往在春秋等过渡季节发生冷热抵消，应通过系统调节予以避免。

（3）学校建筑

校园内的公共建筑包括教室建筑、实验室建筑和办公建筑。以清华大学为例，调查部分校园公共建筑除采暖之外的电耗，如图 11 所示。

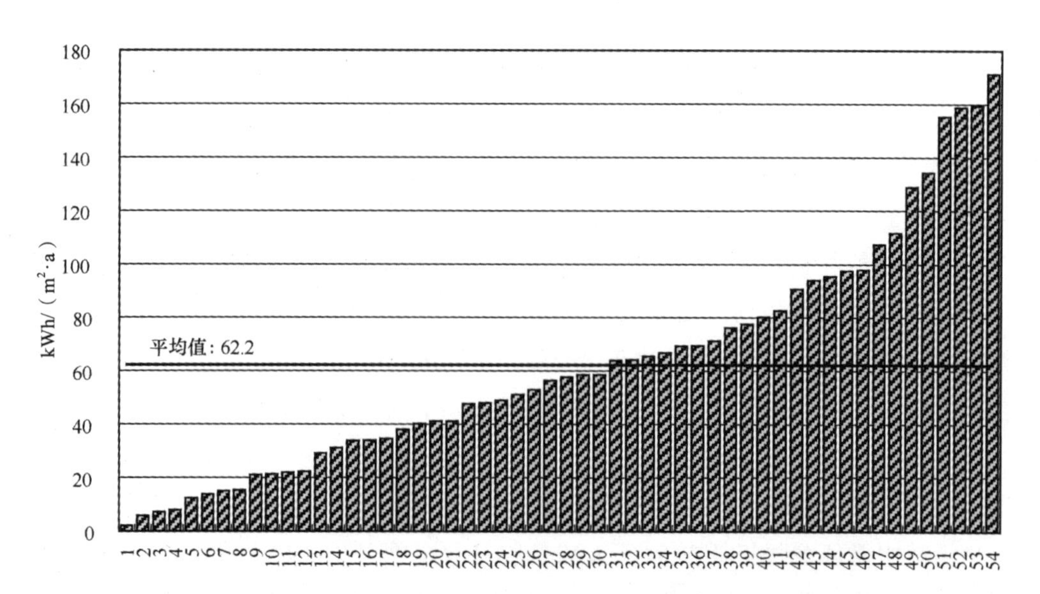

图 11　2006 年清华大学 54 栋校园办公建筑年平均每平方米电耗

从另一个角度来划分学校建筑，并观察其能耗特点，如图 12 所示。学校建筑被按不同的冷却和空调系统形式进行划分，可以看出依靠开窗自然通风和电扇的学校建筑电耗最低，而采用中央空调系统的校园建筑电耗普遍较高。

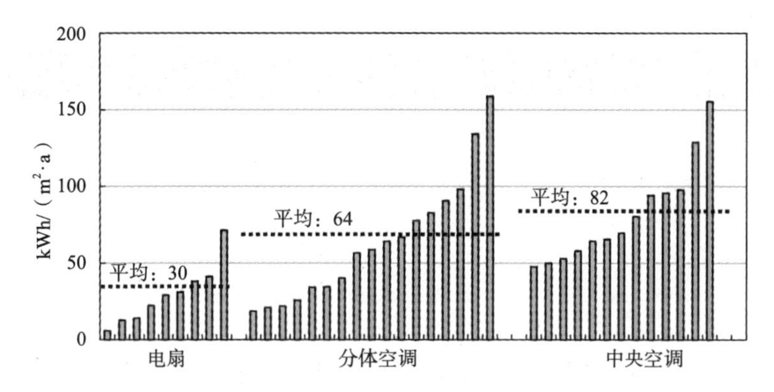

图 12　按不同的冷却和空调系统形式进行划分的学校建筑单位面积电耗

学校建筑和商业写字楼、商场、宾馆饭店等相比，除采暖之外的能耗密度低得多。重视学校建筑能耗的一个重要考虑，是要对学生从身边的事情开始进行节能教育。然而，一个不容忽视的现象是，近年来新建的校园建筑几乎全部采用中央空调系统，而且在一些高校校园内相继建成了一批“××最大”的大型教学楼和办公楼。相比以往的校园建筑，这些新建大型校园建筑单位面积能耗要高的多，而室内环境却并不比自然通风、自然采光、仅靠电风扇的教室好，也没有任何报道定量研究出这些新建大型校园建筑对学生学习成绩或教师科学研究的促进作用，只是给人以“大学＝大楼”的错觉。学校建筑的一个特点是最炎热的时间段通常学校放假，仅部分建筑仍需要使用。此时大规模集中式系统就会在开与停之间两难。怎样在建筑设计中充分考虑依靠自然通风维持室内良好环境，使校园建筑能耗维持在以往的较低的水平上，是校园建筑需要重点考虑的问题。

（4）医院

医院能耗的特点是，不仅有较大的耗电量，而且有较大的燃料耗量。例如，表 4 给出北京部分医院全年单位面积天然气消耗量。从数据上看，不包括采暖的天然气消耗量已经与采暖耗气量达到同一水平，成为医院能耗和能源费用的重要组成部分。

北京部分医院除采暖之外单位面积天然气消耗量（m^3/（m^2·a））　　表 4

	A医院	B医院	C医院	D医院	E医院
除采暖之外耗气量	9.7	5.4	11.6	8.0	10.3

非采暖的天然气耗量大的主要原因，是由于医院通常采用锅炉制备蒸汽，再将蒸汽用于医用消毒、洗涤被褥、炊事，或换热后提供生活热水。表 5 为调查的医院蒸汽用途。

医院蒸汽的用途调查　　表 5

	A医院	B医院	C医院	D医院	E医院
生活热水	√	√	√	√	√
消毒	√	√	√	√	
制剂	√	√		√	
洗衣			√	√	

相比于采暖，上述用途对蒸汽产汽量的要求要小得多。然而医院往往是按采暖配备的锅炉，这样就造成锅炉容量过大，生产和输送过程中泄漏以及凝结水排放等造成的损失就占很大比例。如果彻底改变工艺流程，有其他的高效方式替代蒸汽，将产生巨大的节能效果。目前已经有一些医院在这方面作了很好的尝试并获得显著效果。

医院建筑的耗电主要包括空调系统耗电、照明耗电、各种医疗设备耗电、电热开水器和电梯等综合服务系统耗电。基本特点与前述办公建筑相似，调查得到平均值在 70kWh/（m^2·a）左右，但不同建筑物之间差别很大。若用“人均电耗”或“单位病床耗电”可能可更合理地评价医院的耗电水平。此外，医疗设备的耗电、特别是一些大型医疗设备耗电量较大，应归为特定功能设备耗电，单独计量和评价。

（5）其他类型

交通枢纽如机场、火车站等：因为空间高大，难以按单位面积能耗进行分析或衡量；由于大空间，往往采用全空气系统，因此风机电耗是空调系统电耗的主要部分；怎样减少风机电耗是系统设计和系统运行都应该深入研究的问题。

影剧院、体育场馆等短期集会型公共建筑：由于仅部分时间使用，能耗相对较低；由于大空间，往采用全空气系统，因此风机电耗是空调系统电耗的主要部分。

（6）特定功能的公共建筑耗电

随着信息技术的发展和应用，信息中心（或称数据中心，Data Center）的数量也越来越多，而且，信息中心内电耗密度特别大，可达 200~1500W/m^2，而且这类设备一般全年 8760 小时连续运行，耗电量可达 2000~10000kWh/（m^2·a），十分惊人，

是各类公共建筑中能耗密度最高的。另一方面，这些设备耗电，也全部转化为热量，必须及时排出室外，以维持设备正常工作。目前，信息中心机房内多采用恒温恒湿的空调设备，将机房内产热排出室外，并通过加湿设备维持室内的湿度稳定，空调电耗巨大。据报道，美国电力消耗总量中约4%用于各类计算机数据中心和通信基站的耗电，包括设备耗电和空调耗电。

信息中心包括以下三类：一是位于大楼中的计算机服务器数据中心，二是位于大楼中的通信设备中心，三是遍布各处的移动通信基站，可以是独立的小屋，也可以是建筑物中的一个房间。有以下的特点：

一是设备耗电非常稳定，基本与使用率（如话务量、查询量等）无关，可以当做恒定热源；

二是信息中心放置设备的机房一般无人值守，也不需要新风；

三是机房环境对洁净度有要求，对湿度也有要求，特别是防止湿度过低导致静电；

四是设备中芯片正常工作的温度允许值都在50℃、甚至60℃，远高于人的舒适度（24～26℃）。

然而，传统的空调方式使得这类特殊环境控制的电耗较高、效率较低。例如：对于集中放置大量计算机、服务器的IT领域机房，全年需要空调制冷，空调能耗约占机房总电耗的40%。换言之，空调系统*COP*仅为1.5；移动通信基站全年耗电量的25%～50%用于空调，换言之，空调*COP*为1～3；在寒冷的冬季，信息中心恒温恒湿空调一边制冷、除湿，一边蒸汽加湿，导致巨大冷热抵消。

另一方面，除了夏季极端高温天气外，其余时间大气相对于信息中心机房都是良好的天然冷源。但由于机房环境对清洁度、湿度的要求较高，自然通风不是解决问题的办法。通过风机、过滤网向机房中送新风也不可取，一是湿度难以保证，特别是在冬季；二是过滤网若想起到作用，必须够细密、且经常更换或清洗，维护成本高；三是风量大、过滤网阻力大，风机电耗高。因此，机房空调应当是一种保持机房封闭性、但充分排热的装置。目前存在一种可以应用上述三类信息中心冷却的热管技术，在广州实际工程中的示范取得了70%以上的节能效果，推广应用将大幅度降低信息中心空调电耗。

此外，还有几类特定功能的公共建筑或公共建筑中的空间，往往能耗较高、节能潜力巨大，例如：与公共建筑内部的厨房，因为有较大的排风，导致建筑物内部空调环境的空气被抽到厨房，进而导致建筑物内部负压而从外界无组织地引入更多的热湿空气，导致多余的空调负荷；一些要求恒温恒湿的档案馆，内部产热产湿量很少，而且有的档案室还深处地下或建筑物内部，各种负荷都很小，但由于传统环境控制理念，导致大量冷热抵消，而且要求全年连续运行，因此导致巨大的冷量和热量浪费；一些有人操作的精密仪器车间或实验室，室内热湿负荷也不大，但这些空间一是要求严格的温湿度和洁净度，二是要排出某些污染物、并保证室内正压，三是要提供一定的新风，传统空调形式往往导致巨大的冷热抵消和由于巨大的换气次数造成高风机电耗。对于上述特定功能的公共建筑或公共建筑中的特殊功能空间，一是不宜和整个大楼的空调系统完全连接在一起，例如一些新建的办公建筑往往为需要 24/7 连续冷却的信息中心或有服务器的租户提供冷却水而非冷冻水，就是一个较好的选择。这可以避免冷冻机和相关风机水泵的长时间、低效运行；二是宜从被控环境"扰量源"的"真实需求"出发，尽量从气流组织等方面的设计实现"源头控制"、"定点清除"，并且将环境控制的各种任务，例如温度、湿度控制，清洁度控制，正压控制，新风量等等，分解开，使得分别应用最低品位能源或最小输配能耗的系统成为可能。

3.2.5　公共建筑空调系统能耗现状和特点

上述分析指出，空调系统能耗往往是公共建筑除采暖之外能耗中最大的一部分，而且空调系统的能耗构成也比较复杂，因此需要进一步分析其构成。图 13～图 16 给出上述四个典型公共建筑中空调系统能耗的构成。可以看出，都包括冷机电耗、冷冻水泵电耗、空调风机（空调箱循环风机、新风机组风机、风机盘管循环风机等）电耗、冷却水泵和冷却塔风机电耗，只不过能耗绝对数值和比例等有所不同。

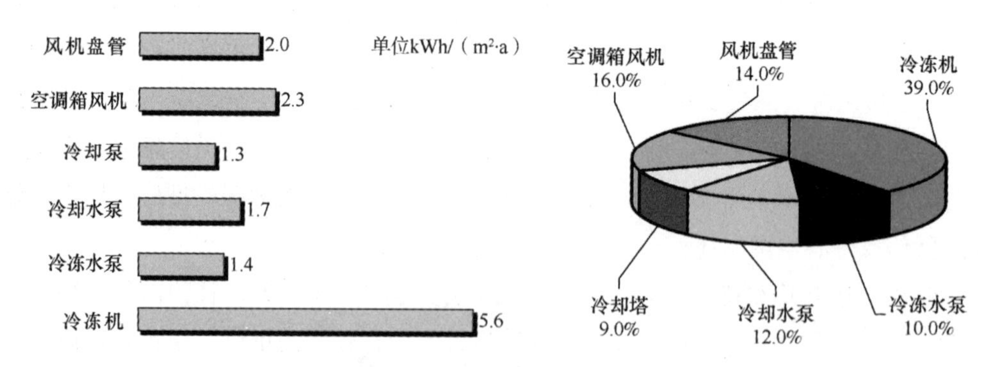

图 13　某典型政府办公楼空调系统分项耗电量及比例

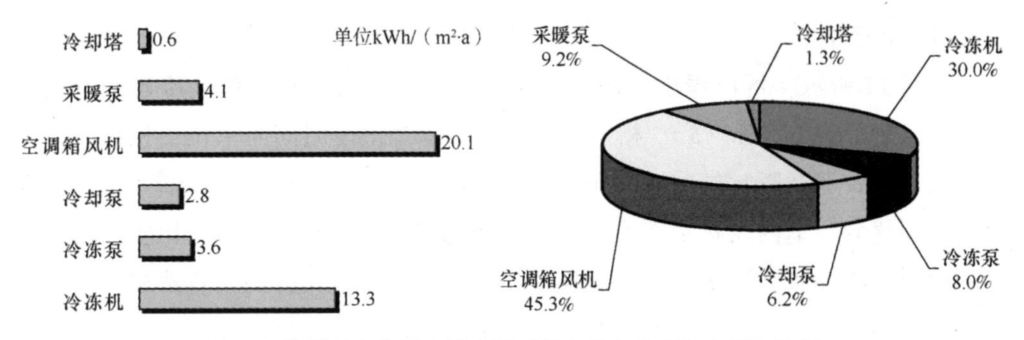

图 14　某典型商业写字楼空调系统各设备分项耗电量及比例

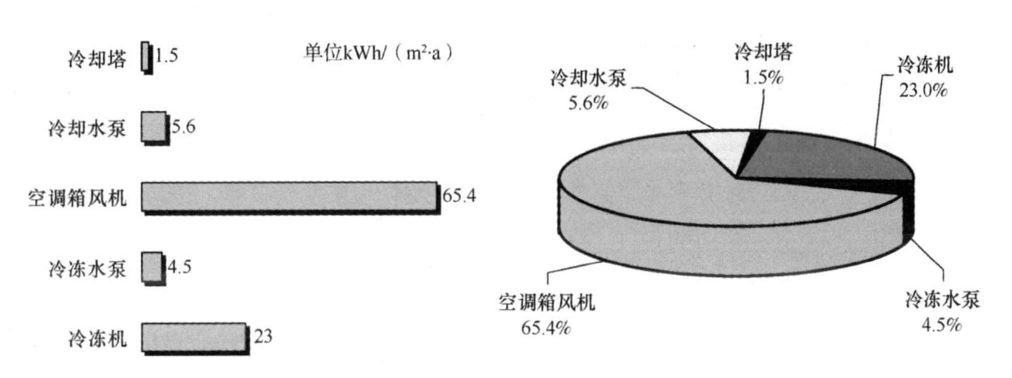

图 15　某典型商场空调系统分项耗电量及比例

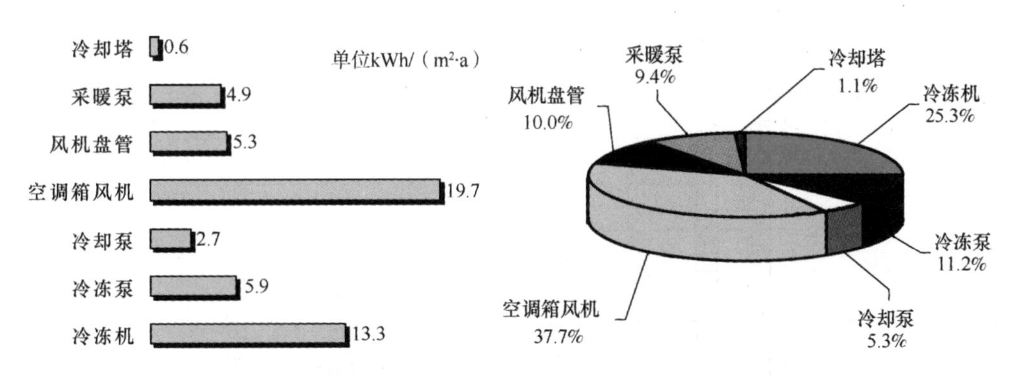

图 16　某典型星级酒店空调系统各设备分项耗电量及比例

下面以图 17 中 12 座大型办公建筑中央空调系统实测供冷期各部分能耗数据为例进行说明构成空调系统能耗的各部分分项能耗的特点。下文中：A 和 J 位于深圳市，其他均位于北京；A 为商业写字楼，其余均为政府办公楼；H 和 I 为直燃式吸收机，其余均为电制冷。

（1）耗冷量

如图 17 所示。可以看出，同为办公建筑，单位面积每年的耗冷量的范围可达到 20~130 kWh/（m^2·a），相差 5 倍。耗冷量是供冷时间与单位面积瞬时冷量积分的结果，那么影响供冷时间长短和单位面积瞬时冷量的因素有哪些呢？很容易会想到气候、室内发热量密度、围护结构保温性能、遮阳等等，但实际调查测试和模拟分析发现，影响耗冷量最重要的因素是：能否充分利用自然通风以尽量缩短空调的运行天数，以及能否在建筑物部分使用的（如夜间或周末很少部分人加班）情况下空调系统能够实现部分时间、部分空间调节。例如，同样位于深圳的 A 建筑和 J 建筑耗冷量相差一倍，但 8 月份实测瞬时冷量峰值均在 50W/m^2 左右，进一步调查发现，A 建筑可开启外窗很少，无法有效自然通风，全年冷机开启时间 2500h；而 J 建筑有一定的可开启外窗实现自然通风，每年冷机开启时间仅为 1800h 左右。B 建筑位于北京，但全年冷机开启也达到 2500h，究其原因，在于夜间和周末总有 5% 不到的员工在加班，为保证任何一个办公室、走廊、会议室都要舒适，每年从四月中下旬到九月底的五个月时间里，冷机不论工作日、休息日每天都要开启、平均开启 16h，尽管 B 建筑是 2000 年之后设计建造的公共建筑，采用了非常良好的保温、遮阳、low－e 窗等节能措施，但其耗冷量高出其他同类型、同地区公共建筑 2 到 3 倍。

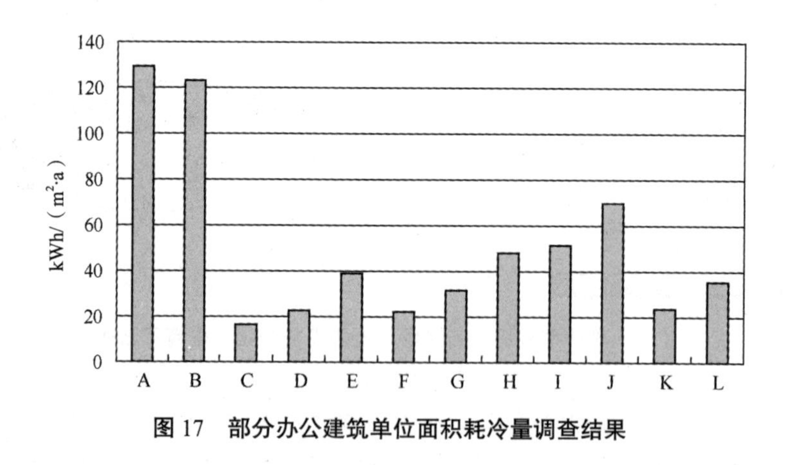

图 17　部分办公建筑单位面积耗冷量调查结果

（2）冷机电耗

如图 18 所示。可以看出，同为办公建筑，冷机耗电折合单位面积可达到 4~28 kWh/（m^2·a）。

上述差异与供冷时间长度密切相关，与冷机的类型、额定效率、负荷率等也有一定关系。

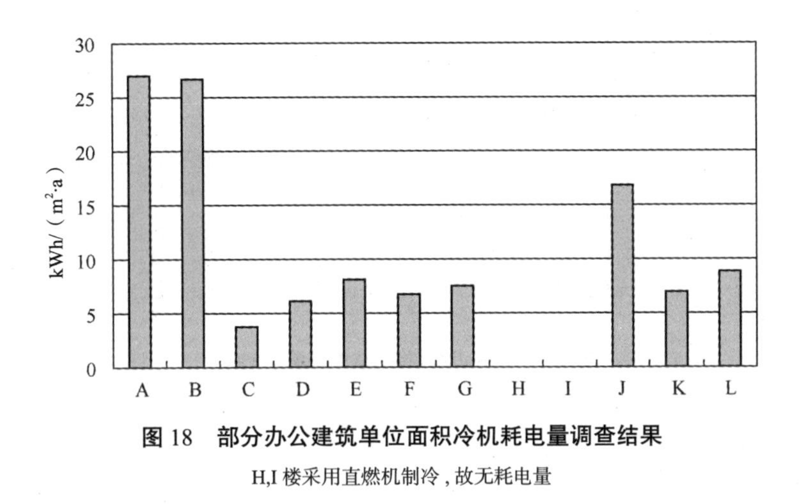

图 18 部分办公建筑单位面积冷机耗电量调查结果

H,I 楼采用直燃机制冷，故无耗电量

（3）冷冻水循环泵电耗

如图 19 所示。可以看出，同为办公建筑，冷冻水循环泵耗电折合单位面积可达到 2～5 kWh/（m^2·a）。

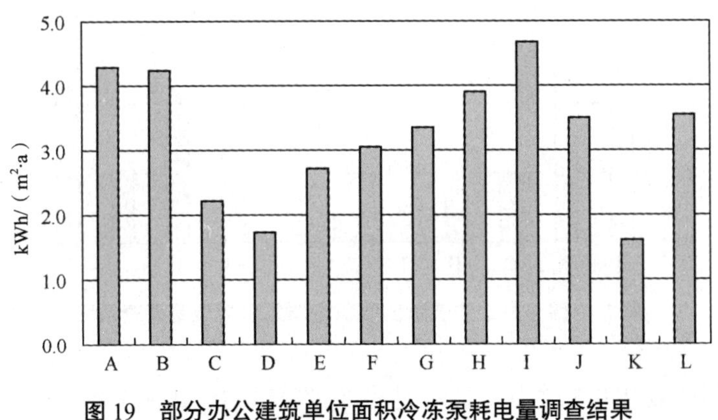

图 19 部分办公建筑单位面积冷冻泵耗电量调查结果

冷冻水循环泵的任务是将冷机制备的冷量以水为媒介，输配到各个空调箱、新风机组、风机盘管等末端用户的换热设备（通常是风水换热的表冷器），所以可以定义输配系数（即单位水泵电耗可以输配的冷量）来衡量其效率。其与供冷时间长度密切相关，与水系统形式、水泵运行策略、水泵效率、空调末端水阀控制方式等

有一定关系。图 20 为这些办公建筑冷冻水输配系数。

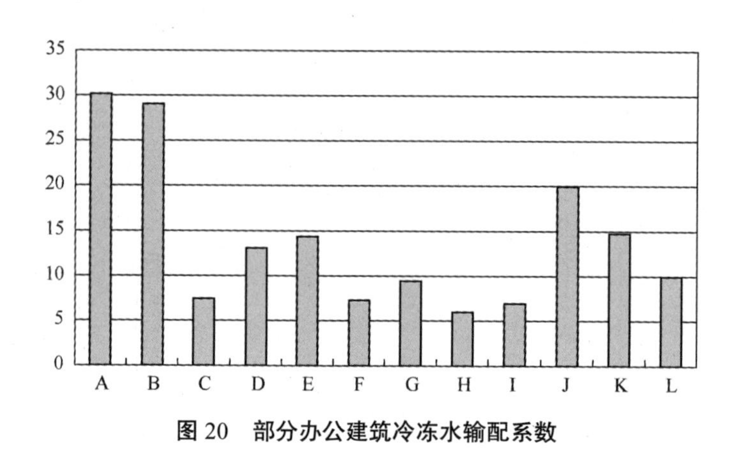

图 20 部分办公建筑冷冻水输配系数

（4）空调风机电耗

如图 21 所示，可以看出，同为办公建筑，空调风机耗电折合单位面可以在 1～8 kWh/（m^2·a）之间。

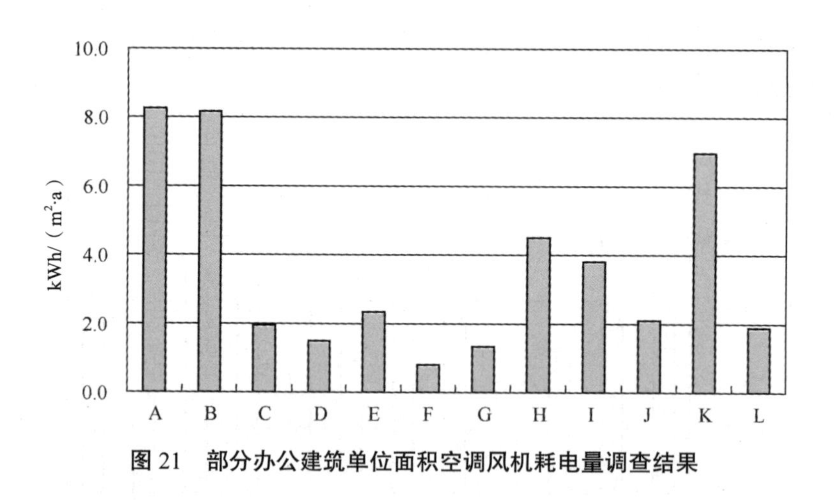

图 21 部分办公建筑单位面积空调风机耗电量调查结果

空调风机主要承担三个任务，一是将冷量以风的形式输配到房间，二是提供新风给使用者以满足卫生要求，三是排出建筑物内的污染物（如厕所、厨房），并送风以维持建筑物内各个区域的风压合理。风机要承担前两项任务，其耗电量也主要由两方面的因素决定：一是不同空调末端方式所服务的建筑面积，是以全空气系统（包括定风量系统和变风量系统）为主，还是以空气—水系统（风机盘管）为主，以及各自的开启小时数。另一方面则是新风量大小与新风机的开启时间小时数，或者说

与获取新风的途径密切相关。

（5）冷却水循环泵和冷却塔风机电耗

如图22所示。可以看出，同为办公建筑，冷却水循环泵耗电折合单位面积一般在2~5 kWh/（m^2·a），个别空调系统的冷却水循环泵电耗高达14 kWh/（m^2·a）。

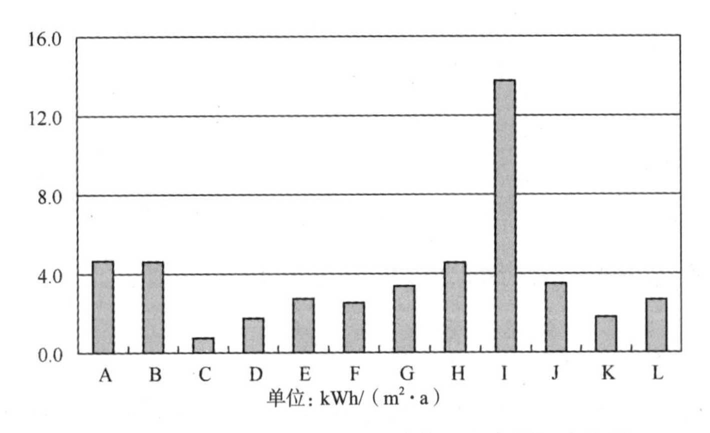

图22 部分办公建筑单位面积冷却泵耗电量调查结果

冷却泵电耗一方面与供冷时间长短密切相关，另一方面与所需排热量有关，还与水泵效率、冷凝器阻力、冷却水管道阻力等有关。但冷却泵电耗并非一味地降低就好，因为可能导致冷却水流量不足、温差加大，从而使得制冷机冷凝温度升高、冷机效率下降。

此外，冷却塔风机电耗本身较小，一般仅占空调系统电耗的1%~3%。但冷却塔风机的功能非常重要，它以大气环境作为冷源，驱动空气流过冷却塔内的换热填料表面，与冷却水进行热质交换，从而将冷冻机冷凝器排出的热量全部带走，维持冷凝温度在合理水平。冷却塔散热效果直接影响冷凝温度，而冷凝温度升高则导致冷机 *COP* 下降、冷机电耗增加。可见，冷却塔对于空调系统能耗的影响不在于其自身风机电耗，而在于对冷机效率的影响。因此，冷却塔对空调系统节能的贡献，在于充分利用冷却塔换热面积，根据室外气象条件和所需排走的热量，通过调节冷却塔风机转速而维持离开冷却塔、进入电制冷机的冷却水温度尽量低（只要高于电制冷机允许的冷却水温度即可，但对吸收式制冷机则不能太低），从而使得冷机可以工作在相对较低的冷凝温度下，达到提高冷机 *COP*、降低冷机电耗的目的。

（6）不同形式空调系统能耗分析

以上从耗冷量、冷机、冷冻泵、空调风机、冷却泵、冷却塔风机等空调系统设备耗电量的角度，通过办公建筑实测数据介绍了其各自能耗现状、特点和节能潜力所在。空调系统的各个设备电耗以及所制备或输配的冷热量之间的相互关系，如图 23 所示。

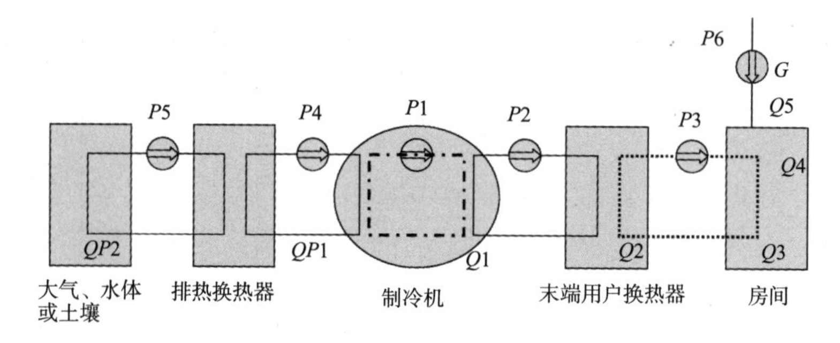

图 23　空调系统各个设备电耗以及所制备或输配的冷热量之间的相互关系

1）电耗：*P*1 制冷机电耗；*P*2 冷冻水泵电耗；*P*3 空调循环风机电耗；*P*4 冷却泵电耗；*P*5 冷却塔风机电耗或地源、水源换热循环泵；*P*6 以送新风或排风为目的的风机电耗。空调系统电耗等于上述六项电耗之和。

2）冷量：*Q*1 冷机制备的冷量；*Q*2 通过末端换热设备得到的冷量；*Q*3 房间获得的冷量；*Q*4 房间需冷量；*Q*5 室外新风带入的冷量或热量。*Q*1 到 *Q*4 之间的差别就是各级输送设备耗电所释放的热量。

3）风量：*G* 室外新风量。

4）排热量：*QP*1 冷机排热量；*QP*2 向环境的排热量。

现通过上面的示意图，简要说明对公共建筑空调系统能耗的几点认识。

首先是输配系统的重要性。例如，当冷机制备 1kWh 冷量时，不同空调系统形式电耗和各部分冷量，见表 6（单位均为 kWh）。

不同空调系统形式电耗和各部分冷量　　　　表 6

	*P*1	*P*2	*P*3	*P*4	*P*5	∑*P*	*Q*1	*Q*2	*Q*3	∑*P*/*Q*3
分体空调	0.3	0	0.02	0	0.04	0.36	1	1	0.98	0.37
风机盘管 + 新风	0.2	0.05	0.03	0.06	0.01	0.35	1	0.95	0.92	0.38
变风量	0.2	0.05	0.15	0.06	0.01	0.47	1	0.95	0.8	0.59
区域供冷 + 风机盘管	0.18	0.1	0.03	0.05	0.01	0.37	1	0.9	0.87	0.43
区域供冷 + 变风量	0.18	0.1	0.15	0.05	0.01	0.49	1	0.9	0.75	0.65

1）表中$\sum P$一项反映制备出1kWh冷量时空调系统耗电量，表中最后一列反映最终向房间提供1kWh冷量时空调系统耗电量。可以看出，尽管分体空调的压缩机效率低于中央空调系统大型制冷机，但其输配环节少，因此向房间提供同样冷量情况下的耗电量并不高。而且当建筑内仅有部分空间、部分时间需要供冷时，分体空调可以方便的开启，为部分空间提供空调。只要避免无人使用时空调不关的现象，分体空调是降低办公建筑空调电耗的一个有效的选择。风机盘管+新风的系统形式的大型制冷机效率虽然比分体空调高50%，但由于增加了冷冻泵、冷却泵等输配环节，因此最终向房间提供相同冷量时的空调耗电量基本与分体空调相同。变风量系统的风机电耗高、区域供冷的长距离冷量输送水泵电耗高，而且风机、水泵耗电量的绝大部分还变成热量抵消了冷机制备的冷量，因此当向房间提供同样冷量时电耗要远高于分体空调或者风机盘管+新风系统。在香港的高档办公楼VAV系统测试中发现，风机全年电耗产生的热量占到了冷机全年制备冷量的10%，甚至比围护结构所占的冷量比例还高。在日本的大规模区域供冷系统中，发现长距离管网输送泵耗很高，不仅需要支付水泵电费，而且还减少了向用户的实际供冷量，冷机全年制备冷量的5%~10%都被循环水泵的热量抵消了。

2）二是对于自然通风节能效果的认识。当通过合理的建筑设计，可在室外适宜的天气时开启外窗向公共建筑供冷时，不仅冷机电耗为0，其他所有输配电耗也为0。若能充分利用自然通风减少空调系统开启小时数，就能大幅度降低空调系统电耗。因为在利用自然通风的时间段往往也是建筑物需冷量较小的时间，此时开启空调系统的各种设备，若没有足够多的调节手段（设备台数、变频等），总会导致空调系统在最低效率下运行。因此，公共建筑能否开窗、能否获得足够的自然通风，是空调系统电耗的重要影响因素。

3）对于其他利用室外较低温度空气进行“人工免费冷却”的方式，要注意输配能耗，并非完全“免费”。例如用新风机向室内送新风时，就要考虑新风机大量送风时的电耗$P6$；用冷却塔喷淋得到冷水、经换热后送入楼内的方式，仅节省了冷机电耗$P1$，但要考虑考虑冷却水循环泵电耗$P4$的增加，等等。

4）此外，避免冷热抵消、尽量实现部分空间、部分时间环境可调，可避免空调系统能耗上升。而是否存在再热等冷热抵消，是部分空间、部分时间进行室内环境调节，还是全部空间、连续进行室内环境调节，是导致公共建筑空调系统能耗差别的最重要因素。

3.3　公共建筑节能的认识和反思

3.3.1　中外公共建筑能耗数据对比

根据国际能源署（International Energy Agency，IEA）的统计数据，采用等效电分析方法[2]，2011 年全球公共建筑能耗总量为 69677 亿 kWh_e❶；在各国公共建筑能耗中，美国高居首位，为 20823 亿 kWh_e，远高于世界其他国家；日本其次，为 6237 亿 kWh_e。

图 24 是全球部分国家 2011 年公共建筑单位建筑面积用能强度。其中，横坐标为人均公共建筑能耗（单位：kgce/（人·a）），纵坐标为单位面积公共建筑能耗（单位：kgce/（m^2·a）），圆形直径表示总量大小，其临近标示数字为该国家（或地区）公共建筑能耗总量（单位：百万 tce）。其中空心圆圈的原始数据均来自 IEA 的统计结果。斜纹圆圈表示的中国公共建筑能耗数据是来自清华大学根据我国建筑用能特点建立的中国建筑能耗模型（CBEM）。可见 CBEM 结果表明 2011 年中国公共建筑能耗约为 8423 亿 kWh_e，而根据 IEA 统计结果计算得中国公共建筑能耗为 6029 亿 kWh_e，其统计结果比 CBEM 结果较小。

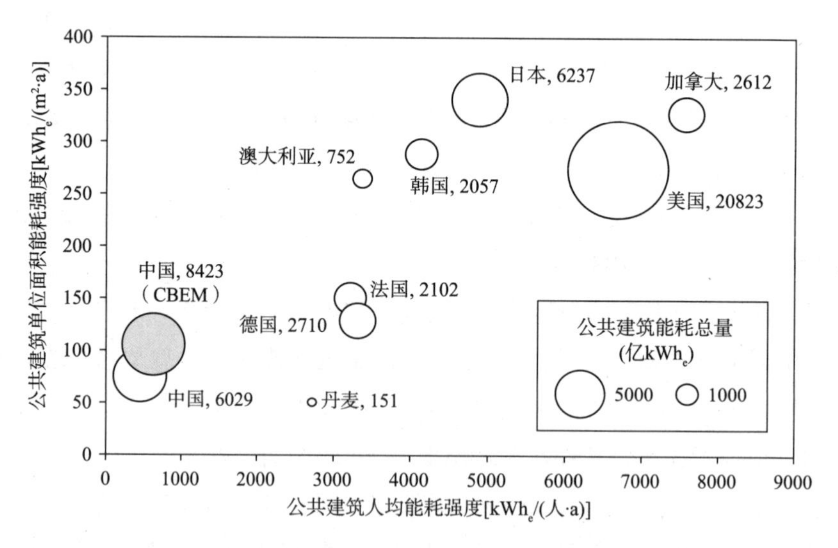

图 24　全球部分国家 2011 年公共建筑一次能耗强度❷

❶ kWh_e为等效电量纲，根据IEA给出的各国终端能耗数据计算得到。

❷ 图中蓝色圆圈表示的中国公共建筑能耗是以公共建筑能耗（不包括北方集中采暖）和北方公共建筑集中采暖能耗相加得到的。前者利用CBEM结果，后者按照平均16kgce/m^2核算得到。

从图中可见，北美洲的加拿大和美国无论在单位面积还是单位人口公共建筑用能强度上均处于较高水平，日本和韩国与北美国家在单位面积公共建筑能耗上处于相同水平，但是人均能耗强度比后者较低。法国和德国在单位面积和单位人口能耗强度上均比北美和日韩较低。中国无论在单位面积还是人均公共建筑用能强度上均低于上述发达国家。

可以看出，不论是人均能耗还是单位面积能耗，我国公共建筑能耗水平都低于发达国家。以美国为例，其单位面积公共建筑能耗是中国的 3 倍，人均公共建筑能耗是中国的 8 倍，总量是 3 倍。正确认识这一差异背后的原因，对于中国公共建筑节能发展、乃至全球公共建筑节能发展都具有一定意义。本节从中外公共建筑能耗的社会分布特征，分处于不同的社会分布峰值的典型公共建筑案例研究对比，以及历史演进过程等三个层面进行探讨。

3.3.2　二元分布结构：中国公共建筑能耗分布特点

调查和统计分析表明，我国公共建筑能耗现状的一个显著特点是：呈现明显的二元结构分布特征，如图 25 所示。其中，横坐标为能耗密度（EUI，Energy Use Intensity），即全年单位面积电耗（不包括采暖能耗），纵坐标为频数（Frequency），即出现在相应能耗密度范围内的建筑个数。

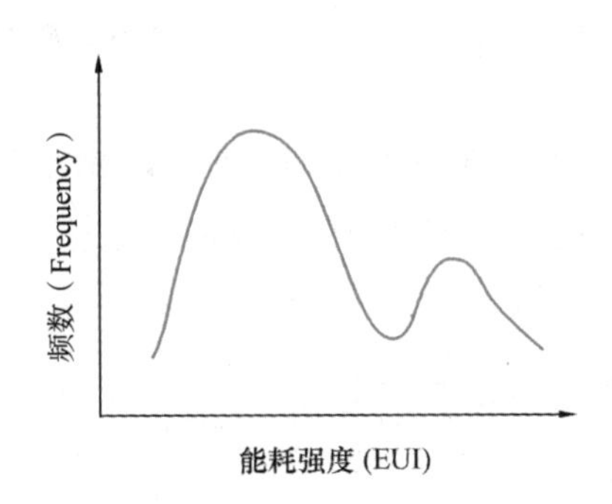

图 25　我国公共建筑能耗呈现明显的二元结构分布特征

根据住房和城乡建设部和财政部从 2007 年起组织的对部分试点省市国家机关办公建筑和大型公共建筑能耗统计、审计、公示等工作，以及其他相关公共建筑能耗调查，对于 8 个有效数据样本量大于 30 栋的省市或地区（SZ 市、FZ 市、CD 市、CQ 市、ZQ 市、HB 省、HN 省和 JS 省），其公共建筑能耗均呈现了明显的二元分布特点，其中尤以 SZ（政府办公建筑）、FZ（政府办公建筑）特征最为明显，如图 26~ 图 29 所示。

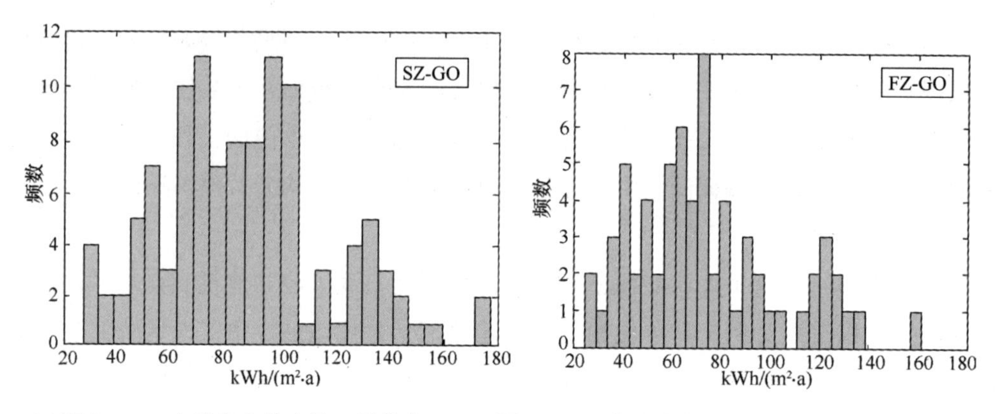

图 26 SZ 市政府办公建筑二元分布 图 27 FZ 市政府办公建筑二元分布

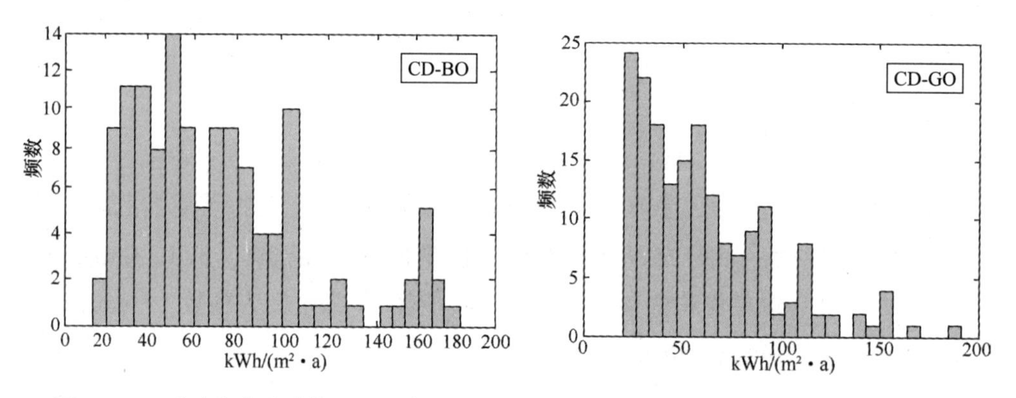

图 28 CD 市商务办公建筑二元分布 图 29 CD 市政府办公建筑二元分布

通过对实际调研数据的多项式拟合处理，能够更清晰的观察到中国部分省市和地区的“二元分布”特点，例如 CQ 和 HB，见图 30、图 31。

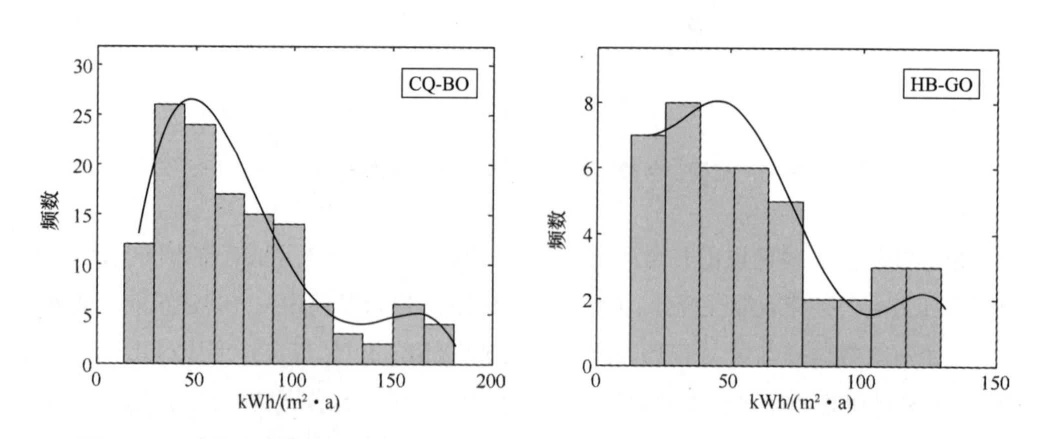

图 30 CQ 市办公建筑能耗强度多项式拟合 图 31 HB 省办公建筑能耗强度多项式拟合

对于二元分布结构，两个峰的能耗值（H1 和 H2）和相应的频数（P1 和 P2）是重要的特征,并需要进行显著性检验。例如,假设二元分布是两个正态分布的叠加，通过对 SZ、FZ 和 CD 的单样本 K－S 检验，结果显示样本数据的双峰总体均服从正态分布，而各个城市二元分布的平均值（即 H1 和 H2）、标准差以及峰值比见表 7。

SZ、FZ 和 CD 办公建筑的单样本 K－S 检验结果　　表 7

	SZ政府办公楼		FZ政府办公楼		CD商务办公楼		CD政府办公楼	
	峰1	峰2	峰1	峰2	峰1	峰2	峰1	峰2
样本量	80	32	54	13	114	15	158	25
显著性水平 p	0.702	0.261	0.931	0.828	0.451	0.811	0.074	0.110
平均值（H）	71.6	130.8	62.5	123.8	60.3	155.8	50.7	128.6
标准差	19.2	31.0	17.9	14.9	25.9	16.8	21.6	23.6
H2/H1	1.83		1.98		2.58		2.54	

综上可以看出，对于国内各省市与地区的办公建筑，其中大多数建筑集中分布于能耗强度在 50～70kWh/（m^2·a）较低的能耗水平，另一少部分建筑则集中分布在 120～150kWh/（m^2·a）的较高能耗水平，后者的能耗强度是前者的 1.8～2.6 倍。

（1）大型公共建筑和一般公共建筑：二元分布结构的一种表述

具体观察相应建筑的结构外观与空调形式发现，公共建筑可以分为两种类型：外窗可开启、可实现自然通风，没有全面安装中央空调系统、而是通过分体空调、或者电风扇等局部降温措施，这类建筑一般单体规模不是太大，属单位建筑面积能耗低的一类。另一类则单体建筑规模较大（超过两万平方米），有大量的与外界不直接相连的内区，外窗基本不可开启、不能实现自然通风，通常都依靠全面的中央空调系统和人工照明系统维持室内环境，属高能耗的一类。习惯上我们把前者（处于 H1）称为普通公共建筑或一般公共建筑,而把后者（处于 H2）称为大型公共建筑。

上述观点最早于 2003 年提出，即应将我国公共建筑按面积大小划分为两类、分别对待，并且大型公共建筑能耗密度高，应该是节能工作的重点。现在，更多的能耗数据揭示了它们能耗的分布差异，并支持了这一观点。这实际上是反映出两类不同的建造和运行管理理念，从而形成两类不同能耗状况的公共建筑。

那么，能耗强度是否与建筑面积直接相关呢，即是否建筑面积越大，其能耗强度就越高呢?

由于分组数据样本量的要求，我们只对 SZ、FZ、CD、HN 和 JS 进行了公共建筑建筑面积与能耗强度的相关性分析与比较。具体方法是，分别将能耗强度与建筑面积按照大小进行排序分组，获得了两个变量各自的在排序之后的 10 组数据的平均值。图 32、图 33 中的蓝色数据线代表按面积排序分成 10 类后的结果，而绿色数据线则为按能耗强度排序分成 10 类后的结果，图中的纵坐标为建筑面积（单位：千 m^2），横坐标为能耗强度 EUI（单位：kWh/（m^2·a））。如果两个变量分布垂直，则表明完全独立，相互无关，平行则表明完全相关，故其所夹锐角的大小代表了相关程度。

结果显示，这五个城市和地区呈现出两种相关性状态：对于 CD 和 FZ 两地，建筑面积和能耗强度具有相关性，尤其以 CD 市最为显著；而对于 SZ、HN 和 JS，当面积大于 1 万 m^2 后，建筑面积和能耗强度曲线基本垂直，表现为不相关的特点，如图 32、图 33 所示。这说明在我国公共建筑能耗密度与面积相关性的问题上，正处于某种“过渡状态”。

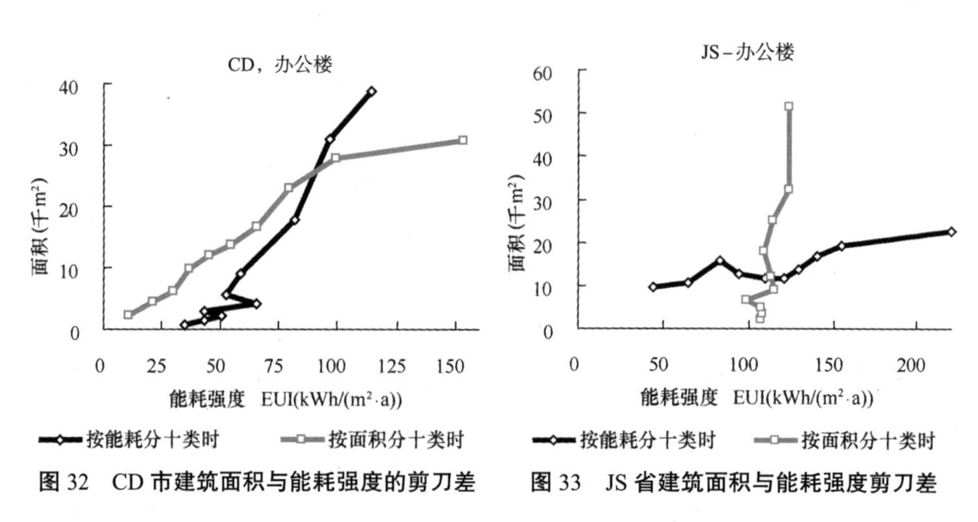

图 32　CD 市建筑面积与能耗强度的剪刀差　　图 33　JS 省建筑面积与能耗强度剪刀差

（2）关于公共建筑能耗二元分布结构的一些思考

对于“二元结构”（Dual Sector Model），作为发展中国家的中国是很熟悉的。二元经济结构是发展经济学中一个非常重要的概念，最早由美国经济学家刘易斯提出（1979 年诺贝尔经济学奖获得者）。它是指发展中国家现代化的工业和技术落后的传统农业同时并存的经济结构（传统经济与现代经济并存）。即在农业发展还比较落后的情况下，超前进行了工业化，优先建立了现代工业部门。我国目前即处于二元经济结构状态，农村剩余劳动力长期得不到有效转移，二元经济特征非常明显。二元经济结构既包括工业与农业的对立，也包括城市与农村的对立，是发展中国家经济社会中普遍存在的现象。那么，不仅公共建筑，对于居住建筑能耗（除北方集中供热能耗之外）是否也存在类似的“二元结构”呢？更广义的，这种“二元结构”是否是我国“消费领域能耗”（Energy Use in Consumptive Sector，包括建筑、交通等领域，区别于工业

生产制造领域）的一个普遍特征呢？这些问题都需要进一步的研究才能给出答案。

从目前来看，我国的公共建筑除去采暖外能耗的这种“二元分布结构”的现象反映出营造建筑环境的两种不同理念、不同形式和不同的运行使用模式。延续传统的营造室内环境的模式，不脱离自然环境自然条件，尽可能依靠自然通风、自然采光解决室内环境的需求，而仅在极端气候的条件下采用机械方式补充（夜间需要照明、冬季需要取暖、炎热高湿季节需要空调等），从“天人合一”的理念出发来设计、建造和运行使用建筑。这就是出现在“二元分布结构”中低能耗建筑群体中的现象。在这一群体内能耗的近似于正态的分布则反映出由于设计、建造、使用状况等各种因素不同所形成的个体差异。而另一类则是从“机械论”的营造建筑环境的理念出发，追求建筑密闭，与外界尽可能隔绝，从而可以通过机械手段对其环境进行全面调控。无论是采光、空气质量、还是温度湿度。这就是“二元分布结构”中的高能耗建筑群体。而其内部出现的接近于正态分布的能耗差异，也正是其群体内部各个因素的个体差异所造成。这些个体差异与两大群体间的整体差异反映不同的现象。

在我国，“高能耗”公共建筑群体往往建筑单体规模较大，这是因为这些建筑往往是近期所建造，受一些现代建筑思潮的影响，从“机械论”的理念来设计室内环境系统。并且当单体规模大、建筑进深过长时，自然通风、自然采光就很难满足室内环境要求，于是就自然进入到“机械论”理念的 高能耗群体。而近年修建的单体规模小的建筑，尽管也可以按照“机械论”的理念来设计和运行环境系统，但大多数在实际运行中出现高能耗后，经济原因使得它们中的大多数改变运行方式，甚至改造环境控制系统，以降低运行成本。对小体量，进深小的建筑，这种改变并不困难。因此，在我国除了很少的个别案例，单体规模在一万平方米以下的很少进入“高能耗”建筑群体；而单体规模再大的建筑，根据其是否采用中央空调，即可大致划分出处于“高能耗”还是“低能耗”群体。这就是形成高能耗的“大型公共建筑”和低能耗的“一般公共建筑”的原因。

3.3.3　一元分布结构：以美国、日本为例的发达国家公共建筑能耗分布特点

基于 2003 年美国商业建筑能耗调查数据（Commercial Building Energy Consumption Survey, CBECS），可以分析美国 5 个不同气候区[1]的办公建筑能耗密度分布，见图

[1] 本书提及的美国气候区一共有五个，其中：气候区1指供冷度日数(CDD)<2000且采暖度日数(HDD)≥7000. 气候区2指供冷度日数(CDD)<2000且采暖度日数5500≤(HDD)<7000. 气候区3指供冷度日数(CDD)<2000且采暖度日数4000≤(HDD)<5499. 气候区4指供冷度日数(CDD)<2000且采暖度日数(HDD)<4000. 气候区5指供冷度日数(CDD)≥2000且采暖度日数(HDD)<4000。

34~ 图 38。从中可见，与中国典型的“二元分布”特点不同，美国的办公建筑能耗密度基本呈现“单峰分布”特点。

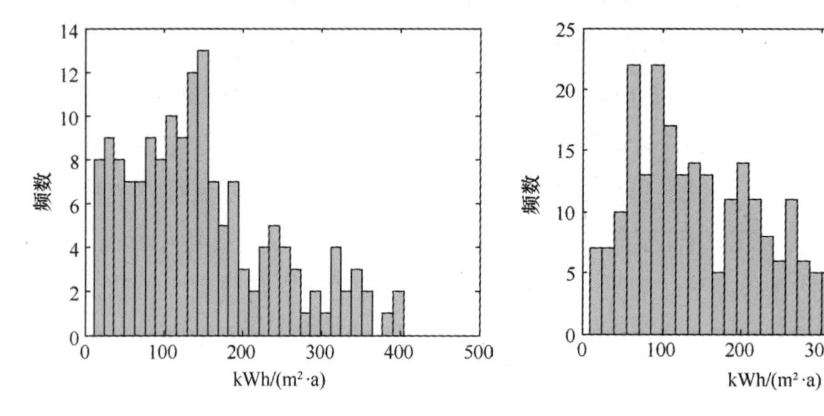

图 34　美国气候区 1 办公建筑能耗强度分布　图 35　美国气候区 2 办公建筑能耗强度分布

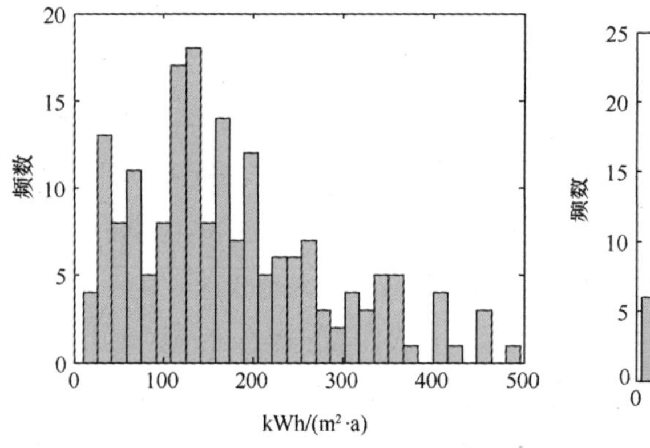

图 36　美国气候区 3 办公建筑能耗强度分布　图 37　美国气候区 4 办公建筑能耗强度分布

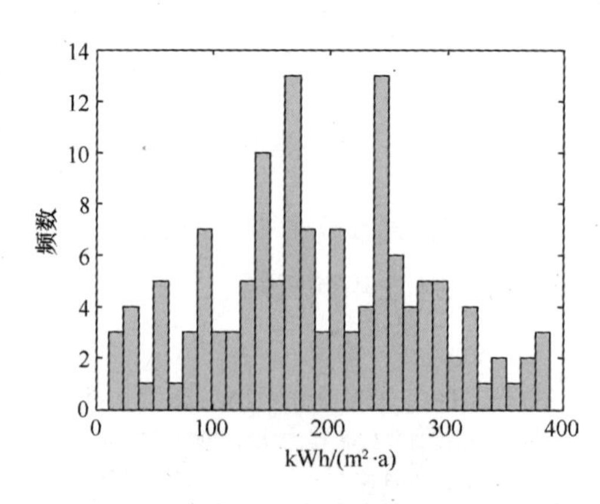

图 38　美国气候区 5 办公建筑能耗强度分布

根据偏度与峰态检验法见式（1）、式（2），可以计算美国气候区五组数据的偏度系数（Skewness Coefficient）与峰态系数（Kurtosis Coefficient），结果见表 8。

$$SC=\frac{n\sum(x_i-\bar{x})^3}{(n-1)(n-2)s^3} \tag{1}$$

$$KC=\frac{n(n+1)\sum(x_i-\bar{x})^4-3(n-1)[\sum(x_i-\bar{x})^2]^2}{(n-1)(n-2)(n-3)s^3} \tag{2}$$

从中可见，由于五组数据的偏度系数 $SC>0$，故均呈现明显的右偏特性，即中位数均小于均值；且由于五组数据的峰态系数 $KC>0$，故均呈现明显的尖峰分布特点，这与之前中国各省市和地区呈现出的“双峰正态分布”特点是明显不同的。

美国 5 个气候区数据的偏度系数与峰态系数（2003 年） **表 8**

	气候区 -1	气候区 -2	气候区 -3	气候区 -4	气候区 -5
偏度系数（*SC*）	1.025	1.910	1.450	2.333	0.667
峰态系数（*KC*）	1.215	7.225	2.830	7.976	0.819
中位数（Median）[kWh/（m^2·a）]	133.7	148.4	157.1	155.1	189.1
均值（Mean）[kWh/（m^2·a）]	149.5	179.3	186.9	193.6	213.8

与美国办公建筑类似，日本办公建筑的能耗强度也呈现“单峰分布”的特点，不存在与中国类似的“双峰分布”特点，见图 39、图 40。与美国略有不同的是，日本办公建筑能耗分布呈较显著的正态分布，见表 9。

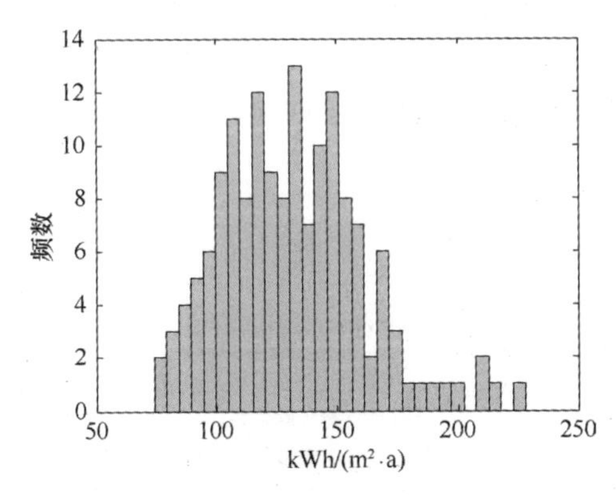

图 39 日本政府办公建筑能耗强度分布（2007 年）

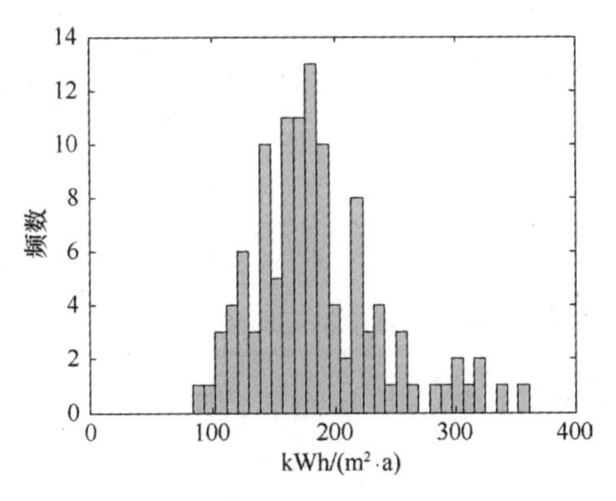

图 40 日本商务办公共建筑筑能耗强度分布（2007 年）

日本政府办公楼和商务办公楼的单样本 K–S 检验　　表 9

	样本量	显著性差异p	平均值H（kWh/m²·a）	标准差$Std.$
政府办公楼	154	0.823	131.2	29.4
商务办公楼	113	0.560	185.0	53.5

除了分布特点上的巨大差异之外，美国办公建筑的能耗强度与面积的相关性研究也显示出了异于中国的现象。图 41 为美国办公建筑总体与政府办公楼单类的能耗强度与建筑面积剪刀差图。可见，美国办公建筑在面积大于 1 万平方米后，其能耗强度与面积明显不相关，两组分组数据呈现垂直的相互独立的关系。这表明，美国公共建筑无论规模大小，大都采用同一理念营造和运行，都属“高能耗”公共建筑群体，二不再存在“二元分布结构”。这是为什么美国公共建筑能耗平均水平大幅度高于中国的原因。

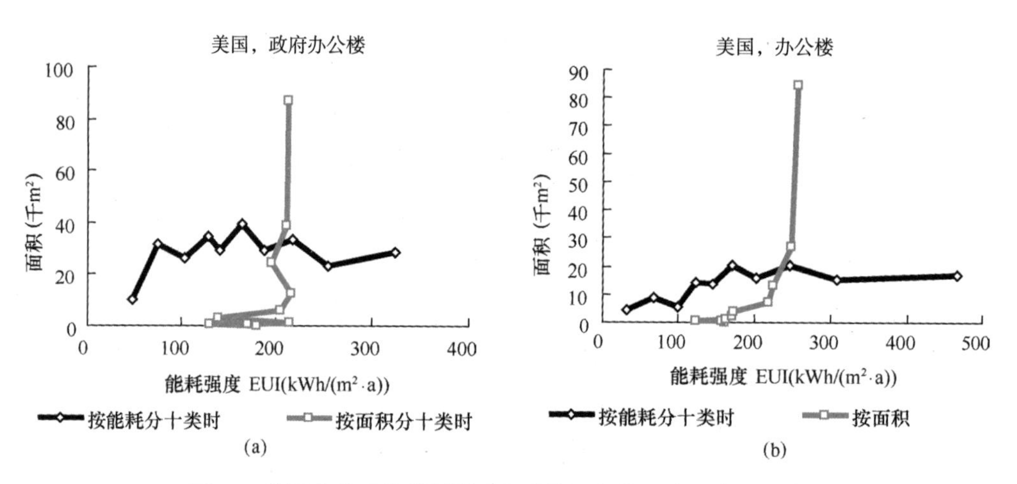

图 41　美国办公建筑能耗强度与建筑面积剪刀差图（2003 年）

3.3.4　案例对比：不同社会分布峰值的典型公共建筑案例对比

前述分析多从宏观层面、统计分析角度进行研究，若从微观层面来看，可有更清晰的认识。图 42 给出分别位于北京、上海、美国费城、法国里昂的若干办公建筑的单位建筑面积耗电量（均不包括采暖能耗）。可以看出，实现同样的使用功能，单位建筑面积耗电量可以相差 5 倍、甚至 10 倍。

清华学堂
4650m^2,34kWh(m^2·a)

清华美术学院
6.4万m^2,65.7kWh(m^2·a)

北京政府办公楼A
1.6万m^2,70.1kWh(m^2·a)

北京政府办公楼B
3.7万m^2,113kWh(m^2·a)

上海某大厦办公部分
13.6m^2,215kWh(m^2·a)

美国UPENN办公楼A
6425m^2,364kWh(m^2·a)

美国UPENN办公楼B
3万m^2,356kWh(m^2·a)

法国里昂政府办公楼
1.7万m^2,165kWh(m^2·a)

图 42　中国和部分发达国家典型办公建筑实测能耗强度对比

可以看出，这些典型办公建筑也代表了分处不同能耗强度社会分布结构中的建筑物。例如：

（1）以清华学堂为代表的一类普通公共建筑，处于中国“二元分布”的第一个峰值附近；

（2）以北京政府办公楼 B 为代表的一类大型公共建筑，处于中国“二元分布”的第二个峰值附近；

（3）以美国 UPENN 校园办公楼 B 为代表的一类公共建筑，处于美国“一元分布”的峰值附近。

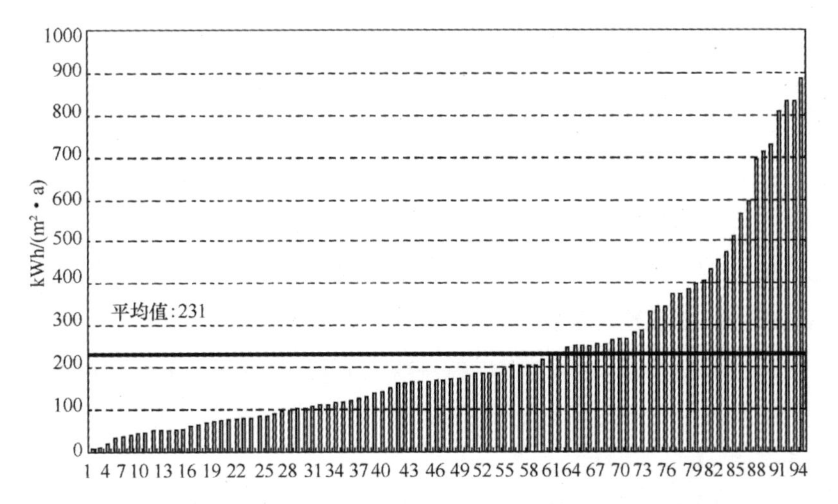

图 43　美国 B 校园 94 栋建筑全年单位面积耗电量调查结果

选择气候相似、功能相同的中美两座大学校园建筑的能耗调查和研究，发现位于美国费城的校园（B 校园）建筑耗电量、冷热耗量都远远高于位于北京的清华大学校园（A 校园）。图 43 为 B 校园建筑单位面积年耗电量的实际调查值。比较前面图 11，可发现二者间巨大的差异。导致这种能耗强度巨大差别的原因，从表象上可以归纳为以下几个方面：

（1）连续运行、从不间断，如照明、通风、空调等系统的设备；

（2）空调系统末端再热，导致严重的冷热抵消；

（3）风机电耗过高，VAV 系统值得商榷；

（4）完全依赖自控系统全自动运行，但传感器、执行器故障频发。只要这些故障不影响室内舒适状况，就不会进行维护。

此外注意到，A 校园建筑广泛使用分体空调，电耗远低于校园中使用中央空调系统的建筑物。美国 B 校园中冷机，风机等主要的耗能设备其能效性能都高于北京的 A 校园，但电耗也要高出几倍。从以上分析可以认识到，造成同一类型建筑能耗出现巨大差异的原因，并非在于该建筑物是否采用了先进的节能设备，而更多的在于建筑物所提供的室内环境和要求的不同，建筑运行管理者操作的不同，建筑使用者或居住者调节的不同。

归纳起来，影响建筑能耗的主要因素可划分为以下六个方面：

（1）气候；

（2）建筑物设计与围护结构；

（3）营造建筑环境的设备系统；

（4）建筑物运行管理者的操作；

（5）建筑物使用者的调节和参与；

（6）建筑物室内环境控制要求。

其中，前三个因素已经被充分认识，而后面三个因素对建筑能耗的巨大影响正在被逐渐认识。特别是，后三个因素更多的反映出某种文化或生活模式等社会因素对建筑能耗的影响。通过对中美两个校园建筑能耗调查和典型建筑的深入研究，发现在实际过程中，造成建筑能耗巨大差异的因素可以汇成如下诸点：

（1）建筑能否开窗通风：在外界气候环境适宜时，是通过开窗通风改善室内环境，还是完全依靠机械系统换气；A 校园建筑大多数外窗可开启，而 B 校园建筑的外窗基本上不能开启。

（2）对室内采光、通风、温湿度环境的控制：是根据使用者的状况，只在“有人”

的“部分空间、部分时间”内实施控制，还是不论“有人与否”，“全空间、全时间”地实施全面控制；A 校园建筑基本实现“部分空间、部分时间”控制室内环境，而 B 校园建筑的室内环境无论建筑体量大小，都是“全面控制”。

（3）对建筑居住者或使用者提供服务的保证率：是任何时间、任何空间的 100% 保证，还是允许一定的不保证率，例如办公楼夜间不全部提供空调；A 校园建筑允许在过渡季或夏季夜间通过开窗实现自然通风，室温允许高于 26℃，而 B 校园中大部分建筑则在任何时间都要满足控制在 22℃左右。

（4）对建筑居住者或使用者提供服务的程度：是尽可能通过机械系统提供尽善尽美的服务，还是让居住者或使用者参与和活动，如开窗、随手关灯、人走关闭电脑；A 校园建筑中允许使用者开窗，所有开关旁边均有“随手关灯”的提示，B 校园建筑中很多情况下甚至很难找到照明开关，令使用者无法关灯。

（5）对建筑物及其系统的操控：是完全依赖自控系统，通过机械系统在任何时间、任何空间都要保证室内环境控制要求，还是根据实际使用状况，运行管理人员仔细调节设备启停、运行状态，从而实现“部分空间”、“部分时间”、“有一定不保证率”，但被建筑物使用者或居住者接受或容忍。

如果把上述诸点均看成是建筑物及其系统向居住者或使用者提供的服务质量，正是这种服务质量的很小的差别导致能源消耗的巨大差别。而导致追求不同的建筑物服务质量的原因，则更多的来自文化、生活方式、理念的不同。建筑形式及系统模式上的区别在某种意义上会“推动”或“强迫”追求较高的、但并不是必须的高服务质量。

3.3.5　历史发展：二元分布结构向一元分布结构的演进

上述研究“二元结构”、以及案例对比分析的主要目的，就是说明营造公共建筑室内环境的两种体系（文化、生活方式、理念、营造模式等）的巨大差别。实质上是由这两类方式各自的比例决定一个国家整体公共建筑能耗的大小。一个尖峰分布的内部反映了技术和管理等因素的差别，二个尖峰之间的差别则是体系的差别。另一方面，随着社会、经济的发展，“二元分布”一般会向“一元分布”转化。那么在建筑用能这一领域，这也应该是历史发展的必然趋势吗？

下图给出美国 1949~2006 年四个主要能源终端消费领域（住宅，公共建筑，工业，交通）年能源消耗逐年分项变化图（图 44），可以看出，五十年来，美国公共建筑能耗总量增加了两倍。

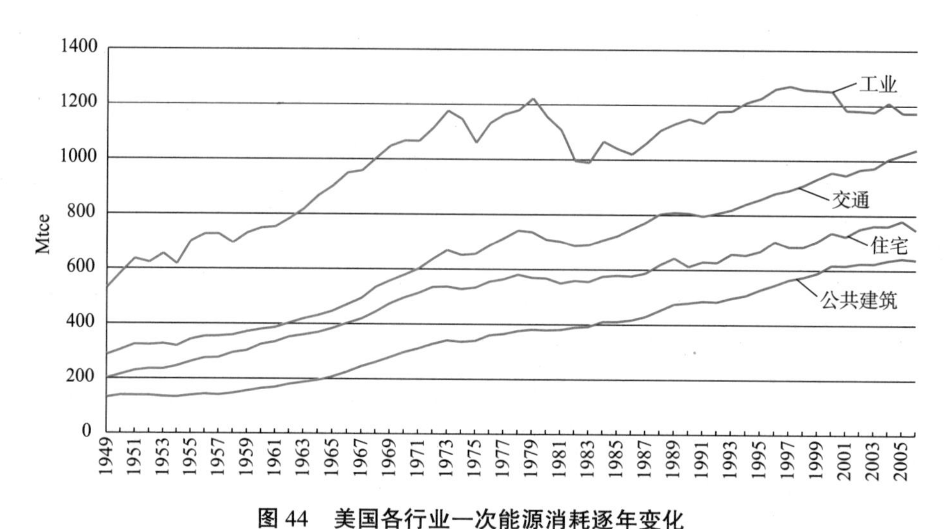

图 44　美国各行业一次能源消耗逐年变化

数据来源：Energy Information Administration, Annual Energy Review 2008.

然而，仅用能耗总量尚不足以说明问题，单位面积建筑能耗强度的变化更能反映发展变化的特点。结合美国公共建筑面积数据，可以整理出美国公共建筑能耗强度发展变化如图 45 所示。

图 45　美国单位面积公共建筑能耗（含采暖）发展变化

数据来源：Energy Information Administration, Annual Energy Review 2008；Energy Information Administration, Building Energy Data Book, 2000~2009；American Bureau of Economy Analysis，Gross－Domestic－Product－by－Industry Accounts，2009－4－28

注：1949～1980 年建筑面积系估算值。

注意到美国是从 20 世纪 50 年代中期，即与中国现在的人均 GDP 水平相当的时期，随着经济发展而出现了公共建筑能耗的快速增长现象。类似的情况在东亚的日本和韩国也出现过。例如，图 46、图 47 分别给出日本从 1965 年以及韩国从 1976 年以来公共建筑能耗强度的逐年发展变化情况。可以看到，日本和韩国也都是从与中国当前相同经济水平（人均 GDP3000 美元左右）的时刻，即 60 年代中期和 90 年代初期，公共建筑能耗强度随着经济腾飞而快速增长。

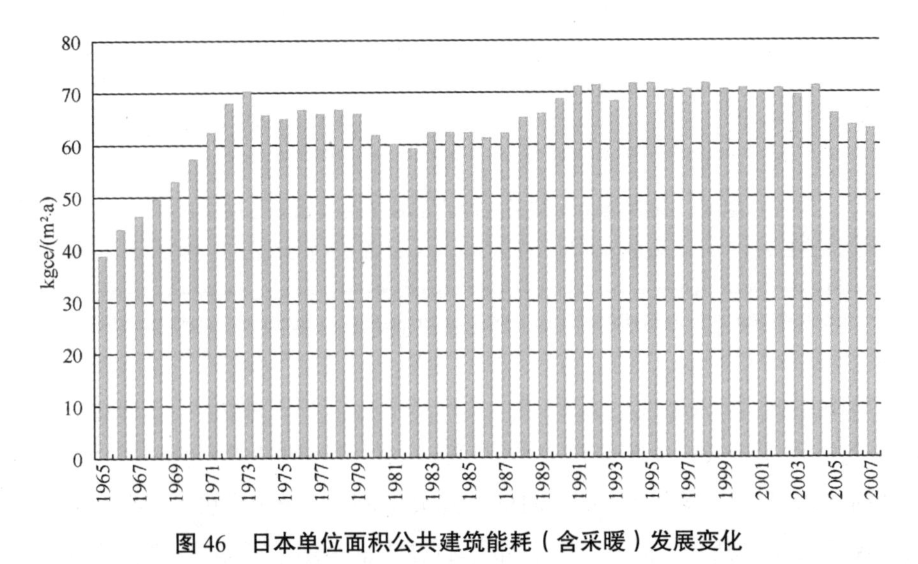

图 46　日本单位面积公共建筑能耗（含采暖）发展变化

数据来源：The Energy Data and Modeling Center. Handbook of Energy & Economic Statistics in Japan. Japan: The Energy Conservation Centre, 2009；Ministry of International Affairs and Communications, Statistic Bureau, Direct－general for policy planning and statistic research and training institute, Housing and estate survey 2008, http://www.stat.go.jp/english/data/index.htm；Yutaka T, Oki F, Yoshimitsu M, Shuichi M. A Detailed Energy Demand Estimation and CO_2 Emission Inventory of Residential House by Prefecture and Housing Type in Japan. Journal of Environmental Engineering, 2005, 592: 89–96（in Japanese）

怎样解释美国 20 世纪 50 年代末到 60 年代初、日本 60 年代末到 70 年代初、韩国 90 年代出现的公共建筑单位面积平均能耗飞速发展，在不到十年的时间内增长 1 倍这一现象？对于一座建成的建筑，在不对其结构和内部的机械系统做大规模改造，不对其运行方式做大的调整时，其运行能耗很难出现大的变化。因此不到十年的时间内公共建筑单位面积能耗增长一倍的现象只能反映出整个社会公共建筑处于这种“二元分布”的结构，随着新建的和改造的“高能耗”建筑增多，高能耗群体的比例逐渐加大，而“低能耗”群体的比例逐渐减少，由此在整体上呈现出这种逐年快速增长的现象。同时，如前面图 41 所示和分析，目前美国公共建筑的单位面积能耗

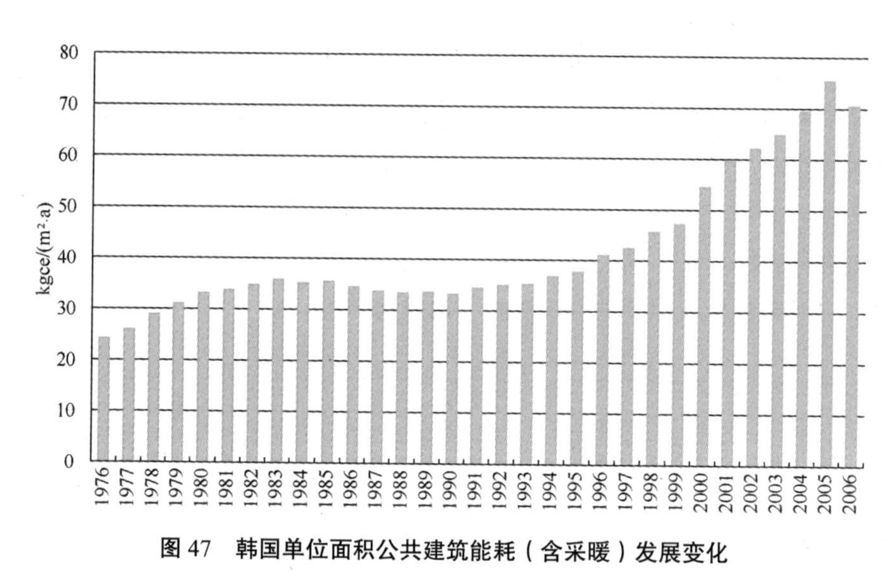

图 47　韩国单位面积公共建筑能耗（含采暖）发展变化

数据来源：Korea Energy Economics Institute,Ministry of Commerce, Industry and Eenergy, Energy Consumption Survey 2005.；Korea Energy Economics Institute,Ministry of Commerce, Industry and Eenergy, Yearbook of Energy Statistics 2007；Korea National Statistical Office, http://www.kosis.kr/eng/e_kosis.jsp?listid=B&lanType=ENG.

已经与单体建筑面积不相关，这表明，无论其规模大小，都按照“机械论”的理念营造、运行和使用。无论单体规模大小，在美国已很少见到能够开窗通风的办公建筑，很少见到采用分散空调实行“部分时间，部分空间”环境控制的建筑。这表明他已完全完成了“二元分布”向“一元分布”的过渡，其结果就是比 20 世纪 50 年代高出 2~3 倍的单位建筑面积公共建筑能耗。

对比美、日、韩三国在公共建筑能耗上出现的相同的历史发展轨迹，摆在我国面前的问题就是，中国在公共建筑建设和使用模式上在未来是否也会沿相同的轨迹发展？如果这样，那么我国的单位建筑能耗至少会增加 2 倍，再考虑城市发展促成的建筑总量的增加，建筑能耗总量就会达到目前的 3~4 倍，超过目前全国能源消费总量。从我国内部和外部可能获取的能源条件来看，我国很难支撑这样大的能源消耗。从环境容量和减少碳排放的要求来看，也不允许我国公共建筑向这样的方向发展。因此我们需要维持公共建筑能耗目前这样的“二元分布”结构。除了一些标志性建筑、服务于特殊场合的公共建筑、以及少数五星级宾馆饭店外，大部分公共建筑，尤其是办公建筑、校园建筑都应该维持“天人合一”的营造理念，维持在“低能耗”群体中，从而保持目前二个群体间的比例。同时，通过深入研究和技术创新，在目前的基础上，发展新的建筑形式和室内环境营造形式，在维持目前低能耗的用能指标下，使建筑提供更加人性化的服务，更好的满足健康舒适要求。《中国建筑节能最佳实践案例》中

篇中介绍了积极在这方面探讨和尝试的一些实际工程案例。其中尤其是深圳建科院办公大楼，在高层建筑上充分发挥了与自然相和谐的理念，在实际能耗低于“低能耗”建筑群中位值的水平下，获得了很好的使用效果，为建筑使用者提供了一个舒适、健康、处处体现人文关怀的办公场所。这些案例尽管是很初步的探索，但却为在低能耗、低碳排放要求的今天，人类营造自己生活工作环境的新的途径的探索中迈出了很有意义的一步。

3.3.6 关于公共建筑节能的一些思考和应采取的行动

通过以上的分析，不难得出以下的一些认识：

（1）为什么“大型公共建筑”与“普通公共建筑”的能耗差异这样大，关键在于理念上的差异，具体表现在建筑设计、系统设计、实现室内环境控制的方式上的差异；

（2）当前中国公共建筑节能的紧迫任务，是要维持大多数公共建筑仍然处于“普通公共建筑”状态，维持目前的“二元分布”结构的比例。这需要在新建项目中反对提倡“高、新、大、奇”和盲目现代化，尽可能发展与自然和谐的“普通公共建筑”，通过建筑设计、系统设计、实现室内环境控制方式上的创新，提高其服务质量；

（3）即使是“大型公共建筑”，也应尝试“部分空间、部分时间”、“接近自然”的思路，走出一条不同于当前“大型公共建筑”的营造室内环境的新路，从而最大程度的降低能耗和减少相应的碳排放。从全球面对的资源紧缺、环境容量不足、人类发展的需求看，这条路可能才是人类最终解决需求增长与资源不足的矛盾，营造自己生活与工作环境的方式。深圳市建筑科学研究院绿色大楼的案例就是朝这个方向探索的案例。

目前我国公共建筑节能的形势非常严峻。这主要表现在一方面，新建公共建筑中大型公共建筑比例的不断提高，档次越来越高（如各地政府大楼，高档文化设施，高档交通设施和高档写字楼等）。兴建千奇百怪、能耗巨大的大型公共建筑成为某种体现经济发展水平的“标签”。另一方面，既有公共建筑相继大修改造，由普通公共建筑升级为大型公共建筑，导致能耗大幅度升高。大型公共建筑往往与“三十年不落后”、“与国际接轨”等发展理念相挂钩，这就导致“二元分布”中的高能耗峰值迅速增大，使得“低能耗”群体为主体的结构逐渐转为“高能耗”群体为主体结构，导致公共建筑能耗的快速增长。为此，在公共建筑的节能领域，当前应着重抓好以下几项任务：

1）通过调控新建公共建筑的规模和形式，尽可能减缓高能耗的大型公共建筑的增长。控制新增大型公共建筑总量，是有效抑制新增建筑能耗增长量的最有效的途径。从新建公共建筑的规划审批时，就把单位建筑面积用能指标上限作为严格监管的强制性指标，从规划、设计、验收各个环节以能耗指标导向，力求这类高能耗的大型公共建筑在公共建筑总量中的比例由目前的逐年增长变为逐年降低。

2）严格控制盲目提高标准的公共建筑大修改造。最有效的方式就是要求任何大修改建项目改建后的单位面积能耗不得以任何理由超过改建前，任何公共建筑的大修改造项目都应该在立项时对改造后的能耗消耗状况做充分论证。严格实施这一措施，将有效抑制这种盲目提高标准导致能耗大幅度增加的公共建筑大修改建风潮。

3）对于既有公共建筑，就要从用能数据监管抓起。2008 年颁布的国务院民用建筑节能管理条例对公共建筑能耗的监测、统计和定额管理都有明确说明，全面贯彻落实这些政策和措施，逐渐把公共建筑节能工作从“比节能产品节能技术”转移到看数据、比数据、管数据，就会逐渐形成科学的、良好的建筑节能气氛和环境，真正实现能源消耗量的逐年降低。

4）通过以数据为基础的节能管理，就会更清楚地揭示大型公共建筑中能源消耗的主要问题，从而促进适宜的节能技术与产品的应用推广。

上述对中国各地，以及美国、日本、印度等国家公共建筑能耗现状的数据分析，验证了之前的一些观点和论述，例如我国公共建筑按大型公共建筑和一般公共建筑分类的提法，也揭示了一些新的现象和特征，例如发达国家和发展中国家在公共建筑能耗分布结构上的差别，公共建筑能耗密度与建筑面积的关系，以及美国、日本等国公共建筑能耗变化等。因此，我们提倡“建筑节能用数据说话”，即从实际能耗数据出发认识建筑节能的问题，又把考核各项措施的效果也落到建筑能耗数据上，而不是用安装了多少项节能装置或节能技术来评价。不过，上述从数据出发的公共建筑能耗研究还刚刚起步，至少还需要从以下三个方面不断完善：

（1）范畴：对公共建筑能耗研究的范畴，可以包括：对一个地区（国家，城市）各类公共建筑能耗总量的统计及分布状况的统计分析研究；对一类建筑物（办公建筑、宾馆饭店建筑、商场购物中心建筑等）的案例研究和总体分布状况的统计分析。对公共建筑终端分项能耗（照明电耗、空调系统及各主要部件的能耗、建筑物耗冷量、耗热量等）的案例研究和总体分布状况统计分析。在研究过程中，应研究能耗数据表达的基本定义、标准方法、表述形式等，使得能耗数据具有清晰的意义，便于数据的交流和理解。

（2）定量：仅仅采集数据是远远不够的，通过建立具有一定物理意义的模型来定量刻画和解释能耗数据，通过模拟分析、统计分析等手段，认识能耗数据构成的原因、影响的因素等，才能使得“从数据出发”的研究具有理论和实际意义。

（3）统一：从某种意义上讲，可以获取的公共建筑能耗数据，永远是片面的、个体的、零散的、静止的，换言之，通过数据刻画公共建筑能耗的总体情况和特征很容易“挂一漏万”、“以偏概全”，必须小心谨慎，必须探索能耗数据背后隐藏的一般性客观规律，应用上述分布模型，使得各个范畴的公共建筑能耗数据实现从个体到群体、到总量，从过去、到现在、到将来，能够统一地解释和刻画。

4　公共建筑节能理念思辨[1]

4.1　从生态文明的角度看公共建筑营造标准

长期以来，公共建筑的设计、建造都遵循“以需求标准为约束条件，以成本和能耗最低为目标函数”的原则。首先提出建筑的需求标准，在满足这一标准的前提下，努力实现成本最低、运行能耗最低的建筑和系统设计。分析这些必须满足的需求标准，可以将其分为两类：涉及建筑和人员安全的标准和涉及建筑可提供的服务水平的标准。前者如结构强度、防火特性、有无放射性危害等，这是为了避免人身伤亡事故所必须的标准，属硬性需求的刚性标准，必须严格满足。而后者涉及的是关于建筑提供的服务水平标准，包括各种建筑环境参数如室内温湿度范围、新风量、照度等。这些需求很难给出严格的界限，属柔性标准。例如，什么是室内温度的舒适范围？是 20 到 25 度之间？ 19 到 26 度之间？还是 18 到 27 度之间？曾有过旅游旅馆标准，对不同的星级给出不同的室内温度范围，似乎星级越高，室内温度允许的变化范围就越小。更有一些房地产开发项目打出“恒温、恒湿、恒氧”的招牌，似乎人类最合适的室内温度环境就应该恒定在某个温度参数上？日本东北大学吉野博教授统计观测了二十年来日本住宅冬季室内温度的变化趋势（见图 1）。可以看出，随着其经济发展，生活水平提高，冬季室内温度水平不断提高，二十年间北海道冬季平均室温提高了 2~6℃。亦有研究表明，美国办公建筑夏季室温三十年间降低了 5~7℃。表 1 给出美国近 40 年来办公建筑室内新风量标准的变化，图 2 给出世界上主要国家的办公建筑室内新风量标准。可以看到新风标准是从 9m³/（h·人）到 50m³/（h·人）的大范围变化。当节能被高度重视时，人均新风量标准曾被降低到 9m³/（h·人），而当人的舒适和健康被关注时，新风标准在一些国家提高到 50m³/（h·人），甚至还要更高。那么什么样的数值是

[1] 原载于《中国建筑节能年度发展研究报告2014》第3章，作者：江亿，魏庆芃，杨旭东。

满足人的基本需要（最低需求）？或者从室内人员的基本安全保障出发，这些涉及服务水平的标准应该是什么呢？显然，可以给出的参数范围远远低于目前的大多数相关标准。再来看室内温度要求。按照室内人员安全保障所要求的室内温度范围是12~31℃（见《工业企业设计卫生标准》GBZ 1－2010），这显然远远低于目前的各种室内温度需求标准。那么，从这个12~31℃的劳动保护安全标准到22~23℃之间的不同室内温度要求，显然是一种舒适度要求，大量的关于是23℃舒适还是24℃更舒适的研究与争论只是在讨论如何营造更舒适或最舒适的室内环

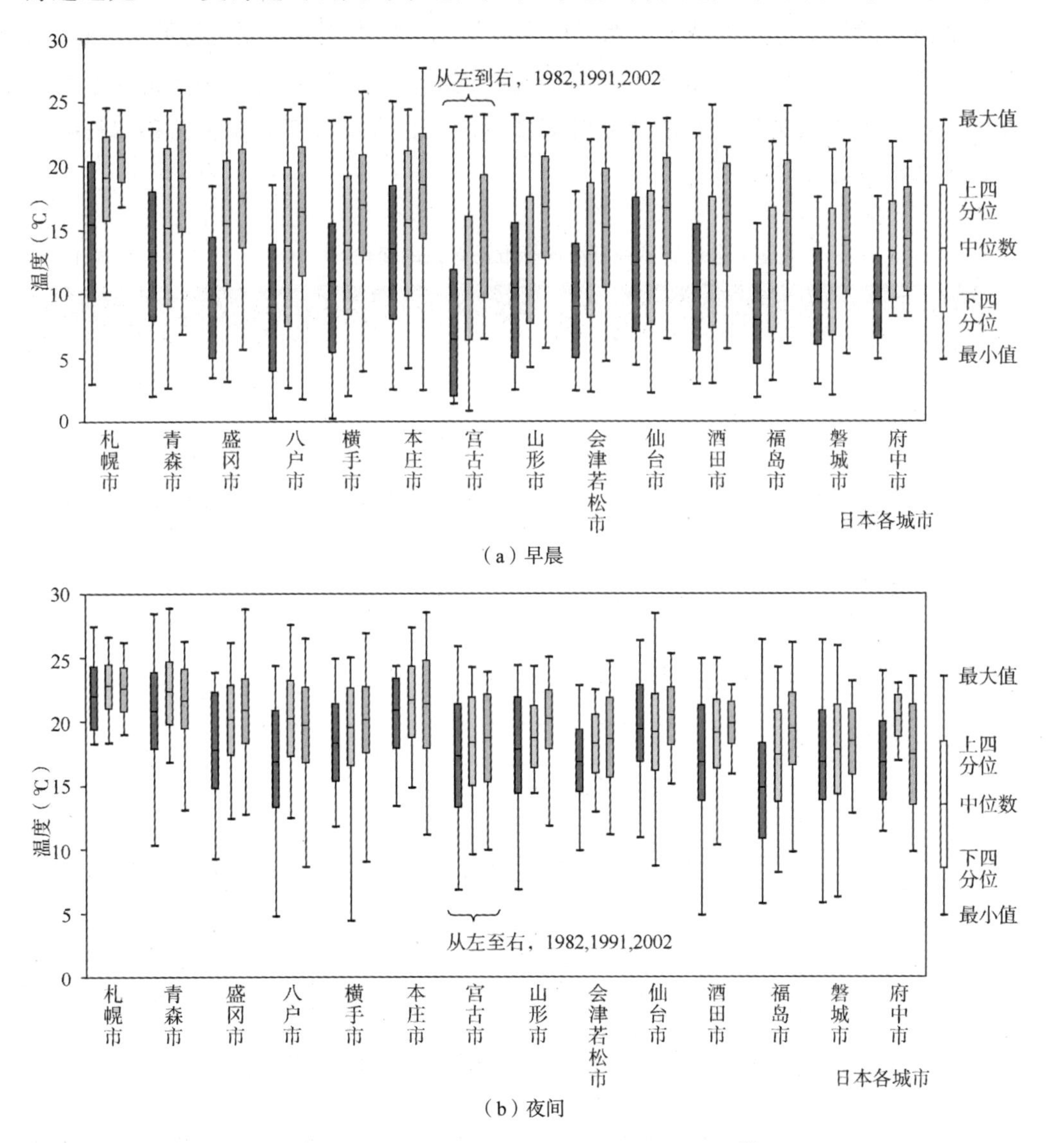

图1　日本各地区住宅冬季平均室温的变化 [3]

境。假设室内越接近恒温人就越舒适，建筑物提供的水平就越高（实际上近年来的大量研究表明这一假设并不成立，变动的室温和可以调节的室温环境可能更适合人的需求），但为此需要消耗的能源也越多，那么我们是否就一定要使得室温必须满足这种“最舒适”的标准要求呢？而是否节能也只不过是在满足这一标准的条件下通过技术创新尽可能争取的努力方向呢？从工业文明的原则出发，这是无可非议的，不断满足人的日益提高的需求，是驱动工业文明的动力，也是促进技术进步与创新的原因。但这样带来的另一个结果，则是要求的服务标准越来越高，相应的能源消耗量也越来越大（除了极少数特例，技术创新使能耗降低）。这是为什么近百年来发达国家技术水平不断提高的同时，人均建筑能耗仍然持续上升的原因。这也可以从某种宏观的角度解释了美国、日本单位商业建筑面积运行能耗多年来持续上升的原因。

美国办公建筑室内新风量标准历年来的变化 **表 1**

国家	标准（年份）	人均指标（L/s）	人均指标（m^3/h）	补充说明
美国	ASHRAE62-73（1973）	2.5	9	于 1977 年印发
	ASHRAE62-89（1989）	10	36	允许吸烟的办公建筑
	ASHRAE62-2001（2001）	10	36	指办公区域，吸烟室 $108m^3/h$，接待区 $28.8m^3/h$
	ASHRAE62-2010（2010）	8.5	30.6	指办公区域，接待区 $12.6m^3/h$

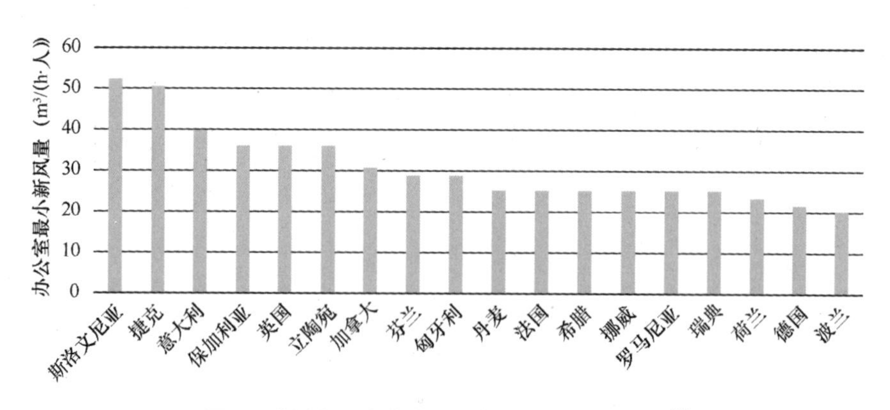

图 2 欧洲各国当前办公建筑最小新风量标准 [4]

然而从生态文明发展模式来看，这种“以服务水平标准为约束条件，以成本和

能耗为目标函数”的模式并不适宜。我们追求的是人类的发展与可持续的自然资源与环境间的平衡，这样就不能以某种服务水平作为必须满足的约束条件，进而不断地提高这种服务水平标准，不断增加对自然资源的消耗。按照生态文明的发展模式，对于这类“灰色的”柔性标准，就不应该作为约束条件，而应该把自然资源和环境影响的上限作为刚性的约束条件，不得逾越，而将建筑物可以提供的服务水平作为目标函数，通过技术的发展和创新，在不超过自然资源和环境影响的约束条件下，尽可能提高建筑物的服务水平，为使用者提供最好的服务。

看起来只是把“约束条件”与“目标函数”的对象做了交换，但其结果却大不相同。表 2(a)列出改革开放以来我国相继制定颁布的与公共建筑服务水平相关的标准，可以看出随着我国对外开放程度的提高和经济水平的提高，室内环境标准也在不断提高。与此同时，为了实现节能减排的大目标，也陆续发展建立了一批“具体怎么做”的建筑节能标准，见表 2(b)。但是，这些关于节能的标准只能指导如何在满足需求（服务水平）的条件下提高用能效率，相对实现节能。当服务水平的标准也就是“需求”不断提高时，即使在这些指导性规范的指导下，提高了用能效率，但其结果还是很难抑制实际用能量的持续增长。这就是为什么近二十年来尽管我国各项建筑节能标准规范的执行力度逐渐强化，新建公共建筑项目实施建筑节能规范的比例越来越大，但公共建筑除采暖外的实际能耗却持续增长，并且按照年代统计，竣工期越晚的建筑，平均状况统计得到的能耗越高。这就是“经济增长—需求增加—技术水平提高—用能效率提高—实际用能量也增长”的过程。工业文明阶段的发展实际就是这样一个过程，西方发达国家建筑能耗与经济发展技术进步同步增长的过程也是这样的过程。

我国公共建筑服务水平相关的标准　　表 2（a）

年份	标准号	标准名称
2003	GB50019-2003	采暖通风与空气调节设计规范
2008	GB3096-2008	声环境质量标准
2012	GB3095-2012	环境空气质量标准
2012	GB 50736-2012	民用建筑供暖通风与空气调节设计规范
2012	GB/T 50785-2012	民用建筑室内热湿环境评价标准
2012	WS394-2012	公共场所集中空调通风系统卫生规范

建筑节能设计标准　　　　表 2（b）

年份	标准号	标准名称
1993	GB50176-93	民用建筑热工设计规范
1993	GB50189-93	旅游旅馆建筑热工与空调节能设计标准
2005	GB50189-2005	公共建筑节能设计标准
2006	GB/T 50378-2006	绿色建筑评价标准
2007	GB/T 17981-2007	空气调节系统经济运行
2010	JGJ/T 229-2010	民用建筑绿色设计规范
2012	DGJ08-107-2012	上海市公共建筑节能设计标准
2012	DG/TJ08-2090-2012	上海市绿色建筑评价标准

需要指出的是，目前有一种观点认为，对于办公建筑其室内环境会对工作效率产生影响。建筑服务水平越高，人员的工作效率越高，工作效率越高所创造的社会经济价值远大于建筑能耗费用，因此认为在办公楼等建筑中提高工作效率是首要的。从 20 世纪初开始，西方一些学者试图找到室内环境（室内空气质量、热环境、光环境、声环境等）与工作效率之间的定量关系。Wargocki, Wyon 和 Fanger 分别通过实验发现室内空气质量不满意度降低 10%，工作效率提升约 1.5%。但他们的研究仅以办公室人员的打字、加法运算以及校对工作的速度与正确率为指标来评价工作效率，这些不足以体现现代办公建筑白领的工作内容。同时，1.5% 的工作效率提升度是否在误差允许范围内也未可知。与室内空气质量对工作效率的影响研究方法相似，对热环境与工作效率之间的关系的研究也是从对工厂的体力劳动环境发展到打字员、电话接线员等办公室劳动的效率，近年来虽有对中小学教室热环境对学生学习效率影响的研究，但对工作效率或学习效率的评价仍停留在采用简单的成果数量及错误率作为指标的阶段。现代办公建筑中大多数人员的工作并不只是打字、接电话、校对等简单工作，工作效率还与工作难度有一定的关系，但目前还没有非常科学适用的评价现代脑力劳动者工作效率的方法和指标。有一定挑战性的工作能激发工作人员的热情，即使没有外界的刺激也能较好地完成。甚至环境温度略微偏离舒适，人们也会忽略温度的影响，工作效率不会降低。此外，不管环境温度高低，只要人们自己觉得穿的衣服厚薄合适，不觉得冷或热，那么工作效率就没有差别。

总之，尽管对环境过热或过冷都会影响工作效率这一结论无异议，但至今仍无

法回答“到底什么样的环境参数能实现最高的工作效率”。在空调环境下，并非室内温度越低或者温度波动范围越小，工作效率就越高。而且，建筑节能并不意味着室内环境品质和人员工作效率的降低。反之，大量实际案例表明，如果能够从建筑使用者根本的需求出发，优先采用自然通风等被动式技术，实现“天人合一”、“亲近自然”，不仅不会影响人员工作效率，甚至可以在改善室内环境和降低建筑能耗同时还能提高工作效率。

十八大政治报告指出“能源节约要抓总量控制”。生态文明发展模式就是要在给定的对自然资源与环境影响上限的约束下实现人类的发展。公共建筑节能就应该同样实行总量控制，先确定用能总量的上限，以这一上限为“天花板”，通过创新的技术，精细的实施，卓越的管理，使得在不超过用能总量上限的前提下，提供高水平的服务，营造舒适的室内环境。由此，除了那些关于安全的刚性需求标准外，就应该取消那些关于服务水平、室内环境的“灰色”柔性标准（或者代之以满足安全和健康基本要求的最低标准，并且这些标准应该不再随经济发展而改变），反过来以用能上限、碳排放上限、对环境影响的上限等作为刚性的约束条件，也就是严格的限制约束标准。这样建筑节能相关的标准体系结构就由原有的：

“规定必须满足的需求与服务水平标准，指导性的如何实现建筑节能的技术规范”

改为：

“规定不得逾越的用能总量和对环境影响，指导性的如何改善室内环境提高服务水平的技术规范。”

目前，在国家住建部的指导下经过专家小组的努力，初步形成的“建筑能耗标准”征求意见稿已经上网公示，这是按照上述思路转变我国建筑节能工作着眼点的重要一步，也是按照新的思路开展建筑节能工作的重要基础。按照这样的新的思路一步步走下去，一定会使我国建筑节能工作产生真的成效。

4.2　用能上限应该是多少

按照以上思路，如何确定建筑的用能上限就成为核心问题。为此首先要确定我国未来的总的用能上限，然后再根据各用能领域对能源的需求量得到建筑可以使用的用能上限，进而得到公共建筑的用能上限。可以有如下两种方法来确定我国未来的用能总量：

方法一：根据我国的资源状况和可能实现的能源进口状况估算我国今后二十到

三十年间可能获得的能源总量。到2020年，我国有把握的可供应的能源总量约为48亿tce；

方法二：根据IPCC研究控制全球气候变化的要求，2020年到2025年全球二氧化碳排放总量应达到400亿t的峰值，按照我国占全球人口20%来均分排放权，我国二氧化碳排放总量不应超过80亿t。这样，我国的化石能源消耗总量应控制在29.5亿tce，如果我国届时的非化石能源量达到30%，则年能源消费上限也是48亿tce。

根据这一用能总量，综合平衡工业、交通的用能需求和发展，我国未来建筑运行用能上限是每年11亿tce，这个数字仅指建筑外的能源系统可向建筑物提供的能源，不包括建筑本身的各种可再生能源所产生的能源。表3给出目前我国工业、交通和建筑运行这三大部类的用能状况和未来的用能总量规划。表4给出我国各类建筑用能现状和未来达到不同的建筑总规模时，各类建筑可分摊的用能总量和单位建筑面积用能量。

我国分部门用能现状与规划　　**表3**

单位：亿tce	2013	未来
工业	30.6	29.5
交通	3.5	7.5
建筑	7.6	11.0
总计	41.7	48.0

我国未来各类建筑能耗总量规划　　**表4**

	建筑面积/户数		用能强度		总能耗（亿tce）	
分项	现状	未来	现状	未来	现状	未来
城镇住宅	2.57亿户	3.5亿户	723 kgce/户	1098 kgce/户	1.86	3.84
农村住宅	1.62亿户	1.34亿户	1102 kgce/户	988 kgce/户	1.79	1.32
公共建筑	99亿 m^2	191亿 m^2	21.3 $kgce/m^2$	24.3 $kgce/m^2$	2.11	4.63
北方采暖	120亿 m^2	200亿 m^2	15.1 $kgce/m^2$	6.1 $kgce/m^2$	1.81	1.22
总量	545亿 m^2 13.6亿人	720亿 m^2 14.7亿人			7.56	11.0

按照表4的规划，我国未来各类公共建筑除采暖外的平均能耗应在70kWh/(m^2·年)以下，具体的分类指标见表5。表中还给出目前北京、上海、深圳、成都各类公共建筑的实际用能量范围(北京的数据不包括集中采暖用能)。其中：

类型A：建筑物与室外环境之间是连通的，可以依靠开窗自然通风保障室内空气品质，室内环境控制系统采用分散方式；

类型B：建筑物与室外环境之间是不连通的，需要依靠机械通风保障室内空气品质，室内环境控制系统采用集中方式。

我国公共建筑能耗指标(引导值)与现状范围(单位：kWh/(m^2·W)) **表5**

建筑分类	严寒及寒冷			夏热冬冷			夏热冬暖		
	能耗指标		实际范围	能耗指标		实际范围	能耗指标		实际范围
	类型A	类型B		类型A	类型B		类型A	类型B	
政府办公建筑	30	50	21~190	45	65	29~280	40	55	15~255
商业办公建筑	45	60	10~205	60	80	34~300	55	75	25~178
三星级及以下	40	60	12~273	80	120	31~253	70	110	79~320
四星级	55	75		100	150	70~451	90	140	92~377
五星级	70	100		120	180	74~537	100	160	86~388
百货店	50	100	11~392	90	170	56~373	80	190	100~378
购物中心	50	135		90	210	31~578	80	245	183~434
大型超市	80	120		90	180	51~453	80	240	150~471
餐饮店	30	50		50	60	36~156	45	70	/
一般商铺	30	50		50	55	22~150	45	60	/

从表中可以看出，上海、深圳多数公共建筑的目前用能量已经超过这一用能上限指标。公共建筑的实际用能量与当地的经济发展水平有关，我国经济发展尚处相对中下水平的地区，公共建筑能耗基本在上述指标以下，而经济发展相对高水平的北上广深，则正在超越这一上限。那么，这一上限真的能够守住而不被突破吗？怎样守住这一上限？怎样使得公共建筑的实际能耗既不超过这一用能上限，又不降低

其服务水平，不会制约当地的经济和社会发展？这就成为必须面对的大问题。

《中国建筑节能最佳实践案例》中篇给出 11 个不同功能的公共建筑的最佳实践案例。这些案例基本涵盖了各类功能的公共建筑，多数聚集在北上广深，全部为 2000 年后新建或改建，符合“现代化”时尚要求。但是它们的实际能耗基本上都满足前面给出的用能上限。为什么？是怎样实现的？最主要的则是理念的创新。这些理念可以总结为：

是充分利用建筑周边自然环境条件，与外环境相协调，还是与外环境隔绝？

是集中还是分散地提供服务？

是完全依靠机械方式实现室内通风换气，还是尽可能优先自然通风？

是让使用者被动地接受建筑服务还是让使用者参与，给使用者以充分调节的能力？

下面逐一对这些理念进行解析，其中部分与最佳案例有关，部分则超出这些最佳案例的实践，而是其他一些实际工程的提炼与总结。

4.3　建筑内环境与室外是隔绝还是相通？

一个最佳案例是 2009 年建成的深圳建科院大厦。尽管这也是一座 12 层的现代办公建筑，但却与目前绝大多数本世纪内建成的大型办公楼不同（详细介绍可见《中国建筑节能最佳实践案例》第 13 节）。这座楼的每层都连接有很大的露台和与室外半开放的活动空间。茶歇、交谈、甚至小组会都在这种半室外空间进行。办公空间也设计为与这些半室外空间很好的相通，并且通过调整门、窗状态还能实现良好的自然通风、自然采光。相对于目前大多数与室外隔绝的现代化办公大楼，这座办公建筑尽可能使室内与室外在某种程度上相通，使用者可以从多个角度感觉到室外环境，甚至将一些露台或半室外空间设计成与几百米之外的外界树木和绿地融为一体的感觉。老北京庭院式的内外沟通环境在这座高楼中得以实现。相比于全封闭的现代化办公建筑，绝大多数使用者更偏爱这里的工作、生活环境。由于全年一半以上的时间依靠自然通风、自然采光就可以满足办公需求，所以该建筑单位面积运行能耗大大低于当地的其他办公建筑，而实测室内的温湿度状况、照度水平等，与一般的现代化办公建筑相差不大，有时冬季温度略偏低，夏季温度、湿度都略偏高。尽管如此，这样的办公环境却受到大多数使用者的偏爱，这是为什么？这种建筑环境的营造理念与目前现代化办公大楼的建筑环境营造理念显然很不相同，这一不同的核心到底是什么呢？

在工业革命以前，人类不具备营造人工环境的能力。为了获得较舒适的建筑空间，就精心设计使建筑与室外环境协调，尽可能利用自然条件营造适应人们需求的建筑环境。例如北方建筑精心选择朝向以在冬季得到足够的日照，北墙不设窗或仅设很小的外窗以阻挡西北寒风，南方建筑的通风、遮阳等许多方面都下了很大的功夫，一代代传承下来丰富的经验。大约在三千年前人类就发明了窗户，依靠窗户实现在需要的时候对室内通风、采光，在不需要时则挡风、隔光。以后发明了取暖设施，但其只是当室内过冷，通过调节与自然环境的关系仍不能满足需求时的辅助手段。同样人类逐渐有了人工照明手段，但也只是在自然采光无法满足需求时的补充。直至工业革命中期，“自然环境调节为主，在大部分时间内提供需求的室内环境；机械手段为辅，仅在极端条件下补偿自然环境调节的不足”，仍为人类营造自身生活与活动空间作为基本原则。这就是北美 20 世纪 50 年代初大多数建筑的状况，也是我国至 20 世纪末绝大多数建筑的实际状况。这样，为了获得较好的室内环境，就要在建筑形式设计上下很大功夫，充分照顾通风、采光、遮阳、保温、隔热等各方面需求，并且在室内环境与外界自然之间的连通方式上下大功夫，许多出色的建筑都在室内外过渡区域通过各种方式营造出满足不同需要的功能空间。

然而，随着工业革命带来的科学技术的飞速发展，人类已经完全具备营造任何环境参数的人工环境空间的能力。依靠采暖、空调、通风换气、照明等各种技术手段营造出科学实验、工业生产、医疗处理、物品保存等各种不同要求的人工环境，取得了极大的成功，满足了科技发展、社会进步、经济增长的需要。这类人工环境是为了满足其特定的科研与生产需要的，必须严格控制室内环境参数，由此就要尽可能割断室内与室外的联系，尽量避免外界自然环境的温湿度、刮风下雨、日照等因素对人工环境的影响。室内外隔绝的越彻底，室外环境变化对人工环境的影响就越小，营造室内环境的机械系统的调控能力也就越有效。随着为了生产和科研营造人工环境技术的成功，人类开始把这些技术转过来用在服务于人的日常生活与日常工作的民用建筑环境中，尤其是公共建筑中。有了这些技术手段，还可以充分满足建筑师完全从美学出发构成各种建筑形式的需要。于是建筑就不再需要考虑与当地气候和地理条件相适应，建筑就不再承担联系室外自然条件、营造室内舒适环境的功能。任意造型，只要密闭，剩下的事就可以完全由机械系统解决！这时，窗户传统上通风采光的功能也可以完全抛掉，只剩下外表装饰和满足观看室外景观的功能；只有彻底的割断全部自然采光，才能通过人工照明实现任意所需要的室内采光效果；

只有使建筑彻底气密，才能通过机械通风严格实现所要的通风换气量和室内的气流场；只有使建筑围护结构绝热，才能完全由空调系统调控，实现所要求的温湿度条件和参数分布。这就是现代公共建筑室内环境控制几十年来的发展模式！工业和科研要求的人工环境从工艺过程出发可以清楚地提出严格的室内环境要求条件，为了使民用建筑室内环境也同样能够提出相应的条件和参数，大量的研究开始探讨人的最佳温湿度条件，最佳的室内流场、最佳的温湿度场。按照同样的技术途径，把为人服务的民用建筑室内空间环境调控完全按照工业与科研的人工环境营造方法来做，固然也可以构成使用者满意的室内环境（如果真正研究清楚了人的需求的话），但由此也造成巨大的能源付出！美国从 20 世纪 50 年代的传统方式发展到现在的模式单位面积建筑运行能耗增加了 150%（是原来的二倍半），日本从 20 世纪 60 年代的传统方式发展到现在的模式单位建筑面积能耗增长一倍。而反过来的问题是：人类生活与工作真的需要这样严格控制的人工环境吗？这样与外界自然环境隔绝，全面控制的人工环境真的适合人的需要吗？以这样几倍能耗的代价来营造这样的环境，符合生态文明的要求吗？

英国建筑研究院（BRE）在 2000 年曾对英国的各类办公建筑进行了调研，图 3 为他们发表的能耗调查结果。从图中可以看出，除掉前面一段表示采暖的能耗外，不同建筑形式的除采暖外其他各项能耗相差巨大，典型的自然通风办公建筑，每平方米建筑除采暖外能耗约为 30kWh，而典型的全封闭中央空调办公建筑则超过 300kWh，十倍之差！更值得注意的是对使用这些办公建筑的人员进行满意度的问卷

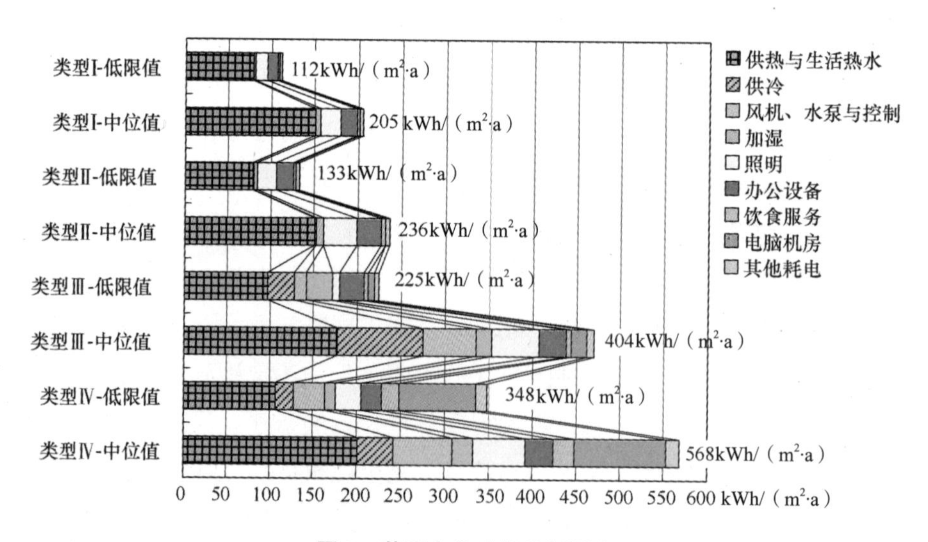

图 3 英国办公建筑能耗调查

调查，这些自然通风办公楼的满意程度最高，而那些全封闭的中央空调大楼却被投诉为“空气不好、容易过敏、易瞌睡”等，满意程度最差！到底我们应该从哪种理念出发去营造我们生活工作的空间呢？

表 6 给出两种不同的室内环境营造理念和由此产生的具体作法及结果。考虑到生态文明的发展原则，就不能追求人类极端的舒适，而应在资源和环境容量容许的上限下适当地发展，在对资源与环境的影响不超过上限的条件下通过技术创新尽可能营造健康舒适的居住与生活环境。这样一来，是否要质疑这种营造现代的人工环境的理念与做法，并且在我们传统的基于自然环境的基本原则下，依靠现代科学技术进一步认识室内环境变化规律及人真正的健康与舒适需求，从而发展出更多的创新方式、创新技术去创造更好的人类活动空间呢？深圳建科院大楼的案例是这个方向上的一个有益的探讨，也值得我们去研究、借鉴。

两种营造和维持室内环境的理念、做法与效果 **表 6**

	营造人工环境	营造与室外和谐的环境
基本原则	完全依靠机械系统营造和维持要求的人工环境	主要依靠与外界自然环境相通来营造室内环境，只是在极端条件下才依靠机械系统
对建筑的要求	尽可能与外环境隔绝，避免外环境的干扰：高气密性、高保温隔热，挡住直射自然光	室内外之间的通道可以根据需要进行调节：既可自然通风又可以实现良好的气密性；既可以通过围护结构散热又可以使围护结构良好保温；既可以避免阳光直射又可以获得良好的天然采光
室内环境参数	温湿度、CO_2，新风量、照度等都维持在要求的设定值范围内	根据室外状况在一定范围内波动，室外热时室内温度也适当高一些，室外冷时室内温度也有所降低，室外空气干净适宜则新风量加大，室外污染或极冷极热则减少新风
谁调整和维持室内环境状态？	运行管理人员或自动控制系统，尽可能避免建筑使用者的参与	使用者起主导作用（开 / 闭窗，开 / 关灯，开 / 停空调等），管理人员和自控系统起辅助作用
提供服务的模式	机械系统全时间、全空间运行，24 小时全天候提供服务	“部分时间、部分空间”维持室内环境，也就是只有当室内有人、并且通过自然方式得到的室内环境超出容许范围，才开启机械系统
运行能耗	高能耗，单位面积照明、通风、空调用电量可达 100kWh/m^2	低能耗，大多数情况下单位面积照明、通风、空调能耗不超过 30kWh/m^2

4.4 室内环境营造方式是集中还是分散？

长期以来一直争论不休的话题之一就是在建筑设备服务系统上是采用集中方式

还是分散方式？主张集中者认为集中方式能源效率高，相对投资低，集中管理好，技术水平高，一定是今后的发展方向；而主张分散者则是列举出大量的调查实例，说明集中方式能耗都远高于分散方式。那么，问题的实质是什么？集中与分散这两种不同理念在各类建筑服务系统中是否有共性的东西？

还是先看一批实际案例：

（1）办公室空调，全空气变风量方式、风机盘管＋新风方式、分体空调三种方式在其他条件相同时其能耗比例大约是 3 ∶ 2 ∶ 1，而办公室人员感觉的空调效果差别不大。变风量方式即使某个房间没人，空调系统仍然运行，而风机盘管、分体空调方式在无人时都能单独关闭；晚上个别房间加班时，变风量系统、风机盘管系统都需要开启整个系统，而分体空调却可以随意地单独开启。

（2）集中式生活热水系统总的运行能耗一般是末端消耗热水量所需要的加热量的 3 到 4 倍，因为大部分热量都损失在循环管道散热和循环泵上了，末端使用强度越低，集中生活热水的系统的整体效率就越低。

（3）在河南某地区水源热泵作为热源的集中供热系统，单位建筑面积耗热量为分散方式采暖的三倍多；而把末端改为单独可关断的方式，并按照实际开启时间收取热费时，实际热耗就与分散方式无差别，但此时集中式水源热泵的系统 *COP* 却下降到不足原来的 40%[5]。

（4）大开间敞开式办公室的照明采用全室统一开关时，白天照明基本上处于开的状态，而类似的人群分至一人或两人一间的独立办公室时，白天平均照明开启率不到 50%。办公室额定人数越多，灯管照明处于全开状态的频率就越高。

（5）新风供应系统：分室的单独新风换气，风机扬程不超过 100Pa；小规模新风系统（10 个房间），风机扬程在 400Pa 左右；大规模新风系统（一座大楼），风机扬程可高达 1000Pa。如果提供同样的新风量，则大型集中新风系统的风机能耗就是小规模系统的 2~3 倍，是分室方式的 10 倍！同时，大型系统经常出现末端新风不匀，某些房间新风量严重不足；而小型系统很少出现，单独的分室方式则不存在新风不足之说！在每天实际运行时间上，大系统或者日开启时间很短，或不计能耗长期运行耗电严重；而小系统此类问题却很少。

既然集中式如上面各案例，出现这样多的问题，那么为什么还有很大的势力在提倡集中呢？大体上有如下一些理由：

（1）如同工业生产过程，规模越大，集中程度越高，效率就高？工业生产过程的确如此，能源的生产与转换过程如煤、油、气、电的生产也是如此。但是建

筑不是生产，而是为建筑的使用者也就是分布在建筑中不同区域的人提供服务。使用者的需求在参数、数量、空间、时间上的变化都很大，集中统一的供应很难满足不同个体的需要，结果往往就只能统一按照最高的需求标准供应，这就是为什么美国、中国香港的中央空调办公室内夏季总是偏冷、我国北方冬季的集中供热房间很多总是偏热的原因，这也就造成晚上几个人加班需要开启整个楼的空调，敞开式办公只要有一个人觉得暗就要把大家的灯全打开。这种过量供给所造成的能源浪费实际上要远大于集中方式效率高所减少的能源消耗。而且，规模化生产，就一定是全负荷投入才能实现高效，而建筑物内的服务系统，由于末端需求的分散变化特性，对于集中方式来说，只有很少的时间会出现满负荷状态，绝大多数时间是工作在部分负荷下甚至极低比例的负荷下。这种低负荷比例往往不是由于各个末端负荷降低所造成，而是部分末端关断所引起。这样，集中系统在低负荷比例下就出现效率低下。反之分散方式只是关断了不用的末端，使用的末端负荷率并不低，效率也就不会降低。图 4 为实测的河南某热泵系统末端风机盘管风机开启率分布状况。这个系统冷热源绝大时间都运行在不足 20%~50% 的负荷区间，但从图中可以看出，这是由于很低的末端使用率所造成。大多数情况下末端开启使用时，对单个末端来说其负荷率都在 70% 以上，是瞬间同时开启的数量过低才导致系统总的负荷率偏低，系统规模越大，出现小负荷状态的比例越高。这样，系统越是分散，各个独立系统运行期间平均的负荷率就越高（因为不用的时候可完全关闭），从而使得系统的实际效率离设计工况效率差别不大；而系统越集中，由于同时使用率低造成整体负荷过低导致系统效率远离设计工况。这样，面对末端整体很低的同时使用状况，大规模集中系统就面对两种选择：放开末端，无论其需要与否，全面供应；这就和目前北方的集中供热一样，系统效率可能很高，但加大了末端供应，总的能耗更高。末端严格控制，这就导致由于系统总的使用率过低而整体效率很低。这样，建筑服务系统就不再如工业生产过程那样系统越大效率越高，而转变为系统规模越大整体效率越低；而分散的方式由于其末端调节关闭的灵活性反而实际能耗在大多数情况下低于集中方式。系统规模越大，出现个别要求高参数的末端的概率就越高，为了满足这些个别的高参数需求系统所要提供的运行参数就会导致在大多数低需求末端造成过量供应或"高质低用"；系统规模越大，出现很低的同时使用率的概率就越高，这又导致系统整体低效运行。与工业生产过程大规模同一参数批量生产的高效过程不同，正是这种末端需求参数的不一致性和时间上的不一致性造成系统越集中实际效率反而越低。

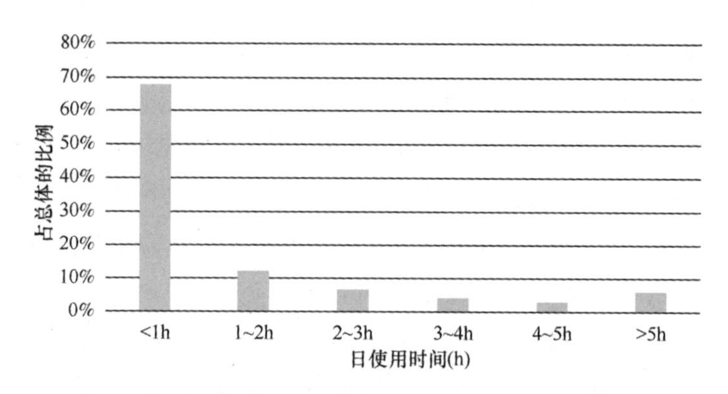

图 4　实测河南某热泵系统末端风机盘管日开启时间分布

注：1. 图中数据统计了该小区 2012 年 7 月的风机盘管开启情况，共统计风机盘管数 1462 台；

2. 图中时间范围和比例表示了该开启时间范围下风机盘管数量占总风机盘管数的比例。

（2）“系统越集中，越容易维护管理”？实际上运行管理包括两方面任务：设备的维护、管理、维修；系统的调节运行。前者保证系统中的各个装置安全可靠运行，出现故障及时修复和更换；后者则是根据需求侧的各种变化及时调整系统运行状态，以高效地提供最好的服务。集中式系统，设备容量大，数量少，可以安排专门的技术人员保障设备运行；而分散式系统设备数量多，有可能故障率高，保障设备运行难度大。这可能是主张采用集中系统的又一个重要原因。但实际上，随着技术的进步，单台设备可靠性和自动控制水平有了长足的改善。目前散布在千家万户的大量家电设备如空调、彩电、冰箱、灯具的故障率都远远低于集中式系统中的大型设备。各类建筑中使用的分散式装置的平均无故障运行时间都已经超过几千至上万小时。而这类设备的故障处理就是简单地更换，完全可以在不影响其他设备正常运行的条件下在短时间完成。相反，集中式的大型设备相对故障率高，出现故障时影响范围会很大，在多数情况下大型设备出现故障时难以整体更换，现场维修需要的时间要长。由此，从易维护、易维修的需要看，系统越分散反而越有优势，集中不如分散！再来看运行调节的要求，集中式系统除了要保证各台设备正常运行外，调整输配系统，使其按照末端需求的变化改变循环水量、循环风量、新风量的分配，调整冷热源设备使其不断适应末端需求的变化，都是集中式系统运行调节的重要任务。系统越大，调节越复杂。目前国内大型建筑中出现的大量运行调节问题主要都集中在这些调节任务上。可以认为至今国内很少找到运行调节非常出色的大型集中式空调系统（《中国建筑节能最佳实践案例》第 20 节）。反之，分散方式的运行调节就非常简单。只要根据末端需求“开”和“关”，

或者进行量的相应调节即可，不存在各类输送系统在分配方面所要求的调节。目前的自动控制技术完全胜任各种分散式的控制调节需要，绝大多数分散系统的运行实践也表明其在运行调节上的优势。如此说来，“集中式系统易于运行维护管理”是否就不再成立？随着信息技术的发展，通过数字通信技术直接对分布在各处的装置进行直接管理、调节的“分布式”系统方式已经逐渐成为系统发展的主流，“物联网”、“传感器网络”等21世纪正在兴起的技术使得对分散的分布式系统管理和调节成为可行、可靠和低成本。从维护管理运行调节这一角度看，越来越趋于分散而不是趋于集中才是建筑服务系统未来的发展趋势。

（3）“许多新技术只适合集中式系统，发展集中式系统是新技术发展的需要”。确实，如冰蓄冷、水蓄冷方式，只有在大型集中式系统中才适合。水源热泵、地源热泵方式也需要系统有一定的规模。采用分布式能源技术的热电冷三联供更需要足够大的集中式系统与之配合。如果这些新的高效节能技术能够通过其优异的性能所实现的节能效果补偿掉集中式系统导致的能耗增加，采用集中式系统以实现最终的节能目标，当然无可非议。然而如果由于采用大规模集中式系统所增加的能耗高于这些新技术获得的节能量，最终使得实际的能源消耗总量增加，那么为什么还要为了使用新技术而选择集中式呢？实际案例的调查分析表明，对于办公楼性质的公共建筑，如果采用分体空调，其峰值用电甚至并不比采用冰蓄冷系统中央空调时各级循环水泵、风机的用电量高。这样与分散方式比，带有冰蓄冷的中央空调对用电高峰的缓解作用也并不比分散系统强。采用楼宇式电冷联产，发电部分的燃气－电力转换效率也就是40%，相比于大型燃气－蒸汽联合循环纯发电电厂的55%的燃气－电力转换效率，相差15%的产电率。而电冷联产用其余热同时产生的冷量最多也只为输入燃气能量的45%，按照目前的离心制冷机效率，这只需要不到9%的电力就可以产生，而冷电联产却为了这些冷量减少发电15%，因此在能量转换与充分利用上并非高效。如此状况为了用这样的“新技术”而转向大型、巨型集中式系统显然就没有太多道理了。当然，有些公共建筑由于其本身性质就不可能采用分散式，例如大型机场、车站建筑，大型公共场馆等，建筑形式与功能决定其必须采用集中的服务系统。这时，相应地选用一些支持集中式系统的新技术，如冰蓄冷、水蓄冷等，无可非议。实际上，并非新的节能高效技术都面向集中方式，为了适应分散的服务方式与特点，这些年来也陆续产生出不少面向分散方式的新技术、新产品。典型的成功案例是VRF多联机空调。它就是把分体空调扩充到一拖多，既保持了分体空调分散可独立可调的特点，又减少了室外机数量，解决了分体空调室外机不宜布置的困难。近年来这种一拖多方式的VRF

系统在中国、日本的办公建筑中得到广泛应用，在欧洲也开始被接受，成为在办公建筑替代常规中央空调的一种有效措施，这就是一个很好的例证。类似，大开间办公建筑照明目前已经出现可以实现对每一盏灯进行分别调控的数字式照明控制。通过新技术支持分散独立可调的理念，取得了很大成功。

“集中还是分散”的争论实际反映的是对民用建筑服务系统特点的不同认识和对其系统模式未来发展方向的不同认识。也涉及从生态文明的发展模式出发，如何营造人类居住、生活和工作空间的问题。与工业生产不同，民用建筑的设备服务系统的服务对象是众多不同需求的建筑使用者。系统的规模越大，服务对象的需求范围也就越大，出现极端的需求与群体的平均需求间的差异就越大。面对这些极端的个体需求，通常有三个办法：1）依靠好的调节技术，对末端进行独立调节，以满足不同的个体需求。此时有可能解决群体需求差异大的问题，可以同时满足不同需求，但在大多数情况下导致系统整体效率下降，能源利用效率降低；2）按照个别极端的需求对群体进行供应，如仅一个人需要空调时，全楼全开；夏季按照温度要求最低的个体对全楼进行空调，冬季按照温度要求最高的个体对全楼进行供暖。这样的结果导致过量供应，技术上容易实现，一般情况下也不会遭到非议，但能源消耗却大幅度增加。这实际上是我国北方集中供热系统的现实状况，也是美国多数校园建筑的通风、空调和照明现状；3）不管个别极端需求，按照群体的平均需要供应和服务，这就导致有一部分使用者的需求不能得到满足（如晚上加班无空调，需要较低温度时温度降不下来，每天只在固定时间段供应生活热水等），这是我国一些采用集中式系统的办公建筑的现状。这样使得能耗不是很高，但服务质量就显得低下。这大致是为什么我国很多采用集中式系统方式的办公建筑实际能耗低于同样功能的美国办公建筑的原因之一，同时也是很多在这样的办公建筑中使用者抱怨多，认为我们的公共建筑水平低于美国办公建筑的原因。

我国目前正处在城市化建设高峰期，飞速增长的经济状况、飞速提高的生活水平及飞速增加的购买力很容易形成一种“暴富文化”,“土豪文化”。从这种文化出发，觉得前面第二类照顾极端需求的方式才是“高质量”，“高服务水平”。一段时间某些建筑号称要“与国际接轨”，要达到“国际最高水平”的内在追求也往往促成前面的第二类状况。觉得一进门厅就感到凉快一定比到了房间了才凉快好，24 小时连续运行的空调一定比每天运行 15 小时的水平高，冬季室温 25℃，夏季室温 20℃的建筑要比冬季 20℃夏季 25℃的建筑档次高。按照这样的标准攀比，集中式系统自然远比分散式更符合要求。这是偏爱集中方式,推动集中方式的文化原因。但是这种“土

豪文化”与生态文明的理念格格不入。按照这种标准，即使充分采用各种节能技术、节能装置，也几乎无法在预定的公共建筑用能总量上限以下实现完全满足需求的正常运行。公共建筑用能上限是根据我国未来可以得到的能源使用量规划得到，也是从用能公平的原则出发对未来用能水平的规划。要实现这一标准，不出现用能超限，同时又满足绝大多数建筑使用者的需求，集中方式可能是一条很难实现其能耗目标的艰难之路,而分散方式则是完全可行易于实现之路。《中国建筑节能最佳实践案例》中篇介绍了三个办公建筑案例(第 13 节深圳建科院大楼、第 16 节上海现代申都大厦、第 18 节广州设计大厦）都是业主为自己使用而设计建造（或改造）的办公楼。都低于 70kWh/m^2 的未来用电上限，也都实现了室内较好的舒适环境。无一例外，这三个案例都采用了分散式或半分散式系统，在节能和满足需求上都获得了成功。飞速发展的信息技术和制造业水平的不断提高，使得分散式系统会不断进步，系统更可靠、管理更容易、维护更方便。这样，核心的问题返回来还是：向集中式努力还是向分散式发展？

4.5 保障室内空气质量是靠机械方式还是自然通风？

维持室内良好的空气质量，是营造建筑室内环境的又一重要目的。这对于室内人员的健康、舒适、高品质生活也至关重要。室内污染既源于室内各类污染源所释放出各种可挥发有机物（VOC），又会在室外出现高污染时污染物随空气进入室内。维持室内良好的空气质量的途径主要是通风、过滤净化。那么又该怎样通风和过滤净化呢？观察国内外各种办公建筑运行能耗，可以发现单位建筑面积为通风换气全年所消耗的风机用电有巨大差别：同样的校园办公建筑，依靠开窗通风，无机械通风系统的通风耗电几乎为零，而完全依靠机械通风换气的建筑风机电耗可高达 130kWh/（m^2·年）！下面是几种通风方式风机用电量的计算：

（1）自然通风，卫生间排风，排风量折合换气次数 0.5 次 /h，排风风机 200Pa，年运行 1450h，风机效率 50%，单位面积风机电耗 0.24kWh/（m^2·年）。

（2）机械通风，分室小型送排风机，换气次数 0.5 次 /h，风机扬程 500Pa，年运行 3000h，风机效率 50%，单位面积风机电耗 1.25kWh/（m^2·年）。

（3）集中式机械通风，换气次数 0.5 次 /h，送排风机扬程共 1000Pa，年运行 3000h，风机效率 50%，单位面积风机电耗 2.5kWh/（m^2·年）。

（4）集中式机械通风，换气次数 3 次 /h，送排风扬程 2000Pa，年运行 8000h，风机效率 50%，单位面积风机电耗 80kWh/（m^2·年）。每小时换气 3 次并非奢侈性通风换气，按照北欧的办公建筑标准，每个人每小时室外空气通风换气量应为 90m3/（h·人），如果建筑层高 3m，人均建筑面积 10m^2，就应该是每小时 3 次的换气。2000Pa 的送排风风机扬程也并非过高，当考虑长距离输送、排风热回收和空气过滤器等因素后，这是一个合理的数值。

上海华东建筑设计院自己的一座办公建筑单位建筑面积年用电量 50.8kWh/（m^2·年），其中空调通风风机的总用电量为 1.78kWh/（m^2·年）。而美国位于费城的某教学建筑实测全年通风风机耗电量就是 191kWh/（m^2·年）[6]。与上面的通风风机耗电数据对比，可知，建筑的不同通风换气方式，仅风机耗电就会对建筑能耗有巨大影响。那么，从维持室内健康的空气质量和建筑节能这两个需求出发，公共建筑该怎么通风和维持其 IAQ 呢？

室内外通风换气，对营造室内环境有重要作用。通过通风换气可以排除室内人员等释放的臭味、二氧化碳，也可以排除室内家具、物品产生的 VOC 等污染物，因此自古以来，屋子要通风换气，是一辈一辈传下来的祖训。但是当室外污染严重，出现沙尘暴、雾霾、PM2.5 超标时，引入室外空气就加剧了这些污染物对室内的污染。因此，通风换气对室内空气质量具有两重性：可以排除室内污染，又在室外出现严重污染时引入室外污染。

通风换气除了影响室内空气质量，对室内的热湿环境与供暖空调能耗也有很大影响。当室外热湿条件适合时，通风换气可以有效排除室内的余热余湿，从而可以延缓空调的开启时间，降低空调能耗。当室外高热高湿，或者寒冷时，通风换气就又增加了室内热、湿、冷负荷，导致供暖空调能耗增加。这样，通风换气对供暖空调能耗也具有了两重性：室外环境好时，可以节能；室外环境差时，增加能耗。

怎样实现通风换气呢？我们祖先千年传统留下来就是开窗通风。根据室内外状态，在需要时开窗通风，排热、排湿、排污、换气。只需要人来操作，不直接消耗任何能源。工业化以来，开始有机械通风方式。典型的办公建筑标准的通风方式为：外窗不可开，建筑尽可能气密；通过专门的新风系统引入室外空气；对进入的空气进行过滤，以消减通过空气进入室内的污染物；通过与排出的空气进行热交换或热湿交换，回收排风中的能量；再进一步对空气进行热湿处理，使其满足室内温湿度要求；处理后的空气定量地均匀送入各个房间。这两种通风方式在本质上有什么不同呢？

开窗通风往往是间歇式通风换气，在需要通风时打开外窗，由于室内外温度的差别造成的热压和室外空气的流动形成的风压可以驱动通过外窗的通风换气，如

果建筑设计得有利于自然通风，在一些情况下开窗可以形成每小时几次到十几次的换气次数。这样，经过一段时间换气后，有必要的话又可以关闭外窗，所以是一种间歇通风过程。反之，依靠机械方式通风换气很难实现高强度换气。一般新风量为每小时 0.5 次换气，按照规范办公室通风量每小时每人 $30m^3/(h·人)$ 的话，人均 $10m^2$ 时也要求每小时一次新风换气。如果建筑物做到充分气密，无其他通风途径，则按照这样的通风换气强度，机械通风换气系统应该在建筑物被使用期间连续运行。自然通风无直接的能源消耗，而机械通风需要风机耗电，其耗电量完全如前面所述，取决于系统风阻导致对风机扬程的要求。考虑过滤器、热回收器、通风管道的阻力，送排风机一共需要 1000Pa 扬程是典型数据。这样根据运行时间不同，年用电量会在 5～10kWh/(m^2·年)或更多。

当室外热湿环境适宜时，通风换气有利于排除室内热量，减少空调负荷；而室外环境过热或过冷时，通风又导致从室外引入热量或冷量，增加室内负荷。主张机械通风的理由之一就是通过新风回风间的换热器回收排风中的能量，实现节能。然而，只有在室外高热高湿或低温时，热回收才有意义；而在室外温湿度适宜时，热回收就提高了新风温度，不利于通过新风换气降温，起反面作用。当室内外温差较小时，尽管热回收有一定作用，但由于温差、湿差小，可以回收的能量有限，但空气通过热回收器造成的压降，损失的风机电能一点也不小。由于一份电能至少可以通过热泵制取 4 份热量，考虑热回收器的压降后可以得到，当采用显热回收时，一般情况下只有当室内外温差大于 10K 以上时，热回收才有收益，否则是得不偿失；当采用全热回收时，室内外焓差也需要在 10kJ/kg 以上才有收益。而开窗自然通风，使用者一定选择室外气候适合的时候开窗通风。一般会避开室外出现桑拿天或严寒天气。当室外温湿度适宜时，如果有较好的自然通风，可以在很小的温差、湿差下排除室内的余热余湿，缩短空调使用时间。而机械通风即使让热回收器旁通，由于通风量远低于自然通风，因此可以实现免费利用室外冷源的时间就会比自然通风短。综合全年总的效果对二者进行比较，可以发现除了在北方寒冷气候区带热回收的机械通风方式占优，其他气候区机械通风方式或者无明显优势，或者能耗要高于自然通风方式。

机械通风方式的又一个优越性是可以对室外空气进行过滤，有利于消除室外空气污染对室内的影响。结果真是如此吗？实际上只有当室外出现严重污染时，才希望对进入室内的空气进行过滤，而当室外空气清洁时，并不需要过滤。然而机械通风系统很难根据室外状况选择过滤器是否运行，绝大多数系统只要通风运行，过滤器就工作。这样，当室外空气清洁时，清洁的空气通过过滤器会带走部分以前积攒在过滤器中的污染物，形成对新风的二次污染。机械通风系统中的过滤器不可能实现天天清洗，因此过滤器集灰和二次污染是不可避免的。此外，进入机械通风系统中的室外空气中的污染物从大粒径颗粒（PM10）到小粒径颗粒（PM2.5）都存在，一个大颗粒粉尘的体积可以是一个小颗粒粉尘的数百倍。用一种滤料，通过一种过滤方式在这种情况下就只能对大颗粒有效，而对小颗粒效果不大。然而大颗粒在室内会靠沉降作用自然消减的，真正危害大的是微小颗粒。这需要用不同的过滤原理去除，并且在大颗粒存在时效果不会太好。这样看来，机械通风方式靠过滤器进行全面过滤并不是解决室外空气污染的好措施。室外严重污染时，它消除微颗粒的能力并不强，室外干净时它又造成二次污染。

再来看自然通风方式。为了改善室内粉尘污染现象，可以在室内布置空气净化器，也就是让部分室内空气经过空气净化器中的过滤器滤除部分污染物，然后再放回到室内，由此实现对室内空气的循环过滤。由于大颗粒在室内的自沉降作用，这时进入到空气净化器的主要是微小颗粒，由此就可以采用消除小颗粒的过滤原理和滤料。此时空气净化器的功能是捕捉室内微颗粒，而不是一次性过滤微颗粒，因此并不追求一次过滤的效率。只要能不断地从空气中捕捉污染物，空气就会逐渐净化。这就不同于安装在机械通风系统中的过滤器，如果污染物从过滤器逃脱而进入室内，它就再无机会被捕捉。相比机械通风系统中的过滤器，空气净化器中的过滤器灰尘积攒的少（因为主要是微颗粒），这就使得净化效果更好。与机械通风方式更重要的差别是：空气净化器由使用者管理，当他觉得室内干净时，就不会开启，而只有他觉得有必要净化时才会开启空气净化器。这样，很少有二次污染的可能。此时，使用者同样还会管理外窗的开闭。当室外出现重度污染时，使用者很少可能去尝试开窗，而当室外空气清洁、舒适宜人时，才是使用者开窗换气的时候。这样，无论是针对室外的颗粒污染还是针对室内的各类污染源污染，由使用者掌管的开窗通风换气和空气净化器方式都可以获得比机械通风加过滤器方式更好的室内空气质量。这里主要依靠的是使用者自行对外窗、对空气净化器的调节。这种调节涉及室内外空气污染状况、室内外温湿度状况等诸多因素。采用传感器去感知这些因素，再进行智能判断，以确定外窗和空气净化器的开闭，在目前还是一件很困难的事。不仅判断逻辑复杂，传感器的误差也会经常造成误判，从而严重影响室内环境效果。然而这项工作却可以由一位不需要任何训练只有一般常识的使用人员出色完成。这就是使用者可以发挥的作用，也是人与智能机械之间的巨大差异。

由以上分析我们得到，通过窗户的通风换气是窗户的重要功能，至今在维持室内空气质量上仍具有无法取代的作用。通过由使用者控制的外窗形成的间歇的自然通风和安放在室内的空气净化器来消除各类污染物，不仅远比机械通风方式节约运行能耗，还可以获得更好的室内空气质量。除了通风换气与消除污染物的理念不同，自然通风的模式还依靠使用者直接参与调节控制，这也是能够获得较好效果的重要原因。

以上对自然通风方式的分析，都建立在一个基本假设上：这个建筑开窗后能够实现有效的自然通风。这要取决于建筑体量和建筑形式设计。当建筑的体量不很大时，如果把自然通风作为一项重要功能，通过认真设计并且能够平衡自然通风与造型、外观、使用功能之间的矛盾，良好的自然通风总是能够实现的。当建筑体量很大，尤其是进深过大，且无天井、中庭等通道时，自然通风就很难实现了。这时只好采用庞大的机械通风系统，增加投资、占据空间、增加运行能耗，而且还很难获得良好的室内空气质量。既然如此，为什么还要设计建造这些大体量、大进深建筑？难道造型和外观真的比室内环境、运行能耗还重要吗？只有出于某些建筑功能的需求而必须大进深者，才需要全面的机械通风换气，例如大型机场、车站这种大型公共空间，体育场馆、大型剧场这种公众活动聚集的空间，以及某些大型购物中心、综合商厦出于使用布局的原因而必须大跨度，大进深的公共建筑。这时很难有可以调控的足够量的自然通风，只好依靠机械通风方式维持室内的空气质量。怎样有效地使有限的室外新风集中解决人的活动区域的空气质量，从而减少无效通风量和过度通风，则是另外一些需要讨论的议题。

4.6　建筑的使用者是被动地接受服务还是可以主动参与？

在 4.1 节讨论了民用建筑与工业建筑最大的区别是为使用者服务而不是为生产工艺服务，4.5 节则讨论了使用者在维持室内空气质量中自行调节的重要作用。实际上，公共建筑实际的运行效果，包括能耗水平、室内环境效果、空气质量都取决于建筑、建筑服务系统和建筑的使用者。这三者共同作用相互影响的结果最终决定建筑实际的性能。这里所谓建筑物的使用者指建筑物最终的服务对象。如办公建筑，使用者是办公室的办公人员，而并非建筑运行管理者或维护管理建筑物服务系统的运行操作者。那么，是应该由使用者还是由建筑物的运行管理者（对于全自动化的“智能建筑”来说是自动控制系统）决定建筑的运行状态，从而确定建筑物的实际性能呢？这是如何营造建筑环境这一主题下的又一个重要问题。

以办公建筑为例，实际建筑环境的调控状态是建筑运行管理者和使用者双方博弈的结果。一个极端是全自动化的“中央管理”系统，完全由自动控制系统或中央管理者操控管理建筑服务系统的每一个环节，例如灯光调控、窗和窗帘的开闭、空调系统、通排风系统等。使用者无需参与其中的任何活动，也不需要调整任何设定值，可完全被动地享受系统所提供的服务。这实际上是很多“智能”建筑所追求的目标；另一个极端则是完全由使用者操控管理室内状态，自行对灯光、窗和窗帘、空调、通排风装置进行开、关及调整，这往往被认为无智能，落后的建筑。当然，实际的办公建筑，往往处于这两种极端状态之间，是管理者与使用者共同操控或者相互博弈的结果。那么，从营造生态文明、人性化的建筑环境出发，使用者与建筑服务系统之间的“人—机界面”应该是什么样的呢？

对于以满足工艺要求为主要目标的生产、科研性质的建筑环境，服务对象是生产和科研过程，使用者是这一过程的附属者，因此建筑环境的操控就完全是为满足工艺过程的要求，就应该是“中央调控”方式，在满足工艺参数的前提下优化运行实现节能。然而，以建筑的使用者为服务对象、以满足使用者要求为最终目的的民用建筑却很不相同。每个人对环境温度、通风情况、照明、阳光等的需要都不相同。即使是同一个人，当处在不同状态时，对环境的需要也会有很大的不同。当然，使用者并不苛刻，对各项环境指标都有可容忍范围。那么怎样把建筑环境状况调整到每个人都容忍的范围内，并尽可能使最多的使用者感到舒适满意呢？这就是智能建筑的中央调控方式所努力争取的目标。然而，由于使用者个体之间的差异，由于一位使用者在不同状态下对环境需求的差异，也由于中央调控系统与使用者之间沟通渠道与方式的局限性，协调的结果往往使系统处在“过量供应、过量服务”状态：夏天温度过低、冬季温度过高、新风只能依靠新风系统而不可开窗、遮蔽全部太阳直射光等。这样可以使得建筑使用者基本满意，或者通过一段时间的“训练”后逐渐适应，但其建筑方式不可能是前面 4.3 节所倡导的基于自然环境的建筑模式、建筑服务系统也只能是集中供应系统，不可能如 4.4 节所提倡的分散式，更谈不上 4.5 节的自然通风优先的保障室内空气质量模式，其结果就是高能耗。这就是为什么在美国、日本、中国香港和内地的多座高档次办公大楼中调查得到的结果：智能程度越高，实际能耗越高 [7],[8]。

实现建筑系统与终端使用者沟通的渠道一般为“需求设定值”。例如使用者通过改变温控器上的室温设定值来表述他对室温调节的要求。然而，大多数建筑的实

际使用者并没有对舒适温度范围和室温设定值意义的专业知识，一座楼里会出现室温设定值分布在 18~30℃的大范围。自动控制系统真的按照这样的设定值对各个建筑空间进行温度调控，就必然出现大量的冷热抵消、效率低下，也不可能实施什么利用室外环境的节能调节。面对这样的普遍现象，有些建筑或者尝试统一设定值、取消使用者自由调节的权利，或者把设定值可以调节的范围限制在一个很小的范围（例如 22~25℃之间）。但这样取消或削弱末端使用者的调控权力实质上也就中断或弱化了服务系统与被服务对象之间的沟通，这又怎么能提供最好的服务呢？

实际上使用者对室内环境的需求并非是对单一参数的要求。温度、湿度、自然通风状况、室内气流场、太阳照射情况、噪声水平等多种因素综合相互作用影响。并且这种多因素对舒适与适应性的相互影响程度还因人而异，是一种辩证的综合的影响。目前很难通过人工智能的方法识别、理解使用者对诸多环境因素的综合感觉，因此只能是机械地对各个环境参数分别调控。这也极大地制约了中央调控方式充分利用自然环境条件实现节能的舒适调节的可能性。

什么是使用者的真正需求？对国内外办公建筑组织的多个问卷调查研究中，得到一致的结论是：使用者认为最好的服务系统是可以自行对室内各种环境状态（如温度、照明、遮阳、通风等）进行有效的调控。如果使用者能够开窗通风、拉开或拉上窗帘、自由开关灯、调控供暖空调装置给室内升温和降温，改变室内通风状况、平衡噪声与通风量等，使用者成为调控室内状况的主人，也就不会抱怨，而是对服务感到满意。面对诸多调控手段，尽管智能系统难以做出正确判断和选择，但对任何一个普通的使用者来说却很容易。当室外出现雾霾或高温高湿的桑拿天气，使用者一定会关闭门窗；而当室外春风和煦时，开窗通风一定是必然选择。这些对人来说极简单的判断和操作，对智能系统却不易实现。这就是在试图满足分布在一定范围内的需求时，集中的智能控制与需求者的自行控制间的巨大区别。那么怎样最好地满足使用者的自行可调的需求？就需要建筑、系统和调控的三方面协同配合：

（1）建筑应为性能可调的建筑：开窗后可以获得良好的自然通风，关闭后可以保证良好的气密性；需要遮阳时可以完全阻挡太阳光射入，而喜欢阳光时又可以能够得到满意的阳光照射；需要时可以使使用者感觉到与自然界的直接联系，不需要时又可以让使用者避开与外界的联系从而感到安全、安静。

（2）服务系统应为独立可调的系统：可以在使用者的指令下，对室内温度、湿度、照明状况，通风状况、室内空气自净器状况进行调节，满足不同时间的不同需要。

（3）使用者对建筑和服务系统的调节，可以是最传统的操作（例如人工开窗、人工调整窗帘），也可以通过各种开关按键调动末端执行器去实现调节操作。在办公室工作的人不会因为需要起身开窗或启停空调器而抱怨或觉得建筑物的服务水平低下。反之，那些所谓的智能调节反而经常是给使用者一个无思想准备的突然干扰，或者在需要调节时迟迟不动，引起使用者抱怨。科学技术发展把人类从繁重的体力劳动和危害健康的劳动环境中解放出来，使得工作成为享受生活的一部分，但并不是取消人的任何活动，取消建筑使用者为调控自身所在环境所需要的一切简单操作。

（4）此时，智能化节能系统可以起到什么作用呢？应该是协助性地弥补使用者可能疏忽的环节，避免不合理的能源消耗。例如，当识别出室内有一段时间无人，判断出办公室已经下班停用时，关掉照明、空调等用能设备；测出室内依靠自然采光获得的照度已经可以达到使用者开灯之后的室内采光水平时，关闭照明；判断出如果关闭空调供暖装置室温也可以维持舒适水平时，尝试关闭空调供暖装置；判断出室外环境恶化时，提醒使用者关窗，等等。也就是，各类调节由使用者主导，智能化系统辅助。智能化系统不主动启动任何耗能装置，只是在使用者由于遗忘而未关停时关闭不该开的装置。这样，即给予使用者以主人的地位，又尽可能避免由于遗忘造成的设备该关未关而出现的能源浪费。这样的智能化才真有可能实现进一步的节能！

国内外近二十年来都有不少公共建筑（尤其是办公建筑）能耗状况的调查，发现同功能办公建筑实际能耗相差悬殊的主要原因之一正是使用者行为的不同。而这种不同在很大程度上又是由于建筑与系统的调控模式给使用者不同程度的可操作空间所造成。对于相同的环境，与不具备调控能力的使用者相比，具有调控能力的使用者对环境的满意度更高。具有调控能力的使用者对环境的承受范围更广，不具有调控能力的使用者对环境的要求更为苛刻。这为平衡室内环境与建筑节能问题提供了新的思路。通过改变调控理念，给予使用者更大的调控力，同时再通过各种方式的文化影响去营造人人讲绿色、人人讲节能的文化气氛，才有可能实现最大程度的建筑节能，实现我们规划的未来建筑用能目标。

4.7　市场需要什么样的公共建筑？

《中国建筑节能最佳实践案例》第 2 篇介绍了一批低能耗办公建筑的最佳案例：深圳建科大厦、上海现代申都大厦、广州设计大厦、山东安泰动态节能示范楼等。从这些办公建筑的实践中可以在不同程度上找到以上诸理念的影子。很可能这些设

计者并不一定有意识地从这些理念出发，而是我们从他们的这些成功实践中以及我国更多的建筑实践的正反两方面的工程案例中逐渐提炼出来得到如上认识。进一步分析的话，可以发现从上述理念出发确定建筑形式和服务系统形式，采用创新的技术措施进一步提高建筑和系统性能，精心管理从每一个环节入手优化运行，这三点是这些案例得以在提高服务质量和实现低能耗运行间达到平衡，既提供了上乘的建筑服务，又真正实现了低运行能耗的关键。值得注意的是，这些最佳案例的业主同时也都是设计者和建筑物的最终使用者，都是自己出资为自己营造办公楼。为什么就没找到一座按照建筑市场目前的标准模式由投资方、设计方、经营方合作建造成功的真正具有显著节能效果、可以与前面几座办公楼有一比的建筑呢？为什么各地许多集成了各种节能技术的示范楼最后都背离了前述理念，也并没有真正实现低能耗呢？本节试图分析一下这些事实背后深层次的原因。在总结这些最佳实践案例的设计与建造过程，发现如下两个特点：

（1）这些项目的基本出发点是什么？是为了自用，不为出租、不为出售，不必追求市场形象。项目的基本出发点就成为怎样使得盖好的楼最好用，最节能。而如果建造的目的是为了出售、为了出租，则首先追求的是建筑的“档次”、“形象”，这对于在销售和出租市场上运作和获得成功至关重要。 例如：现在很多地区认为 VAV（变风量空调）是高档办公楼空调方式的必选方案，否则就不够“五星级”。而如果是采用分体空调，可能连“两星级”都不够了。这样，VAV 这种空调就成了“屡战屡败、屡败屡战”的办公室空调形式。尽管很多实际工程运行案例表明，VAV 方式的空调能耗高、新风保障程度差，很难真正实现理想的调节效果，但由于已经形成这种 VAV 文化，为了上档次，投资、效果都可以让位。为了迎合客户的需求，设计部门也只好违心地采用这些他们也知道并不节能或者并不好使的技术。“说实话”，实事求是的原则在这里大打折扣。反之，一些社会上流行的节能新技术、高技术却无论其是否真的节能、真的好使，即使作为装饰和招牌，也可以采用。这种“土豪文化”可能是目前真正的节能理念和有效的节能技术不能被业主接受，而许多并不实用的装置、并不节能的高新技术却能够得到市场的吹捧的实质原因。也是这种土豪文化，在新建的大型公共建筑领域比最高、比豪华、各类玻璃幕墙的采用、各种超大型 LED 屏幕的兴建，巨大的社会资源投入，既不能给使用者带来真正的舒适环境，又增加了运行维护费。同时对城市环境还是一种文化污染和亵渎，使城市更远离宁静，促使人心浮躁。这种土豪文化是目前城市建设中贪大求洋不求实效的文化根源，也是导致目前建筑市场这种图虚名不看实效的文化基础。重新回到“安全、实用、经济、美观”的建筑基本原则来，需要重塑城市文化！

（2）前面提到的这些案例，由于都是给自己盖的办公楼，舒适否、经济否将直接构成对自己的未来使用的效果，所以这些项目在设计中做了大量的分析论证。例如，深圳建科院大楼项目的前期设计研究与论证工作所投入的人力大约十倍于同样规模的办公建筑设计所需工作量。正是这种不计成本的精心设计，反复论证，才能使得在方案上能够找到最适合当地环境又适合于自己未来实际使用模式的建筑和系统方案，也才能使得部品的选取、建筑的细部、施工图设计等都能体现总体方案和理念，使得设计理念得到真正的实现。这种不计人力成本的精心设计是这几个案例得以实现的又一原因。而现今激烈竞争的设计市场，除了在建筑师方案上的非理性竞争，剩下的就是压缩成本，抢时间、赶速度、比功效。这就很难容许设计院这种并不增加图量、并不增加花销的这种巨额人力投入。而实际上正是这样的深入研究论证和在每个细节上的严格落实才是出真正的精品建筑的关键。在这些环节上的投入远比虚的炒作投入和实的部件投入更能对业主产生长远效益。盖楼是百年之计，为什么不能在建造过程中投入更多的理性，使其在百年中得到更大的效益呢？

在这样的设计市场和文化下，比高，比豪华，比奢侈的“土豪文化”，加上各种设备厂家以“节能环保”“最新技术”为标牌的轮番轰炸，再加上低廉的设计费用、苛刻的研究条件，连推带拽，自然就成就了目前这些大量技术堆砌、毫无实用价值、既不舒适又不节能的“高档建筑”。而为自己建造办公楼时，清醒者却能“狂风暴雨”不动摇，求实、求真，并做出好作品，产生好效果。这是因为在为自己干，做自己的窝。一成一失，一左一右，其区别是建筑文化和建筑设计与建造市场的机制。那么，在我们大规模城镇化建设的时候，是否应该同时关注和开始文化的建设与机制的改革？营造适宜的土壤，使得这些符合生态文明理念的真正绿色建筑也能在通常的设计和建造市场上产生出来呢？

4.8　生态文明的发展模式

十八大提出要“把生态文明融入到经济建设、政治建设、文化建设和社会建设中”。这给出了我国今后社会发展和经济发展的基本原则，也更明确了开展建筑节能工作的总纲。纵观人类的文明发展史，可以认为是经过了原始文明、农耕文明、工业文明和生态文明四个历史阶段。在农耕时代，人类无驾驭自然的能力，受科学技术与生产力发展的限制，人类完全拜倒在自然面前，只能在自然条件容许的框架

下进行人类活动。这是农耕文明的产生和发展的经济基础，也形成至今的宗教、神。进入工业革命后，人类驾驭自然的能力得到空前的提高，从而进入了大规模开发利用自然资源，以满足人类的各种需要的工业文明阶段。科学技术的进步使得生产力有了前所未有的发展，人类的生存条件、文化、社会也得到充分的发展。在工业文明阶段，人与自然的关系是人类充分挖掘利用各类自然资源，以满足人类发展的需要，满足人类的欲望。在工业革命初期，人类对自然的开发利用的活动还很少能影响到自然界状况，而这种开发却极大的促进了人类的进步，因此无可非议。然而随着工业文明的发展，人类对自然的挖掘活动已经强大到足以影响到自然界本身的变化时，人类与自然应该是什么关系就需要重新考察和审视了。面对“资源约束趋紧、环境污染严重、生态系统退化”的严峻形势，人类就必须改变自己的文明发展模式，由最大程度的挖掘自然以满足自身的无限需求的发展模式改变为在人类自身的发展与自然环境的持续之间相协调的发展模式。这就是生态文明的发展模式。这是人类发展史上的一个新的阶段，也是一个新的飞跃。从生态文明的发展模式出发，反思以往的工作，就会对许多事情有新的认识和看法。对发展绿色建筑的目的、方式，对实现建筑节能的途径、做法，对城镇化建设模式、方向等方面的争论实质上都可以从生态文明还是工业文明这样两种不同的人类与自然的关系上找到答案。所以，从理论上弄清生态文明对城镇化发展的要求，从实践上真正把生态文明融入到建筑节能的各项具体工作中，才可能真正从“形式”到“实质”，从根本上实践好建筑节能工作。

5　城镇住宅能耗现状与节能理念思辨[1]

本章分析中外住宅能耗出现这样巨大差异的主要原因，从历史、经济与社会发展、环境容量等因素探究我国未来住宅建筑能耗的上限。然后从住宅环境营造理念上讨论实现我国住宅建筑未来的节能目标、营造未来的小康住宅环境所要的途径。

5.1　中外住宅能耗对比

中美日意四国住宅除采暖外能耗对比　　表 1

时间	国家	人均能耗	户均能耗	面均能耗
		kgce/（人・a）	kgce/（户・a）	kgce/（m^2・a）
2011	中国城镇	222	585	10.2
2010	美国	1849	5024	20
2009	日本	936	2375	24.0
2007	意大利	390	972	/

注：上表的能耗为住宅建筑内除采暖分项外的其他能耗，包括炊事、生活热水、照明、电器及其他用电设备。中国的数据为城镇住宅除去北方采暖和长江中下游地区分散采暖的能耗后的能耗。单位“kgce/(户·a)”意为 kgce/(户·年)。

综合各国的住宅能耗数据至表 1，数据表明，尽管我国近年来城镇建设取得突飞猛进的发展，人民居住情况得到明显改善，但城镇住宅的实际能耗状况是：人均约为美国的 1/8，OECD 国家的 1/2；户均约为美国的 1/8，OECD 国家的 1/2；单位建筑面积能耗为美国的 1/2。为什么我国城镇住宅能耗与发达国家还存在这样大的差别？下面是对这一现象原因的初步分析。

---

[1] 原载于《中国建筑节能年度发展研究报告2013》第3章，作者：江亿，胡姗。

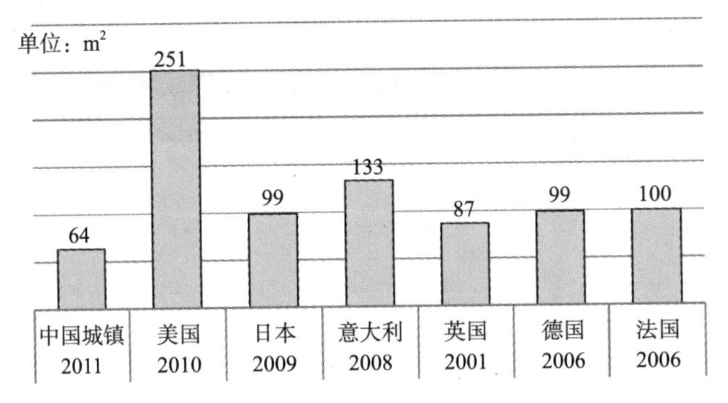

图 1　世界一些国家的户均住宅面积 ❶

注：中国城镇住宅的户均面积是由中国城镇住宅总面积除以中国城镇家庭总户数得到。

住宅面积。户均住宅面积对住宅能耗有很大影响，尤其是照明、空调和采暖这几项能耗，与户均面积直接相关。图 1 为我国与几个主要国家户均住宅面积现状，我国城镇住宅户均面积仅为美国的 1/4，欧洲和日本的一半。住宅面积较小，采暖、空调、照明的能耗就相对较低，这可以作为我国目前城镇住宅能耗低于 OECD 国家的原因之一。然而，与发达国家不同，我国城镇目前的住宅面积分布呈极不均衡的状态，部分家庭目前的住宅面积已高达 200~400m²，超过美国和欧洲目前的平均水平。现在相当比例的商品房也还在按照这样的标准设计和建造。这就将逐步丧失导致我国目前住宅低能耗的一个重要因素。

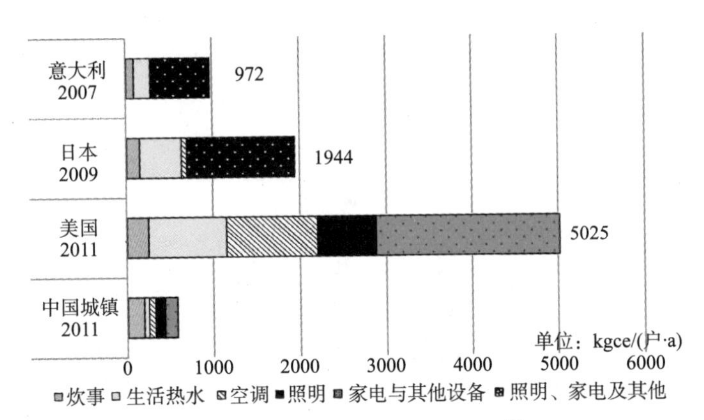

图 2　各国住宅户均能耗比较 ❷

❶ 数据来源：美国：EIA-Building Energy Data Book 2011。日本-EDMC-Handbook of Energy & Economic Statistics in Japan。意大利数据为卡布利亚州当地调研结果。其他数据来源：住房和城乡建设部住房改革与发展司，《国外住房数据报告 No.1》，2010。

❷ 数据来源：美国：The United State Department of Energy. 2007 Buildings Energy Data Book. USA: D&R International, Ltd., 2011。日本：The Energy Data and Modeling Center. Handbook of Energy & Economic Statistics in Japan, 2009。意大利：ENEA-Italian National Agency for New Technologies, Energy and Sustainable Economic Development，2004。

中美日意四国住宅建筑除采暖外户均能耗比较（单位（kgce/（户·a））　　表 2

项目	总一次能耗	炊事	生活热水	空调电耗	照明电耗	家电与其他设备电耗
中国	585	198	60	67	118	142
美国	5025	258	898	1051	675	2137
日本	1944	159	484	61	1240	
意大利	972	97	192	682		

注：上图和上表所示数据与表 11 相同，能耗为住宅建筑内除采暖分项外的其他能耗，包括炊事、生活热水、照明、电器及其他用电设备。中国的数据为城镇住宅除去北方采暖和长江中下游地区分散采暖的能耗后的能耗。

住宅能耗强度。住宅内除采暖外的能耗的特点是以户为单位，与面积并无直接关系，因此适宜以户均能耗来对比和分析。表 2 为我国城镇住宅除采暖外户均各类能耗与几个主要的发达国家之比较。可以看出，中国的炊事能耗比日本和意大利都要高，但仍比美国要低很多；由于夏季空调使用方式相似，中国与日本的空调电耗差异不大，但远低于美国；除这两项以外，中国的各分项能耗均远低于美国、日本和意大利。

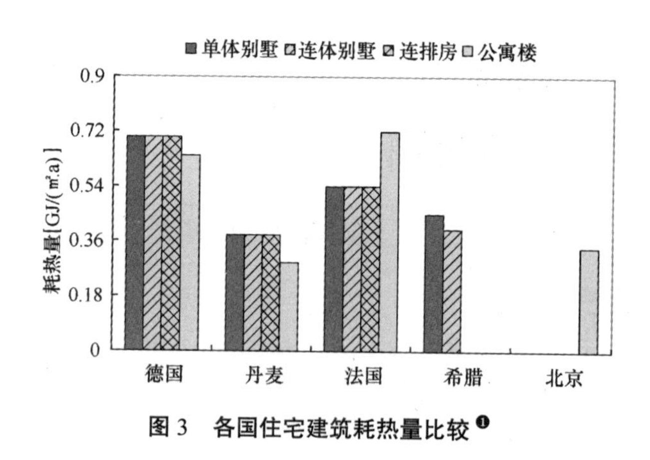

图 3　各国住宅建筑耗热量比较[1]

[1] 数据为单位建筑面积采暖能耗，但这里的建筑面积，均指从外墙内表面量起的计算结果。与我国的建筑面积从外墙外表面测算方法有区别。这样，欧洲国家建筑面积折算为外墙外表面计算的面积，需乘一个1.01 ~ 1.1的系数，系数大小由建筑物的体形系数决定，体形系数越大，需乘的系数越大。数据来源：Intelligent Energy of EPBD. Applying the EPBD to Improve the Energy Performance Requirements to Existing Buildings- ENPER-EXIST. Europe: Fraunhofer Institute for Building Physics, 2007。

住宅的采暖能耗，尤其是采用集中供热的地区，其能耗与住宅的建筑面积直接相关，适宜以单位面积耗能量来对比分析。图 3 是欧洲一些国家住宅建筑耗热量与我国北京地区的对比。可以看出，我国北方地区住宅采暖单位面积能耗与欧洲几个主要发达国家处于同一水平，甚至比丹麦等北欧国家还高。这是由于都采用集中供热，室内温度水平也相当，而我们的围护结构保温水平（外窗、外墙）不如这些国家，大型公寓式住宅楼的体形系数[1]又小于西方国家单体别墅，这就使得在同样气候条件下单位建筑面积的采暖能耗与这些发达国家接近。然而除北方地区采暖之外的其他能耗，包括南方地区的采暖能耗，我国住宅单位面积数值则远低于各主要发达国家。这主要是由于建筑的使用方式、居住者的用能方式不同所致，此外，售出而没有被真正居住的空置房已占到我国城镇住宅总量的 15% 以上，这些房屋的“零能耗”也拉低了我国住宅单位面积能耗指标。

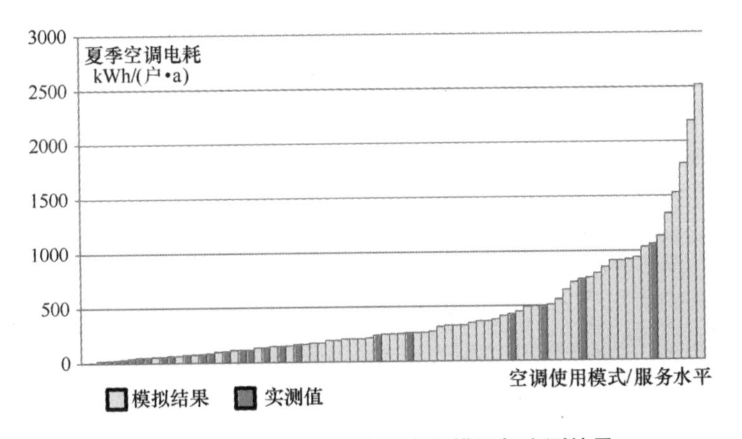

图 4 北京市住宅夏季空调电耗模拟与实测结果

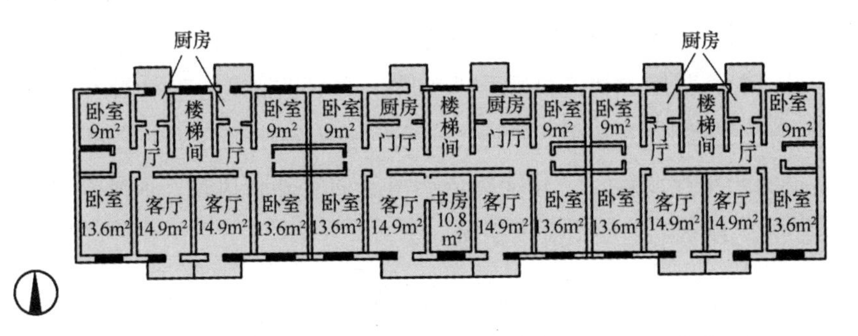

图 5 案例住宅楼平面图

[1] 居住建筑体形系数，在《民用建筑节能设计标准》JGJ 26—95(以下简称标准)中已有明确的定义，即“建筑物与室外大气接触的外表面积与其所包围的体积的比值”。其公式为：$S=F_0/V_0$，式中：S—建筑体形系，F_0—建筑的外表面积，V_0—建筑体积。

室内空调通风模式。夏季的空调通风能耗与使用模式有着直接的关系。图 4 列出了北京市一栋普通住宅夏季空调电耗的模拟与实测结果。该楼建于20世纪80年代，是北京地区的 1 栋 5 层非节能的普通住宅楼，砖混结构，南北朝向，层高 2.9m，外墙为 370 mm 砖墙，总建筑面积为 2230m^2。该楼共 30 户，全楼平均每户的建筑面积为 75m^2，标准层平面图见图 5。该楼的住户中，9 户的户主是55 岁以上的退休人员，其余户主基本是 35~45 岁的中青年在职人员。该楼住户的平均收入水平较高。实测得到的住宅夏季空调能耗见图 4 中黑色柱，平均值为 164kWh/（户·a）。模拟采用了五类不同的空调系统运行方式，并且考虑了不同的空调设定温度，有无容忍温度和不同的开窗行为，见表 3，这几点基本可以涵盖实际中不同的空调系统使用方式。对 54 种不同的空调通风模式的模拟结果（图 4 中灰色柱）表明，不同的空调使用模式可以造成夏季空调能耗的巨大差异，最高值可以达到 2519 kWh/（户·a），基本等同于美国夏季空调通风系统单位平方米的用能强度。

北京市住宅夏季空调电耗模拟的不同模式　　表 3

<table>
<tr><th>空调系统运行方式</th><th>设定温度</th><th>容忍温度</th><th>开窗行为</th></tr>
<tr><td>全空间全时间</td><td rowspan="3">24℃</td><td rowspan="4">无容忍温度，即与设定温度相同</td><td rowspan="2">全天开，通风次数 10ACH</td></tr>
<tr><td>主要房间全时间</td></tr>
<tr><td>主要房间有人就开</td><td rowspan="2">全天关，通风次数 0.5ACH</td></tr>
<tr><td>主要房间，有人，感觉热才开，定时关</td><td rowspan="3">27℃</td></tr>
<tr><td>仅卧室，有人，感觉热才开，定时关</td><td>28℃</td><td rowspan="2">开空调时关窗（0.5ACH），其他时间均开窗（10ACH）</td></tr>
<tr><td>仅起居室，有人感觉热才开，定时关</td><td>30℃</td></tr>
</table>

表 4 为我国几个典型城市住宅的空调通风用电量调研值及美国几个典型家庭的测试值。可以看到我国现状值显著低于美国，这主要就是由于空调通风模式的不同所致。典型的美国住宅为别墅式，通过全空气系统对建筑内每个房间进行空调和通风换气，系统全年连续运行，并维持全年恒定的室外新风量，而外窗则全年关闭，基本上与图 4 中最右端的使用模式相同。

一些城镇住宅空调通风运行能耗调查情况汇总表　　表 4

来源	调研地区	调查/测试时间	样本数	空调耗电量kWh/（户·a）
清华大学：李兆坚	北京	2006	210	164
同济大学：钟婷等	上海	2001	400	224

续表

来源	调研地区	调查/测试时间	样本数	空调耗电量kWh/（户·a）
华中科技大学：胡平放等	武汉	1998	12	292
浙江大学：武茜	杭州	2003	300	517
广州建科院：任俊等	广州	1999	/	628
美国家庭 1	美国北卡罗来纳州	2011	1	1526
美国家庭 2		2011	1	8534
美国家庭 3		2011	1	4069

从表 4 可以看出：我国住宅空调通风能耗平均为美国住宅的 1/10~1/4，能耗巨大差异的主要原因是：1）系统模式的差别，我国基本上是每个房间单独空调和通风换气；而美国大多数是整个单体住宅单元通过一个系统全面空调与通风换气；2）不同的新风的获取方式，我国是通过开窗通风和卫生间、厨房的排风机间歇排风来实现室内通风换气，全年排风机电耗不超过 100kWh/ 户；而美国住宅通过全面通风换气风机电耗的典型值为 2768kWh/ 户；3）不同的排热降温方式，我国住宅在室外温度适当的季节是通过开窗通风排除室内热量，不需要运行任何空调与通风设备，在炎热的夏季也只是间歇式地使用分体空调，对人员所在房间进行降温，而美国典型住宅因为是全年固定通风换气量、固定室外新风、不开外窗，所以室外温度适当的季节仍需要依靠空调排热；4）不同的运行时间：我国大多数住宅的空调、通风为部分时间运行模式，也就是家中有人时开机，无人时全部关闭；某个房间有人时开启这个房间的设备，离开时关闭；而美国典型的单体住宅建筑的通风空调采用全自动控制模式，全年连续运行。即使全家外出度假，通风空调系统也不关闭。这样就使得典型的上海家庭每年通风空调电耗为 500kWh 以下，而典型的美国北卡罗来纳州住宅每年通风空调电耗在 4000kWh 左右，是前者的 8 倍。

家电设备的种类和拥有量。尽管我国城市家庭的大多种家电设备的拥有量与美国家庭差别不大，但很少拥有带热水洗衣功能或电热烘干功能的洗衣机和大容积的对开门冰箱 [1] 或者单独的冷柜。图 6 为典型美国住宅的电器拥有量、装机容量和年耗电量。该图表明，电热型衣物烘干机和冰箱、冷柜这三件家电全年用电量超过 2130kWh，而我国居民基本上还是通过晾晒干衣，一般使用双开门冰箱 [2]，这就导致每年每户每年 1500kWh 以上的用电差别。

[1] 对开门冰箱通常指左右2扇门，开启方向相对的冰箱，容积尺寸通常为281L以上。

[2] 双开门冰箱通常指上下2扇门，开启方向相同，容积尺寸通常为281L以下。

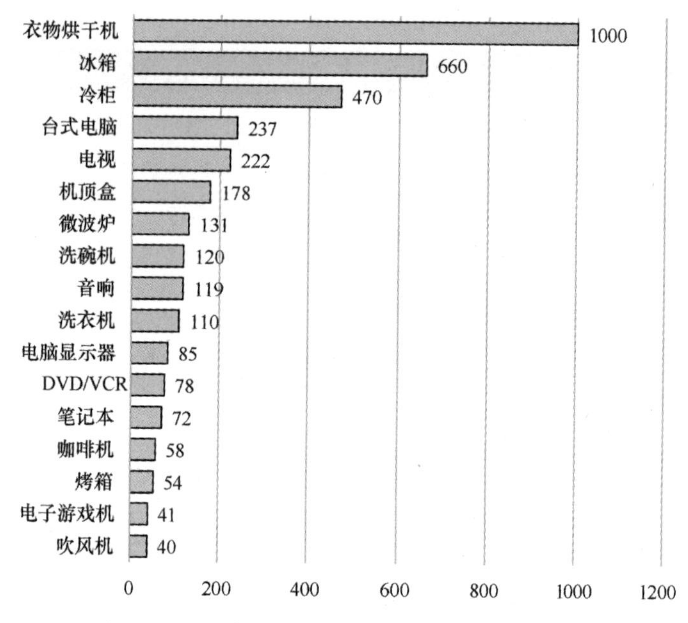

图 6　美国家庭典型电器年耗电量（单位：kWh/a）

生活热水使用量。我国在 20 世纪 90 年代以前城市住宅还很少有生活热水设施。近年来逐渐普及，但还仅仅用于淋浴，而不是其他用途。并且大多数洗浴也是淋浴，而非盆浴方式。这样就导致户均生活热水用量远比西方国家低。调查得到的户均生活热水用量及与发达国家典型值的比较，我国城镇居民每户日均用水量平均值为 50L/（户·天），约为西班牙平均水平的 25%，美国的 18%，日本的 22%。这也是我国居住建筑能耗相对较低的重要原因。

尽管目前户均、人均居住建筑能耗远低于发达国家水平，但我国又一特点是人均户均用能状况的不均衡性。目前已经出现高能耗人群，其人均、户均水平已经达到或超过发达国家的平均水平，只是大多数居民还处在较低的用能水平，从而掩盖了小部分群体的高能耗状况。

图 7 为我们 2009 年在上海等五个城市调查得到的居住建筑用电分布情况。每个城市取 500 到 1000 户作为被调查对象，按照户均能耗高低分为十组，图中的数据为各城市各组的平均用电数据及作为参照值的美国和日本均值。图中可见，各城市高能耗人群的平均能耗水平已经超过了美国和日本的平均值。这一高能耗人群住宅能耗高的主要原因为：

过大的居住面积。调查表明，我国住宅能耗与居住面积强相关。而目前部分住宅单元面积高达 200~400m^2，其户均能耗就很容易为 70~80m^2 住户的 3~5 倍。

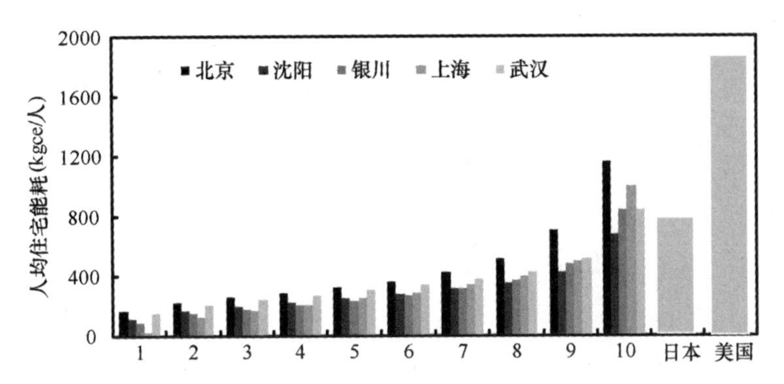

图7　调研城市居住能耗十类人群与发达国家比较（不包括北方城市集中采暖）

注：图中所列的中国城市中，北方城市不包括集中采暖能耗，其他城市包括分散采暖设备的能耗。日本和美国的数值为全国平均值，不包括采暖。

集中的环境控制与服务方式。很大一部分高能耗住户是所谓的“高档住宅”。这些住宅采用中央空调，由于实施“全时间、全空间”的运行模式，根据实测，其单位面积能耗是目前广泛采用的“部分时间、部分空间”的分散空调的7~12倍。此外，这类住宅有些还安装了“中央真空吸尘系统”，“餐饮垃圾粉碎系统”，以及由于禁止凉台晒衣，为每户统一安装洗衣烘干设备等，这样就使得原来的节约型生活模式转为依靠这些统一控制的集中式服务系统的新模式，从而在能耗上也实现了与发达国家“接轨”甚至超出发达国家平均水平。

改变了的生活方式。近年来出现了一些人群（以海归，外企高管，以及部分青年白领家庭为主），已经按照接近于西方的模式使用自己的住宅：采用“户式中央空调”，全天运行；外出旅游或出差仍维持系统运行（据说是为了防止室内装修和更衣柜中的衣物受潮损坏）；外窗封闭而依赖于通风换气系统（据说是为了防止室外空气中的污染物进入）；生活热水使用方式由淋浴改为盆浴。在一些郊区单体别墅的高档住户已有单户年耗电量达3万~5万kWh电的高能耗住户出现。

5.2　发达国家住宅能耗增长的原因

图8给出我国城镇住宅十年来户均能耗的变化。十年来不断增长的变化趋势一方面是由于城镇居住条件的不断改善和居民生活有了显著提高所致，这属于正常现象，也是我们建设小康社会的目的所在。但增长的另一原因则是由前述部分“高能耗住户群”的逐步形成和其在居民总量中的比例缓慢上涨所致。怎样看待这一变化趋势的作用呢？

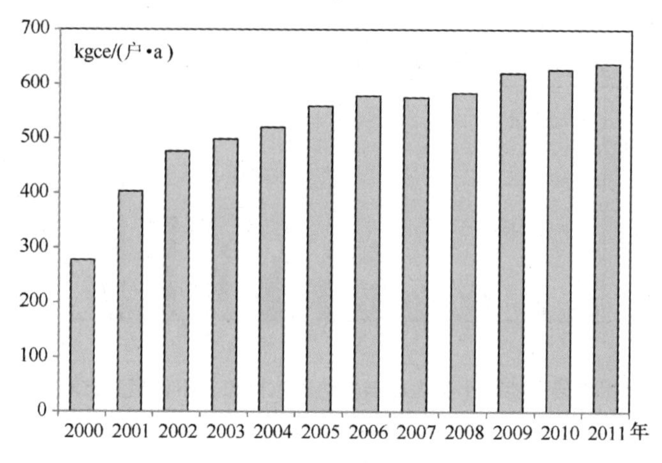

图 8　我国城镇住宅户均能耗变化

注：图中的户均能耗不包括北方集中采暖城市的集中采暖能耗。

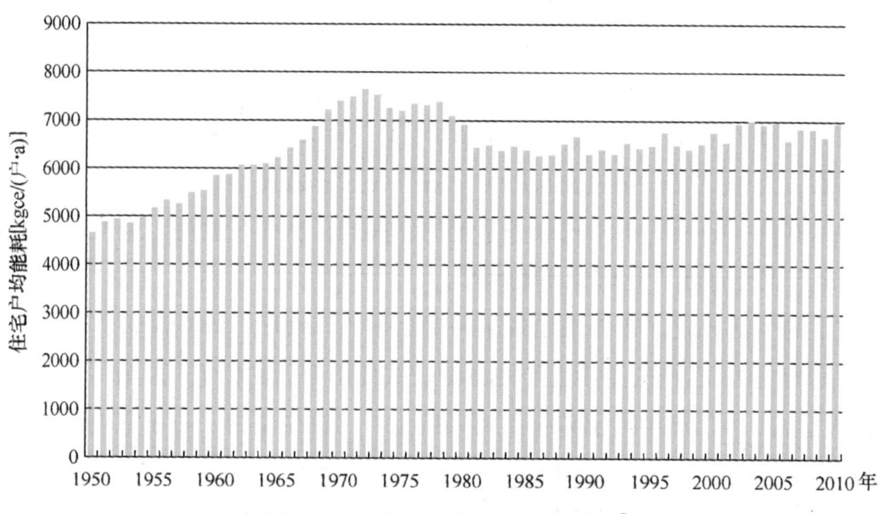

图 9　美国住宅建筑户均能耗发展[1]

图 9 和图 10 分别给出美国近 60 年来，日本近 50 年来居住建筑户均能耗的变化。可以看到，60 年代中期的日本，住宅能耗与我国目前城镇住宅能耗水平相当，而美国在 20 世纪 50 年代初的能耗也比现在要低很多。与目前中国的经济发展状况类似，这两个国家当时也正处在经济飞速发展，城市化建设飞速增长的阶段。从那时起，分别经过 20 年和 12 年的时间，这两个国家的住宅能耗增长到当时的 1.5~2 倍，接近于目前的水平。仔细研究这两个国家在其经济高速发展期同时出现的住宅能耗高速增长

[1] 数据来源：The United State Department of Energy. 2007 Buildings Energy Data Book. USA: D&R International, Ltd., 2011。

的现象，对理解我国住宅建筑能耗状况，确定未来的节能减排规划有重要意义。

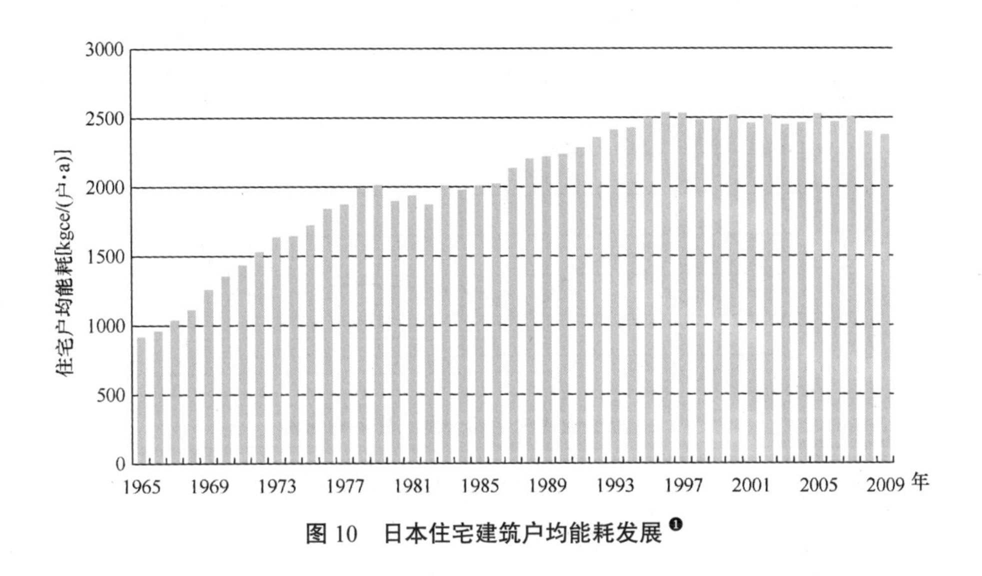

图 10　日本住宅建筑户均能耗发展 [1]

20世纪50~70年代可以认为是建筑节能相关技术飞速发展的时期。在这20年间，无论是建筑围护结构的保温技术、采暖空调设备的效率，还是各类家用电器设备和照明光源的效率，都有了长足的进步：50年代初还基本为白炽灯，而到70年代高效的荧光灯已经在美国很普及了。所以这20年间美国各类建筑节能技术的发展和应用提高了住宅系统用能效率，为降低住宅能耗做了贡献，但美国的户均能耗没有下降反而上涨了1/2左右，实际能耗的大幅增长则完全是伴随经济增长而出现的生活方式所致。根据目前可以得到的一些文献分析结果，这种生活方式的改变主要反映在如下几方面：

住区的郊区化和住宅单元面积的增长。20世纪20年代，西方发达国家的大城市开始出现郊区化，大量兴建独栋式住宅，50~60年代，郊区化达到高潮。以美国为例，在20~30年代初期，单体或双体别墅所占居住建筑的比例还较低，而到了70年代，随着郊区化的发展，独栋住宅的比例达到50%以上，并一直呈上涨趋势，如图11所示。由于别墅型住宅的体型系数约为公寓型体形系数的2倍以上，所以导致采暖、空调能耗的增长。住宅户均面积在1980到2010这三十年中，也从166m^2/户增长到251m^2/户，这也成为导致住宅能耗增长的原因之一。

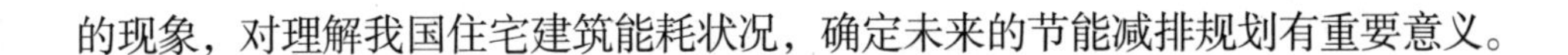

[1] 数据来源：The Energy Data and Modeling Center. Handbook of Energy & Economic Statistics in Japan, 2009。

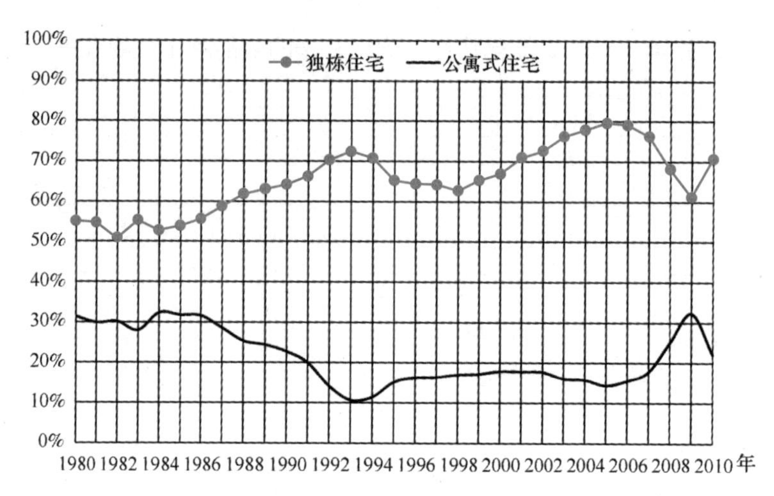

图 11　美国独栋住宅和公寓式住宅的比例

生活方式的改变。20 世纪 50 年代初期美国住宅开始安装空调，但主要是分室的窗式空调器，其运行模式大多如同目前国内住宅的分体机，处于“部分时间、部分空间”的运行模式；当时大多数住宅的外窗可开，所以自然通风还是保证住宅室内环境质量和排除热量的主要方式。而进入 70 年代后，窗式空调机逐步被一家一套的全空气式中央空调所替代，运行模式也逐渐由“部分时间、部分空间”与开窗通风转变为“全时间、全空间”，“一切依靠控制器恒温调节”替代，窗户也很少考虑用来开窗通风。伴随这一转变而来的就是住宅通风空调的能耗大幅度的增长。

家电数量的增长和家电使用方式的变化。信息类家电在这二十年内变化不大，电冰箱是从 50 年代开始在美国普及，带有烘干功能的洗衣机正式在这二十年内从无到有，全面进入美国家庭，使洗衣从以往的公共洗衣房模式转变为各户自用的带烘干功能的洗衣机模式。这些因素也在很大程度上加速了美国住宅能耗的增长。

日本在其住宅能耗飞速增长期出现的现象也同美国一样，主要是生活方式的改变，对住宅使用的方式出现巨大变化，住宅室内环境出现显著变化所致。图 12 给出日本各州住宅冬季室内平均温度 30 年来的变化，就清晰地反映了这段历史时期出现的情况。

美国、日本的发展都反映出随经济发展而相应出现的生活方式与住宅使用方式的变化，以及随这种变化随之而来的住宅能耗的巨大增长。我国十多年来持续的经济增长和人民收入的提高超过了美日发展期的增长速度，目前的住宅能耗状况和增长现象与美日当年的情况也很为接近。那么我们现在需要回答的问题就是：中国住宅用能会怎样发展？是否一定会如同美日那样随经济增长而迅速增长，还是有可能逐渐稳定在较低水平，不出现类似的巨大增长，从而实现我们的住宅节能目标？怎

样实现这样的目标？

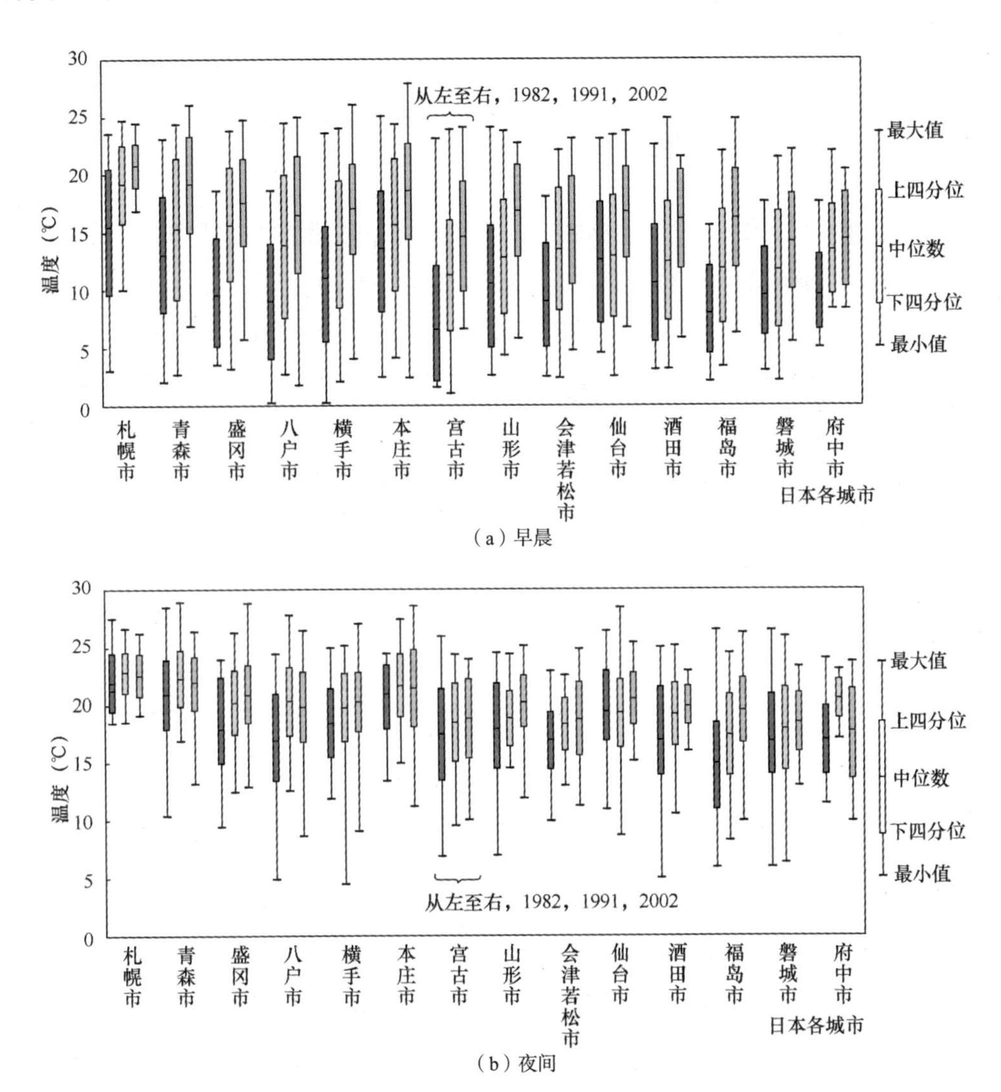

（a）早晨

（b）夜间

图 12　日本各地区住宅冬季平均室温的变化[1]

目前增长的原因来自于两方面：一是人民居住条件的改善，更多的居民有了房屋，满足了基本需求，室内热舒适条件、卫生条件、信息服务手段等也有了显著改善。这些导致的住宅能耗增加都属于社会发展和社会进步所必须的。而增长的另一方面则来自于豪华奢侈性消费。那么这种生活方式的改变和能耗的巨大增长是否是正常

[1] 数据来源为日本东北大学（Tohoku University）的教授Hiroshi Yoshino的PPT《Strategies for carbon neutralization of buildings and communities in Japan》。

的呢？我们又怎样区别社会发展与进步所要求的必须的增长与“豪华奢侈消费呢”？这是问题的关键。

5.3　我国住宅建筑能耗的上限

我国目前经济和社会发展所面临的主要瓶颈之一是能源的短缺和二氧化碳减排的压力。根据国务院印发的《能源发展战略行动（2014—2020年）》明确了2020年我国能源发展的总体目标，将一次能源消费总量控制在48亿tce左右。我国是工业制造业大国和化肥大国，2013年这两项用能约为30亿tce，为了保证经济稳定发展和食品的可靠供应，到2020年这两项用能很难低于30亿吨，这样，建筑运行与交通用能就只有18亿tce的空间。我国目前交通用能不到3亿tce，人均用能约为200kgce，仅为美国的十分之一。经济和社会发展必然需要各类交通的继续发展，如果人均交通能耗增加到500kgce（约为世界平均水平），则用于建筑运行的能源将只能是11亿tce。我国2013年城镇7.3亿人口，建筑运行用能5.8亿tce，人均0.79tce。未来城镇人口增长到10亿，城镇建筑总能耗也只能在8亿~9亿tce，人均建筑能耗基本应该维持不变，而不能再有增长。住宅能耗也就应该维持在目前的人均水平。而我们如果城镇建筑运行能耗的人均平均值达到目前OECD国家的人均水平，则在城镇人口达到10亿时，建筑运行能耗就需要35亿~40亿tce，几乎要用掉我们可以获得的全部能源！

图13为目前世界一些主要国家的人均建筑运行能耗状况。从图中可以计算出，尽管我国目前建筑运行能耗远低于美国及OECD各国，但是全球目前建筑运行能耗约为55亿tce，全球70亿人，人均800kgce，与我国城镇人口目前的人均建筑运行能耗基本相同。也就是说我国目前的人均状态恰为全球的平均值，如果全球建筑运行用能总量不再增长的话，从全球公平性考虑，我们今后的人均建筑用能水平也不宜再有增长。

在平衡社会发展、经济发展、全球用能和碳排放的公平性原则，以及我国本身的能源可获得状况，可以认为我国很难在建筑用能上重现美、日模式，我们必须找到一条新的途径，在满足因社会与经济发展及人民生活水平不断提高而对居住环境不断提出更高的需求的前提下，不使我国的建筑运行能耗，尤其是住宅能耗出现大幅度增长，力争把城镇人均住宅能耗控制在目前的水平，不包括北方地区冬季采暖，不包括安装在建筑本体的可再生能源（如太阳能、风能等），人均住宅能耗（不包括采暖）不应超过350kgce。这个数字仅为目前美国住宅用能（不包括采暖）的八

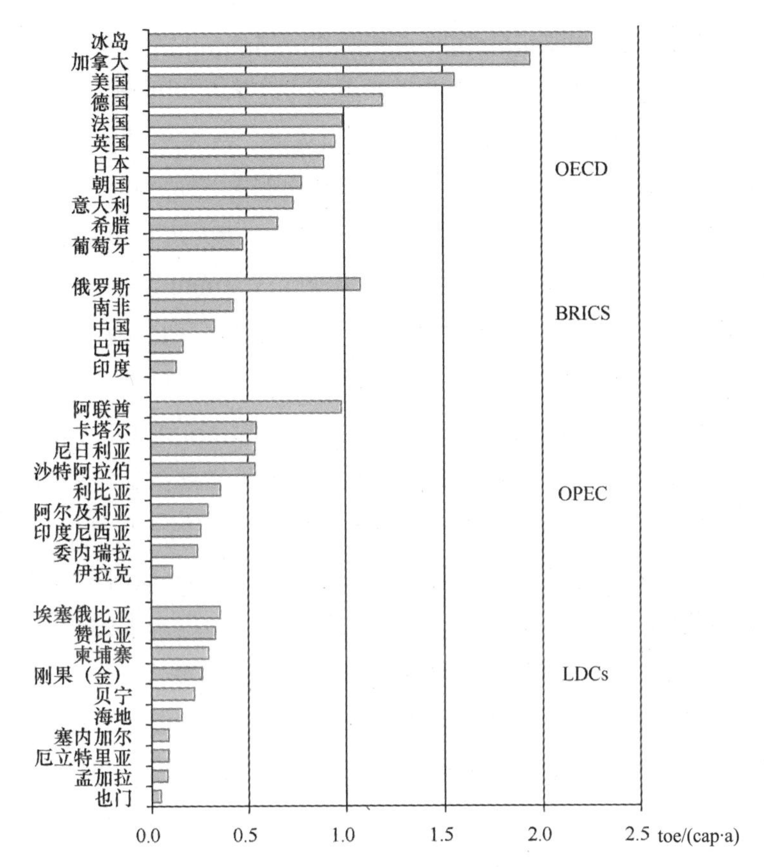

图 13　一些国家的人均建筑运行能耗（单位：吨标准油）

数据来源：IEA- 各国 2008 年能源平衡表。

分之一，OECD 国家住宅用能（不包括采暖）的二分之一。我们能实现这一目标吗？怎样才能实现这一目标？这是对中国建筑节能事业的一个巨大挑战。

5.4　能源消耗与服务水平之间的关系

怎样才能使未来的住宅能耗不超过前述的能耗上限，从前述对我国与发达国家住宅能耗巨大差异的原因分析可知，生活方式、建筑物使用模式以及住宅提供的服务标准是导致巨大用能差别的根本原因。那么我国未来在实现“小康”水平时，我们的生活方式、住宅使用模式以及住宅的服务水平应该是什么样呢？我们现在营造的住宅建筑，必然要使用到进入小康之后以及 2049 年中国成为世界上经济强国之后。要使得现在建造的住宅适合于未来的使用要求，就必须回答那时候我们的生活方式、住宅使用模式以及住宅提供的服务水平这些基本问题。

图 14 为联合国 UNDP 统计出来的世界各国住宅人均用电量与该国的“人类发展指数（Human Development Index）”之间的关系。图中表明，人均用电量与人类发展指数呈很强的非线性关系：当人均住宅用电量在 800kWh 以下时，如图中处于区域 1 和区域 2 的国家，提高人均用电量对应于人类发展指数的显著提高；而当这一指数在 0.8 至 0.9 之间时，人均用电量在 800 至 2000kWh 之间，并不再与人类发展指数有明显关系，此时人类发展指数更多的与该国的其他因素相关；而后即使微小的人类发展指数的增加都对应于巨大的人均用电量的增长，人均发展指数从 0.9 增加到 0.95 几乎要使人均用电量从 4000kWh 增加到 8000kWh。那么是否应该依靠一倍甚至于几倍能源消耗增长来换取“人类发展指数”的微小变化吗？我国城镇住宅的人均用电量目前不超过 800kWh，按照前面的规划，到小康社会及至进入经济强国，住宅人均耗电量也只能维持在 1000kWh 以内（350kgce 约折合为 1000kWh 电力和 136m^3 天然气）。我们是应该首先确定未来的发展目标（例如人类发展指数数值），然后寻找实现这一目标下最省能得模式，还是先确定未来的用能上限，然后通过追求社会和谐和通过技术创新，寻找在这一用能上限下获得最高的人类发展指数的途径？这显然是两个大不相同的思路。在人类发展指数处

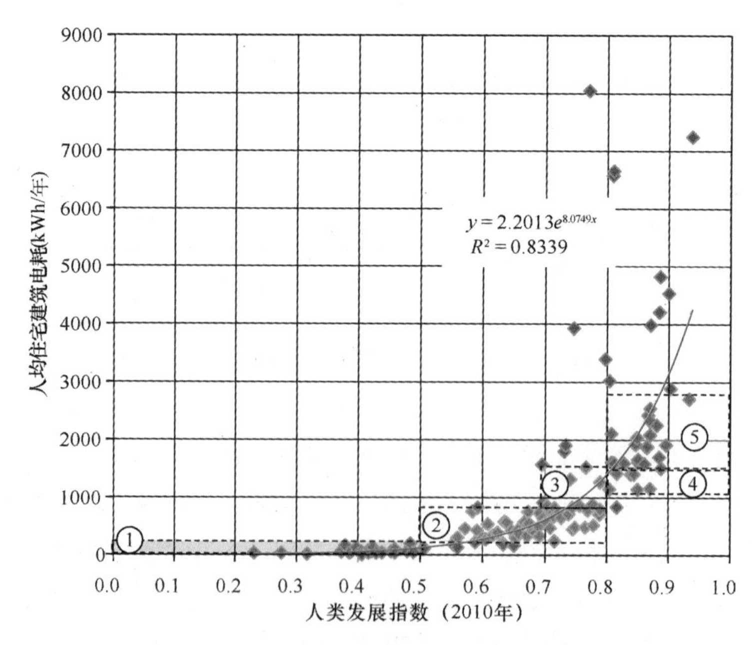

图 14　人类发展指数与人均住宅电耗的关系

数据来源：人类发展指数（HDI）-UNDP，2010。住宅人均耗电量 -IEA，2010。

于 0.8 以下时，社会发展和人民生活尚未达到基本的文明要求，此时应以发展水平为目标，能源与资源的消耗应服从于这一基本目标。这是目前发展中国家面临的基本问题。而当人类发展指数达到 0.8 这一基本文明要求之后，发展思路就应该反过来以能耗上限为条件！

在能源与资源消耗与提供的服务水平之间，上述关系具有普适性。例如图 15 为住宅单元的面积与居住水平之间的关系（居住水平 =ln（住宅面积 / 基本需求面积 + 常数））。居住面积基本上与建房资源、土地资源和建筑运行能耗成正比，但居住水平却与资源、能耗呈非线性关系。当住宅单元面积小于基本需求面积（例如 $80m^2$）时，住宅几平方米、十几平方米的增量都使居住水平得到明显改善，而当面积足够大后（例如 $150m^2$），再增加 $50m^2$，造成很大的资源、能源需求但居住水平的改善却非常有限。那么当我们面对着资源、能源高度短缺的瓶颈时，当相当多的居民住宅面积还没达到 1.0（即 $80m^2$）时，是否就不应该把发展目标定在远高于 1.0 的某处，反过来抱怨资源、土地、能源的不足，而应该根据资源与能源状况，先确定上限，再在上限之下依靠技术创新来改善居住水平？

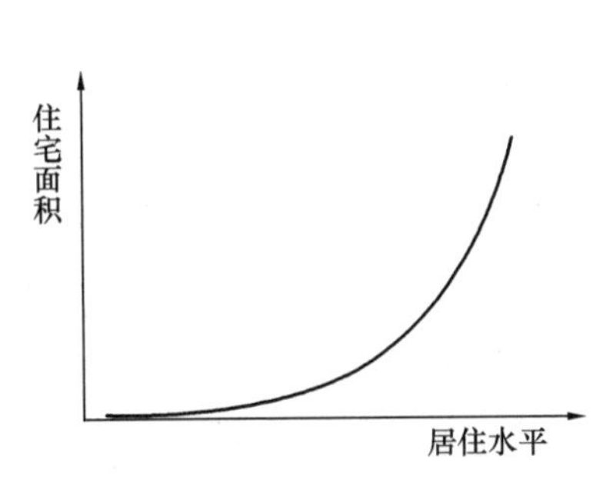

图 15　住宅面积与居住水平的关系

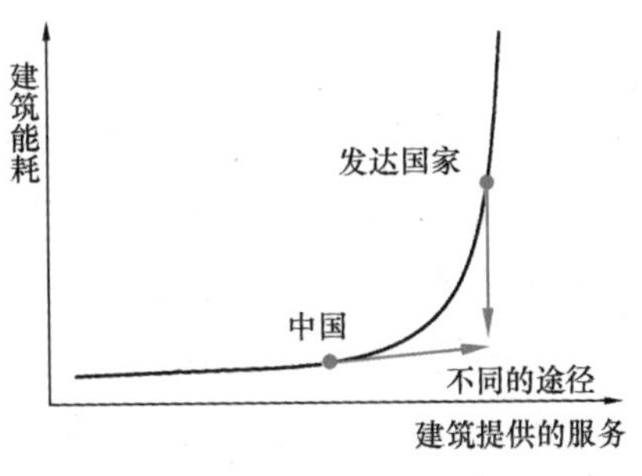

图 16　建筑服务水平与建筑能耗的关系

在生产领域，产品的数量与生产过程消耗的能源与资源量呈线性关系，而在消费服务领域，提供的服务水平与服务过程需要的能源却如同前述各例那样，呈强烈的非线性关系。图 16 为建筑提供的服务水平与建筑运行能耗间的某种定性关系。当然，不同的技术措施对应的曲线会有不同，但需要澄清的问题是：我们应该首先确定未来的服务水平，以此作为住宅建筑发展的要求，然后考虑如何通过技术创新，在实现这一标准的条件下尽可能降低能源消耗？还是首先确定未来的能源消耗上限，再发展各种创新技术，使得在不超过用能上限的前提下，尽可能获得更高的服务水平？这两种不同的思路对应于两种实施建筑节能工作的途径。深层次地思考，这实际上对应着不同的人类对待自然的态度。

工业革命以来，人类文明的发展是以“人定胜天”为基础的，为了满足人类文明发展的需要，开发利用各种自然资源，为人类文明所服务。当人类社会尚未充分发展，而各类自然资源远没有被充分利用时，提出某个人类文明发展标准，以其为目标推动社会发展和人类文明建设，是当时条件下正确的选择。然而，当人类的发展开始与有限的自然资源发生矛盾，受到环境容量的严重制约时，如何规划我们未来的发展模式，仍然是定发展目标，定服务水平标准，“标准与水平不可动摇”，“人类的发展目标不可撼动”；还是先定能源资源消耗的上限，再通过技术创新寻找在不突破这一上限的前提下的最好的服务水平？党的十八大政治报告提出的“生态文明”就是对这个问题的最好回答。十八大报告指出“必须树立尊重自然、顺应自然、保护自然的生态文明理念，把生态文明建设放在突出地位，融入经济建设、政治建设、文化建设、社会建设各方面和全过程”。这里就不是再把人类的需求摆在至高无上的地位，而是要“尊重自然、顺应自然”。把生态文明建设融入经济建设、政治建设、文化建设、文化建设中，就是要根据生态容量确定我们所受约束的上限，在这一上限下谋发展。这是完全不同的人类发展理念。从工业文明到生态文明标志着人类更清楚地认识了自身发展与自然的关系，从而确定了与自然相和谐的可持续发展之路。工业文明是把人类自身的发展放在绝对位置，“开发自然、改造自然”，使各类自然资源服务于人类文明，而不顾及其对自然环境造成的破坏。而生态文明就要把自然生态环境摆在重要地位，要求人类文明的发展必须与自然生态环境相和谐，以生态环境能够提供的资源与环境容量作为约束上限，一切发展都应以不越过这一上限为条件。在我们的经济建设、社会建设、文化建设、政治建设中都要遵循这一原则。从这一原则出发，十八大政治报告中进一步具体明确节能工作要“控制能源消费总量”。

上述对十八大报告的学习体会明确地说明，从生态文明建设出发，我们的建筑节能工作应该首先确定未来建筑运行所允许的能源消耗总量，在不超过这一用能总量的前提下，通过技术创新，努力改善建筑物的服务水平，为使用者提供健康的、尽可能舒适的室内环境。这样的提法就与以往的“使室内环境标准达到国际先进水平，在满足这一标准的前提下，通过技术创新，尽可能降低运行能耗，实现节能”的提法完全不同。在以前“在满足服务标准下追求节能”的提法下，就会出现关于服务标准的无尽争论，就会出现“尽管我的能耗高，但我达到更高的服务水平，因此用能效率高，节能显著”的论点和案例，就会按照很高的服务水平标准，计算出

很高的能耗量，从而得到巨大的但根本不存在的“节能量”。而按照“在能耗上限下追求高服务水平”的提法，既可以避免关于服务标准的争论，又可以清楚地考核是否高能耗；参照用能上限，还可以清楚地得到真实的节能量。因此，我们的住宅建筑节能工作尽快从“在满足服务标准下追求节能”转变为“在能耗上限下追求高服务标准”，应该是贯彻落实十八大生态文明建设的重要举措，应作为今后建筑节能工作的基本出发点。

5.5 实现住宅节能的两个途径

如何实现住宅节能目标，目前有两条不同的途径：一是完全寄希望于各类可再生能源和各种节能的高技术，依靠技术创新实现高服务标准下的低能耗。而另一条途径则是认为住宅能耗主要由生活方式决定，鼓励传统的绿色生活方式，发展适合这种生活方式的适应技术，从而维持我们目前的相对低的住宅能耗，这应该是我们推动住宅节能的主要任务。那么哪一个途径更符合现实，能够真正实现我们建筑运行用能总量的控制目标呢？

目前欧美国家先后提出要在2020~2030年实现新建住宅建筑全部“零能耗”或“近零能耗”。这里的零能耗有若干不同版本的定义。

在北欧，“零能耗”主要指被动式采暖实现零能耗或“近零能耗”。那么当住宅建筑的外墙外窗实现非常好的保温，再加上高效的排风热回收装置，同时考虑室内使用其他设备用能发热（如照明、电器设备等），可以实现采暖零能耗或者采暖仅需要送排风机电耗（约20kWh/m^{2}年电力）。瑞典目前推广的被动式采暖每年采暖能耗不超过15kWh/m^2，总能耗（包括采暖、空调、生活热水、照明、家电等）不超过120kWh/m^2，即使认为这都已经折合为一次能源，则100~150平方米的单元住宅每年仍耗能1.2~1.8万kWh/户一次能源，或5000~7000kWh电力/户，远高于我国目前居民除采暖外其他用能总量的平均值（4700kWh/（户·a）一次能源，或1800kWh/（户·a））。

在德国，所提出的“近零能耗”指采暖每平方米每年不超过3升油，而不对其他方面的用能进行约束。这样其结果与北欧状况相近。

在法国，“零能耗”是指除太阳能等可再生能源外，全年住宅总能耗不超过50kWh/m^{2}一次能源的住宅建筑。如果按照大多数法国住宅建筑为二层单体建筑分析，屋顶70%面积安装太阳能发电装置时，全年可发电折合为建筑面积20kWh/m^2，这样全年实际消耗的能源 37kWh/m^2 电力（包括太阳能）也是远高于我国目前的城镇住宅户均能耗值。

近年来，我国也学习、引进了欧洲最先进的节能技术和措施，在不少住宅项目中按照这些技术和理念试图建造“低能耗、高品位”的高档节能住宅。结果怎样呢？引进发达国家先进的节能技术的典型项目无一例外，其实测能耗都远高出当地一般住宅建筑，也高出我们规划的中国城镇建筑未来的用能上限。如果这些住宅都为两层建筑，在屋顶 70% 的面积全部安装太阳能集热器和光伏电池，对于有很好的日照条件的地区，有可能通过太阳能抵消高出的用能，从而使全年需要从外界输入的能源净值接近我国未来住宅用能上限。但是从我国土地资源状况和未来城镇化发展态势看，我国绝大多数城镇不可能采用这种低层住宅模式，我国未来的住宅只能是中高层公寓式。这样有限的屋顶面积也就无法满足这种用能模式对可再生能源的需求。

对于不包括北方采暖能耗的城镇住宅能耗，为什么我国的能耗平均值远低于这些采用先进的节能技术的“低能耗建筑”呢？其原因同前面第 1 节中分析的中外住宅能耗差异之原因。这里再重复叙述如下：

（1）通风的用能差异；

（2）“全时间、全空间”还是“部分时间、部分空间”；

（3）“恒温、恒湿、恒氧”；

（4）外窗能开否；

（5）生活热水的用量和提供方式；

（6）衣服烘干机 / 太阳晒。

正是这些与生活方式、服务水平、使用方式相关的因素，导致我国城镇住宅除采暖外能耗的户均值仅为发达国家的八分之一到二分之一，这是两种使用模式和生活方式（以下简称为绿色模式与欧美模式）的差别。而通过大量的建筑节能技术，提高能源利用效率，也仅能使这种欧美模式的能耗降低到二分之一到三分之一，仍然远高于绿色模式的平均值。因此除非改为底层住宅，全面利用屋顶的太阳能，在目前的技术条件下，如果坚持这种欧美模式，恐怕无法把实际能耗控制在我们既定的住宅用能上限以下。

这样，在我国目前的这种居住模式和城市发展模式下，坚持绿色模式可能是我们实现住宅节能目标的唯一选择。这主要表现在：

（1）可开启外窗、实现自然通风；

（2）提供部分时间、部分空间方式的室内热湿环境控制；

（3）分散的生活热水供应方式，节约生活热水使用量；

（4）对电热型衣物烘干机、洗碗烘干机等高能耗家电说不；

（5）及时关闭各种不使用的家电，避免待机造成的浪费。

这些绿色模式实施起来困难吗？这些绿色模式降低了生活质量吗？这些绿色模式不满足“小康”要求吗？能不能把这里定义的绿色模式作为我们未来住宅的标准，在此标准之下，发展系列的高效节能技术，在为居民提供更好的服务的同时进一步降低运行能耗？以一户住宅建筑面积为100m^2的三口之家为例，计算结果表明，即使是按照相对高的生活水平和使用模式来估算，且不考虑使用太阳能等可再生能源，使用燃气热水器的家庭的年耗能量也仅为913kgce/（户·a），使用电热水器的年耗能量也为1044kgce/（户·a），低于1050kgce/（户·a）的目标值。详细计算见表5。也就是说人均350kgce/（户·a）的能耗量是可以满足中上等的生活水平，而实际上，表5最后一列中列出的实则参考值来自于清华大学某教授家庭的实测值，其收入与生活水平都属于中上阶层，但其各项能耗实际都低于设定案例的计算结果与目标值，家庭的人均能耗低于350kgce/（户·a）这个限值。

人均耗能量 350kgce 的典型住宅能耗计算结果 **表 5**

用能项目	全年用能量	单位	用能	设备容量	生活方式及使用方式	实测参考
夏季空调	300	kWh/（户·a）	电	2 台空调	间歇部分时间使用	110
生活热水	710	kWh/（户·a）	电	电热水器（效率 90%）	全年平均每人日均用水量 20L	
	66	m^3/（户·a）	燃气	燃气热水器（效率 90%）		
炊事用气	114	m^3/（户·a）	燃气	我国目前炊事用气的平均值，考虑不增长。		
照明	427	kWh/（户·a）	电	总装机容量 195W，相当于 13 个节能灯	平均每个灯每天使用 6h	
各种用电设备	1462	kWh/（户·a）	电			
电冰箱	175	kWh/（户·a）	电	200L 一级能效冰箱，耗电量为 0.48kWh/ 天	全年开启	130
电饭锅	220	kWh/（户·a）	电	一级能效电饭锅，耗电量 0.43kWh/ 天	全年 70% 时间每天在家做两顿饭	70
厨房抽油烟机	20	kWh/（户·a）	电	20W	每次做饭开 3h	
排风扇	22	kWh/（户·a）	电	20W	每天开 3h	10
微波炉及其他电炊具	100	kWh/（户·a）	电			73
客厅电视机	150	kWh/（户·a）	电	46 英寸 LED 电视，80W，机顶盒 20W	平均每天看 4h	
主卧室电视机	113	kWh/（户·a）	电		平均每天看 3h	
电脑及娱乐设备	347	kWh/（户·a）	电	1 台式机（150W）+1 笔记本（40W）	平均每天使用 5h	300
洗衣机	178	kWh/（户·a）	电	一级能效滚筒洗衣机，耗电量 1.14kWh/cyc	平均每周洗 3 次衣服	80
饮水机或电热水壶	57	kWh/（户·a）	电	效率 50%	每人每天饮用 2L 热水	
床头设备及其他	80	kWh/（户·a）	电	充电器等		60
合计（使用电热水器的家庭）	2899	kWh/（户·a）	电	1044	kgce/（户·a）	1050
	114	m^3/（户·a）	燃气			
合计（使用燃气热水器的家庭）	2189	kWh/（户·a）	电	913	kgce/（户·a）	1050
	180	m^3/（户·a）	燃气			

5.6 几个基本问题的讨论

5.6.1 住宅规模问题

未来住宅的规模应该是多大，这是住宅节能的最基本的问题。住宅规模越大，其运行的基本能耗（采暖、空调、照明）也就越高，同时住宅建筑材料生产过程中消耗的资源能源量也越高。当住宅面积很小，不能满足居住者的基本需求时，增加居住面积、改善居住条件，对提高人民的生活质量有重要作用。但是，当居住面积达到一定规模后，再一味地扩大住房面积，资源、能源的消耗随面积增大而增大，但对生活质量的改善就非常有限。而当再拥有第二套、第三套或更多的住房，并囤积空置，而不是作为满足生活需求条件时，这种房屋实际上就是对社会资源的一种严重浪费，其造成的一次性的对 GDP 的贡献远小于其持续的对社会资源的占有和对能源的浪费。因此对于中国这样的土地、能源、各类资源都严重匮乏的国家，必须严格控制住房规模，这要比各种节能节材节水措施更为重要。

除了房屋建造过程和建筑材料消耗大量能源和资源外，建筑运行能耗总是和建筑规模成正比，房屋总量越大，建筑运行能耗也就越高。因此从未来控制建筑运行能耗总量的角度看，也必须对建筑总体规模，包括住宅建筑总体规模进行控制。

此外，住宅目前的高空置率现象，还给北方城镇集中供热带来严重问题。一些新的住宅楼盘，尽管售出率已经很高，但实际入住率却不足 30% 甚至更低。这就导致冬季集中供热系统很难运行。如果集中供热系统停运，少数已经入住的住户因没有供暖而无法正常生活。关闭没有实际入住的单元，则仅占少数的入住单元由于周边都是不采暖单元，按照全部入住全部采暖而设计的集中供热系统就很难满足入住单元的采暖需求。此时往往需要开启全部系统，无论入住与否都同样供热，采暖满足已入住单元的需要。这样，就导致大量控制房屋无人还需要采暖，造成巨大的浪费。

因此，为了在有限的能源总量下实现我们未来的小康，首先就需要冷静地看待居住规模问题，必须严格控制超大规模的住宅的建设和使用。在这一关键问题上如果失守，就会突破我们的住宅建筑用能上限，恶化全社会用能紧张状况，加剧能源的过量使用，造成对环境的压力。因此，实现未来住宅节能的第一个措施，就是严格控制住宅建筑总量。在未来城镇人口达到 10 亿时，城镇住宅总面积不应超过 240350 亿 m^2，人均住宅面积不超过 2435m^2。这应该作为实现住宅节能的基本条件。

5.6.2　营造怎样的住宅环境

与办公室要求统一的室内环境条件不同，住宅室内的状况各不相同，需求完全个性化并时刻变化。这包括室内有人还是室内无人，一两个人还是多人聚会，睡眠、休息还是娱乐、喧哗等等。处在不同的状态，对温度、湿度、照明状况、通风状况、直至是否需要开窗等都有很不一样的要求，甚至于希望的室内状况还与居住者心情有关。这样，真正舒适的、人性化的居室很难通过在高度自动化系统的控制调节下的全套自动的空调、通风和照明来实现。因为这样的系统很难了解居住者真实的需求。而居住者真正需要的是根据自己的意愿对室内环境进行全面掌控的能力。例如，当他 / 她需要打开外窗时，可以自己去打开外窗，而不是很奇怪地发现外窗被莫名其妙地突然自动打开或关闭；当他 / 她需要更亮或暗一些时，可以自行调整室内照度，而不是照明系统恒定地调节，维持室内的某种照度水平；同样对于室内温度、湿度、通风状况等，居住者都希望能够按照自己的意愿改变相应状态或进行某种调节，而不是被动地“被”维持在某个舒适水平。某些轻微的体力活动（如开 / 闭外窗，开 / 闭窗帘，开关空调等）是必需的生活内容，而不应该被认为是负担，更非“繁重的家务劳动”。人类所追求的绝不是摆脱一切劳动，对居室环境调节的一些必要工作是家庭日常生活中必要的内容，是生活乐趣的一部分。近十多年来，随着信息技术的飞速发展，国内外信息业一波又一波的开发推广各类形式的“智能家居”，自动控制灯具、窗户、窗帘、温湿度等，包括微软在 2000 年就曾大力推动过的智能家居系统。这类试图替代“家务劳动”的尝试无一例外都得不到社会的真正接受。然而与此同时出现的那些家庭娱乐，信息传播、多媒体表达等信息服务业的创新服务内容却不断火爆，几乎每推出一项新服务就得到广泛的接受和认同。这两类对家庭提供新的服务的尝试所得到的完全不同的结果，也充分说明了哪些是家居真正的需求，哪些则违背了居住者的真实意愿。

然而，“把办公室的高科技的环境控制系统搬到住宅去”，通过全套的机械系统提供“健康舒适”的住宅室内环境的想法一直是国内外不少住宅开发商的期盼和追求目标。在这一目标追求下，一些“恒温、恒湿、恒氧”的住宅项目在国内相继出台。这些项目就放弃了居住者可以自主对居室环境进行调节这一最重要的需求，试图依靠统一的高科技手段提供最佳服务。为了使众多不同需求用户能得到共同的认同以避免不同需求者的抱怨，必然在夏季使室内温度偏低、在冬季使室内环境偏高，无论人是否在家都全天 24 小时连续运行，并过统一的机械新风供给恒定的室外新风，

而采用不能开启的外窗或不允许外窗开启以保证统一的环境调控。如果再统一调节灯具照明，维持室内恒定照度，那就更剥夺了居住者掌控自己室内环境的一切权力，这就不是“舒适健康”，而是丢失了对室内环境状况调节的一切乐趣，在初期，使用者从好奇、有趣的心理出发，还可以接受和欣赏。但持久下去就发现其缺少了家的感觉，逐渐成为不可容忍的环境了。而作为代价，这种全面自动调控型住宅由于其追求所谓的“高舒适”而无视居住者本身对变化的室内环境的适应能力，使得居住者由室内调节设备的主人变成了被动接受机器的调节，并且由于其主要依靠机械的方式来营造室内环境，其实际的运行能耗往往比通常的住宅方式高出许多倍。这难道就是我们应该追求的“幸福家园”吗?

5.6.3 怎样营造居室环境?

在工业革命之前，人类驾驭自然的能力还很有限，为了营造一个尽可能舒适的居住环境，就要尽可能根据所处地区的自然环境条件相应地建造与之相适应的房屋，尽可能利用自然环境条件来营造舒适的室内环境。这就发展出我国北方地区民居“坐北朝南”，北京的四合院布局，徽居的天井、岭南西墙上有遮阳功能的蚝壳。几千年来传承下来的传统建筑中可以找到丰富的经验、案例，这都是先人怎样利用自然条件来营造舒适的室内环境所积累、传承下来的珍宝。当时也有一些通过能源驱动的主动措施。但这些措施是只有当外界出现极端的环境状况、依靠自然条件无法满足室内需求时，才采取的主动调节手段。例如太阳落山后点亮灯具照明，冬季严寒开启各种取暖措施等。

工业革命以后，随着科学技术的进步，人类驾驭自然改造自然的能力有了空前的提高。驾驭自然、开发挖掘一切自然资源为人类服务，通过主动的机械方式营造人类所需要的一切，这成为工业文明的基本出发点。从这一哲学理念出发，人类营造自己居住环境的思路也出现了变化：与自然相和谐、利用自然条件营造室内环境思路的转变为利用机械系统全面营造适宜的室内环境。这时，气候条件决定建筑形式就不再成为基本原则，尽可能把室内环境与外界隔绝，尽可能切断室内外环境的联系，尽可能对室内环境实现全面的掌控成为现代建筑室内环境控制的要素。把室外采光全部隔绝才能有效地通过人工照明方式实现任何所需要的室内照明效果；把围护结构做到完全密闭，实现充分的气密性，才能完全控制室内外通风换气量和热回收状况；把围护结构做成热隔绝，才能避免室外环境对室内环境的热干扰，从而才可以通过采暖空调系统对室内的温湿度实现有效的调控；既然是全面的掌控系统运行模式也就必然是“全时间、全空间”的集中和连续模式，以及“恒温、恒湿、恒氧”的效果。从这样的理念出发陆续发展出系统的技术手段，确实可以营造出任何所要求的室内环境状态，当居住者逐渐习惯于这种环境后，也可能会逐渐满足和欣赏这种服务效果。但是，这是以巨大的能源消耗作为代价的。前面图 9 和图 10 日本住宅建筑户均能耗发展。给出的美、日两国在其社会与经济发展过程中出现的住宅建筑的能耗上涨情况就在某种程度上反映了这一变化。目前世界上发达国家与发展中国家住宅能耗的巨大差别也在一定程度上反映出这两种营造室内环境模式的理念在能源消耗上的巨大差异。

然而工业文明下营造理想的人居环境的这一模式现在受到人类所面临的资源与环境的挑战。有限的自然资源和环境容量现在看来很难为每个地球人提供这样的人居环境。近二十年提出的生态文明的理念告诉我们，必须协调人与自然环境的关系，必须在有限的自然资源消耗和环境容量下营造我们的人居环境。这就要求我们重新反思工业文明发展出来的营造人居环境的模式。人类是上万年间在自然环境条件下进化繁衍发展的，人所需要的环境状态一定是最接近人类生存发展过程中的自然环境的平均状态的。因此自然环境的多数状态一定是当地人群感觉舒适的状态，无论何地，全年都有一半以上时间室外气候条件处在人体舒适范围内。这样，就至少要使在这些时间内室内与室外良好地相通，把室外环境导入室内，这时自然通风可能是营造室内热湿环境最好的途径。只有当室外环境大幅度偏离舒适带时，才真正需要采用一些机械方式来改善室内热湿环境。也只有这时才需要尽可能切断室外热湿环境对室内的影响，从而降低机械方式所需要承担的负荷。进一步，营造室内环境是为了满足居住者的需求，而不是为了满足房间的需求，当室内无人时，即使外界处于极端气候状态，是不是也就不需要维持其温湿度？人类可以短期地处于室外极端环境下，是否也就允许室内短期偏离舒适的温湿度环境从而使机械系统能够在居住者进入后启动系统，把室内热湿状况逐渐调整到所要求的状态？

这样，平衡有限的资源与环境容量，充分考虑人类的发展历史和人体自身的调节能力，未来的居室环境营造原则和调控策略应该是：

（1）实现“部分时间、部分空间”的环境调控，满足居住者的各种不同需求；而不是试图实现“全时间、全空间”的室内环境调控；

（2）具有可以改变性能的围护结构：在室外环境处在舒适范围时，可以实现有效的自然通风，实现室内与外界的充分融合；而在室外环境大幅度偏离舒适范围时，能够通过居住者的调节有效割断室内外的联通，实现围护结构较好的气密性、绝热

性，从而使机械系统在很低的能耗水平下实现有效调控；

（3）采用高效的环境控制系统，包括照明、采暖、空调、通风，可以实现分散的、高效的、快速的环境调控。

通过创新的技术实现上述三点，完全有可能在我国目前的建筑能耗水平下全面满足住宅室内环境调控的需要，解决好日益增长的对居住环境的需求和日益严峻的能源和环境的压力间的矛盾，实现满足生态文明建设要求的住宅建设。

5.7　有效推动住宅节能的政策标准与机制

目前世界各国的建筑节能主要存在两种主要的思路。一种是以降低能耗和碳排放为主要目标，一种是以推广普及节能技术、扩大市场为目标，意在使建筑节能成为新的经济增长点。这两种思路并不对立，两者在具体的实施措施上有很多相同点，例如对既有建筑围护结构改造的支持，但是到底是以哪一种目标作为基本出发点，其整体的政策体系以及最终产生的效果会有很大的不同。

德国建筑节能法规与标准的发展轨迹揭示了其建筑节能思想的变迁，从1952年《高层建筑保温》，在起步阶段关注围护结构构件的热阻和传热系数，到关注围护结构系统的平均传热系数，再到规定采暖终端能耗（新建建筑每平方米居住建筑的年采暖终端能耗小于10L油），直到目前规定建筑的一次能源消耗量限值，反映了从关注做法到关注终端能耗的思想转变。对应着降低终端能耗的这个出发点，德国的建筑节能政策都是围绕着终端能耗来设计。例如对于采暖的计量方式，1973年以前，德国的收费方式是“分栋计量，按户面积分摊”，1981年以后，逐步实现“分栋计量，按户面积和用热量分摊”，将建筑物的实际耗热量与用户的能源费用直接相关，让用户实实在在体会到行为节能的效果，促进了行为节能。能源证书对于科学定量地反映建筑物的能耗也起到了很大的作用，德国政府对于新建建筑和既有建筑改造以及建筑物买卖都进行了出具能源证书的强制规定，既降低了用户在交易的租赁时获取建筑物能效性能的信息费用，同时也让用户成为实际能耗的监管者，以市场手段促进了建筑节能标准执行。

法国的建筑节能思想的变迁与德国类似，从1974年正式改造节能设计规范，对围护结构综合传热系数进行规定，到1989年开始对生活热水的能耗、单位面积采暖能耗进行限定，直到现在对各分项的能耗进行了详细的规定，同时以围护结构热工性能和可再生能源的利用作为次要指标，其变化过程也经历了从关注围护结构做法到关注实际能耗的变化。

美国建筑节能也是以提高效率为核心，美国传统上没有建筑管理所对应的联邦机构，其政府在建筑节能中的角色并不显著，主要手段是制订行业和产品标准，开发和推荐新技术，其建筑节能的推动力量更多的来源于民间的各种行业、协会、电力公司和企业，因此其建筑节能所依靠的市场力量强大，政府出台的能源政策多在于市场转型，以使得高能效技术在市场上取得成功的推广，因此其节能的基本出发点在于推广节能技术与产品，以建筑节能作为新的经济增长点。从这个基本出发点，美国建筑节能的政策主要分为两类：一类是提高性能指标和建立新兴技术应用的统一标准，另一类是通过经济、非经济的措施，激励新技术的使用和推广。

综上所述，可以发现目前德国、法国等欧洲国家的建筑节能基本出发点是关注实际的终端能耗，从这个方面出发，就需要关注影响能耗的各种因素，包括：生活方式，建筑物使用模式与追求标准；建筑与系统形式；运行管理模式。而美国的建筑节能是为了推广普及节能技术，扩大市场，从这种角度出发就需要考虑应该推广及普及哪些节能技术措施，通过何种政策手段来支持和推广。这两种出发点并不对立，反映的是对应于不同国情的不同解决之路。

通过对中外各项政策的约束目标和实施方式进行分析，可以发现，针对单项技术、产品的政策居多，是政策较偏向的方向，这类政策一般都大见成效，推广范围广；而针对降低能耗为导向的政策和措施较少，且一般都推动起来十分困难，且收效甚微。出现这种情况的原因，是因为前者有着巨大的商业利益和市场力量的推动，有着庞大的利益群体在起着推动作用和影响，而后者的受益者多为使用者，而他们目前对于建筑的能耗及相关的政策的信息获取渠道少，信息量少，节能的经济利益小，同时也缺少有效的监管平台，所以导致这部分的政策实施起来困难重重。所以，从倡导建筑节能健康发展的角度出发，国家政策的设计以及财政补贴的方向应该尽可能地向降低实际能耗方面倾斜，以形成具有降低能耗导向的建筑节能的市场环境和条件，引导市场和企业向着降低实际建筑能耗的方向发展，而非一味地炒作、推销“节能技术”“节能产品”。

我国目前建筑节能工作亟须理清楚的问题是：建筑节能的基本出发点究竟是什么？如果是从效率出发，那么我国建筑节能的基本工作就在于研究需要推广哪些节能技术和措施，通过何种政策手段支持，使得这些措施得以最大程度的推广；如果是从降低能耗出发，就应该从实际能耗出发，研究影响实际能耗的三个环节：建筑

节能与系统形式、运行管理模式、生活方式和建筑物的服务标准与使用模式，围绕着这三个环节设计相关的政策，使得最终实现节能降耗低碳的目标。上文已经分析得出结论：中国只能在保持人均建筑用能强度基本不增长的前提下，通过技术创新来改善室内环境，进一步满足居住者的需要；不能借“提高居民生活水平”之名而放任人均建筑能耗大幅度上涨，这是中国建筑节能工作必须面对的问题。

在这样的能源限制下，中国的建筑节能工作不能是盲目地以发达国家既定的建筑舒适性和服务质量标准为目标，然后通过最好的技术条件去实现这样的需求；而应该先明确建筑能耗上限，然后量入为出，通过创新的技术力争在这样的能耗上限之内营造最好的室内环境和提供最好的服务。

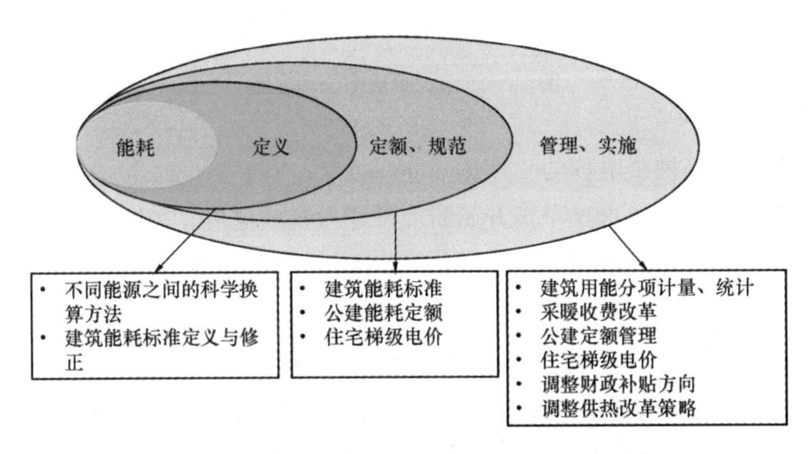

图 17　以降低实际能耗为目标的建筑节能政策体系

我国目前的建筑节能政策是以具体做法为导向的，我国和发达国家实现建筑节能的不同路线表明我国和发达国家建筑节能工作的不同的侧重点。发达国家建筑节能工作的中心是如何提高设备系统和建筑本体的能效水平，从而实现在维持其目前的生活方式下的逐步节能降耗，而我国目前建筑节能的基本出发点应该是降低建筑领域的实际能耗，其关键则是确定建筑用能上限，在这个上限下，通过研究创新的技术来提高建筑物的服务水平，而不是在追求最好的建筑服务质量的前提下再谈建筑节能。因此，我国应尽快建立以实际能耗为导向的建筑节能政策体系，如图 17 所示，以建筑物的实际能耗作为政策的核心，建立其定义方式、各类建筑的定额和规范，以及配套的管理与实施体系。

居民梯级电价就是以降低实际能耗为导向的一项住宅建筑节能政策，自推行以来，取得了良好的节能效果。居民阶梯电价是指将现行单一形式的居民电价，改为按照用户消费的电量分段定价，用电价格随用电量增加呈阶梯状逐级递增的一种电价定价机制，示意图见图 18。

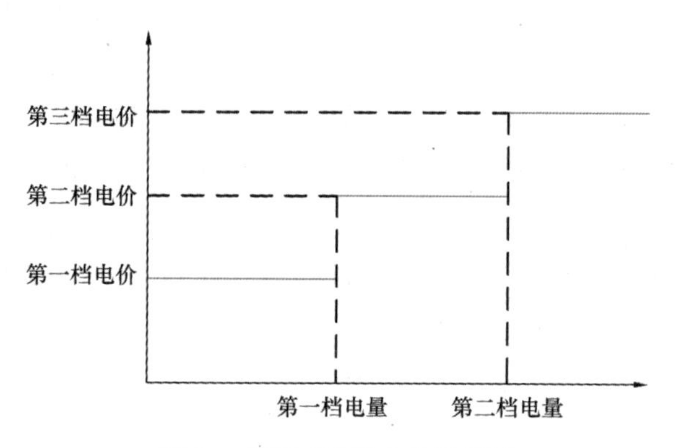

图 18　渐增式阶梯电价示意图

我国推行居民梯级电价的工作从 2006 就已经在四川、浙江、福建等地开始试点居民门路式电价。2008 年全国开始研究酝酿阶梯式电价。2010 年 10 月 9 日，国家发展和改革委员会公布《关于居民生活用电实行阶梯电价的指导意见（征求意见稿）》指出："近年来我国能源供应紧缺、环境压力加大等矛盾逐步凸显，煤炭等一次能源价格持续攀升，电力价格也随之上涨，但居民电价的调整幅度和频率均低于其他行业用电，居民生活用电价格一直处于较低水平。从而造成用电量越多的用户，享受的补贴越多；用电量越少的用户，享受的补贴越少，既没有体现公平负担的原则，也不能合理体现电能资源价值，不利于资源节约和环境保护。为了促进资源节约和环境友好型社会建设，引导居民合理用电、节约用电，有必要对居民生活用电实行阶梯电价。"《征求意见稿》就电量档次划分提供了两个选择方案，并向社会公开征求意见。2011 年，国家发改委在各地展开调研，11 月发布《关于居民生活用电实行阶梯电价的指导意见》，把居民每个月的用电分成三档，并增加了针对低收入家庭的免费档。2012 年 3 月 28 日，国家发改委表示将实施居民阶梯电价方案，并提出 80% 的居民家庭电价保持稳定。2012 年 5 月，各省份密集举行居民阶梯电价听证会。在此基础上，2012 年 7 月 1 日，全国各地陆续公布阶梯电价实施方案，截至 2012 年 8 月 7 日，全国 29 个试行居民阶梯电价的省区市均已对外公布执行方案，由于所处地理环境、气候环境、经济发展水平、居民收入等存在差异，各省分档电量及电价标准有所不同，一些地区也制定了以年为单位或区分用电高峰、低谷的方案，见表 6。

全国部分省市梯级电价实施方案　　　　**表 6**

电量单位：度 /（户·月），电价单位：元 / 度

	第一档电量		第二档电量	第一档电价	第二档电价	第三档电价
上海	260		400	0.617	0.677	0.977
北京	240		400	0.4883	0.5383	0.7881
浙江	230		400	0.538	0.588	0.838
重庆	200		400	0.52	0.57	0.82
四川	180		280	0.5224	0.6224	0.8224
吉林	170		260	0.525	0.575	0.825
云南	170		260	0.45	0.5	0.8
青海	150		230	0.3771	0.4271	0.6771
广西	用电高峰	190	290	0.5283	0.5783	0.8283
	非用电高峰	150	250			
广东	夏季	260	600	0.61	0.66	0.91
	非夏季	200	400			

注：1. 广西规定 1 月至 2 月、6 月至 9 月为用电高峰期，其他月为非用电高峰；广东 5 月至 10 月执行夏季标准，11 月至次年 4 月执行非夏季标准；云南规定每年 5 月至 11 月为丰水期，执行现行 0.45 元每度的现行电价，每年 12 月至次年 4 月为枯水期，按上表所示执行阶梯电价标准。

2. 数据来源：北极星电力网 www.bjx.com.cn。

由于各地之间发展不平衡，用电需求存在差异，不同地区的第一档电量存在差距，甚至达到百度以上。例如，上海的第一档电量达到 260 度，而青海第一档电量是 150 度。总体而言，东部沿海省份的首档电量基本在 200 度以上，而中西部地区则在 150–200 度之间。就各档电量阶梯加价的幅度而言，除青海省在现有基础上降 0.05 元，即从 0.4271 元降到 0.3771 元外，各省第一档电价基本保持现行电价不变；除四川第二档较第一档提价 0.1 元以外，大部分省份第二档与第三档分别提价 0.05 元、0.3 元，充分体现了“多用电者多付费”的核心理念。

自 2006 年部分省市试行，到 2012 年全国范围推行，居民梯级电价制度对于引导居民合理用电、节能用电，起到了积极推行作用。同时，梯级电价制度作为以实际能耗为控制目标的政策，也能有效地促进和推动住宅领域其他节能政策的推行，例如高效照明灯具的推广以及节能家电产品的应用。例如，四川、浙江、福建在实施居民用电阶梯电价后，促进了家庭节能产品的应用，居民用电量增速明显减缓。

据统计，三省居民用电量增速 2007 年比 2006 年分别下降了 12、5 和 1.4 个百分点。重庆市自 2012 年 7 月 1 日起正式执行居民阶梯电价制度，到目前已实行半年多，重庆市电力公司的统计数据表明：城乡居民一户一表在执行阶梯电价后，2012 年户均月用电量为 199 度，比 2011 年下降了 21 度。

5.8　实现住宅节能目标的住宅建设要点

从上述理念出发，要在满足日益增长的对住宅环境质量的需求，同时又能真正降低住宅运行能耗，就需要从住宅的规划、设计、建造、和使用模式全方位下功夫。其核心的要点为：

（1）建立以降低实际能耗为导向的住宅节能政策体系：我国应尽快建立以实际能耗为导向的建筑节能政策体系，以建筑物的实际能耗作为政策的核心，建立其定义方式、各类建筑的定额和规范，以及配套的管理与实施体系，从政策设计层面，促进居民的合理用能与行为节能。

（2）小区规划：注意建筑的合理布局，从而使每套住宅都能得到足够的阳光、获得良好的自然通风、同时还要留有具有良好环境的室外社区活动场所，保证各种社区活动的需要。《中国建筑节能技术辨析》中 1.1 节对此进行了专门讨论。

（3）建筑本体的被动式设计：进一步提高北方围护结构保温水平，并使其有足够的热惯性；南方提倡有效的外遮阳措施。各地都应充分考虑自然通风，同时尽可能提高气密性水平。在可能的条件下，实现围护结构的性能可以调节。也就是根据需要既可以实现充分的自然通风换气（每小时 10 次换气以上），又可以在关闭外窗和其他换气装置时，使室内渗风量不超过每小时 0.3 次；在需要围护结构保温隔热时可以使围护结构实现良好的保温隔热性能，而在需要其散热时，有能够具有良好的传热性能；在需要阳光时，可以有效地接收并保存太阳光的照射，而在不需要阳光照射的季节，又能够通过各种遮阳措施有效阻挡太阳光的进入。对于通风 / 气密，保温 / 散热，接收阳光 / 遮阳这三个需要调节的围护结构性能，不同地区不同地理条件以及不同的住宅特点之侧重点也不同，必须根据当地的气候与地理条件，突出重点。《中国建筑节能技术辨析》中 1.1 节，1.2 节和 1.3 节对这方面的具体做法进行了讨论和介绍。

（4）采暖空调生活热水系统：尽可能实现“部分时间、部分空间”的运行模式，保证末端充分的灵活性和使用者调节的自主性，应是系统方式选择的第一要素。对

于住宅来说，最理想的系统方式是既可以实现高效，又可以支持灵活的末端调节，也就是实现“部分时间、部分空间”的方式。当系统效率与末端的灵活调节相矛盾时，对住宅来说，现在看来末端灵活的调节可能更重要，对最终实际的能耗水平影响更大。这方面的具体做法和一些案例在《中国建筑节能技术辨析》4.2 节中有所说明。

（5）照明与家电：提倡绿色生活方式，杜绝各类改变生活方式的高耗能产品（洗衣烘干机、洗碗机等）的使用，是家务类器械节能的关键。提高各类家电产品效率，推广、普及各种高效产品，如 LED 照明、节能型彩电、高效冰箱、高效空调器以及高效电炊具等，对降低家电能耗也有重要作用。此外，避免或降低饮水机、机顶盒等设备的待机耗电，开发零待机电耗或低待机电耗的家电装置，也会对住宅节能做出很大贡献。

6　农村住宅能耗现状与节能理念思辨[1]

和城镇住宅相比，农村住宅有其特殊性，因而决定了农村可持续发展必然要走出一条适合自身特点的路线。本章将首先对我国农村生活生产模式、土地资源、自然条件等方面的特点和特殊性进行分析，指出实现农村住宅节能以及室内环境改善目标的基本原则和优势条件，在此基础上，针对北方地区和南方地区分别提出了可持续发展的具体目标和实现方式，分析了在农村地区实现低碳化的巨大优势、国家财政支持与政策保障需求，最后通过总结和展望给出未来我国农村住宅用能适宜的发展模式。

6.1　我国农村的特点

由于农村地区住宅分散，建造方式主要依靠农民自建，能源供应以“自给自足”方式为主，而且在很多人的观念中，农村地区收入水平和用能水平相对较低，从而使农村住宅节能工作长期以来没有得到足够的重视。进入 21 世纪以来，随着新农村建设的全面开展，相关政府部门和科研院所才开始关注农村住宅节能工作，并将其纳入影响民生及可持续发展的重要方面。我国农村地区目前的社会和经济发展正处在一个关键的发展时期，农宅的更新换代也进入到加速发展的快行线。从农村住宅能耗调研分析结果可以看出，农村地区的生活用能模式及能源消耗量已经发生了重大变化。在节能减排的大背景下，农宅的节能和可持续发展也就成为了一个极为关键和迫切的问题。

由于城镇建筑节能工作几十年来积累了大量的经验，因此，有人认为只要把城镇的相关节能经验、方法、技术、甚至标准直接移植到农村就可以了，导致一些农村地区，在进行新农村建设或者重建时简单照搬城市的模式，没有考虑当地的特点，使农宅用能模式被强制性转变，导致了资源浪费，并引发了许多新的问题。

[1] 原载于《中国建筑节能年度发展研究报告2012》第3章，作者：江亿，杨旭东，单明，杨铭，王鹏苏，李沁笛。

由于农村与城市在历史传统、生活方式、自然条件、资源状况、人文条件等诸多方面的不同，决定了农村住宅与城镇住宅的差异，它具有许多城镇住宅所不具备的特点。因此，要做好农村住宅节能工作，首先需要深刻认识农村的这些特点。下面从三个方面来分别说明我国农村的主要特点以及由于这些特点所要求的农宅建筑节能与城镇建筑节能的不同。

（1）农村的生产方式决定了农宅相对分散的居住和使用模式

对于我国的大部分农村地区，农民的生产仍以农业（林业、牧业）等分散型活动为主，为保证能够充分、合理利用可耕种的土地资源，农村居民往往聚居在相互分散独立的村落中分别经营着不同区域内的土地，同时辅助以家庭手工业和养殖业，来维持自身的生存和发展。这种生产方式决定了农户特有的居住模式和农宅使用方式：农村住宅不仅是农民的生活空间，也是重要的生产资料和辅助空间。例如，农户必须有足够的室内空间用于自家生产的粮食的储存；更需要有足够的院落空间存放农具、拖拉机等生产设备；还需要在院落或室内进行蔬菜种植、家禽养殖、工艺品生产、筐篓编织等小型生产活动等。此外，农村住宅还广泛存在着多代同堂的居住模式，进一步加剧了农户对农宅内部空间功能和服务水平需求的多样性。因此，农宅需要满足不同活动和不同人群的多方面要求，生产与生活功能的兼具和统一是农村住宅的重要特点之一。

相反，城市地区经过多年的发展，生产空间和生活空间以完全分开，城镇住宅的功能设计只需要满足居住需求，而不需要考虑生产需求。

农村的生产方式和住宅的使用功能特点决定了农村必须保持分散的居住模式，而不能采用城市地区的集中模式。确保农宅的宅基地有较大的占地面积并配有独立的院落，是保证农民日常生活和经济生产活动顺利进行的必要条件，这也决定了农村对住宅用地与建筑空间规划的特殊性。

（2）农村住宅不应照搬城市对土地和建筑空间的利用方式

土地资源是城市建设与发展的重要物质基础，也是城市经济运行的载体，在城市地区集中的生产和生活方式条件下，土地成为城市最重要的资产。随着我国城镇化建设步伐的加快和土地资源的日益紧缺，城市中住宅用地已经发展到寸土寸金的地步，土地成为了制约城市发展的尖锐问题。

但是，与城市地区高密度集中居住方式完全不同的是，我国农村居民多采用分散居住、自给自足经营土地的生活生产方式，土地人均占有量虽然存在着地区分布的不平衡性，但总体上远高于城镇水平　人口密度相对较小，而且农村住宅基本采用单层或低层建筑、独立院落的建造模式，因此我国农村地区的外围土地资源和建筑内部空间都较为充裕，农宅建设整体用地和内部布局应该相对宽松。

农村分散的居住模式是农民日常生活和经济生产活动顺利进行的基础，相对充裕的宅基地是他们生产和生活的必要保证。如果农民被迫失去这部分土地资源，他们的生产和生活将会受到严重影响。因此在农村未来的发展进程中，不应该将挤占和开发有限的农村住宅用地作为主要出发点，而应该充分尊重农村地区的实际特点和原有模式，综合考虑节能、节地、节水、节材和环境改善等各方面因素，实现多赢目标。

（3）农村地区可再生能源资源丰富，并具有得天独厚的利用条件

与城市地区相比，我国农村地区具有丰富的可再生资源，包括太阳能、水能、风能、地热能、潮汐能和以秸秆、薪柴、牲畜粪便为主的生物质能等自然清洁能源。我国大部分北方地区处于太阳能资源丰富的一、二类地区，全年日照总数在3000h以上，全年辐射总量在 $5.9\times105J/cm^2$ 以上[9]；生物质能作为我国农村的传统能源，总量非常丰富，其中农作物秸秆资源量达7.6亿t/a，可利用资源约4.6亿t/a，再加上禽畜粪便、薪柴等，可利用的生物质资源总量折合约4.28亿tce/a。这两类可再生能源资源分布广泛，是农村地区的“天然宝藏”，对解决我国农村地区生活用能具有非常重要的作用。

但是要充分利用这些可再生能源资源，需要有良好的利用条件。例如，太阳能利用要有充足的空间以采集阳光并避免遮挡；生物质利用需要有充足的空间进行收集和储存，还要有适当的渠道来消纳和处理使用后的生成物等。农村地区所具备的上述（1）和（2）中所提到的分散的居住模式、充裕的土地和建筑空间等特点，恰好符合可再生能源利用的这些条件，因此农村地区在利用可再生能源方面具有得天独厚的优势。

此外，农宅独特的建造形式和农民传统的生活方式使其对农宅室内环境舒适程度和服务水平的要求与城镇居民存在很大不同。以北方地区为例，目前北方城镇住宅的冬季供暖设计温度是18℃，但大多数居民期望的舒适室温都在20℃甚至更高，这种温度要求和城镇居民每天进出室内次数少、进出房间的同时也不断更换衣装量是一致的。而在农村，由于生产与生活习惯的原因，人们需要频繁进出居室。图1是清华大学对北京郊区某些典型农户日常活动规律的调研结果。可以看出尽管该户居民在白天的11个小时内（7:00~18:00）有70%的时间停留在起居室内，但每天日间要进出起居室16次，包括：早、中、晚餐的前后各进出厨房1~2次，到厨房烧开水3次，上

厕所（室外）3~4次，喂鸡狗2次，打扫院子1次，为锅炉添煤1次。每次离开居室时间为2~60min不等。如此频繁地进出居室，如果每次出入房间都更换衣服，将会给农户的生活造成极大的不便。所以，农户的衣着水平应以室外短期活动不会感到冷作为标准，这决定了农宅冬季采暖设计温度低于城市采暖18℃的标准。而大量的调研结果也印证了这一结论，多数北方农民认为冬季室内外温差不能过大。

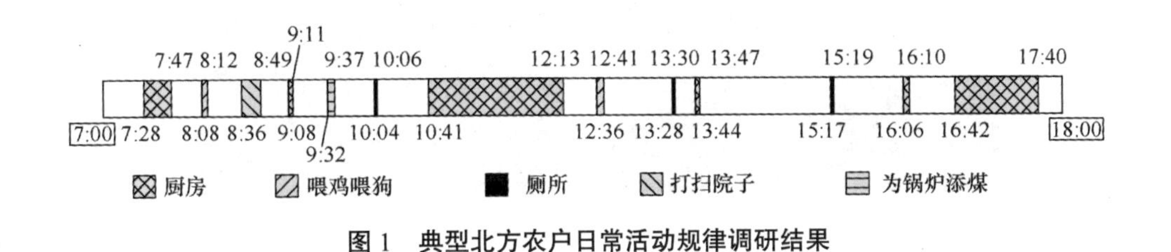

图1 典型北方农户日常活动规律调研结果

上述农村居民对室温需求与城镇居民的明显差异，决定了农村住宅的室内热环境控制目标达到15℃左右即能满足要求，而且允许日夜间室内温度有较大波动，北方许多农宅冬季还配有火炕、火墙等局部采暖手段，这样就使得对夜间室内空气温度的要求还可以进一步降低。对白天与夜间温度要求的不同就导致围护结构保温、窗墙比等建筑节能做法与城市建筑相比存在很大不同，必须根据农村的实际特点进行深入分析。总体上讲，较低的冬季采暖需求是农宅实现建筑节能的优势条件。

基于上述分析，农村在生产方式、土地资源、住宅使用模式、可再生能源资源条件、室内热环境需求等各个方面都与城镇有很大不同，因此建筑节能策略的制定和节能技术的开发不能沿袭“城镇路线”，农宅的建筑节能以及室内热环境的改善需要另辟蹊径，走出一条符合我国农村实际的可持续发展之路。

6.2 农宅建筑形式的传承发展和可再生能源利用原则

6.2.1 农村传统民居的传承、创新与发扬

中国农村传统民居是历经了上千年的经验积累和技术发展，逐渐形成的与当地自然环境、地域文化和功能需求相匹配的建筑，既包括建筑结构与设计，也包括与之相匹配的建筑用能方式。由于地域与气候的不同，传统民居在不同地区展示出不同的建筑风格、建筑设计和用能方式。陕北的窑洞、安徽的徽居和福建的土楼等，

都是传统民居的典型代表，如图 2 所示。与普通住宅相比，传统民居在建筑风格上承载了地域文化，在建筑设计上符合当地的自然环境与功能需求，在用能方式上充分利用当地的气候和资源条件，应当在现代农村的发展过程中得到传承。

（a）

（b）

图 2　中国农村传统民居

（a）安徽徽居；（b）岭南民居

传统民居的建筑风格和形式是当地历史环境、生活习俗和地域文化的综合体现。它不仅提供了遮风避雨的空间，更承载了积累千年的群体智慧和哲学理念。千百年以来，我国各地人民创造了丰富的建筑形式与文化，如北方的生土农宅、江南的水乡建筑、华南的岭南民居。这些建筑与地域文化相辅相成，是特定时期特定区域文化历史的真实写照，具有强烈的历史厚重感和视觉冲击感，是我国历史文化宝库中浓墨重彩的一笔。

传统民居的建筑设计崇尚和谐自然，充分利用自然环境来改善室内环境并满足功能需求。如我国北方地区的厚重生土建筑，墙体厚度可以达到半米以上，从建筑热工的角度分析，厚重生土墙体具有较大的传热热阻和热惰性能，在北方严寒的气候条件下，能在白天尽可能多地存储太阳能，减少房间围护结构散热，从而提高冬季室内热舒适性能，降低冬季采暖能耗。而在南方地区，夏季普遍酷热潮湿，为解决这一问题，传统民居中出现了一种促进通风的建筑结构——天井。天井既可以形成热压通风，带走室内多余热量，营造良好室内热湿环境，还能显著改善室内采光。又如福建地区的土楼建筑群，采用了夯实的墙体，厚度可达到 1m 以上。在室外环境温度剧烈波动的情况下，与普通砖墙农宅相比，其室内热环境更为舒适稳定，夏季平均温度可比普通农宅低 1～2℃，且温度的波动更小，如图 3 所示。这些通过经验积累而形成的建筑结构和技术，在我国农村传统民居中还存在许多。它们能够充分地适应自然环境并利用自然资源，创造了良好的室内环境，显著的降低农村住宅

生活能耗，具有巨大的实用价值。

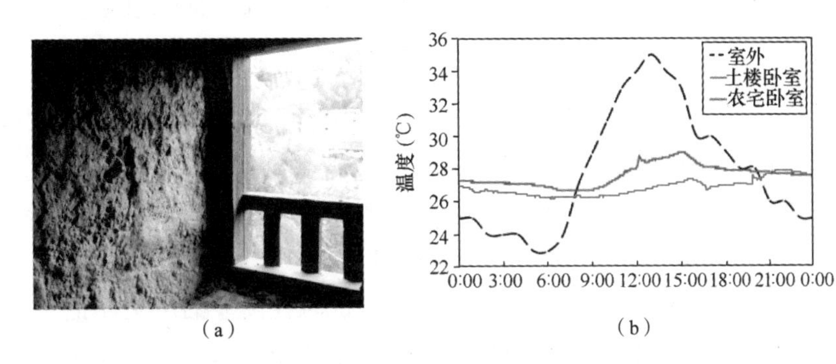

图 3　夏季某典型日福建土楼与普通农宅室内温度对比

（a）厚重墙体盖成的福建土楼；（b）土楼与普通农宅室内温度对比

除了建筑形式之外，民居中传统用能方式维持了农村地区使用可再生资源的良好传统，符合农村的生活习惯。如柴灶、火炕、火墙等，具有广泛的群众基础，使用人数多，保有量巨大。柴灶是我国历史最悠久、分布最广泛、使用最频繁的传统炊事用能设备，据统计目前我国农村地区柴灶的使用比例可达 55% 以上。北方地区的火炕集采暖、睡床、就餐、生活等多项功能于一体，具有二千多年的历史，应用于大半个中国的农村住宅，已经形成了特有的生活习惯。古语有云："南人习床，北人温炕"。据辽宁省生农村能源办公室统计，截至 2004 年，中国约有 6685 万铺炕，有 4364 万户农村家庭使用炕进行采暖，平均每户北方农村家庭约有 1.5 铺炕。这些传统用能方式不仅利用燃烧生物质进行炊事，还利用燃烧后的烟气余热进行采暖，其广泛的使用人群以及普遍使用生物质能源的特点，使得我国农村得以维持较低的商品能源消耗量。

但在农村的现代化进程中，这些充分利用自然资源的传统农宅逐渐被各种形式的砖混结构房屋所取代，传统的以生物质为主的生活用能结构正在被打破。其主要原因是：第一，由于盲目认为城市就是先进、农村即为落后，因此在住宅维护或重建时，有经济实力的家庭往往会优先选择看起来更为洋气、接近城市风格的砖混结构房屋。第二，传统住宅的生活设施较为落后。在水电供应、卫生设施、照明采光等配套生活设施方面存在不足，导致了生活的不便，从改善生活的目的出发，向往城市住宅的用能方式。第三，传统用能方式，如生物质在收集、运输、储存、使用中都存在不便，是导致商品能用能设备如燃煤采暖或炊事炉普及的主要原因。第四，农村青年劳动力向城市流动，逐渐适应了城市的生活方式，返回农村生活后，直接照搬了城市的建筑形式和用能方式。

事实上，农村良好的室外环境以及丰富的资源是城市所不具备的。城市的住宅形式、用能设备和生活模式，都是在高密度的人口和有限的土地资源的约束下而被迫形成的，这与农村的现实特点和功能需求完全不同。农村传统住宅的理念是充分利用自然，通过自然为主的方式营造室内环境，减少用能需求。在这种理念下，农村经过几千年的发展演变，逐渐形成了其特有的建筑形式、围护结构和用能方式，创造了舒适的室内环境与优越的自然环境，这是传统住宅存在的最大价值与意义。而传统民居的消失，带走的是见证时代发展的历史印记，是反映地域特色的文化符号，是节能低碳的建筑技术，是传承千年的生活模式，是天人合一的生态理念。

应该看到，随着农村地区文化和经济的快速发展，农村的生活水平在不断提高，用能需求也一直发生变化，要满足这些变化的需求，农村住宅的建筑形式和用能方式也需要进行转变或改善，这是不可否认的事实。但在这种转变过程中，应该在全面认识与科学分析的基础上，充分吸取传统住宅所具有的优点，以及与现代的需求不一致的地方，通过综合运用建筑热工、建筑设计、建筑气候、建筑历史、建筑构造、建筑技术以及生物质和太阳能利用等学科的原理和方法，实现技术改进与创新，从而设计符合当代农村需求的新型低能耗传统民居和用能方式。

陕北地区新型窑居的发展和推广就是一个很好的例子。窑洞是黄土高原上的传统建筑形式，具备冬暖夏凉、节约土地、经济实用、污染物排放量小等诸多优点，但由于外观土气、采光不好和通风欠佳，被认为是“落后”、“低级”的象征，被越来越多的年轻人所遗弃，二、三层的楼房成为了当地农村新居的首选，黄土高原传承千百年的窑洞建筑似乎也走到了尽头。由刘加平院士领导的研发设计团队，以延安市枣园新村为示范基地，通过利用科学的建筑设计和节能技术，改善室内采光，强化通风设计，显著改善了室内的热湿环境和光环境，建成了新型绿色窑居示范建筑，在保持了原来冬暖夏凉的热舒适特性的基础上，解决了采光通风等一系列问题，使得原来搬进楼房的当地居民纷纷自愿搬回新型窑居居住，传统窑洞民居又重获新生，并且开始成为这一地区的“时尚”。陕北延安地区的村民已经自发模仿建成新型窑居住宅约 5000 多孔，建筑面积超过 10 万 m^2。这种建立在黄土高原地区社会、经济、文化发展水平与自然环境基础之上，继承传统窑居生态建筑经验的新型绿色窑居建筑体系，能够全面客观地认识传统住宅，为传承、创新并发扬传统民居进行了一次成功的尝试。

6.2.2 农村生物质能源的合理利用方式

生物质资源是我国农村最丰富、最容易被应用的可再生能源形式，主要包括三种形式：农作物秸秆、畜牧粪便和林业薪柴。要实现生物质能源的合理利用，首先要确定不同地区的生物质储量，再根据生物质利用的特点，确定合理的利用方式。

（1）农村地区生物质资源储量核算

根据我国2009年的相关统计数据的折算，我国农作物秸秆资源量可达76497万t/年，除去用于还田、饲养和工业原料的部分，可利用的秸秆资源约45899万t/年；禽畜粪便资源量可达47177万t/a（干重），按照60%的收集比例，可利用禽畜粪便量约28306万t/a；全国可收集的薪柴资源量约为10609万t/年。将这些生物质资源折算为标煤，我国2009年可利用生物质资源的理论总量折合标煤约4.28亿tce，折合到全国农村的人均资源量可达600kgce以上。我国2009年的生物质资源总量见表1。

全国2009年生物质资源总量统计表 **表1**

类别	资源总量（万t）	可利用资源量（万t）	折合标煤（万tce）
农作物秸秆	76497	45899	22031
薪柴	10609	10609	6047
禽畜粪便	47177	28306	14746
总计	—	—	42824

注：标准煤当量折算系数为：秸秆，0.48 tce/t；薪柴，0.57 tce/t；禽畜粪便，0.52 tce/t。（取平均值，不同秸秆和禽畜粪便折合标煤的比例不同，参考《中国能源统计年鉴2010》的附录4）

目前我国农村住宅用能总消耗量（包括煤炭、生物质、电、液化石油气等）为2.85亿tce，扣除生活用电消耗量0.52亿tce，年非电生活用能总消耗量为2.33亿tce。也就是说，理论上全国生物质资源总量不仅能够满足农村地区全部非电生活用能，并且每年还有大约1.95亿tce的富余量。考虑到各地区能源需求不同、生物质资源分布不均匀等多方面原因，不同地区利用生物质满足生活用能消耗的富余量区别较大。我国各省生物质资源总量和富余量表2所示为各省生物质资源总量及其富余量。

我国各省生物质资源总量和富余量（单位：万 tce/a） **表 2**

	农村生物质资源总量				农村非电生活用能需求量				资源富余量	
	秸秆	禽畜粪便	薪柴	总计	现在状态	提高炊事效率	改进保温形式	全部改善	现在状态	全部改善
北京	65.5	55.7	22.0	143.2	439.4	431.3	294.0	285.9	–296.2	–142.7
天津	82.7	46.2	0.0	128.9	161.5	144.8	103.3	86.6	–32.7	42.3
河北	1468.6	829.0	177.4	2475.1	2274.0	2074.2	1622.3	1422.6	201.1	1052.5
山西	474.5	188.0	45.5	708.1	2170.9	2144.0	1413.0	1386.0	–1462.8	–678.0
内蒙古	916.4	547.0	241.8	1705.2	572.6	536.8	364.5	328.7	1132.6	1376.5
辽宁	753.7	685.4	285.8	1724.8	1674.9	1325.1	1155.4	805.6	50.0	919.3
吉林	1277.5	436.9	270.1	1984.5	1240.0	1047.6	813.7	621.3	744.5	1363.1
黑龙江	1908.0	466.9	593.6	2968.4	1869.5	1657.2	1178.1	965.8	1098.9	2002.6
上海	39.2	30.0	0.0	69.2	/	/	/	/	/	/
江苏	1147.8	525.4	69.1	1742.3	490.7	400.1	434.4	343.8	1251.5	1398.5
浙江	236.1	238.9	161.7	636.8	294.3	227.5	265.3	198.5	342.5	438.3
安徽	1203.7	428.1	188.4	1820.2	1410.9	942.3	1184.5	715.9	409.3	1104.4
福建	189.2	246.5	191.6	627.3	/	/	/	/	/	/
江西	645.1	404.8	315.6	1365.5	724.0	506.9	608.6	391.4	641.5	974.1
山东	2188.5	1161.1	100.5	3450.0	2242.6	2072.1	1513.5	1343.0	1207.5	2107.0
河南	2548.9	1532.1	199.4	4280.4	1578.1	1526.0	1219.0	1166.9	2702.3	3113.4
湖北	855.8	615.3	348.6	1819.6	501.2	478.4	351.3	328.5	1318.4	1491.2
湖南	950.5	773.7	361.2	2085.4	950.4	866.8	715.7	632.2	1135.0	1453.2
广东	420.7	676.3	199.4	1296.4	/	/	/	/	/	/
广西	518.0	648.7	323.5	1490.2	/	/	/	/	/	/
海南	55.0	116.4	23.6	195.0	/	/	/	/	/	/
重庆	334.6	287.0	185.3	806.8	708.5	565.4	536.0	393.0	98.4	413.9
四川	1069.0	1374.7	467.9	2911.6	2125.4	1696.3	1608.1	1178.9	786.2	1732.7
贵州	405.0	393.7	234.0	1032.7	/	/	/	/	/	/
云南	567.0	618.7	406.7	1592.4	/	/	/	/	/	/
西藏	11.4	307.0	265.4	583.8	/	/	/	/	/	/

续表

	农村生物质资源总量				农村非电生活用能需求量				资源富余量	
	秸秆	禽畜粪便	薪柴	总计	现在状态	提高炊事效率	改进保温形式	全部改善	现在状态	全部改善
陕西	516.8	218.6	158.6	894.0	1019.7	989.1	689.5	658.9	−125.7	235.1
甘肃	298.9	303.7	66.0	668.5	623.4	610.4	419.2	406.2	45.1	262.4
青海	17.8	233.3	47.1	298.2	170.7	159.2	115.7	104.1	127.5	194.1
宁夏	140.0	69.2	12.6	221.8	151.6	143.7	104.6	96.7	70.2	125.0
新疆	725.5	288.0	84.8	1098.3	802.2	798.5	513.6	509.9	296.0	588.4
总计	22031.3	14746.3	6047.0	42824.6	/	/	/	/	/	/

注：1. 秸秆、禽畜粪便、薪柴和生物质资源量采用 2009 年统计年鉴数据计算，秸秆和禽畜粪便均考虑了 60% 的收集率；

2. 非电生活用能需求是指除照明和家电等生活用电需求以外的其他生活热水、采暖和炊事用热，部分省份无调研数据，没有相应非电生活用能需求量；

3. 表中“全部改善”一栏指在对建筑保温和采暖、炊事设备进行全面改造，提高能效，在满足农户生活和舒适性要求的前提下，所需要的能源量；

4. 港、澳、台地区的资源未计入上表。

根据我国各省生物质资源总量和富余量（单位：万 tce/年）（表 2 中的数据）可以发现，我国生物质资源的分布是不均匀的，主要集中在我国的东北、华北和长江流域中上游地区，其中河南省的资源量最大，为 4280 万 tce/a，上海市的资源量最小，仅为 69 万 tce/a。根据第二章农村生活用能调研，即使在目前我国农村住宅围护结构热性能较差、炊事效率较低的状态下，有调研数据的 24 个省市中，北方农村地区的户均非电生活用能约为 2.07 tce/a，南方农村地区约为 1.00 tce/a，其中仅有 4 个省市的农村生物质资源总量不能够满足该省农村非电生活用能需求，且河南、黑龙江等农牧业发达的省市，资源富余量极大。如果通过改善炊事效率（将生物质燃烧的效率从 20% 提升到 50%）和降低冬季采暖负荷（改善围护结构热工性能，将采暖负荷降到现在的 50%），北方和南方的户均非电生活用能需求将会分别下降到 1.24 tce/a 和 0.58 tce/a，这时仅有北京、山西等生物质资源匮乏地区的生物质资源无法满足其用能需求，而其他地区的农村都可以利用其生物质能源满足其全部非电生活用能要求。

表 3 给出了常见几种类型的秸秆资源的能量密度，其中玉米秸秆最大，为 0.56 kgce/m^2，即栽种 1 亩地的玉米，收获的玉米秆折合标煤约 350kg。不同种类禽畜全年

粪便的等效标煤量表4给出了常见几种禽畜全年的粪便产生量和等效标煤量。通过计算容易发现，对于北方农村地区，种植5亩小麦或养殖4头牛所产生的生物质就能满足一户家庭的全部非电生活用能需求；对于南方地区，由于冬季采暖需求相对较小，只需要种植3.5亩水稻或养殖7头猪，就能满足家庭的全部非电生活用能需求。

不同种类生物秸秆的能源密度　　**表3**

项目	单位	稻谷	小麦	玉米	大豆	花生	棉花
平均产量	kg/hm^2	5447.5	6585.3	5258.5	1630.2	3360.5	1287.8
草谷比		1.1	1.3	2	1.6	1.5	3
折标煤系数	kgce/kg	0.43	0.5	0.53	0.54	0.5	0.54
能量密度	$kgce/m^2$	0.26	0.43	0.56	0.14	0.25	0.21

不同种类禽畜全年粪便的等效标煤量　　**表4**

项目	单位	牛	猪	羊	兔	家禽
粪便干重	t/（头·年）	1.31	0.29	0.12	0.04	0.03
收集系数		0.6	0.6	0.6	0.6	0.6
折标煤系数	tce/t	0.47	0.43	0.53	0.55	0.64
等效标煤量	tce/（头·年）	0.37	0.08	0.04	0.01	0.01

（2）生物质资源利用的核心问题

虽然我国的生物质资源的总量丰富，但并没有得到充分的合理利用。每年大约有30%的秸秆被露天焚烧或随意丢弃，相当于每年浪费了1亿tce；约80%的养殖场将粪水直接排放，不仅浪费了能源，还导致了自然水体被污染等环保和生态问题。

在过去，农村能源资源匮乏，生物质秸秆是主要的燃料。虽然生物质的能源密度低，但由于没有其他可用能源或没有购买力，农民需要尽可能的收集生物质秸秆，以储备足够的生活燃料。但随着农村经济水平的提高和商品能源的普及，农民能够购买足够的商品能源（如煤、液化气等），直接导致部分农民放弃使用秸秆，开始使用商品能源。为处理多余的生物质秸秆，部分农民采用田间直接焚烧的方式，这又对大气环境和交通安全造成了极大的影响。秸秆燃烧导致浓烟滚滚，烟雾刺鼻，排放了大量有害气体和可吸入颗粒物，严重影响了当地的室外环境，如图4所示。除此之外，秸秆燃烧产生的浓烟还会扩散，导致城市地区空气质量明显下降，严重影

响正常的飞行安全和交通秩序。如 2008 年 9 月 15 日至 17 日期间，由于机场周边农民大量焚烧秸秆，导致济南机场跑道、滑行道等被浓烟笼罩，造成多家航空公司的航班无法降落，仅山东航空公司一家就有 141 个航班延误，5 个航班临时备降其他机场；仅 2011 年 10 月 8 日一天，郑州新郑国际机场就因农民焚烧秸秆导致 12 架出港航班起飞延误，2 架进港航班备降武汉机场。

图 4 秸秆焚烧形成的浓烟

因此，无论是从国家能源战略的角度，还是从环境保护的角度，生物质资源的合理利用都势在必行。但是，要合理利用生物质资源，应该从战略高度来进行考察，应根据生物质本身所具有的特点来研究它应该干什么、适合干什么，而不是它可以用来干什么[10]。要用好生物质能，必须解决如下四个核心问题：收集运输、储存、能量转化效率和生成物后处理。

1）收集运输

生物质资源最大的特点是原料分散，能量密度低，需要消耗一定的人力或能源进行原料的收集和运输。在过去，生物质利用主要以单户家庭为主，收集规模和收集半径较小，耗费的人力和资源较少，收集相对容易。但即使是如此小规模的收集和运输，在经济水平提升后，已经有部分农民因收集和运输麻烦而放弃使用生物质秸秆。假如生物质秸秆利用规模和收集半径进一步增大，收集难度和收集成本将会迅速上升。此外，生物质原本是一种廉价、低品位、低能源密度的可再生资源，当运输半径加大时，运输额外消耗的高品位能源的价值甚至会超过生物质所具有的价值，运输费用也会明显拉升生物质利用的成本，使生物质失去其廉价易得的最大优势。因此，要充分利用生物质，原料收集和运输是需要解决的关键问题。

2）储存

生物质秸秆的结构松散，单位体积的热值远低于其他形式的固体燃料。干燥状态下人为堆放的秸秆密度约为 100kg/m^3，热值约为 0.48kgce/kg，折合到单位体积的热值仅 48kgce/m^3，远低于燃煤单位体积的热值 420kgce/m^3（散煤的密度约为 600kg/m^3，热值约为 0.7kgce/kg）。也就是说，不经处理的生物质秸秆，其单位体积的热值仅为煤的 1/9，储存体积将是煤的 9 倍以上。此外，燃煤可以按短期需求量购买，但秸秆的生产存在明显的季节性，一般北方为一年一季，南方为一年两季，这样会进一步增加储存空间，提高储存难度。

由于农村地区的储存条件有限，大部分秸秆被直接堆放于室外。一方面秸秆品质容易受到影响，不利于秸秆的正常使用。另一方面，散放在室外的秸秆容易着火，是重大的安全隐患，且四处堆放的秸秆等还容易被大风吹散，造成对农村环境的严重污染。

生物质秸秆在储存上所存在的困难，是导致农民不愿收集秸秆，甚至在田间直接焚烧秸秆的原因之一。因此，如何储存生物质资源也是生物质合理利用需要解决的重要问题。

3）能量转化效率

传统的生物质利用以直接燃烧为主，使用的燃烧设备包括柴灶、火炕和火盆等。直接燃烧的方法简单方便，使用过程基本没有经济支出，但却存在燃烧效率低下的重大缺陷。根据相关测试，传统柴灶的燃烧效率不足 20%。较低的燃烧效率会导致两个问题：首先会造成大量生物质资源的浪费，不利于能源的充分利用；其次生物质不完全燃烧会产生大量有害气体和可吸入颗粒物，引起严重的室内外空气污染。因此，提高生物质秸秆的能量转化效率和减少燃烧污染物排放是生物质利用的主要问题。

4）生成物后处理

生物质能源的利用过程中，会产生相应的附属生成物。对于传统的直接燃烧方式，燃烧后剩余的物质为草木灰，富含植物生长所需要的钾元素，常被作为钾肥直接还田。但如果生物质进行了大规模的集中利用，大量的草木灰很难分散还田，直接抛弃又容易导致环境污染，较难处理。同时，有些生物质利用方式还会产生其他产物，如焦油等，如处理不佳，同样会对环境造成危害。因此，生成物后处理也会影响生物质资源利用方式的选择。

综上所述，合理的生物质利用方式，应该以能够很好地解决上述四个核心问题为前提，即具有恰当的收集和运输模式、合理的储存方式、较高的能量转化效率、方便的生成物后处理。

（3）农村生物质资源的合理利用方式

生物质资源的利用包括了两种方式：分散利用和集中利用。长期以来，农村生

物质都是以农户为主体进行收集、储存和使用，是分散式为主的使用方式。但近年来，开始出现将生物质资源集中起来进行大规模转化利用的方式，如生物质发电和生物质液体燃料制备。下面依据上面给出的生物质利用四个核心原则，分别分析各种使用方式的适宜性。

生物质发电，是利用生物质燃烧产生的热能进行发电，包括直接燃烧发电技术和气化发电技术两种形式。根据目前我国已建成的生物质发电厂的数据统计，生物质发电的规模普遍以 20~30MW 为主，要维持电厂全年正常运行，生物质秸秆的收集规模约为 10 万 t/a，按照农作物生产密度计算，实际收集半径可达 50km 以上。目前的秸秆收集成本约为 200 元 /t，其中仅运输费用一项，成本就达到 50 元 /t，约占到了总成本的 1/4。且随着电厂发电规模的扩大，运输成本所占比例还将会明显增加。由于秸秆的生产具有明显的季节性，电厂为保证全年稳定运行，需要大量空间储存秸秆原料。即使储存量按年使用量的 30% 进行计算，也要达 3 万 t，即使密实堆放其储存体积也要 15 万 m^3 以上，需要巨大的储放空间。从能量转化效率来看，尽管采用了大型燃烧锅炉，秸秆的燃烧效率较高，但发电效率仅为 20%~30%，与燃煤小型火电厂相当，而这种电厂是国家明令禁止发展的。秸秆燃烧后产生的生成物主要是草木灰，是良好的农家肥料，但由于采用了规模化集中方式，很难再进行分散还田利用。

对于生物质液体燃料，也与生物质发电存在同样的问题。由于加工设备昂贵，流程复杂，需要系统具备较大的规模，并能够长年运行，才能够满足其经济性的需求；但这又导致原料收集的运输费用急速增长、储存空间巨大以及生成物处理困难等问题。所以加工为液体燃料的方式也不能妥善解决生物质利用的核心问题。

因此，只有在一些生物质资源极为丰富的地区，在解决了收集、运输和储存等问题后，才考虑生物质集中利用。而对我国绝大多数农村地区，生物质利用应充分考虑其资源能量密度低和分布分散的两个特点，以分散利用为主，并优先满足农户家庭的炊事、采暖或生活热水等需求。

生物质分散利用的简单，也是目前最普遍的办法是直接燃烧。这种方法虽然一般不存在收集运输问题，但储存问题无法解决，同时燃烧效率较低，使用时烟熏火燎，会导致严重的室内空气污染，并且使用起来不及燃煤方便。随着农村地区的经济发展和社会进步，传统的生物质利用方式已经无法完全满足农村地区的需求。由此出现了一些新型生物质利用方式，例如生物质气化和半气化、固体压缩成型燃烧等。

生物质气化技术是通过加热固体生物质，使其不完全燃烧或热解，形成 CH_4、H_2、CO 等可燃性气体，再用于炊事或采暖等。根据系统设备规模，分为户用生物质气化炉和小规模（村级）集中生物质气化系统两种主要形式。前者通过气化炉同时实现生物质的气化和燃烧，后者需要建立集中气化站，气化产生的燃气通过管道输送到各家各户。这两种形式都是以家庭或村落为使用单位，秸秆收集和运输的成本较小，容易实现。其次，通过生物质气化技术，可以将固体燃料转化为气体进行燃烧，能够提高燃烧效率，并显著改善燃烧造成的室内污染。但是，由于气化过程中会产生焦油，影响集中气化炉的使用效果，容易造成运输管道堵塞，且生物质气化技术也未能够解决生物质储存困难的问题，家庭或集中气化站仍需要较大的空间用于秸秆储存。此外，秸秆气化产物中包含 CO，一旦泄露将会对安全造成严重的危害。截至 2006 年底，我国各省市共建成村级生物质秸秆气化集中供气站 500 多处，但是尚在运行的供气站并不多，大多处于停运状态，其主要原因就是生物质气化技术未能够充分解决生物质利用的四个核心问题，因此，它也不是生物质利用的最合适的方式。

生物质固体压缩成型技术通过专用的加工设备，将松散的生物质通过外力挤压成为密实的固体成型燃料。这种技术克服了生物质自身密度低、体积大的问题，压缩后体积仅为原来的 1/10~1/5，解决了生物质存储时间短、空间浪费大等诸多问题。配合相关炉具后，能保证生物质充分燃烧，燃烧效率明显提升，可达 70% 左右，基本不会对室内环境造成污染。由于压缩颗粒进行了充分的燃烧，燃烧产物仅有少量的草木灰可以及时还田，也不存在生成物后处理的问题。但是，目前生物质压缩颗粒加工主要采用大规模集中（年加工量数千 t 到数万 t）加工模式，生物质的收集运输困难，导致了该技术在农村地区推广的困难。

生物质大规模集中加工采用的“农户 + 秸秆经纪人 + 企业”或“农户 + 政府 + 企业”等模式，即通过中间人或政府，以较低的价格从农民手中收购生物质，统一出售给加工企业进行加工，生产出的固体成型燃料再以商品的形式进入流通渠道，并最终以较高的价格出售给终端用户进行使用。这种运行模式，形成了一条完整的产业经济链，有利于生物质固体压缩成型燃烧技术的推广。但由于集中加工的工厂加工规模大，相应的生物质收集半径较大，收集和运输的成本较高；此外市场流通的环节多，层层加码，也使其失掉生物质资源低廉易得的最大优势。例如，农民以约 150 元 /t 的价格出售秸秆，却要以约 600 元 /t 的价格从加工厂购买固体成型燃料，相当于单价为 450 元 /t，折合到当量热值的价格与煤相差不大，丧失了生物质自身的优势。

由于生物质固体压缩成型技术所面临的以上问题，需要确定合理的生产加工规模。目前，生物质压缩成型设备的单台生产规模从 0.5t/h 至 1.5t/h 不等。对于不同

规模的生产设备，加工压缩颗粒的耗电量都在 70kWh/t 左右，加工成本的主要区别在于人工费用。不同规模的加工设备，都包括了粉碎机、输送系统、成型机和配电系统等几个部分，一般需要 3 个人分别负责加料、粉碎和成型，因此折合到单位加工质量的人工费用有所区别。不同规模的生物质压缩成型设备的经济性分析见表 5。虽然采用小规模加工设备的加工成本更高，但是由于收集规模小，基本没有运输费用，而大规模收集秸秆的运输费用可达 50 元 /t。因此考虑秸秆收集的成本后，小规模系统的经济性甚至会优于大规模集中加工系统。

不同规模的生物质压缩成型设备的经济性分析 **表 5**

加工方式	加工设备规模	设备初投资	加工成本	运输费用
小规模加工	1 台 0.5 t/h 生产线	7.5 万元	100 元 /t	无
大规模集中加工	4 台 1.5 t/h 生产线	80 万元	70 元 /t	50 元 /t

通过上述分析，可以看到，生物质固体压缩成型技术理想的模式是以村为单位，采用小规模代加工模式（类似于农村的粮食代加工模式）。即根据各村的实际情况选择适当规模的固体压缩成型燃料生产设备（一般 100 户左右的村子，选择 0.5~1.0 t/h 的生产规模的设备即可，成型燃料年产规模可达 1000 t）。这种模式下，农户自行收集秸秆，送到村内进行代加工，生产得到的成型燃料由农户运回自行使用，可以避免长途运输所带来的额外能源消耗，农户仅需要支付燃料加工费用，避免了将生物质原材料和加工后的成型燃料进入商品流通领域，保持了生物质资源的价格低廉的特性，既让农民得到实惠，又能解决目前生物质利用所面临的收集和运输困难等难题。

而对于禽畜粪便等生物质资源，可以采用发酵产生沼气的利用办法。沼气利用一般以家庭为单位，建立户用沼气池进行发酵，发酵的原料一般为自家的禽畜粪便，不存在原料收集、运输和储存问题。发酵产生的沼气配合相关炉具可以高效清洁的燃烧，改善农村烟熏火燎的室内环境，甚至还能使用沼气灯解决农村照明问题。最后，沼气发酵后产生的沼渣，是良好的农家肥料，可直接还田促进农业发展，形成绿色循环经济发展模式。经过多年的推广，我国农村地区的沼气利用已经初具规模，截至 2009 年底，已建成的户用沼气池总数达到了 3507 万口。而限制沼气利用进一步发展的因素包括两个：低温发酵产气量低和运行维护困难。要解决低温发酵问题，首先要开发沼气低温发酵技术，培育低温耐受菌种；其次应根据各地实际情况，探索新型发酵发展模式，如北方地区的“四位一体”和南方地区的“猪—沼—果”、“猪—沼—稻”等沼气利用模式。针对运行维护困难的问题，应增强沼气利用服务体系，实现政府、技术人员和沼气农户的有效联系。

除此之外，在西部牧区，由于能源匮乏和交通不畅，普遍用直接燃烧牛粪解决牧民的炊事、采暖和生活热水需求。这是一种值得继承、完善并发扬的利用形式，但其主要问题是燃烧效率低，应该从改善燃烧炉具的角度出发，提高牛粪燃烧效率，降低燃烧污染排放。

综上所述，我国农村的生物质资源合理利用应该以优先满足农村生活用能为主要目标，秸秆利用应该以生物质固体压缩成型技术为主，在加工规模和管理上发展以村为单位的小规模代加工模式。禽畜粪便等生物质资源利用则优先考虑使用沼气发酵技术。

6.2.3　农村太阳能的合理利用方式

太阳能是一种取之不尽的清洁能源，我国大部分地区具有良好的太阳能使用条件，其中北方地区和西部地区大都属于太阳能利用三类以上地区，年太阳辐射总量可达 5000MJ/m^2 以上，折合平均日辐射量 3.8kWh/m^2 以上，其中尤以宁夏北部、甘肃北部、新疆东部、青海西部和西藏西部等地太阳能资源最为丰富，平均日辐射量最高可达 6kWh/m^2。我国北方地区和西部地区普遍属于寒冷和严寒地区，丰富的太阳能资源，可用来满足采暖、生活热水、甚至炊事等多项需求。

太阳能利用的方式和设备众多。根据有无外加辅助设备，可以分为太阳能被动式利用和主动式利用；根据能源转化形式，可分为光热系统和光电系统；根据使用目标，可分为太阳能照明、太阳能炊事、太阳能生活热水和太阳能采暖；根据传热介质，又可分为太阳能热水集热系统和太阳能空气集热系统。因此，需要根据资源条件和功能需求，选择合理的太阳能利用方式和设备。太阳能利用的原则包括以下四个方面：

（1）充足的空间用于布置太阳能集热系统。虽然太阳能资源总量巨大，但是其能源密度较低，为达到一定的集热功率，需要有充足的集热面积及摆放空间，这是太阳能利用的基础。农村地区地广人稀，建筑形式以单体农宅为主，建筑层数普遍为 1~2 层，满足太阳能集热板的摆放空间要求，而且前后房屋基本无遮挡，可以使集热板得到充分利用。

（2）能源供需匹配，减少中间转化过程。太阳能既能够转化为电能，也能够转化为热能，这需要根据用户的实际需求进行设计。如果供需不匹配，就需要增加多

个能量转化和末端系统利用环节，不仅导致太阳能有效利用率的降低，还会显著增加系统的成本。

（3）设备具有较好的经济性能。农村地区的收入水平相对较低，农民对于设备的初投资价格和运行费用极为敏感（其中又对初投资最为敏感）。如果不能控制系统成本和运行费用，很难被农民所接受。即使依靠政府的资金扶持政策，也较难维持系统的正常运行。

（4）设备运行简单稳定、易维护。作为家庭使用的设备，由于使用人一般不是专业人员，缺乏系统维护的技能，对系统的运行控制能力较弱。而农村地区的专业技术人员相对匮乏，技术服务体系尚不完善，所以要求系统能够运行简单易维护。如系统过于复杂，缺乏可靠性，可能导致设备效率大幅降低，甚至停止使用等问题，不利于相关技术的应用和推广。

根据以上四条太阳能使用的基本原则，可以分析确定农村地区太阳能利用的合理方式。目前，太阳能主要用于提供生活热水、采暖、和发电。其中，太阳能热水器是太阳能利用的理想方式之一，由于系统价格适宜，集热效率高，运行简单可靠，能够基本解决家庭全年的生活热水需求，因此得到了有效的推广，已经形成成熟的模块化产品和完善的产业链。如果能够进一步降低生产成本和提高产品质量，未来可以在我国农村地区得到更大规模的推广和利用。太阳能发电目前以大规模集中系统为主，一般采用并网发电模式，对于户用小型光伏发电系统，光电转化的效率仅仅约为10%，系统造价高达30元/W_p以上，在农村地区基本没有使用，仅太阳能路灯在部分农村进行了尝试，但也由于造价较高和设备维护困难，很难在农村地区大规模推广。但对于我国西部牧区等电网未覆盖区域，小型太阳能发电设备能够较好的解决家庭的生活用电问题，对改善这些地区的生活水平具有较大的意义，可以进行推广使用。

由于目前北方农宅的主要用能需求是冬季采暖，消耗了大量的煤炭，由此带来一系列的问题。因此如何合理利用太阳能来满足农宅冬季采暖需求，减少煤炭使用量，是需要解决的最迫切问题。后续讨论主要针对太阳能采暖。

以黑龙江农村地区的某单层住宅为例，假如房间供暖面积为64m^2，围护结构热工性能和密闭性能均按照《农村居住建筑节能设计标准》[1]进行设计，供暖时间从10月15日持续到次年4月15日，共计6个月。尽管该地区属于气候严寒地区，且太阳能可利用资源一般（属太阳能资源三类地区），取太阳能采暖系统有效集热效率30%进行计算，为满足冬季室内温度14℃需求，只需要16m^{2}的太阳能集热面积（不包括外窗），就能

[1] 《农村居住建筑节能设计标准》，国家标准征求意见稿，2012年。

满足建筑大部分白天时间的供暖需求；理论上，如果有 40m^2 太阳能集热面积（不包括外窗），并辅之以合适的储热系统，就能满足农宅全天的供暖需求。由于北方农村住宅一般为单层单体农宅，具备利用太阳能进行采暖的良好条件。具体原则是：

（1）应优先考虑被动式太阳能采暖技术

被动式太阳能利用技术无需依靠任何机械动力，以建筑本身作为集热装置，充分利用农宅围护结构吸收太阳能，从而使建筑被加热达到采暖目的，包括直接受益窗、阳光间和集热蓄热墙等多种形式。与主动式太阳能利用技术相比，被动式技术的造价低廉、运行维护简单方便，直接利用太阳能，减少了中间转化过程，优势较为明显，应优先考虑。被动式太阳能利用技术的核心问题有三个：第一，加大农宅南向集热面积，使房间能够接受更多的太阳辐射，增加室内得热；第二，强化围护结构保温，尤其是做好窗户夜间保温，减少热量散失；第三，通过采用重质墙体或增设室内蓄热体，增强房间蓄热能力，提高房间夜间温度。

改革开放 30 年来，我国在被动式太阳能技术研究与示范方面做了很多努力，1977 年在甘肃省民勤县建成了我国第一栋被动式太阳房，1983 年与德国合作在北京市大兴区建立了一个拥有 82 栋太阳能建筑的新能源村。在这些研究示范的技术上，还形成了《被动式太阳房热工设计手册》等规范以指导建设。通过测试发现，具有良好围护结构热工性能的被动式太阳房，其冬季综合采暖能耗能够降低 50% 以上，节能效果显著。

（2）太阳能空气集热采暖系统更适用于农宅冬季采暖

由于仅通过被动式太阳能技术尚不足以满足农宅的全部采暖需求，因此需要主动式太阳能采暖技术作为补充。主动式太阳能采暖包括热水集热采暖系统和空气集热采暖系统两种主要形式。太阳能热水器由于其良好的使用效果，曾经是太阳能采暖的首选系统，但是经过多年的尝试却始终无法推广开来，其原因是经济性和易用性问题。冬季采暖与生活热水供应有本质的区别，热水采暖系统除了太阳能集热器和储热水箱之外，还需要有较为复杂的管路系统、补热系统（一般采用电补热，而这造成运行成本急剧升高）、和防冻系统（否则夜间很容易被冻坏）。采暖负荷是生活热水负荷的十倍以上，就要求较大的集热面积，从而需要较大投资。而这样大的投资所建成的系统，全年利用的时间仅为 20% ~50%，不能像太阳能热水器那样全年利用。由于使用时负荷高而需要很大投资，而这样大的投资可利用时间又不大，这就严重影响太阳能热水采暖的经济性。使用太阳能热水采暖每户初投资约为 2 万 ~3 万元，对于大多数农村家庭而言，这样的投资是无法接受的。反之，太阳能空气集热采暖系统由于构造简单，加工方便，

价格低廉，提供同样的热量其成本仅为热水系统的 1/3~1/4，经济性明显优于热水系统。并且，空气系统远比热水系统容易维护，当室外温度较低时，热水系统容易发生管道冻结，影响采暖系统的正常运行，而空气系统根本不存在结冻问题，夜间没有太阳时，只要停止风机运行，就不会造成通过集热器的热损失。相比于太阳能热水系统偏高的投资、每天晚上为了防冻所要求的排水和每天早上的灌水，空气系统简单的运行方式和低廉的投资，更容易被农民所接受。尽管太阳能空气集热太阳能利用率低，集热器需要的空间大，但对于仅为一层或两层的北方农宅来说，提供足够的采集太阳能的空间不存在任何问题，因此太阳能热风采暖系统更适用于北方农宅冬季采暖。

6.3　发展目标和对策

6.3.1　北方“无煤村”发展模式探讨

我国北方地区气候寒冷，农宅的主要用能集中在冬季采暖和全年的炊事方面。由于围护结构保温普遍性能不佳、采暖和炊事系统热效率低等原因，导致北方农宅总体能耗高、冬季室内温度偏低；同时，采暖和炊事过程中大量使用煤炭或者生物质直接燃烧，造成了室内空气污染。因此，需要针对目前存在的这些主要问题，制定合理可行的北方农村生活用能发展目标。

从调研数据分析可以看到，当前我国北方农宅用能存在的突出问题是小型燃煤采暖和炊事炉在农村大量使用，每年燃煤消耗已经达到 1.1 亿 tce，其中用于采暖约 7400 万 tce，用于炊事约 3600 万 tce。从历史角度看，20 世纪 80 年代煤炭在农村尚很少使用，在不到三十年时间内，农村就从以生物质为主的“低碳”模式迅速发展到以燃煤为主的“高碳”模式。按照目前的发展趋势，如果不加以合理的引导和转变，在未来 10~20 年内，北方农村煤炭消耗有可能以每年 5%~10% 的速度增长，这种现象需要引起国家各级相关部门、科研工作者、能源管理部门和广大农村地区居民的高度关注。下面首先说明农村大量使用煤炭所带来的问题，然后提出相应的改进对策及实施措施。

（1）农村大量使用小煤炉进行采暖和炊事带来的问题

也许有人会说，我国是一个煤炭生产和消耗大国，煤炭在我国能源消耗结构中占有最大的比例。对北方城镇建筑采暖来说，无论是热电联产还是直接锅炉房采暖，其所用的一次能源都是以煤炭为主。为什么煤炭不适宜在农村地区用呢？这是因为小型采暖煤炉的大量使用，会带来以下几个主要问题：

1）小型采暖煤炉燃烧效率低，造成资源的极大浪费

对于燃煤锅炉，当规模较小时，燃烧效率非常低。城镇采用的大型供热锅炉，单台锅炉容量达到 20 t/h，效率可以达到 80% 以上。而农村住宅所采用的小煤炉燃烧效率不足 40%，尚不及大型锅炉的一半。这种低效燃烧的一个直接后果就是造成煤炭资源的极大浪费。目前北方农村每年消耗的 1.1 亿 tce 都是低效燃烧使用，和大型锅炉燃烧相比，相当于每年有约 5500 万 tce 被白白浪费掉了。

2）产生大量有害气体，严重影响农民身体健康

由于煤炭的不完全燃烧等原因，小型燃煤炉在使用过程中会产生大量的可吸入颗粒物、SO_2，NO_2 等有害气体，同时还存在室内一氧化碳污染的危害，时有煤气中毒的事故发生。据初步估算，农村小煤炉每年燃烧的煤炭共排放颗粒物约 48 万 t，SO_2 约 210 万 t，NO_x 约 105 万 t，多环芳烃约 1.2 万 t（此处的多环芳烃包括 EPA 指出的 16 类主要多环芳烃）等多种污染物。国内外多年研究结果表明，燃煤产生的大量有害物会造成多种呼吸系统和心血管系统疾病，包括肺癌、慢性阻塞性肺病（COPD）、肺功能降低、哮喘、高血压等。中国预防医学科学院何兴舟研究员等从 20 世纪 80 年代开始，在云南宣威通过 30 年的跟踪研究，发现室内燃煤排放出大量以苯并芘为代表的致癌性多环芳烃类物质，是导致宣威肺癌高发，造成当地多个“癌症村”的主要危险因素[11]。而且，使用有烟煤和使用无烟煤的人群患 COPD 的危险性分别是使用柴的 4.63 倍和 1.55 倍。贵州、四川、陕西等地使用大量高氟的燃煤，造成当地居民氟骨症（腰腿及全身关节麻木、疼痛、关节变形、弯腰驼背，发生功能障碍，乃至瘫痪）、氟斑牙（表现为牙釉质白垩、着色或缺损改变，一旦形成，残留终生）等病例大量发生。根据 2004 年 WHO（World Health Organization）报告，由于固体燃料的使用，在我国农村地区每年造成 42 万人死亡，比城市污染造成的年死亡人数还多 40%，固体燃料的不清洁利用已经被认为是我国第六大健康杀手。

3）运行管理以及煤渣处理困难，恶化农村生态环境

除了排烟污染，小型燃煤炉的广泛使用还会产生大量的灰渣污染以及堆放的燃煤的污染。对于大型锅炉房来说，灰渣可以实现集中储存、处理和利用，基本不会污染环境。而农村的小型煤炉产生的炉渣，由于过于分散，很难集中进行处理和再利用，大量只能当作废弃物丢弃于村落周边，其中夹杂着一些生活垃圾，生成“煤渣垃圾围墙”之势，不仅恶化了农民的生存环境，还有可能对农村的水体、农田生态环境造成破坏。

4）加重农民经济负担，给国家的温室气体减排带来压力

农村开始大量使用燃煤是在煤炭价格较低的 20 世纪 90 年代开始的，近年来由

于煤炭价格的逐年上涨，而农民由于使用惯性等原因很难一时改变这种习惯，因此采暖和炊事用煤逐渐成为了农民较大的经济负担，目前北方农村每户的年平均取暖费用为 1000~3000 元，占到年收入的 10%~20%。即使在收入水平较高的北京地区农村，也有 78% 的农民认为目前采暖负担较重。随着化石燃料的消耗，其价格必将继续呈现上升的趋势，如果继续采用以燃煤为主要燃料进行采暖和炊事，必然会对一部分家庭造成更加沉重的负担。此外，每年大量煤炭燃烧后产生大约 CO_2，这对我国温室气体减排的整体带来压力。

综上所述，尽管在农村地区大量使用燃煤的背后存在深刻的社会、经济等方面的原因，然而抑制煤炭在农村地区的使用，寻求更加合理的农村能源发展模式，是农村住宅用能需要解决的重大问题。

（2）北方“无煤村”理念的提出及其含义

针对目前北方农村地区大量使用煤炭所带来的种种问题，结合近年来在北方地区新农村建设过程的摸索与实践，提出了实现北方农宅“无煤村”的理念，当作未来努力方向及发展的目标。所谓“无煤村”应该满足以下几个特征：

1）无煤特征：农宅不使用燃煤，而是以生物质、太阳能等可再生能源解决全部或大部分采暖、炊事和生活热水用能；不足时，用少量的电、液化气等清洁能源进行补充，同时采用电网的电力满足农宅用电的正常需要（照明、家电等）。

2）节能特征：农宅围护结构具备良好的保温性能，从而大大减少采暖用能需求。一个不满足节能要求的农宅，即使不烧煤，也不是“无煤村”所追求的目标。

3）宜居特征：农宅满足与农村地区居民相适应的热舒适要求，同时避免由用能引起的室内外空气污染及环境恶化。“无煤村”绝不是以牺牲农宅室内舒适性或环境质量为代价的无煤化。

因此，“无煤村”并不是单纯追求简单意义上的无煤化，而是将村落作为考量和设计中国北方农村可持续发展的基本细胞单元，紧密结合农村实际，基于合理的建筑形式与可再生能源清洁高效利用，在满足冬季室内环境的同时，大幅降低农宅采暖和炊事能耗，这应该是我国大部分北方农村未来新农村建设的合理化能源模式，也是实现北方农村住宅用能可持续发展的主要目标。

（3）北方“无煤村”实现方式

1）加强农宅围护结构保温，降低冬季采暖用能需求

围护结构热性能差是导致目前北方农宅冬季供暖能耗高、室内热环境差的重要原因。如果不对其进行改善，就不会实现真正意义上的节能。因此围护结构保温是

实现“无煤村”的重要基础。

由于农村住宅与城镇建筑相比在建筑形式、室温要求、经济性等方面存在诸多不同，因此农村住宅围护结构保温性能要求不能照搬城镇住宅的标准。目前我国首个《农村居住建筑节能设计标准》即将颁布，标准对不同气候条件下北方农宅的通风换气次数，以及墙体、屋顶、地面、门窗等的传热系数限制做了相应的规定，可以用来指导或判断农宅合理保温程度的依据。在保温做法和保温材料选取上，应结合农村当地实际，尽可能使用本地材料。另外，由于北方农宅冬季室温要求为15℃左右即可，因此在保证夜间有窗户保温（例如保温窗帘）的和局部供暖（如火炕、电热毯等）前提下，南向可以采用较大的窗墙比，以便在白天获取更多的太阳能。

以北京郊区某典型农宅为例，如果做好农宅本体保温，也就是更换气密性差、传热系数大的门、窗，使房间的换气次数降低到0.5ACH左右，窗户传热系数从5.7W/（m^2·K）降到2.8W/（m^2·K）左右，再通过添加保温将农宅的外墙、屋顶的综合传热系数降到0.30~0.50W/（m^2·K）左右，再加上集热蓄热墙、直接受益窗或附加阳光间等被动式太阳能热利用方式的合理应用，可比目前常见的北方无保温农宅减少50%左右的采暖能耗。上述效果已经在多个实际农宅节能改造示范工程中得到验证。

2）改进用能结构，实现冬季采暖“无煤化”

农宅通过合理的保温，采暖负荷降为不到目前无保温时的一半，这时只要充分发挥农村地区生物质、太阳能等可再生资源丰富的巨大优势，完全可以实现不用煤进行采暖。具体实施方案可以是：利用生物质压缩颗粒技术结合相应的采暖炉、采暖炊事一体炉（实测燃烧效率达到70%以上，比燃煤小锅炉热效率提高30%~40%），或者灶连炕技术，充分利用炊事余热解决冬季采暖需要，来代替目前的燃煤土暖气。按照节能农宅的采暖负荷，北方地区农户平均只需要1~2t生物质压缩颗粒即可满足冬季采暖用能需求，是非节能农宅采暖负荷的一半。并且如果采用村级生物质颗粒“代加工”模式，采用生物质燃料的运行成本将大大低于燃煤采暖的成本，同时解决了燃煤所面临的浪费资源、影响健康、污染环境等一系列问题，同时实现了低碳排放，一举多得。

相对于生物质能源来说，太阳能是更加易得的清洁能源。但是太阳能具有不连续性、不稳定性等特点，当太阳能无法满足室内采暖要求时，需要其他能源进行补热。例如，太阳能空气集热采暖系统由于其系统简单、运行维护方面、初投资以及运行费用低、不存在冻结问题，与被动式太阳能利用相结合，可以承担有太阳时的全部采暖负荷。在晚上、阴天或太阳不足时，则可以在生物质压缩颗粒燃料炉、节能炕灶、

电热毯等多种形式中选择一种进行补充，其实现模式如图 5 所示。与传统农宅相比，通过保温、被动式太阳能等措施减少大约 50% 的采暖负荷；其次，分别通过主动式太阳能及生物质清洁利用各承担 25% 左右的负荷量，实现采暖的无煤化。

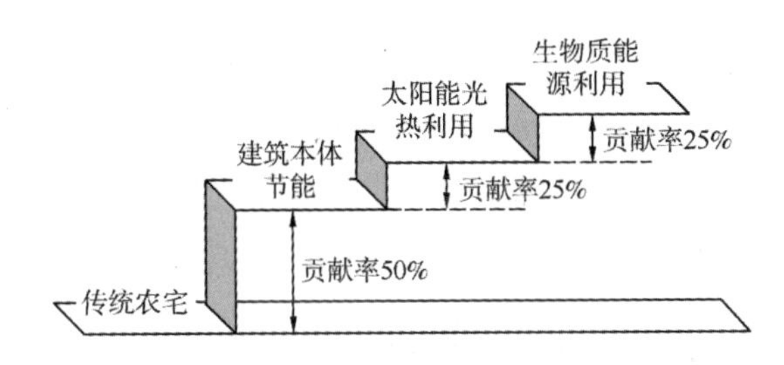

图 5　北方农宅采暖“无煤化”的一种实现方式示意图

3）实现炊事和生活热水用能“无煤化”

与采暖相比，北方农宅实现炊事和生活热水用能“无煤化”相对容易。生活热水可以采用户用太阳能热水器解决，成本低，效果好，使用方便，目前在农村地区已经大量应用。而农户使用煤炉进行炊事,大多可能是由于采用煤炉采暖,也“顺便”用煤炉进行炊事的。因此在取消燃煤采暖后，同时也有利于取消燃煤炊事。实现无煤、清洁炊事的方式有多种：对于使用传统柴灶的农户，可以改成省柴灶或灶连炕，炊事的同时还可以进行采暖，一举多得；对于采用生物质压缩颗粒进行采暖的农户，可另外配置一台小型生物质颗粒炊事炉；同时，进一步组织开发采用生物质压缩颗粒的采暖炊事连用炉，既能高效地满足炊事和生活热水用能的需要，又能充分利用炊事和制备生活热水后的余热进行采暖。在非采暖季可使炊事和热水用能效率达到 50%以上，而采暖季则使总的用能效率在 80%以上。剩余的生物质压缩颗粒还可以进入市场流通，既补充传统常规能源，还能提高农户的经济收入，使秸秆薪柴从废弃物真正变为农户手中的“宝物”。对于有条件的农户，可以优先使用沼气，产气量不足时可以用液化石油气或电能进行补充。

综上，无论从顺应国家节能减排战略的角度，还是从改善农村生态环境和农民居住环境质量角度，或者是减轻农民在采暖能耗方面的经济负担角度，在北方农宅实现并维持非商品能为特征的“无煤村”都具有重要现实意义。随着北方地区新农村建设的逐步推进，各级政府部门也应该把推进“无煤村”建设作为实现节能减排、改善环境、推进新农村发展文明化的一个重要标志。无煤化是农村地区生活进步的标志，也是可持续发展的必然追求。我们需要牢牢抓住各种有利条件，在我国探索出一条在城镇和国外从来没有过的可持续发展之路，并实现跨越式发展。

当然，尽管该模式在许多农村地区具备了一定的可行性，其真正的实施过程将是一个艰巨的系统工程。为实现这一目标，不仅首先要在技术上使其具备实施的可行性，在管理上还必须科学规划，从各个地区的实际情况出发，做出全面合理的方案，并贯彻实施；在政策上，需要国家的财政支持来带动。另外，由于多种客观因素的限制，不同地区推广“零煤耗”村落可以采取不同的形式。例如有些地区可以先进行农宅保温和被动式太阳能热利用，待条件成熟再考虑其他技术。这样即使不能完全实现“无煤村”，也是对我国建筑节能减排的重要贡献。

6.3.2　南方“生态村”发展模式探讨

和北方地区相比，我国南方地区的气候条件、资源环境、生活模式等方面存在显著差异，因此农村发展所面临以及重点解决的问题也有所不同。自古以来，南方地区就以优美的生活环境与怡然自得的生活状态而闻名，同时气候适宜，雨量丰富，河流众多，常年山清水秀，形成了南方优越的生态环境。因此，南方农村的目标是充分利用该地区的气候、资源等优势，打造新型的“生态村”。

所谓“生态村”，首先是指在不使用煤炭的前提下，以尽可能低的商品能源消耗，通过被动式建筑节能技术的使用和可再生能源的利用，建造具有优越室内外环境的现代农宅，真正实现建筑与自然和谐互融的低碳化发展。该模式不同于以高能耗为代价、完全依靠机械的手段构造的西方式的建筑模式，而是在继承传统生活追求“人与自然”、“建筑与环境”和谐理念的基础上，通过科学的规划和技术的创新，所形成的一种符合我国南方特点的可持续发展模式。

（1）南方具备实现“生态村”的优越条件

南方农村所具有的以下三个特点，是实现“生态村”的重要基础。

1）适宜的气候条件。尽管南方地区幅员辽阔，不同地区气候条件差异明显，但在绝大部分时间，南方室外气温都处于相对适宜的范围。这样的气候条件，使得在大部分时间里，仅通过合理的围护结构等被动式手段来满足建筑室内热环境的需求成为可能。这是南方地区与北方地区最大的区别。

2）宜居的自然环境。与城市的集中住宅不同，农村住宅密度较低，一般采用“一户一楼一院落”的居住模式，具有优美的自然环境。在这种模式下，农宅可充分利用自然资源，营造生态宜居的微环境。因农宅前后无遮挡，很容易形成自然舒适的穿堂风，还能充分利用太阳能，提高室内热舒适性；院落内栽种的绿色植物，既能

减少房屋周围地面温度，还能起到遮阳降温的目的。诸多农宅彼此独立，又相互影响，通过生态规划，还可与村落内的良田、树林和自然水体等形成配合，形成最自然、健康、舒适的生活环境，建成幸福宜居的生态家园。

3）良好的用能习惯。与北方农村相比，南方大部分地区缺少煤炭资源，煤的平均使用量明显低于北方农村。南方农村地区目前的主要能源形式是生物质，大部分地区的居民仍然保持了使用生物质的习惯。虽然也使用电、液化气等进行炊事、降温和采暖，但基本维持在较低的水平，远低于城市平均消耗量。这些用能习惯，是该地区实现“生态村”的巨大优势。

（2）南方“生态村”的实现关键

南方农村具有实现“生态村”的上述优势，但根据调研结果显示，实现这种生态宜居的发展模式的关键包括以下几个方面：

1）改进炊事方式，降低炊事能耗及引起的空气污染

炊事用能是南方农村生活能耗的最大组成部分，占到总能耗的42%。因此，解决炊事用能问题是实现生态型村落的重要方面。

使用生物质秸秆、薪柴直接燃烧进行炊事是南方农村目前仍在使用的主要方式之一。其主要问题是效率低，传统炊事柴灶的平均效率不足20%，不仅导致生物质的大量消耗，还会造成严重的室内空气污染。其可能的替代或改进方式包括沼气、生物质压缩颗粒炊事炉、省柴灶、电、液化石油气等。

沼气利用是解决南方炊事用能的优先方式。与传统的生物质直接燃烧相比，将禽畜粪便、秸秆薪柴发酵产生沼气，再用于炊事，使用方便，燃烧效率高，污染排放小，实现了生物质的清洁高效利用。配合以农村适宜的气候环境和良好的自然资源，还可以实现沼气的经济循环利用，形成绿色生态的发展模式。例如“猪—沼—果”的沼气循环经济发展模式，将农村的生产生活有机的结合起来，在实现经济创收的同时，改善农村炊事条件，营造良好的室内外环境。

对于不具备使用沼气或者沼气量不足的地区，推广使用省柴灶或生物质颗粒炊事炉进行炊事，仅需传统柴灶生物质消耗量的1/3左右，同时大大减少了由于不完全燃烧引起的空气污染；另外，根据实际需求少量地使用电、液化石油气等进行炊事，也有利于改善炊事效果和室内外环境。

2）采用被动方式进行夏季降温

夏季降温也是南方农宅面临的普遍性问题。农宅具有鲜明的特点：单体建筑为主，建筑密度低，自然环境优越。而根据农村的热舒适性调研发现，在保持室内空

气流动的条件下，夏季室温低于 30℃，大部分农民就可以接受。而在大部分地区，室外温度超过 30℃的时间并不长。因此，与城市建筑普遍采用空调降温不同，南方农宅通过充分利用自然资源，改善建筑微环境，利用被动式降温方式，辅之以电风扇等，即可能实现农宅夏季降温的目的。被动式降温主要依靠围护结构隔热和自然通风两种方式来实现。

墙体和屋顶传热是室内温度升高的原因之一，应根据农宅自己的特点，从建筑结构、建筑材料和周围环境来改善建筑围护结构隔热性能。在建筑结构上，可采用大闷顶屋面或通风隔热屋面减少屋顶传热。在建筑材料上，传统农宅中常用的多孔吸湿材料，可以形成蒸发式屋面，多孔吸湿材料中储存了水分，当受到太阳辐射作用时，屋面温度升高，会加速水汽蒸发，带走部分热量，从而实现隔热的目的；农宅周围还可以栽种绿色攀缘植物或进行屋顶绿化，能够遮挡大部分的太阳辐射，既能隔热，也能绿化环境。汲取传统民居的优点。

南方夏季既炎热又潮湿，通风不仅能改善室内的热湿环境，适当的空气流动还能提高人体舒适程度，是南方农宅降温的另一种主要措施。农村地区建筑密度低，前后无遮挡，通过合理的建筑设计和规划，很容易在风压作用下形成穿堂风，显著改善室内环境。通过天井等建筑结构形式，还可以利用热压作用，形成纵向拔风，强化室内的通风换气作用。

通过以上被动式降温技术，即可充分利用自然环境解决南方农宅夏季过热的问题。被动式技术不需要消耗额外的能源，就能够营造出自然舒适健康的室内热湿环境。利用农宅周围的绿色植物、自然水体的自然蒸腾蒸发作用，还能改善村落的微气候，从而保障了“生态型”村落的夏季热舒适性能。

3）减少冬季采暖用能，改善室内热环境和空气质量

南方采暖问题主要集中在夏热冬冷地区和其他部分冬季气温较低的地区。由于南方冬季室外气温大部分时间内在 0~10℃之间，而室内温度高于 8℃，就是农民认为可接受的温度。因此，冬季室内外仅需维持不足 8℃的温差（而北方地区由于气候寒冷，室内外温差可达 20~30℃）。这完全可以通过合适的建筑围护结构保温，辅之以太阳能、生物质能、以及少量的商品能来采暖实现。目前的调研数据显示，夏热冬冷地区农宅冬季采暖的户均能耗约为 0.42 tce。能耗虽然不高，但室内温度偏低，并且生物质直接室内燃烧造成室内空气污染，需要改进。

南方农村住宅面积较大，但部分房间仅用于放置农业生产的设备、储存粮食和放置杂物等，人们经常活动的区域并不大。因此，仅需要保证人们活动区域的冬季

采暖需求。“部分时间、局部空间”的采暖方式是南方长期以来一直采用的采暖模式，既符合当地气候条件和自然环境，也实现了节能，应该加以保持。但是，南方地区传统的局部采暖措施，如火盆、火炉等，都是通过生物质在室内直接燃烧来进行取暖，会造成严重的室内污染，应该彻底取缔。为保证室内清新，很多人形成了冬季开窗通风的生活习惯。房间通风换气次数的大小，对冬季采暖负荷和室内温度的影响较大。因此，要改善冬季室内热环境，需要根据居民开窗通风情况分别进行讨论。

如果保持目前南方农村冬季开窗的生活习惯，由于室内通风换气次数较大，室温主要受室外气温的影响，建筑围护结构的保温作用不再明显。因此，通过改善建筑围护结构热工性能来改善室内热环境的作用较小，可选用以辐射型取暖器、电热毯等局部采暖方式，直接作用于人体，提高热舒适性能。避免用对流型的采暖系统，如热泵型空调等，因为较大的通风换气次数，会显著降低采暖系统的使用效果，增大能耗。

实际上，很多居民喜欢在冬季开窗通风是和在室内直接燃烧生物质相关的。如果不再采用这类炊事或者采暖方式，则很有可能改变目前冬季开窗通风的习惯，从而使房间的密闭性能得到加强，降低通风换气量。这样，就可以通过提高围护结构热工性能来改善冬季室内热环境。传统农宅的墙体一般都采用厚实的土坯墙体或石砌墙体，如福建土楼的墙体厚度甚至达到了 1m 以上，这种形式的围护结构，热阻约为普通 24 砖墙的 2 倍，可以有效保温。同时，较大的热惰性可以抵御室外温度的波动，使室内更加舒适。在不具备采用这种厚重墙体材料的地区，也可采用热阻较大的自保温材料，在此基础上，辅助以局部采暖，能够满足冬季采暖的需求

4）一些需要注意的倾向和问题

虽然南方大部分农村地区还保持着传统的生活模式，但对于部分经济相对发达的农村地区，其建筑形式、能源结构和生活模式都开始发生巨大的变化。例如，在建筑结构上，传统的砖木结构、厚土墙体等不断减少，新建房屋普遍采用砖混结构，墙体厚度仅 24cm 或 12cm；在建筑形式上，由于建筑楼层从原来的 1~2 层变为 3 层或 4 层，建筑面积不断增大；在用能结构上，生物质普遍被煤、液化气和电等商品能源替代；在生活模式上，也开始脱离农村充分利用自然资源的习惯，夏季降温和冬季采暖也开始大量使用空调，甚至有部分家庭开始使用户式中央空调、洗衣用电烘干机等。这样做的一个直接后果就是大幅度增加生活能耗尤其是电力消耗。据统计，南方多数农宅户均年耗电为 800kWh 左右，而上述家庭达到 3000~5000kWh。如果任由这种用能方式发展下去，将会给原本已经接近饱和的南方电力供应网造成极大的压力。此外，还有部分城市高收入人群在农村地区建高档度假房，并且完全

按照城镇甚至国外的模式运行，能耗极高，客观上对部分地区农村发展起到了负面引导的效果，引起了一些农民盲目的模仿，需要引起高度重视。

总的来讲，上述盲目学习城市甚至国外的行为，不仅不利于节能减排，更是一种理念的退步。南方农村地区具有丰富的资源和良好的环境，配合以合理的生态规划，完全能够以较低的能源消耗，创造出城市地区所无法实现的良好的生存环境和生活模式。

6.4　农村住宅对国家建筑节能及低碳发展的影响

我国在哥本哈根气候峰会上明确承诺“至2020年单位GDP二氧化碳排放（以下简称碳排放）强度较2005年减少40%~45%”，这对经济高速发展的中国来说，无疑是一个严峻的考验。在保证经济增长、提高人民生活水平的前提下，进一步实现节能减排，是国家的重大发展战略。本节基于一些数据及预测分析，说明农村住宅对我国建筑节能及低碳发展的整体影响。

6.4.1　节能减排效果预测

由图6和图7给出的我国农村住宅生活用能消耗量和碳排放量分布可以看出，如果在全国范围内大力推广北方“无煤村”和南方“生态村”的建设，将会对我国的建筑节能减排工作产生重大的影响。

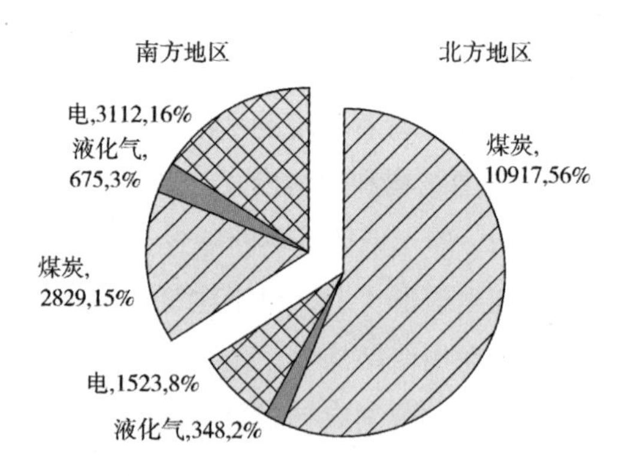

图6　农村住宅消耗的商品能构成（万tce，年总能耗量：1.9亿tce）

首先，北方农宅采暖和炊事用煤分别占全国农村住宅总商品能耗及由此产生的碳排放的56%和60%，因此在北方实现“无煤村”将会产生最为明显的节能减排效果。我国北方地区共有32万个农村，若有50%的村落成功推广无煤村生态模式，则每

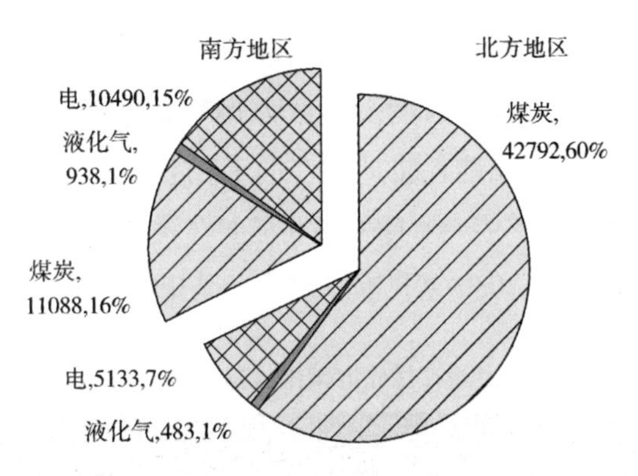

图 7　农村住宅用能产生的二氧化碳排放量（万 t，年总碳排放量：7.1 亿 t）

年可节省 0.54 亿 tce，减排 2.14 亿 t 二氧化碳，占全国建筑用能总碳排放量的 9.3%；若有 80% 的村落成功推广无煤村生态模式，则每年可节省 0.87 亿 tce，减排 3.42 亿 t 二氧化碳，占全国建筑用能总碳排放量的 14.9%，我国北方农村推广“无煤村”后的二氧化碳减排潜力预测如表 6 所示。

我国北方农村推广“无煤村”后的二氧化碳减排潜力预测　　表 6

无煤村比例	10%	30%	50%	80%
节能量（亿 tce）	0.11	0.33	0.54	0.87
减排量（亿 tCO_2）	0.43	1.28	2.14	3.42

注：碳排放折算系数：煤—2.8kgCO_2/kg；液化气—2.38 kgCO_2/kg；电—1.18 kgCO_2/kWh。

南方地区农村住宅用能中煤炭和电分别占全国农村住宅能耗的 16% 和 15%，此外还使用大量的生物质进行炊事和采暖，因此应分别对待。一方面，推广“生态村”，可以再显著改善室内热环境及空气质量的情况下，明显降低煤炭和生物质的消耗量。另一方面，尽管南方农宅平均用电量高于北方，这是和南方地区气候、经济水平情况相一致的。在这一地区推广生态村后，将能够有效避免该地区农村电耗快速增长的趋势。据估算，目前南方地区城镇和农村户均年用电量分别为 1737kWh 和 842kWh，按照推广生态村可以避免南方地区人均用电量从现在水平发展到城镇水平来估算，那么就可以避免增加 945 亿 kWh 的电耗，由此每年能够避免产生 1.1 亿 t 的碳排放。

因此，假如通过一系列政策指引，大力发展并推广适宜农村的住宅节能和可再生能源利用技术，就可以在提高农村住宅服务水平的前提下，实现大幅度节能和降低二氧化碳排放。

反之，如果不对农村住宅碳排放量加以控制，使其在保温情况和体型系数保持不变的基础上，生物质完全被煤炭取代，室温从10℃提升到18℃，户均电耗达到现在城镇水平，我国农村住宅商品能耗将从现在的1.8亿tce增加到3.5亿tce，相应的年碳排放量也将由现在的约7.1亿t骤增到13.0亿t,对我国节能减排工作造成巨大压力。我国农村住宅碳排放预测如2030年我国农村住宅碳排放量预测如表7和图8所示。

2030年我国农村住宅碳排放量预测　　表7

	情景	能耗变化	碳排放量（亿t CO_2）
1	不加控制	保温和体型系数不变，生物质完全被煤炭取代，室温从现在10℃提升到18℃，户均电耗达到现在城镇水平	13.0
2	推广10%无煤村与生态村	无煤村与生态村取消煤炭的使用，用电量增长50%。其余村不加控制	11.9
3	推广50%无煤村与生态村		7.8
4	推广80%无煤村与生态村		4.6

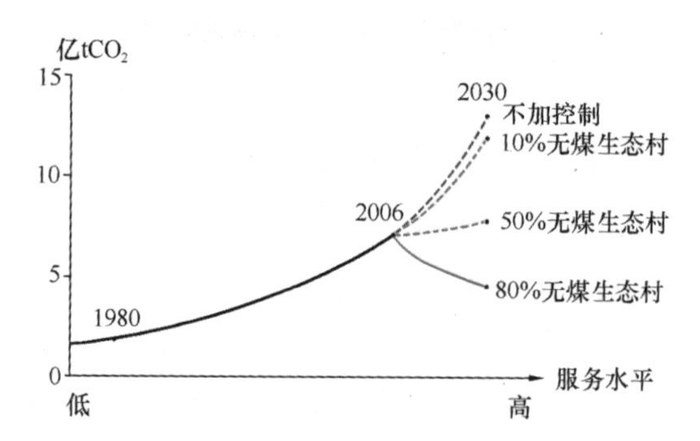

图8　我国农村住宅用能及碳排放变化趋势及预测

6.4.2　农村是真正实现建筑低碳的最佳场所

2013年我国建筑商品能耗总量为7.56亿tce，对应的总碳排放约26亿t，其中城镇和农村住宅用能碳排放分别约19亿t和7亿t 。无论从单位建筑面积还是人均来看，农村地区的碳排放都不到城镇的1/2，已经相对低碳。而从未来减排潜力看，城镇地区由于其基础设施和用能习惯是随着时代的发展而逐步发展形成，若要全面更改已经形成的能源结构，大量引进可再生能源技术，需要舍弃或改造原有基础设施，不仅投资巨大，并且由于城市土地空间极其稀缺，往往也不具备使用可再生能

源的空间条件。所以，城镇建筑的低碳化发展受到其现有能源结构的限制，主要是通过节能来实现减碳，因此也就很难实现真正意义上的低碳。

反观农村地区，由于具备丰富的生物质、太阳能等可再生能源资源，同时具备使用这些可再生能源的土地资源和空间资源，因此还有巨大的减排空间。由前面的碳排放预测结果可以看出，若全国 80% 的北方村落成功推广“无煤村”模式，则每年碳排放可在目前水平上减少 3.4 亿 t。

此外,农村地区的低碳化发展,与前面分别提出的北方地区“无煤村”、南方地区“生态村”，无论从发展目标还是实现手段来看都是完全一致的。也就是说，农村“低碳”并不是刻意追求出来的低碳，而应是农村地区建筑节能及可持续发展的自然结果。

从国家资金投入和节能减排效果对比看，“十一五”期间我国北方采暖地区 15 省市共完成了 1.82 亿 m^2 的既有居住建筑供热计量及节能改造 [12]，实现节能约 200 万 tce，CO_2 减排约 520 万 t。如果按照财政部 2007 年 12 月 20 日颁发的《北方采暖区既有居住建筑供热计量及节能改造奖励资金管理暂行办法》（财建 [2007]957 号）中所提出的 45~55 元 /m^2 的奖励额度进行计算，国家共计投入了改造资金约 100 亿元，假如把这些国家补贴用在农村的话，大约可以建 1 万个北方“无煤村”，节能约 400 万 tce，实现 CO_2 减排约 1500 万 t，分别是城市的 2 倍和 3 倍。因此，与城镇建筑相比，农村住宅是投资小、见效大的节能减排领域，是真正实现建筑低碳的最佳场所。

6.4.3 我国“无煤村”农宅和国外“零能耗”建筑的区别

近年来，一些发达国家相继提出“零能耗”建筑的概念，欧洲许多国家还相继制定了在未来 10~20 年内，使全部建筑都实现“零能耗”的路线图。这里所说的零能耗并不是建筑本身不消耗能量，而是通过各种技术手段，使建筑在使用过程中不产生碳排放。包括几种形式：1）独立的零能耗建筑。完全不依赖外界的能源供应，建筑利用其自身产生的能源，如建筑自身安装的太阳能和风能产生的电能独立运行。2）收支相抵的零能耗建筑。与城市电网连接，利用安装在建筑物自身的低碳能源装置发电，当产生的电力大于需要的电力时，多余部分输出到电网；当产生的能源不能满足需求时，从电网购电补充。一年内生产的电力与从电网得到的电力相抵平衡。3）包括社区设施的零能耗建筑。在建筑之外利用风能、太阳能、生物质能等这些城市新能源，来支持建筑运行的能源需求。但从建筑单体来看，本身仍然消耗能源。

前面指出我国农村地区是实现建筑低碳的最为适宜的场所，从减少建筑碳排放的目标来看,"无煤村"农宅与"零能耗"建筑也是共同的。但是,我们所倡导的"无煤村"是基于我国北方农村实际而提出的低碳发展模式，与西方的"零能耗"是有本质区别的。下面分别以美国某寒冷地区的零能耗住宅（图9）与我国某北方某"无煤村"农宅（图10）为例进行对比。

（a）　（b）　（c）

图9　美国某寒冷地区的"零能耗"建筑

（a）建筑本体保温；（b）风力、光伏发电；（c）地源热泵供暖

由于都处于北方寒冷地区，两个建筑外墙都进行了保温。从建筑用能负荷来看，美、中建筑的采暖负荷分别占其总负荷的72%、64%，可见两个建筑中，采暖都是最主要的用能需求。

（a）　（b）　（c）

图10　我国某北方"无煤村"农宅

（a）建筑本体保温；（b）太阳能热风采暖；（c）吊炕采暖

美国"零能耗"建筑与我国"无煤村"农宅分别采用了不同的可再生能源技术，供应所需的生活用能。前者安装了一台10kW的小型风力发电装置（安装在院内）和一个10kW的小型光伏发电装置（安装在院内一个辅助用房顶部）。这两套装置每年总发电量为20000kWh，除了供应建筑照明、家用电器、生活热水用电之外，还带动一个地源热泵为建筑供热。此外，还安装了一个用于回收机械排风热量的热回收装置。该建筑运行能耗全部由建筑附带的可再生能源系统提供，实现了零碳排放。

我国的"无煤村"农宅在建筑围护结构保温的基础上，采用"太阳能空气集热

系统 + 炕系统”的模式，利用太阳能空气集热系统解决白天室内采暖的问题，用火炕解决夜间采暖的问题，同时用生物质颗粒替代煤炭进行炊事和采暖用太阳能热水器提供所需的生活热水。该农宅每年使用商品能 500kWh 的电和 2.3t 生物质颗粒，其中生物质颗粒基本不产生碳排放，用电量折合年碳排放 590kg，实现了低碳排放。

上述两个建筑都基本满足了使用者的需求，“无煤村”农宅虽然没有实现绝对意义上的零碳排放，但其碳排放量很小，不会对环境产生负面影响。

从能源种类来看，前者的能源种类为单一的电，而后者主要生活能源为生物质颗粒而后者直接利用可再生能源燃烧产生的热量。

但为了实现“零能耗”，美国建筑的投资为 7 万美元，包括风力发电系统、光伏发电系统、地源热泵系统与热回收系统；而我国“无煤村”农宅的投资，包括太阳能空气集热系统、炕系统、生物质颗粒炉系统、太阳能生活热水系统等，全部投资约 9000 元人民币（包括分摊的生物质颗粒加工设备），即使考虑了年运行费用（500kWh 电和 2.3t 生物质颗粒加工费用），折合到“零能耗”中可再生能源设备寿命的 20 年，其综合成本也还不到美国零能耗系统成本的 5%！

对比两个实例发现，美国“零能耗”建筑通过昂贵的初投资，将太阳能转化为高品位的电进行使用。中国北方“无煤村”农宅，不追求绝对零碳，但充分考虑农村能耗特点，直接将可再生能源转化成热量，而非高品位能源，减少了转换过程中成本和能源损失。同时，其经济性好、维护简便，更加符合我国国情，切实可行。

由上所述，农村住宅具有节能和减排的巨大优势和潜力，并将对我国整体能源结构及可持续发展产生重大影响。但要最终实现这一目标，还必须在国家政策的正确指引下，结合农村发展的现状与特点，通过一系列资金投入与技术支持，逐步得到实施。

6.5 财政支持与政策保障

从第 4 节的分析可以看出，未来我国北方地区如果能够推广 80% 的“无煤村”，则每年可节能 0.87 亿 tce，减少约 3.42 亿 t 的二氧化碳排放；如果南方地区能够推广 80% 的“生态村”，不仅可以节能 0.2 亿 tce，还可以避免未来 945 亿 kWh 电耗增量，由此每年能够避免产生 1.1 亿 t 的二氧化碳排放，将国家未来节能减排战略的实现做出巨大贡献。但是这一美好蓝图的实现，不是仅仅依靠“纸上谈兵”就能够一蹴而就的，除需要组织大型科技攻关和技术推广外，还要依赖于全社会各方面的关注和投入，以及国家强有力的政策支持和激励措施。下面将重点从三个方面进行论述。

（1）国家应把发展可再生能源的财政补贴措施支持方向重点放在农村，吸引各界资金扶持，推进农村能源的产业化发展

农村住宅能源技术的研究开发，既是一项基础性研究，也是应用性推广活动，各个环节都离不开资金的扶持，通过第1节的分析可以清晰地看到，农村地区具有利用可再生能源得天独厚的优势条件，因此国家应该把发展可再生能源的财政补贴重点放在农村地区。

尽管近些年我国在某些可再生能源领域的利用技术方面已经得到了一定发展，也形成了一定的产业规模，但总体水平仍然偏低，不同地区、不同行业之间发展尚不平衡，产业化程度比较低，缺乏自我持续发展的能力。在目前的技术水平条件下，很多企业规模偏小，能源开发利用效率低，能源产品科技含量低，导致新型建筑节能和可再生能源技术产品还不完全具备与常规能源产品竞争的能力，加上我国农村新能源产业自身发展的盲目性与市场微观调整的不稳定性，使农村新能源产业发展成本过大，造成了国家对农村新能源开发已有的技术和资金投入等有限的资源条件的浪费。针对我国农村住宅节能技术产业化体系不完善，导致对节能技术成果整体转化形成制约的现象，国家应该加强农村住宅能源的产业化建设，制订农村住宅能源产业规划，对于具有良好适应性的节能技术要逐步鼓励扩大生产规模进而实现规模化、产业化生产，有计划地改建和扩建一批对农村住宅能源影响较大的企业，形成农村住宅能源开发中的龙头企业，通过产业化加快技术应用的步伐，并在产业化过程中降低节能技术应用的成本，促进企业进行技术改造和结构调整，进一步提高节能技术产品的市场竞争力。

在继续发挥国家投资主渠道作用的同时，还应该唤起社会各界关于开展农村住宅节能和开发利用新能源的社会责任感和紧迫感，发挥各种社会公益组织的作用，逐步吸引其他资金的加入。在操作层面上，政府可以建立专项基金，如农村住宅节能与可再生能源专项基金，用以支持全国农宅建筑节能项目的开展，消除项目在融资方面的障碍和困难，实现更合理、更深入地开发农村住宅能源和节能技术。对于具有良好节能效果和市场发展前景的农村住宅节能和可再生能源利用技术产业，应该在宏观经济政策上给予支持和保护，在市场经济条件下，通过有效地发挥财政预算、政府补贴、课题支持等多种经济和政策工具的杠杆作用，将其作用范围扩展到农村能源的生产、转换、流通、消费等各个环节。

表8给出了我国不同地区节能技术的一种建议补贴方案和对应的节能量情况，

其中从节省商品能量与投资额之间的比值可以看出，节能灯和生物质加工设备的节能效果要优于其他技术，所以国家可以对这些技术采用100%的补贴比例，其他技术可以采用部分补贴的方式进行。

对我国不同地区农宅节能技术的一种建议补贴方案和对应的节能量　　表8

	节能技术	推广规模	投资总额（亿元）	国家对单户补贴比例（%）	补贴额（亿元）	节省商品能（万tce）
北方地区	建筑保温	0.8亿户	6400	50	3200	4000
	节能灶	0.5亿台	300	0	0	600
	节能炕	0.5亿铺	500	0	0	300
	节能灯	0.8亿盏	10	100	10	50
	太阳能空气集热器	0.8亿套	1600	50	800	1000
	生物质加工设备	25万台	250	100	250	1500
	合计		10660		4660	8000
南方地区	节能灶	0.5亿台	300	0	0	600
	节能灯	1亿盏	12	100	12	60
	生物质加工设备	25万台	250	100	250	1000
	生物质成型燃料炊事炉	0.5亿台	200	50	100	600
	沼气（国家已有补贴政策）	1亿口	2000	50	1000	600
	合计		2762		1362	2000

1）生物质颗粒燃料加工技术，可以由政府100%出资购买设备，再通过租用给承包人的方式为每个村配置一台成型颗粒加工设备，每年承包者要向政府支付一定数量的租金，这样即可促使颗粒加工设备得到充分利用，还可以由这部分租金构成设备的维护基金。承包者按“来料加工”方式为农户进行加工，并收取100元/t左右的加工费，用于支付设备电费（约占50%）、加工人员的工资（约占40%）和设备维护费（约占10%）。例如，北方地区现在的农宅户均非电生活能耗约为2 tce（约3 t燃煤或4 t生物质颗粒燃料），如果使用生物质成型燃料完全替代煤（约1000元/t）等商品用能，一个农户全年仅需支付加工费用400元左右，比使用燃煤每年节省2600元，在减少农民能源支出的同时，每户还可减少二氧化碳排放8t以上。这样全国一

次性财政总补贴额度为 500 亿元，每年可以节省 2500 万 tce、减排 1 亿 t 二氧化碳，同时还可以显著减轻农户购买燃煤的经济压力，给农民带来实实在在的好处。

相比之下，财政部 2008 年 10 月印发的《秸秆能源化利用补助资金管理暂行办法》（财建 [2008]735 号）中指出，对于注册资本金在 1000 万元以上、年消耗秸秆量在 1 万 t 及以上、且秸秆能源产品已实现销售并拥有稳定用户的企业，按照 140 元 /t 的标准进行补贴，这样要实现节能 2500 万 tce（对应的秸秆产品产量为 5000 万 t）的目标，每年都需要补贴 70 亿元，7 年后的补贴额就会超过上述补贴生物质燃料加工设备的方式。并且，这样做的结果只是促进了相关企业的发展，很难给农民带来直接的经济利益，对改善农村的能源与环境也无贡献。

2）节能灯的光效一般为白炽灯的 5~6 倍，一般原来使用 60W 白炽灯的地方，只需安装 10W 左右的节能灯就足够了，因此使用节能灯照明可节电 80%左右。节能灯可以由国家为全国农户一次性补贴 100% 的更换费用，共计需要 22 亿元，每年可以实现节能 110 万 tce、减排 500 万 t 二氧化碳的目标。

3）北方地区的农宅围护结构保温是节能潜力最大的一种技术，同时也是实现其他采暖技术节能并降低实际运行成本的基础，所以即使投资额偏高，也要进行补贴，如果对改造达标的单个农户提供 4000 元（改造成本的 50%）的补贴，总补贴额度为 3200 亿元，最终整个北方地区每年可以实现节能 4000 万 tce、减排 1.6 亿 t 二氧化碳的目标。

4）北方地区的太阳能空气集热系统，可以由国家一次性补贴 50% 的费用（1000 元），共计需要 800 亿元，最终每年可以实现节能 1000 万 tce、减排 0.4 亿 t 二氧化碳的目标。

5）南方地区的生物质成型燃料炊事炉，可以由国家一次性补贴 50% 的费用（200 元），共计需要 100 亿元，每年可以实现节能 600 万 tce、减排 0.2 亿 t 二氧化碳的目标。

另外，对于一些已经推广了一定范围且农户较容易接受的节能技术，如节能灶、节能炕，国家可以不进行补贴而通过合理的引导，依靠农户自身的投资进行推广。

最终，北方地区和南方地区各需要补贴 4660 亿元和 1362 亿元，分别可以实现节能 0.8 亿 tce 和 0.2 亿 tce，如果按照每吨标准煤的价格为 1000 元进行计算，则北方地区和南方地区每年分别可以节省 800 亿元和 200 亿元，同时还会减少将近 4 亿 t 二氧化碳以及大量其他污染物的排放。相比而言，在目前城市建筑节能已经有很大发展的情况下，即使把这些补贴放在城市，要实现如此大的节能量和减排量几乎是一件不可能的事情。

鉴于建筑节能及可再生能源利用技术在农村地区的发展前景，如果国家能够采用类似“家电下乡”的政策，将有限的政府补贴投入到正确合理农民急需的领域，实施农村节能产品下乡、节能技术下乡、节能服务下乡，不仅会带来显著的节能效果，而且可以增加农村地区的就业机会，并引导农民趋向更加合理化的生活模式，促进农村地区生活环境的改善和文明程度的提高，真正做到利国、利民、利家。

（2）以政府示范来引导技术的推广，形成使用新能源的时尚文化，充分调动农户大规模开展建筑节能的积极性

我国农村地区长期来一直使用生物质作为主要生活能源，但使用过程中存在效率低、污染重等缺点，同时，由于受城市商品能为主的使用方式影响，一些农户认为使用生物质能是经济水平落后和社会地位低下的表现，而使用煤炭等商品能则具有优越感，是社会发展和进步的表现；再加上新能源节能技术与常规技术相比，往往存在初投资偏高等劣势，从而给新能源的推广造成了障碍，所以从我国目前的国情来看，一开始就让农民乐于接受一些新能源技术显然是有难度的，并且由于农村的收入水平相对较低，投资能力有限，很难自发地大规模主动使用新能源技术。

因此在技术推广的初期，必须要依靠政府来积极支持并引导建设农村住宅节能示范工程，鼓励农民去尝试新技术。政府通过示范工程的建立，一方面可以给农民直观地展示它的节能效果，另一方面可以向农民宣传节能环保的理念，从根本上提高农民的意识并带动新技术的发展应用，逐渐转变农户的传统观念，在农村形成使用新能源的时尚文化，使一些好的节能技术得到全社会的普遍认可和推崇，从而促进了该技术的发展和成熟。同时，技术的发展和成熟又必然使其成本越来越低，成本降低会让技术的推广变得容易起来，最终形成一个良性的循环。与之相反的错误做法是对农户对商品能使用进行鼓励和引领，例如把商品能的使用比例作为衡量新农村建设和发展程度的评估指标。

以北京市近几年开展的“三起来”工程为例，即让农村“亮起来”，让农民“暖起来”，让农业资源“循环起来”，其中“暖起来”的一个重要方面是农户既有住房保温改造，经过第一期的实施，2006~2008年三年间共完成既有农宅节能改造2500户，平均每户每年冬季采暖能耗可以节省1tce，节省费用1000元左右，北京市政府还计划在2009~2012年四年间继续完成约9万户的改造量，这说明政府的示范引导已经起到了很好的辐射带动效应。而且从在北京市房山区二合庄村已经开展的建筑节能示范工程实践中也能发现，农民刚开始时对于一些节能环保和新能源利用技术的推广往往是持观望态度的，因为他们不知道这样一项需要投入自己一年甚至多年收入的事情

究竟能够达到什么效果，给自身带来什么样的好处，等前期一些示范户实际运行了一年后发现，自家农宅冬季的室内热环境状况确实得到了很大程度的改善，普遍反映自己的房子从来没有像这样暖和过，而且耗能量降低了很多，能够节省大量的采暖能源费用，示范效果就被“一传十、十传百”地在本村和周围附近村的其他农户中宣传开来，使农民充分认识到了节能改造的重要性，农户思想上对节能技术也经历了由排斥、到观望、再到接受的根本性转变，实现了“以点带面”的目标。

但有一点也需要引起重视，将来随着农宅建筑节能技术的发展和市场的壮大，如果缺乏有效的政策和法律法规作为保证，其产业秩序和市场行为就会得不到有效规范，一些投机分子可能乘虚而入，损害了购买新型节能技术产品或进行节能改造农户的切身利益，从而影响广大群众大规模使用和消费新能源产品的积极性。因此，未来我国政府要建立相应的农村住宅能源市场监督和监管机构，明确规划编制、产业指导、项目审批、后期运行维护和价格监管等各个环节的有效监管机制，并采取广大群众积极参与制度，通过舆论监督弥补监管机构的不足，以此适应未来可能不断出现的农村住宅能源消费新问题，较好地调整、保护和管理涉及农村能源消费的各类社会关系，保证广大农户的切身利益，使广大农户关注农宅建筑节能的积极性能够得到有效提升和切实保障。

（3）加大技术研发支持力度，将农村能源技术研究基地放在农村，培养大批农宅建筑节能技术人员

我国农宅建筑节能技术的应用与城市住宅及公共建筑相比较为滞后，其中很重要的原因就是以往对农宅建筑节能问题没有引起足够的重视，对适宜农村地区的一些新型技术和设备的研究深度和投入力度都不够，产品种类单一，加上农宅建筑节能技术的标准化研究长期处于空白状态，影响了节能技术的推广速度和范围，导致农户对节能技术的选择余地小。例如国务院早在20世纪90年代末期就对部分城市和地区下发了禁止使用实心黏土砖的文件，但是相关替代性适宜产品却很少，农户如果不用黏土砖就很难进行农宅建设，造成农村地区黏土砖屡禁不止；对于北方农宅采暖来说，传统的火炕、火墙系统受限于只能满足局部空间需求的特点，而能满足全空间采暖需求的可再生能源利用系统种类较少，这样农户只能采用诸如“土暖气”等以消耗商品能为主的设备，从而不断带动这些设备销量的增长，厂家有利可图，也会将研发和生产的注意力集中到这些设备上，进一步降低了传统设备的价格，让新出现的价格相对较高的节能设备很难与之竞争，最终进入到不良的循环和发展模式。因此需要针对我国农村住宅分布地域广，气候、建筑形式和建筑原材料差别迥异等特点，有针对性地进

行多种可再生能源利用适宜性技术的研发，给农户提供更多的选择。

在进行农村住宅节能技术研发和推广的过程中，各级政府必须要注重研究模式的转变，特别要将研发和示范基地放在农村，在农村建立一批重点实验室或研究示范平台，实现理论与实际的有机结合，提高所研发的农村住宅节能技术的适应性。另外，需要参照以往农业技术服务站的推广模式，建设成不同层级的农村能源技术研发和推广服务站，每个站内都具有一批熟悉农村特点的能源专家，逐渐吸引农民亲自参与研究。这样一方面可以从农民身上吸取一些当地关于农宅节能的传统优秀做法和经验，另一方面可以培养活跃在农村第一线的具有一定专业特长的新型技术人员，使他们成为推动未来农村住宅能源技术创新和科技成果转化、改善农村实际情况的重要力量，并以此建立健全“农村住宅节能技术和产品下乡”政策管理和服务体系。通过对农宅节能技术的前期使用和后期维护的专业培训，可以更好地为广大农户服务，增加宣传渠道，解决后顾之忧，以保证节能技术和产品在农户中推广应用的高效、持久。

6.6 总结和展望

我国农村地区目前正处于一个快速发展和变化时期，造成了未来农村住宅用能发展的不确定性。关于农村住宅能源发展之路，还存在许多种争议，但总体上可以概括成以下四种模式。本节通过对这四种可能的发展趋势的对比，并结合前文的分析来指出其优劣和可行性。

（1）“准城镇化”发展模式

长期以来，我国农村居民采用分散居住、自给自足经营土地的生产生活方式。近年来，随着城市化进程的推进，在大量劳动力进城和保护耕地压力日益沉重的背景下，全国各地出现了撤并村庄、仿照城镇进行集中居住的趋势，即把住在自然村的农民集中到住宅小区居住，把许多村庄合并成一个村庄或合并到镇，传统农居也被城市常见的多层楼宇所取代。例如，江阴市新桥镇“农村三集中”被发掘成为集约用地的典型，即把全镇 19.3km^2 分成三大功能区——7km^2 的工业园区，7km^2 的生态农业区，5.3km^2 的居住商贸区；工业全部集中到园区，农民集中到镇区居住，农田由当地企业搞规模经营，其中，“农民集中居住”是最重要的组成部分。江苏省 2006 年完成的“全省镇村布局规划编制”中指出，将近 25 万自然村将规划为近 5 万个农村居民点。然而，农民集中居住必然导致农民生活方式的根本性改变。

生活方式与居住模式有密切关系，居住模式会带来生活方式、文化等方面的巨大变化，从而也相应地带来能源消耗的变化；而居住方式又由居住着从事的生产活动形式决定。对于我国中小规模以农业为主的农民，纵观其文化生产活动、生活方式和能源消耗模式等，如果外部引导不合理，则我国农村当前的用能方式和生活方式会逐渐向城镇地区转变。并且由于居住方式由分散变为集中，建筑失去了利用可再生能源所必须的土地和空间资源，农民使用生物质、太阳能等可再生能源的习惯将全部被抛弃。“准城镇化”发展后的农村住宅用能方式、用能意识和水平都会接近城镇住宅用能水平。按照目前的城镇能耗水平估算，我国农村住宅的总能耗将增加 1.4 亿 tce，其中仅北方采暖就会增加 1.2 亿 tce，并且会呈现逐年增加的趋势。

（2）“准西方化”发展模式

由于农民长期习惯了“独门独院”的建筑形式，整个农村地区未来可能出现的另外一种发展模式为农户依然保持着分散居住，在建筑形式和材料使用等方面追求与城镇甚至国外别墅（因为都属于单体住宅）类似的做法，内部用能设备追求的也是与此相当的奢华生活模式，在一些发达省份的部分农村已经出现了这种情况。

此类建筑的能源使用上也将抛弃传统的生物质等能源形式，完全靠天然气、电能等商品能进行支撑。而由于农村住宅的分散特性，首先就需要敷设大量的天然气管道、加大电网容量等设施，这将会需要巨额的基础投资以及支持这些能源基础设施的运行维护费用。

由于单体农宅的体形系数是城镇单元式高层住宅的两倍以上，且与现有的城镇建筑相比，农村地区的能源输送距离加长，输送效率降低，能耗水平将会超过城镇集中型建筑能耗，甚至在某些方面的能耗（如采暖、空调、电耗等）与西方国家水平靠拢。根据 2009 年的数据，美国单位建筑面积商品能耗约为 40kgce/m^2，而我国城镇住宅和农村住宅单位建筑面积商品能消耗分别只有 20kgce/m^2 和 9kgce/m^2。假如农村住宅达到美国能耗平均水平的一半，我国 238 亿 m^2 农村住宅商品能消耗也将由现在的约 1.8 亿 tce/ 年骤增到 4.6 亿 tce/ 年，这会对我国能源供应造成巨大压力。

（3）“自由化”发展模式

在农宅建设和用能发展方面，如果政府不加引导，而是由农民依据自己的喜好任意发展，将会出现非常复杂的情况，导致农村地区会出现城乡建筑夹杂、多种模式并存的局面。

现在很多地方的农宅建设处于无序状态，一方面带来了耕地大量流失的不良后果，加剧了人地之间的矛盾，直接危及我国的粮食安全问题；另一方面，一些先富

裕的农户会抛弃原有的传统住宅，盖起现代化的高耗能多层住宅，而其他后富裕起来的农户的认识水平很容易受到这些“样板户”的影响，纷纷效仿。如果任由这种情况发展下去，将会导致越来越多的农村人逐渐摒弃一些传统而又独特的生活方式，放弃使用传统的生物质能而转向使用商品能，盲目地追求高能耗的发展模式，最终也会导致我国农村住宅的总能耗增加 1 亿 tce 以上，给农户自身和国家总体节能减排都带来不利的影响。

以上三种发展模式的特点和所带来的相同后果如下：

一是打破了长久以来形成的“庭院经济”和家庭养畜的生产方式。以往农民户均占地 300m^2，包括利用宅基地种植蔬菜、瓜果贴补家用，集中居住后，有些地方因农业生产所需的农机具和粮食、种子没有地方搁置，农民只得在楼房下面搭建大量的棚子，实际占地面积并没有减少[13]。此外，我国农民散户养猪，可将剩饭菜等家庭垃圾直接分解，并将猪粪施回农田或填进沼气池，形成简单的循环生态链。而集中居住后，对猪进行集中饲养，生活垃圾无法处理，只能扔掉；而粪便集中处理，造成农户对肥料无法直接使用。

二是加大能源建设投资。农户集中居住，或者农村能源仿照城市和国外建设，由于农村居住密度远远小于城市，以城市供电供气模式提供农村用能，投资巨大，并且大量能源消耗在输送环节上。

三是导致农民能源消费和生活支出的变化。农民进入楼房后，无法延续烧秸秆、薪柴的习惯，而被迫改为依赖电力和燃气，这样必然带来炊事能耗的大幅度增加。而北方需要采暖的地区，出现了农民无法用传统的火炕取暖，又交不起取暖费，只能挨冻的情况。

因此，上述三种发展模式都是不可持续的。

（4）“可持续”发展模式

伴随着我国农村经济发展、人民生活水平及对建筑环境品质要求的不断提高，如何营造一个健康、舒适和安全的农村住宅室内环境，而不造成能源消耗的大幅度增长，是我国农村未来发展必须面对和解决的战略性问题。与城市相比，我国农村拥有更广阔的空间，相对充裕的土地资源和低廉的劳动力，丰富的生物质等可再生能源；反之，由于用能密度低，输送成本高，常规商品能源的成本又比城市高，因此农村能源应当采取与城市完全不同的解决方案。

“可持续”发展模式的主要特点是：未来的农村住宅除了做好围护结构的合理设计、被动式节能，大幅度降低建筑冬季采暖和夏季降温能源需求外，还必须基于当地产生的秸秆薪柴等生物质能源的清洁高效利用，配合太阳能、风能和小水电等无污染可再生能源，另外再辅助少量电能，最终发展出一条独特的农村能源解决途径。这样在显著提高农村住宅的室内热环境、大幅度减少室内外污染和二氧化碳排放的前提下，使得农村住宅用能中商品能的消耗量在现有基础上不增加甚至逐步减少，为国家建筑节能及减少温室气体排放做出重要贡献。

从具体操作层面来说，不同地区的实现核心是将村落作为衡量和设计中国农村未来可持续发展的基本细胞单元，北方地区要在逐步建设和推广“无煤村”，通过建筑保温和被动太阳能热利用等被动式节能技术，减少建筑采暖能耗需求50%，然后通太阳能、生物质等可再生能源的合理利用，全面摆脱农村采暖、炊事等生活用能对煤炭的依赖；南方地区要逐步打造和推广“生态村”，依靠室外得天独厚的气候环境条件，重点是通过沼气灶、生物质压缩颗粒炊事炉等高效炉具的使用来降低炊事能耗并改善室内空气质量，采用被动式隔热降温技术和适宜的采暖方式来分别改善夏季和冬季农宅室内的热环境状况，除了消除目前的生活用能对煤炭的消耗之外，还要从根本上防止未来夏季空调用电量和冬季采暖能耗的大规模增长，实现农村住宅与自然和谐互融的低碳化发展，从而创造出城市地区所无法实现的宜居人居环境，最终为中国农村住宅实现节能1亿tce，减少4亿t二氧化碳排放，并避免未来945亿kWh用电增长。

综上分析，无论从国家能源供应能力，还是能源基础设施建设和维护等方面，我国都不能承受“准城镇化”、“准西方化”或“自由化”的发展模式，只能发展并坚持走“可持续化”的模式。几千年的农业文明史使中国农民的思想中积淀了对山水自然和人居和谐的无限情怀，在不断的发展过程中与自然有着和谐的共存共生关系。这种朴素的“天人合一”自然观与农村固有的自然因素、文化渊源和地域特色，是进行农村生活和发展的资源优势。实际上，农村生活的进步正应该强调农村自身所具有的富有自然气息的、可以充分实现人类与自然协调发展的生活环境条件和优势，建立人与自然共生，共同发展的生态理念，充分利用这一资源优势，调整人居、生产与自然各因素间的相互协调，维持各因素之间的动态平衡，从而达到改善农村人居条件、人与自然共同协调发展的最终目的，这才是真正意义上的高品质生活，也正是未来新农村建设应该追求的真正目标。

参考文献

[1] 郝斌，刘珊，任和等 . 我国供热能耗调查与定额方法的研究 . 2009, 25(12):18-23.

[2] 江亿 , 杨秀 . 在能源分析中采用等效电方法 [J]. 中国能源 , 2010, 3(32): 5-11.

[3] Hiroshi Yoshino. Strategies for carbon neutralization of buildings and communities in Japan(PPT). Tohoku University.

[4] C.Dimitroulopoulou, J.Bartzis. Ventilation in European offices: a review, University of West Macedonia, Greece.

[5] Xin Zhou, Da Yan, Guangwei Deng. Influence of occupant behaviour on the efficiency of a district cooling system. BS2013-13th Conference of International Building Performance Simulation Association, P1739-1745, August 25th -28th, 2013, Chambery, France.

[6] 常良，魏庆芃，江亿 . 美国、日本和中国香港典型公共建筑空调系统能耗差异及原因分析 . 暖通空调，2010 年第 40 卷第 8 期，25-28.

[7] 王福林，毛焯 . 实现智能建筑节能功效的技术措施探讨 . 智能建筑，2012 年第 11 期，54-58.

[8] 张帆，李德英，姜子炎 . 楼控系统现状分析和解决方法探讨，2011 年第 10 期 .

[9] 中国农村能源年鉴编辑委员会 . 中国农村能源年鉴 [M]. 北京：中国农业出版社 . 1997，28-32.

[10] 倪维斗 . 把合适的东西放在合适的地方 . 科学时报大学周刊，2006-05.23.

[11] 何兴舟 . 室内燃煤空气污染与肺癌及遗传易感性—宣威肺癌病因学研究 22 年 . 实用肿瘤杂志，2001，16(6):369-370.

[12] 住房和城乡建设部 . 关于 2010 年全国住房城乡建设领域节能减排专项监督检查建筑节能检查情况通报 (建办科 [2011]25 号).2011-04-14.

[13] 仇保兴 . 生态文明时代的村镇规划与建设（2009-04-29）. 中国人居环境奖办公室 . http://www.chinahabitat.gov.cn/show.aspx?id=5374.

专题

中国建筑节能的技术路线图❶

1 前言

近年来我国建筑节能领域在社会各界的共同努力下，取得了许多成绩，尤其是北方城镇单位面积采暖用能，已有了明显的下降。建筑节能工作在一定程度上减缓了我国建筑能耗随城镇建设发展而持续高速增长的趋势。然而，近年来我国建筑总能耗还在不断攀升：2000 年到 2013 年，建筑年运行商品用能从 2.89 亿 tce 增到了 7.56 亿 tce [1]。在今后持续"城镇化"发展的背景下，中国建筑能耗可能会达到什么样的程度？我国建筑节能目标是什么？怎样从现在起，为实现这一目标而努力？这些都是迫切需要回答的问题。

这一问题也是国内外能源和气候变化领域的研究者非常关注的问题。近年来国内外有大量的研究，通过各种预测模型试图对中国未来的建筑能耗进行预测。

世界能源组织（IEA）发布的世界能源展望（World Energy Outlook）[2] 指出，到 2030 年，中国总能耗将达到 58.1 亿 tce，其中建筑能耗将达到 15.2 亿 tce，政府的节能减排政策和能源价格将是影响能源消耗的主要因素，要实现全球碳减排目标，未来中国建筑能耗应该控制在 11 亿 tce 以内。而另一份报告（Energy Technology Perspectives 2010）[3] 则指出，提高技术水平是中国实现建筑节能的主要解决途径。

美国能源情报署（EIA）研究则指出，中国未来（2030 年）能耗将达到 64.04 亿 tce，建筑能耗达到 12.93 亿 tce [4]，总能耗高于 IEA 的预测结果，而建筑能耗则低于后者。

美国劳伦斯伯克利国家实验室（LBNL）长期研究中国的建筑能耗，他们认为目前中国建筑用能在总能耗的比例还较低，仅为 20% 左右，未来将增长到 30%。周南等指出到 2020 年，中国建筑能耗总量将达到 10 亿 tce，而城镇化是引起住宅能耗增

❶ 原刊于《建设科技》2012,17:12-19.，作者：江亿，彭琛，燕达。

长的主要因素，建筑面积和设备拥有量的增长将带来非住宅类城镇建筑能耗的增加[5]。

国内一些机构也做了分析，《2020 中国可持续能源情景》研究指出，到 2020 年，中国能源总需求将在 23.2 亿～31.0 亿 tce 之间，建筑能耗在 4.7 亿～6.4 亿 tce 之间[6]。实际上，2013 年我国社会能源消耗已经达到了 39.5 亿 tce，建筑能源消耗 7.56 亿 tce，也已经超过其预期目标。还有文献指出，未来中国建筑总量将达到 910 亿 m^2 [7]，甚至 1180 亿 m^2 [8]，相当于在目前建筑量的基础上增长 1～2 倍，由此也将导致建筑运行能耗大幅度提高。

已有的这些研究试图预测中国未来能耗发展状况，给出政策或技术方面的建筑节能建议。实际上，未来建筑能耗水平取决于我们目前和今后一段时间的工作。我们的任务不是去预测未来，而是从我国未来可以获得的能源总量和环境容量条件出发，从社会经济发展各方面对能源的需求出发，得到未来我国可以用于建筑运行的能源总量。以这一总量为天花板，探讨如何分配各类建筑运行能耗，从而为我们建筑节能工作明确具体的定量目标和约束上限，并进一步研究如何在这些用能上限的约束下，实现城乡建设发展和社会进步对建筑环境不断提高的需求，给出我国建筑节能工作的技术路线图。本文试图从这一思路出发，给出我们的初步研究成果。

2　未来我国建筑用能总量的上界

能源消耗总量受到全球资源和环境容量的限制，从地球人拥有同等的碳排放和能源使用的权力出发，可以得出未来全球人均碳排放量和化石能源利用量的上限；而从我国的能源资源、经济和技术水平以及可能从国外获得的能源量等情况来分析，也可以得到我国未来发展可以利用的能源上限。从这一总量出发，进一步结合我国社会与经济发展用能状况，可以得出我国未来能为建筑运行提供的能源总量。本节分别从这样几个分析角度出发，“自上而下”地对我国未来可以容许的建筑能耗上限进行估计。这应该是我们建筑节能工作要实现目标的用能上限。

2.1　碳排放总量的限制

碳排放的主要来源是化石能源的使用，IEA 研究表明[9]，由于化石能源使用产生的碳排放量约占人类活动碳排放总量的 80%。减少化石能源使用量，是减少碳排放的重要途径。

2013 年，世界能源使用形成的碳排放总量为 321.9 亿 t，中国碳排放占 28%，人均碳排放量已超过世界平均水平[9]。我国温室气体排放的大量增加，已经引起世界各国的关注，要求我国尽快控制碳排放的呼声越来越高。

“碳减排”的目标是多少？IPCC 组织指出，为保护人类生存条件需控制地球平均温度升高不超过 2K[10][11]。为达到这一目的，应逐步控制二氧化碳排放量：

（1）到 2020 年，CO_2 排放总量达到峰值 400 亿 t，由于能源使用产生的碳排放约为 320 亿 t，按照目前的化石能源结构，约为 156 亿 tce 化石能源的碳排放；根据联合国预测，2020 年全球人口将达到 76.6 亿计算[12]，人均化石能源消耗约为 2tce。而目前美国人均化石能源消耗为 9.8tce，为该值的 5 倍，中国人均化石能源消耗为 2.2tce，也已超过了这个值。

（2）到 2050 年，CO_2 排放总量应减少到 2000 年的 48%~72%，这就意味着，除非调整能源结构，大量使用可再生能源或核能，否则化石能源使用量还必须大幅度降低。

中国是以煤炭为主要一次能源的国家，煤的碳排放系数是化石燃料中最高的，更应该严格控制能源使用总量。根据中国碳排放控制目标，如果未来中国人口达到 14.7 亿[12]，化石能源消耗总量应控制在 29.5 亿 tce，除化石能源外，当前常用的能源类型还包括核能、太阳能、风能、水能以及生物质等可再生能源资源，根据中国工程院研究，通过大力发展核能和可再生能源，未来核能有可能占一次能源的 10% 左右，可再生能源占到 20% 左右[8]。考虑到这些非碳能源的贡献，从碳排放总量的限制推算，未来我国一次能源消耗总量上限应该是 48 亿 tce。

2.2　我国可获取能源总量限制

2013 年，我国一次能源消费总量已达到 41.7 亿 tce（发电煤耗法计算）。其中煤炭约占 67.4%，石油占 17.1%，天然气占 5.3%，核电、水电和风电占 10.2%[13]。其中石油的对外依存度已经超过 50%[14]。水电、核电、风电的发展受资源、技术和经济水平的限制，很难在短期内替代化石能源成为主要能源。

我国传统化石能源资源总量丰富，但人均能源资源占有量少，煤炭、石油、天然气人均占有量分别为世界的 2/3、1/6 和 1/15[15]。在我国城镇化进程中，能源供应量成为发展的瓶颈。一方面，受能源资源赋存量、生产安全、水资源和生态环境、土地沉降、技术水平和运输条件的限制，我国煤、石油和天然气等化石能源年生产量有限；另一方面，国内生产难以满足快速增长的消费要求，能源供应对

外依存度逐步提高。然而，能源进口量受能源生产国、运输安全和能源市场价格等多方面因素的制约，进口量很容易受到冲击，因而不能通过扩大进口满足国内能源需求。

我国能源超快增长的发展势头难以持续，必须进行重大调整，必须对化石能源进行总量控制。根据中国工程院研究，到 2020 年，我国有较大可靠性的能源供应能力为 39.3 亿 ~40.9 亿 tce，各类能源供应量如表 1[8] 所示

我国未来能源可能的供应能力（亿 tce） **表 1**

	煤炭	天然气	石油	水电	核电	风电	太阳能发电	太阳能热	生物质
国内生产	21	2.83~3.21	3~3.29	3.27	1.63~1.86	0.62~0.93	0.046~0.092	0.3	1~1.45
进口能源	—	1.29	4.28	—	—	—	—	—	—

如果考虑对我国温室气体排放和环境制约的因素，我国能源供应能力还将受到很大的影响，多数非化石能源、水电和核电供应能力已经难以再扩大。化石、能源、水电、核能及进口能源总量应该在 38 亿 tce 以内，如果可再生能源得到充分发展，达到能源总量的 20%，则我国 2020 年能源总的供给能力应在 47.5 亿 t 以下。在国务院印发的《能源发展战略行动（2014—2020 年）》中，也明确了 2020 年我国能源发展的总体目标，提出到 2020 年，合理控制能源消费总量，将一次能源消费总量控制在 48 亿 tce 左右。

2.3 中国建筑用能总量上限

受碳排放和可获得的能源量的共同约束，未来我国全社会能源消耗的总量应该在 48 亿 tce 以下。这不是一个暂时的约束，而将是长远发展要求的目标：从全球碳减排目标来看，未来碳排放量要逐年减少，化石能源用量也应逐年减少；我国能源赋存有限，技术短期内难以取得重大突破，经济条件也难以支撑大规模发展可再生能源，因而不能支持不断增长的能源需求。为履行大国义务，保障我国能源安全和可持续发展，控制能源消耗总量势在必行。

在国家能源消耗总量的约束下，建筑能源使用也应该实行总量控制。目前，我国建筑能源消耗约占社会总能耗的 20%，而发达国家建筑能耗占社会能耗的 30%~40%[16][17]。是不是中国的建筑能耗也能占到总能耗的 30% 以上呢？

从我国社会经济结构来看，工业（特别是制造业）是中国发展的动力（2000

年以来，第二产业占 GDP 的比例在 45%～48%[13]），生产和制造加工对能源的需求量大，工业用能量约占国家总能耗的 65% 以上（图 1）。2013 年我国工农业用能超过 25 亿 tce，在未来很长一段时间内，制造业还将是支撑我国发展的重要经济部门，工农业用能还将占我国能源消耗量的主要部分，逐年增长的态势短期内不会改变（近年来工业用能增长率持续在 5%[13]）。2013 年，我国人均工农业能耗为 2.14 tce，美国人均工业能耗强度为 3.58 tce[16]，而德国人均工业能耗强度为 1.06 tce，英国、法国和意大利等国家人均工业能耗均低于 1tce[17]。按照人均工农业用能，通过工业结构调整和淘汰落后产能，工业能效进一步提高，我国未来可能维持在人均 2 tce，这样，未来 14.7 亿人口工农业用能应在 29.4 亿 tce 左右。我国目前交通用能仅占全社会总能耗的 10% 左右，人均交通用能不到 0.3tce。无论从用能比例还是人均交通用能，都远低于 OECD 国家水平。随着现代化发展，交通用能比例一定会有所提高。如果未来人均交通用能达到 0.5tce，则交通用能为 7.4 亿 tce，这样如果总能源消费量为 48 亿 t，建筑运行能耗总量就应该控制在 11 亿 t，约占我国能源消费总量的 23%。

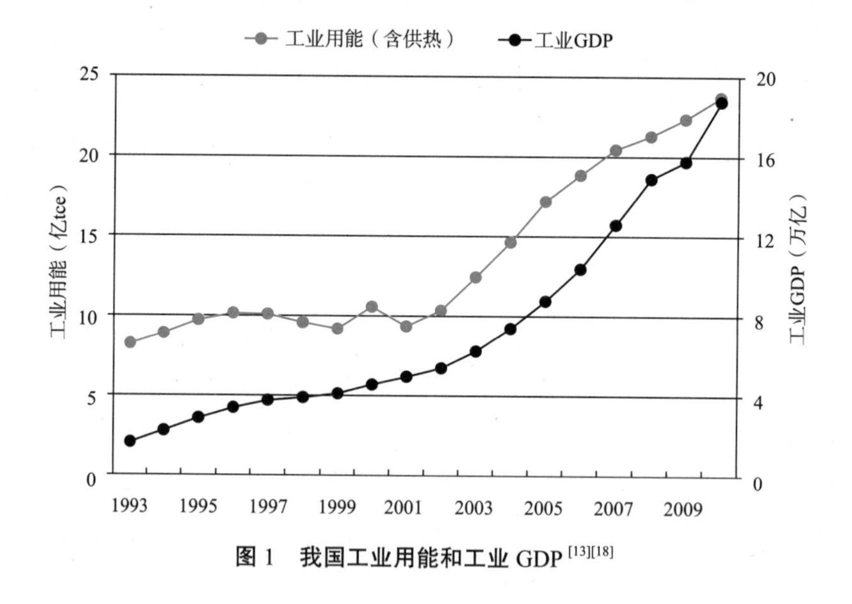

图 1　我国工业用能和工业 GDP [13][18]

我国建筑用能（不包括农村非商品生物质能源的建筑用能）一直维持在社会总能耗的 20%～25%[13][18]（图 2）。在保证我国各部门经济建设健康发展的情况下，未来建筑能耗最多只能维持在社会能耗的 25% 以下。

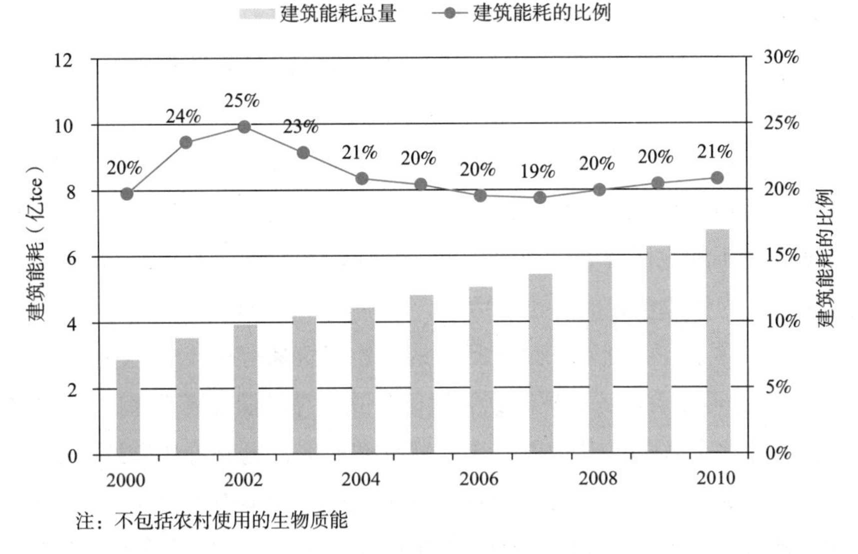

图 2　我国建筑能耗发展历程 [13][19]

综合以上，由于碳排放总量和能源供应量的约束，我国国家用能总量应在 48 亿 tce 以内；考虑工业生产、交通和人民生活发展需要，建筑能耗总量应该在 11 亿 tce 以内，这一用能总量不包括安装在建筑物本身的可再生能源（如太阳能光热、太阳能光电、风能等）。

3　怎样实现我国建筑用能总量控制的目标

3.1　影响城镇建筑用能总量因素

在明确建筑用能总量上限后，接着要回答的问题是，能否实现以及怎样实现这个总量控制目标？

建筑用能总量为：

$$建筑用能总量 = 用能强度 \times 总拥有量$$

用能强度是指单位建筑面积用能，总拥有量则是指总的建筑面积。所以要研究未来建筑用能总量，就需要分别研究未来可能的建筑用能强度的变化和建筑总量的变化。由于城市和农村建筑使用状况、环境条件等都不相同，所以用能强度也不同，于是还需要分别考虑城镇和农村的建筑用能强度及建筑总量的变化。

到 2030~2040 年，中国人口将达到高峰 14.7 亿，城镇化率将达到 70%[20]，城镇人口可能增加到10亿，而农村人口将逐渐减少到4.7亿，这是我国社会发展、城镇化建设的大趋势。由此也将导致城乡建筑总量出现较大的变化。

3.1.1　建筑面积总量

建筑面积总量控制是实现建筑节能目标的重要内容。在城镇化的背景下，城镇住宅和非住宅类城镇建筑面积将进一步增长。然而，受土地和环境资源的约束，未来建筑面积总量不能无限增长。另一方面，建筑面积增长引起建筑能耗增加，在能耗总量约束下，为保障建筑能够正常运行，建筑规模也应存在上限。

图3列出世界上一些国家和地区目前的人均建筑拥有量[13],[16],[17],[21]~[25]（包括住宅和公共建筑）。可以看出，亚洲国家和地区与欧美等早期发展起来的发达国家人均建筑拥有量有很大的不同，其中既有土地状况的原因，更有可从海外获取资源规模的原因。从目前世界政治和经济格局看，我国这样的大国很难依靠大量进口满足国内发展的各种资源需求，而我们拥有的各类人均资源大部分又远低于世界平均水平，因此我国的经济发展必须建立在节约资源的基础上。房屋建设是高资源消耗型产业，从资源环境条件来看，我国未来的发展不可能走欧美国家的模式，而应该参照亚洲发达国家或地区的发展模式。像日本、韩国、新加坡，人均建筑面积都是在40m^{2}左右，我国也应把人均量控制在这个范围。如果控制在50m^{2}左右（不超过51m^2），按照未来14.7亿人口计算，总的建筑规模应该不超过735亿m^{2}左右。

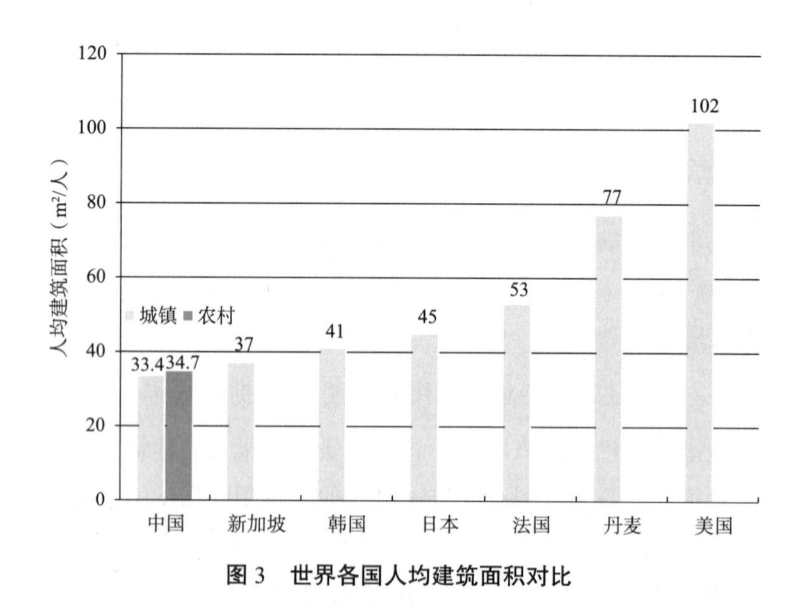

图3　世界各国人均建筑面积对比

2013年，我国建筑总量已经达到545亿m^2[1]，其中，城镇住宅约208亿m^2，

公共建筑（包括城镇与农村公共建筑）约 99 亿 m^2，农村住宅建筑约 238 亿 m^2。按照总量不超过 735 亿 m^2 的规划，未来城镇人均住宅面积应基本维持在当前 $35m^2$/ 人的水平，城镇住宅总面积将达到 350 亿 m^2，可以增加量为 140 亿 ~150 亿 m^2；未来人均非住宅类建筑面积达到人均 $13m^2$/ 人，非住宅类城镇建筑总的建筑面积达到 191 亿 m^2，可以增加量为 92 亿 m^2；农村整体的人均住宅建筑面积保持与现状相同的（$38m^2$/ 人），但由于农村人口逐渐减少，同时区划调整使得一部分农村住宅建筑被归为城镇住宅建筑，农村住宅建筑面积将由 238 亿 m^2 降低至 179 亿 m^2。这样全国的总建筑面积有可能控制在 720 亿 m^2。

这样，未来城镇民用建筑增加总量约为 175 亿 m^2，这一过程如果在 15~20 年完成，则每年不包括既有建筑的拆除，新增城镇建筑面积应控制在 8 亿 ~12 亿 m^2 以内，这是从我国城镇发展与土地及资源条件出发所得出的约束条件，也是我们考虑建筑能耗总量时的基本出发点。

3.1.2 用能强度

用能强度因建筑用能类型不同而表现出明显的差异。产生用能强度差异的原因包括：城乡居民用能方式和用能类型的差异，非住宅类城镇建筑与住宅建筑使用方式差异，南北地区冬季采暖方式和强度的差异。根据用能特点，建筑用能可以分为北方城镇采暖、城镇住宅（不含北方采暖）、非住宅类城镇建筑（不包括北方采暖）和农村建筑等四种类型 [1]。

1）北方城镇地区采暖用能，指的是历史上法定要求建筑采暖的省、自治区和直辖市的冬季采暖能耗，包括各种形式的集中采暖和分散采暖。按照热源系统形式的不同规模和能源种类分类，包括各种规模的热电联产、区域燃煤或燃气锅炉、小区燃煤或燃气锅炉、热泵集中供热等集中采暖方式，以及户式燃气炉、小煤炉、空调分散采暖和直接电加热等分散采暖方式。采暖能耗除热源用能外，还包括水泵、风机等各类采暖辅助设备用能。

2）城镇住宅（不含北方采暖）用能，指的是除了北方地区的采暖能耗外，城镇住宅所消耗的能耗。从终端用能途径来看，主要包括家用电器、空调、照明、炊事、生活热水以及夏热冬冷地区（非法定采暖地区）的冬季采暖能耗，使用的主要商品能源种类是电力、燃煤、天然气、液化石油气和城市煤气等。

3）非住宅类城镇建筑（不含北方采暖）用能，指的是除了北方地区的采暖能耗外，非住宅类城镇建筑内由于各种活动产生的能耗，包括空调、照明、电器、炊事、电梯、各种服务设施以及夏热冬冷地区（非法定采暖地区）非住宅类城镇建筑的冬季采暖能耗，使用的主要商品能源种类是电力、燃气、燃油和燃煤等。

4）农村住宅用能，指的是农村家庭生活所消耗的能源，从终端用能途径上，包括炊事、采暖、降温、照明、热水、家电。农村住宅使用的主要能源种类是电力、燃煤和生物质能（秸秆、薪柴）。由于本文主要针对商品能源，因此农村生物质非商品能源的建筑用能不包括在本文计算中。

对于不同的用能类型，节能技术和用能规划的预期也不同。下面将分别阐述各类用能的现状和节能技术，从实际出发，分析在节能技术和措施可行的情况下，未来我国各类建筑用能总量可以达到的节能目标。

3.2 北方城镇采暖用能

我国北方地区城镇建筑实行集中供暖，用能强度大，一直是建筑节能工作关注的重点。“十一五”期间，通过围护结构保温、提高高效热源方式的比例、提高供热系统效率等途径，取得了突出的成绩。如果按照“好处归热”的方法来分摊热电联产电厂的发电与供热煤耗，我国北方供热单位面积能耗从23.1kgce/m^2（2000年）降低到15.1kgce/m^2（2013年）。2013年，北方城镇采暖的总能耗为1.86亿tce。

随着城市化的推进，北方城镇建筑面积预计将从目前的120亿m^{2}增加到200亿m^2。从目前推广节能技术的状况和效果看，北方城镇采暖用能还存在如下节能空间：

（1）改善保温，降低采暖需热量

目前我国北方地区21世纪以来的新建建筑采暖能耗依气候不同，在60~120kWh/m^{2}之间，与同气候带发达国家的先进水平相比，还有可以进一步降低的空间。通过改善外墙保温、外窗保温、减少渗风带来热损失、引进定量通风窗、引进高效的带热回收的换气装置等措施，可以使北方采暖地区的建筑需热量平均值降低到80kWh/m^{2}以下。与发达国家比，我国保温性能差的老旧建筑比例低，对这些建筑进行节能改造的困难和发达国家比相对较小。按照新建建筑的节能标准对这些老旧建筑进行改造，也可以显著降低采暖需热量。

已有大量围护结构改造实例证明这一目标完全可以实现。如，北京市某居民楼[26]通过改造围护结构保温，室内温度明显高于未改造的楼栋，而建筑能耗从80kWh/m^{2}降低到53kWh/m^2；沈阳市某新建住宅项目[26]在实现室内温度在18~20℃的情况下，耗热量小于65kWh/m^2；北京市某新建建筑耗热量已低于50kWh/m^2。

（2）通过落实热改，实现分户分室热量调节，进一步消除过热现象

推行“供热改革”，包括改革供热企业经营机制，变按照面积收费为按照热量

收费，激励使用者自觉调节。增加末端调节装置，使得房间温度可以调节，避免过热。使由于过量供热造成的损失从目前的15%~25%降低到15%以下，这样可将北方采暖地区的建筑供热量控制到0.33 GJ/m^2。

例如，在长春某小区通过以“室温调控”为核心的末端通断调节与热分摊技术改造，减少了由于过热造成的大量热损失[26]，对比未调控楼栋平均耗热量为105kWh/m^2，在仅有30%的用户长期调控情况下，调控楼栋平均耗热量为85kWh/m^2，节能达18.6%。到2011年前后，末端通断调节室温调控技术已在北京、吉林、内蒙古、黑龙江等省份进行了大量的应用，经过近五个采暖期，运行效果良好，与未采用末端调控的建筑相比，建筑采暖耗热量降低10%~20%。

（3）大幅度提高热源效率

除了建筑保温和末端调节，采暖热源的节能挖潜空间更大，主要是：1）采用基于吸收式热泵的热电联产供热方式，能够使热电联产电厂在燃煤量不变、发电量不变的条件下，输出的供热量提高30% ~50%；2）对燃气锅炉的排烟进行冷凝回收，使其效率提高10% ~15%；3）将各类工业生产过程排出的低品位余热作为集中供热热源，利用这部分热量可以看做零耗能。

我国北方大部分大中小城市目前都已建成不同规模的城市集中供热管网，充分利用好这一资源，有可能充分挖掘和利用上面所述的待开发热源。未来北方采暖地区建筑面积总量200亿m^{2}的情况下，75%可由集中管网的集中供热来提供。我国北方地区燃煤热电厂中如果80%改为热电联产，可供热量40万MW,北方地区规模以上工业可产生低品位余热30万MW，如果应用其70%作为供热热源，则供热量20万MW。燃煤热电厂余热和工业低品位余热可提供60万MW热量，相当于为集中供热建筑提供36W/m^{2}的基础热负荷，通过天然气在末端调峰满足严寒期热量需求，平均只需要18W/m^2。这样，热电联产共计承担59%的供热量，工业余热共计承担30%的供热量,天然气锅炉提供剩余的11%的供热量,集中供热的总耗能为0.72亿tce。通过热泵、地热以及其他方式用以解决无法集中供热的约50亿m^{2}的区域，单位供热量能耗可控制在30 kgce/GJ，分散供热总能耗为0.50亿tce。这样可以计算出，200亿m^{2}供热面积年采暖能耗可以控制在1.22亿tce以内，平均每平方米每年能耗6.1 kgce/m^2，比目前采暖能耗强度的一半还要低。

已有提高热源效率的实际工程案例。如，大同某热电厂乏汽余热利用示范工程中，采用吸收式热泵技术，将乏汽余热回收用于供热，大幅度提高该电厂的供热能力和能源利用效率，将供暖面积从原来的260万m^{2}提高到638万m^2，而不增加电厂总煤耗，不降低冬季总发电量；赤峰市利用工业余热供热节能示范工程项目的成功实施，使金剑铜业的工业余热成为重要补充，同热电厂以及锅炉房一起并入城市热网为赤峰市集中供热提供热源，填补了小新地及松山区 100 余万平方米的供热缺口。

3.3　城镇住宅（不含北方采暖）用能

城镇住宅单位面积能耗持续缓慢增加，一方面是家庭用能设备种类和数量明显增加，造成能耗需求提高；另一方面，炊具、家电、照明等设备效率提高，减缓了能耗的增长速度。2013 年，城镇住宅（不含北方采暖）用能达到 1.86 亿 tce，占建筑能耗的 24.5%。

随着我国城镇化进程推进，未来将有超过 70% 的人口居住在城镇，城镇住宅面积将大大增加，在合理发展城镇住宅建筑量的情况下，建筑面积预计将从目前的 208 亿 m^2 增加到 350 亿 m^2。

根据气候和终端用能类型，城镇住宅（不含北方采暖）能耗可以分为北方空调、长江流域采暖和空调、夏热冬暖地区空调、家用电器、炊事、生活热水和照明等用能部分。从各部分用能现状和特点出发，城镇住宅节能的主要任务为：

（1）长江流域住宅的采暖能耗近年来迅速增加，该地区应选择何种采暖形式引起了广泛争议。目前该地区建筑采暖用能强度较低，采暖能耗强度不到 $3kWh_e/m^2$，但冬季室内温度偏低，空调能耗约 $5kWh_e/m^2$，采暖和空调需求还有较大的增长空间。从实测数据来看，如果采用集中供应的形式，目前最好的大型热泵案例一年电耗约为 $40kWh/m^2$，采用热电冷联产能耗约为 $15kgce/m^2$，也相当于 45kWh 电力，而采用热电联产供热加分散空调，全年用能强度为 $10kgce/m^2$ 加 $10kWh/m^2$ 电耗，合起来还是 $40kWh/m^2$。相比之下，采用可以实现“部分时间、部分空间”使用方式的分散式空气源热泵进行夏季制冷和冬季供暖，则有可能把夏热冬冷地区的全年空调和采暖能耗强度控制在 $20kWh_e/m^2$ 以下。

（2）随着人民生活水平的提高，各地对夏季空调的需求量都将会增多，空调用能强度还可能增加。通过已有的测试发现，生活方式是影响空调能耗的主要因素，而建筑和系统形式同时也会对空调使用方式产生影响。

从生活方式和建筑及系统形式两方面考虑空调节能问题：1）提倡和维持节能型生活方式。反对“全时间、全空间”、“恒温恒湿”，提倡“部分时间、部分空间”，“随外界气候适当波动”营造室内环境；2）发展与生活方式相适应的建筑形式。反对那些标榜为“先进”、“节能”、“高技术”，而全密闭、不可开窗、采用中央空调的住

宅建筑形式；大力发展可以开窗，可以有效的自然通风的住宅建筑形式，尽可能发展各类被动式调节室内环境的技术手段。通过这些措施，严寒和寒冷地区的空调用电强度将从现在的 $2kWh_e/m^2$ 增长并维持在 $4kWh_e/m^2$ 以内，夏热冬暖和温和地区的空调用电强度将从现在的 $8.5\ kWh_e/m^2$ 增长并维持在 $12kWh_e/m^2$ 以内。

（3）对于家电、炊事、照明方面，采取：1）鼓励推广家电器具，并通过市场准入制度，限制低能效家电产品进入市场；2）大力推广节能灯，对白炽灯实行市场禁售；3）限制电热洗衣烘干机、电热洗碗烘干机等高能耗家电产品等措施，将用能强度分别控制在家电 $700kWh_e$/ 户，照明 $4kWh_e/m^2$ 以内，炊事维持当前 70kgce/ 人的水平。

（4）积极推广太阳能生活热水技术，充分利用太阳能解决生活热水需求，在生活热水需求增长的情况下，使得该项能耗从当前的 25kgce/ 人增长并维持在 45kgce/ 人水平内。

根据当前用能特点，用发展的眼光研究分析，在落实各项技术措施情况下，城镇住宅用能各部门用能可以实现总量 3.5 亿 tce 的控制目标，具体目标如表 2。

城镇住宅（不含北方采暖）能耗现状与目标 **表 2**

城镇住宅	目前		720规划	
	规模	强度	规模	强度
空调（严寒和寒冷地区）	83 亿 m^2	$2\ kWh_e/m^2$	120 亿 m^2	$4\ kWh_e/m^2$
空调（夏热冬暖和温和地区）	36 亿 m^2	$8.5\ kWh_e/m^2$	80 亿 m^2	$12\ kWh_e/m^2$
空调 + 采暖（夏热冬冷地区）	89 亿 m^2	$8\ kWh_e/m^2$	150 亿 m^2	$20\ kWh_e/m^2$
家用电器	208 亿 m^2 2.57 亿户	$522\ kWh_e$/ 户	350 亿 m^2 3.5 亿户	$700\ kWh_e$/ 户
照明		$4.6\ kWh_e/m^2$		$4\ kWh_e/m^2$
生活热水		25 kgce/ 人		45 kgce/ 人
炊事		72 kgce/ 人		70 kgce/ 人
总用能		1.84 亿 tce		3.84 亿 tce

3.4 非住宅类城镇建筑（不含北方采暖）用能

非住宅类城镇建筑（不含北方采暖）用能是用能量增长最快的建筑用能分类。近 10 年来，该类建筑面积增加了 1.4 倍，平均的单位面积能耗增加了 1.2 倍。建筑单位面积用能强度分布向高能耗的“大型建筑”尖峰转移[27]，是非住宅类城镇建筑单位面积能耗增长的最主要驱动因素。2013年，非住宅类城镇建筑面积约占建筑总面积的18%，而能耗为2.04亿tce，占建筑总能耗的27.9%。

在城镇化进程中，随着公共服务和设施健全，该类建筑面积也将明显增长，参考发达国家该类建筑建设情况，非住宅类城镇建筑面积预计将从目前的99亿m^2增加到191亿m^2。

非住宅类城镇建筑节能面临的主要问题是当前对于“节能”的概念认识不清，以为采用了节能技术或节能措施便是建筑节能。而无论如何，只有实际建筑运行能耗数据才能作为评价建筑节能相关工作的标准[28]。基于这个认识，继续强调商业建筑上“和国外接轨”、“多少年不落后”等观点将把“节能”推向“能耗不降反升”的一面。应将实现实际的节能减排效果和可持续发展作为城市建筑的主要追求目标，从以下技术措施取得非住宅城镇建筑用能的节能量：

（1）以绿色、生态、低碳为城市发展目标，提倡绿色生活模式，尽可能避免建造大型高能耗建筑，改变商业建筑发展模式，提倡“部分时间、部分空间”的室内环境控制方式，减少“全时间、全空间”室内环境调控的建筑。

深圳某办公楼充分利用自然通风和自然采光，提倡“部分时间、部分空间”的室内环境控制是该建筑起到主要作用的节能技术。下图是深圳某办公楼的电耗与该地区典型办公建筑用能强度的逐月对比情况，该办公楼办公区单位建筑面积电耗约为60.2kWh/m^2，扣除太阳能光伏板发电，消耗电网供电56kWh/m^2，已经达到了未来规划中商业办公建筑的能耗强度目标。

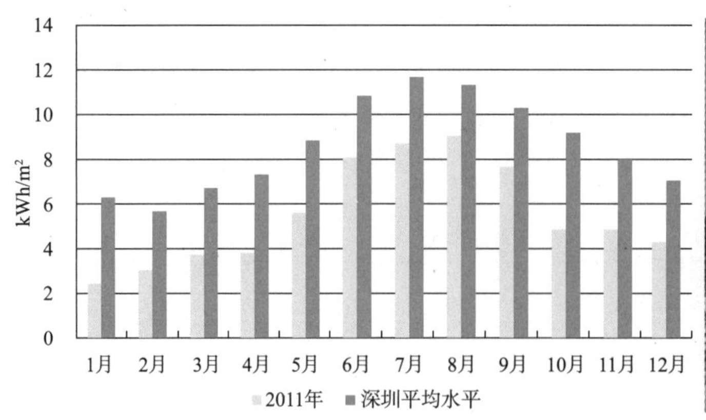

图4　深圳某办公建筑单位面积能耗与典型情况对比

（2）全面开展大型商业建筑的分项计量，以实际能耗数据为目标实施节能监管，将逐渐发展到用能定额管理，梯级电价。

（3）推广 ESCO（能源服务公司）的模式，改善目前的商业建筑运行管理模式，并促进节能改造。

（4）积极开发推广创新型节能装备，提高系统效率，如 LED 灯具，能量回收型电梯，温度湿度独立控制的空调系统（可降低能耗 30%），大型直连变频离心制冷机等。

通过以上的节能技术和措施，参照当前非住宅类城镇建筑用能水平，未来该类建筑用能总量可控制在 4.63 亿 tce，用能强度控制在 24.3kgce/m^2，各类建筑的用电量强度控制在以下目标，见表 3。

公共建筑能耗现状与目标 **表 3**

公共建筑	目前		720规划	
	规模（亿m^2）	强度	规模（亿m^2）	强度
商业办公	21	57	29.4	60
政府办公	16	51	29.4	50
商场	8	89	14.7	150
商铺	15	43	22.1	50
酒店	5	69	8.8	90
医院	4	72	29.4	90
学校	16	44	29.4	60
其他	13	53	27.9	90
总量	99	1.76 亿 tce	191	4.63 亿 tce

3.5 农村住宅用能

农村住宅单位面积用能已超过同气候带的城镇住宅用能，但目前农村建筑提供的服务水平远低于城镇住宅。户均总能耗没有明显的变化，而生物质能有被商品能耗取代的趋势（图 5）。2013 年，农村建筑商品能耗为 1.79 亿 tce，占建筑总能耗的 23.6%，生物质能（秸秆、薪柴）的消耗约折合 1.06 亿 tce。

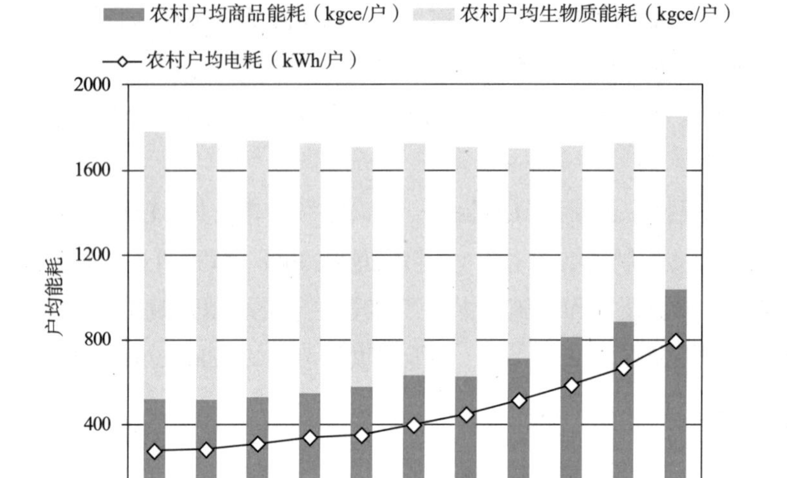

图 5　我国农村住宅用能强度变化趋势

从 2000 年到 2013 年农村人口从 8.1 亿减少到 6.3 亿人 [13]，而人均住房面积增长带来总住房面积的增长。随着城镇化的推进，农村人口将进一步减少，预计未来农村建筑面积将从目前的 230 亿 m^2 降至 179 亿 m^2。

驱动农村建筑用能增长的原因包括两点，1）生物质能逐渐被燃煤替代，居民用电量逐年增加；2）开展“并村”运动，让从事农业生产的人口住进小区，改变了生活方式，实际不利于其生产和生活。

针对农村住宅不同终端用能类型，未来农村住宅用能应充分利用生物质能解决炊事和北方采暖的需求，利用太阳能解决生活热水的用能需求，充分利用农村环境资源，优化自然通风解决室内降温需求；服务水平相当的情况下，照明用能强度应控制在和城镇住宅相当的水平；农村家庭住宅面积大于城镇家庭，家电用能强度则会略低于城镇住宅家电用能，总体可以使得农村住宅家庭的商品能户均能耗控制在 1000kgce/ 户，与城镇住宅的商品能户均能耗相当（1040kgce/ 户），而由生物质及各种可再生能源提供采暖、炊事及热水等用热能耗，生物质户均能耗约 1000kgce/ 户，同时还可以一部分光伏发电作为商品能耗的补充。通过大力推广生物质和可再生能源的利用，在农村中可使非商品能为农村用能提供能量 2.62 亿 tce，可将农村住宅的商品能耗总量控制在 1.32 亿 tce。

具体而言，在北方发展“无煤村”，南方发展“生态村”：

（1）北方农村无煤村的技术途径：①房屋改造，加强保温，加强气密，从而减少采暖需热量，发展火炕，充分利用炊事余热；② 发展各种太阳能采暖、太阳能生活热水；③ 秸秆薪柴颗粒压缩技术，实现高密度储存和高效燃烧。

（2）南方农村“生态村”的技术途径：① 房屋改造，在传统农居的基础上进一步改善，通过被动式方法获得舒适的室内环境；② 发展沼气池，解决炊事和生活热水；③ 解决燃烧污染、污水等问题，营造优美的室外环境。

以上的节能技术或措施已有相当多的案例，例如，秦皇岛市石门新村，通过围护结构改造，建造沼气池，利用秸秆气化炉取代传统柴灶和煤炉，加强太阳能利用等措施，年户均生活总能耗为 2.1tce，对比未改造的村落 3.8tce，商品能用量（电、煤、液化气）大大降低，特别是煤的使用量，仅为对比村的 1/10，生物质能利用效率提高，服务水平也明显提高；而对于生物质利用，目前已有生物质固体压缩成型燃料加工技术、生物质压缩成型颗粒燃烧炉具、SGL 气化炉及多联产工艺、低温沼气发酵微生物强化等多项技术或设备，充分利用农村生物质资源，能够有效地解决炊事、采暖和生活热水等方面的用能需求。

3.6 小结

通过分析北方城镇采暖用能、城镇住宅（不含北方采暖）用能、非住宅类城镇建筑（不含北方采暖）用能和农村住宅用能等各类建筑用能的现状和节能技术措施，结合未来人口和建筑面积总量分析，得到在可实现的技术和措施下，未来我国建筑用能总量可以控制在 11 亿 tce，符合未来我国全社会能耗总量的控制目标和建筑能量总量的控制目标。

对比当前建筑用能强度和建筑面积，总结各项用能和建筑面积控制目标参见表 4。

我国未来建筑能耗总量规划 **表 4**

	建筑面积/户数		用能强度		总能耗（亿tce）	
分项	现状	720规划	现状	720规划	现状	720规划
城镇住宅	2.57 亿户	3.5 亿户	723 kgce/ 户	1098 kgce/ 户	1.86	3.84
农村住宅	1.62 亿户	1.34 亿户	1102 kgce/ 户	988 kgce/ 户	1.79	1.32
公共建筑	99 亿 m^2	191 亿 m^2	21.3 $kgce/m^2$	24.3 $kgce/m^2$	2.11	4.63

续表

	建筑面积/户数		用能强度		总能耗（亿tce）	
分项	现状	720规划	现状	720规划	现状	720规划
北方采暖	120 亿 m^2	200 亿 m^2	15.1 kgce/m^2	6.1 kgce/m^2	1.81	1.22
总量	545 亿 m^2 13.6 亿人	720 亿 m^2 14.7 亿人			7.56	11.0

在此规划下，未来我国住宅建筑的能耗总量为 6 亿 tce，占建筑能耗总量的 55%；公共建筑的能耗总量为 5 亿 tce，占建筑能耗总量的 45%，与美国目前的住宅建筑能耗与公共建筑能耗之比非常接近（1.3 ：1）。除了北方采暖能耗强度有所下降以外，其他三项的能耗强度均有所增长或保持不变（农村包含生物质的总能耗强度仍大幅上升）。

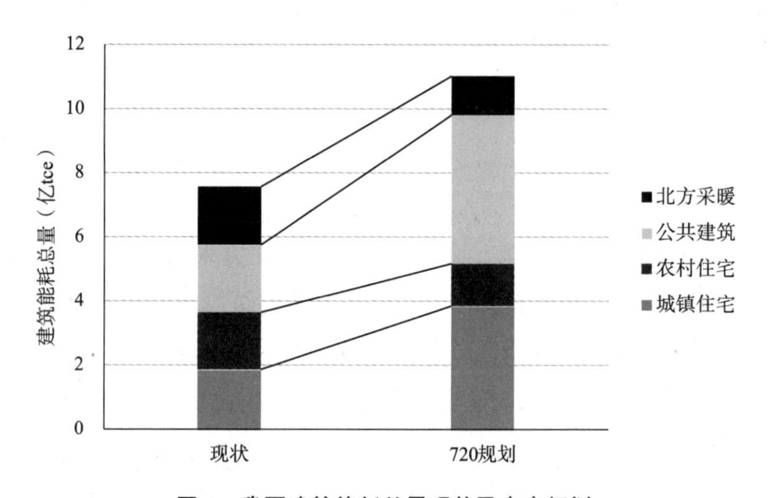

图 6　我国建筑能耗总量现状及未来规划

为了实现此规划的建筑能耗总量控制目标，最大的节能潜力在于通过北方采暖地区的供暖能耗实现热源结构的调整和热源效率的提升实现供热能耗强度的大幅降低。在供暖建筑规模从 120 亿 m^2 大幅增长至 200 亿 m^2 的情况下，北方采暖能耗需要通过能耗强度的大幅下降，实现能耗总量的负增长，节能潜力巨大，同时也任重道远。充分利用现在的集中供热管网的巨大能力，大规模使用热电联产和工业余热承担基础负荷，使得单位面积供热能耗大幅降低。在规划情况下，单位面积的供热能耗仅为 6.1 kgce/m^2，加上北方的夏季空调能耗 4 kWh/m^2，可使得北方城镇地区每

平方米空调和采暖能耗共计不超过 25 kWh_e/m^2，与夏热冬冷地区空调和采暖能耗强度相当（20 kWh_e/m^2）。

而其他三项建筑能耗最主要的目标在于规模增长时，控制住强度不出现大幅增长，从而保证能够满足建筑能耗总量控制的目标。公共建筑的能耗总量受到规模的影响十分明显，因此合理控制公共建筑的增加规模，尽量多地增加公共服务类建筑，而对于商业类公共建筑进行合理的规模控制，应该是抑制公共建筑能耗过快增长的最主要措施。农村住宅用能存在不确定性，控制能耗总量的关键在于合理地利用生物质解决生活用能，将商品能耗控制在与城镇住宅用能相当的水平。

4 总结

建筑用能关系到国家能源安全，社会稳定和经济的可持续发展。本文自上而下的提出了未来建筑能源总量目标，并根据我国建筑能耗特点和实际情况，规划各类建筑用能控制目标的技术措施，提出我国建筑节能技术路线：

（1）我国能源消耗总量受全球碳减排目标和我国能源供应能力的共同约束。为保障国家能源安全，承担大国责任，我国未来能源消耗应该控制在 48 亿 tce 以内。根据我国以工业能耗为主能源结构特点，未来建筑能耗应该控制在 11 亿 tce 以下。

（2）根据我国各类建筑用能特点，从实际用能现状和可实现的技术或措施出发，自下而上的分析我国建筑用能总量可以达到的目标，即综合北方城镇采暖用能、城镇住宅（不含北方采暖）用能、非住宅类城镇建筑（不含北方采暖）用能和农村住宅用能，未来建筑用能总量有可能控制在 11 亿吨标准煤以内。

（3）要实现总量控制的目标，最大的节能潜力在于通过北方采暖地区的供暖能耗实现热源结构的调整和热源效率的提升实现供热能耗强度的大幅降低，最大的不确定性在于合理控制公共建筑的规模总量，以及大力发展农村生物质及可再生能源的应用。

（4）对于北方城镇建筑采暖，从热源、输送与分配和建筑热需求等三个方面，应该着重抓提高热源效率，落实热改以消除过热现象，改善保温以降低采暖热需求。

（5）引导绿色健康生活方式，是实现城镇住宅（除北方城镇采暖外）用能节能目标的关键措施；尤其是在长江流域应该开发和提倡各种分散的空气源热泵形式，在进一步改善这一地区冬季室内环境的基础上，使其全年空调和采暖能耗不超过 20 kWh_e/m^2。

（6）对于非住宅类城镇建筑（不含北方采暖）用能，分别对新建建筑和既有建筑逐步落实以用能定额为目标的建筑用能全过程管理，发展和推广先进的创新技术，推广合同能源管理制度等，实现用能控制目标。

（7）农村建筑用能是最大的不确定因素，发展以生物质能源和可再生能源为主，辅之以电力和燃气等新型清洁能源系统，在北方发展“无煤村”，南方发展“生态村”，应作为新农村建设的主要目标之一。

中国建筑能源消耗不可能走欧美发达国家的发展模式。中国建筑节能技术路线应是：从我国建筑用能特点出发，结合我国城镇化发展大背景，具体落实各类建筑用能指标，从实际用能数据出发，从具体的每一类建筑的实际特点出发，“自下而上”全面落实，实现我们的建筑节能宏大目标。

参考文献

[1] 清华大学建筑节能研究中心 . 中国建筑节能年度发展研究报告 2015. 北京：中国建筑工业出版社，2015.

[2] IEA（International Energy Agency）.Word Energy Outlook：2011. Paris：OECD/IEA.

[3] IEA.Energy Technology Perspectives 2010. Paris：OECD/IEA.

[4] EIA（U.S. Energy Information Administration）. International Energy Outlook 2011.

[5] Nan Zhou, Michael A. McNeil, David Fridley, Jiang Lin, Lynn Price, Stephane de la Rue du Can, JayantSathaye, and Mark Levine. Energy Use in China: Sectoral Trends and Future outlook.LBNL（Lawrence Berkeley National Laboratory）.

[6] 2020 中国可持续能源情景课题组 . 2020 中国可持续能源情景 . 北京：中国环境科学出版社，2003.

[7] 联合国开发计划署驻华代表处，中国人民大学 . 2009~2010 中国人类发展报告：迈向低碳经济和社会的可持续未来 . 中国对外翻译出版公司，2010.

[8] 中国能源中长期发展战略研究项目组 . 中国能源中长期（2030、2050）发展战略研究 .2011.

[9] IEA. CO_2 emissions from fuel combustion highlights：2011. Paris：OECD/IEA.

[10] IPCC（the Intergovernmental Panel on Climate Change）.Working Group III Fourth Assessment Report.2007.

[11] MalteMeinshausen. Nicolai Meinshausen, William Hare, Sarah C. B. Raper, KatjaFrieler, RetoKnutti, David J. Frame, Myles R. Allen. Greenhouse-gas emission targets for limiting global warming to 2℃. Nature, 2009.

[12] United Nations：Department of Economic and Social Affairs. World Population Prospects：the 2010 Revision. 2011-06-28.

[13] 中华人民共和国国家统计局 . 中国统计年鉴 2014. 北京：中国统计出版社 .

[14] 中华人民共和国国土资源部 .2011 中国国土资源公报 .2012-04.

[15] 中国科学院可持续发展战略研究组 .2012 中国可持续发展战略报告 . 北京：科学出版社，2012.

[16] D&R International, Ltd. 2010 Buildings Energy Data Book.U.S. Department of Energy.

[17] European Commission：Eurostat. http://epp.eurostat.ec.europa.eu.

[18] 中华人民共和国国家统计局 . 中国能源统计年鉴（2000~2011）. 北京：中国统计出版社 .

[19] 杨秀 . 基于能耗数据的中国建筑节能问题研究 . 清华大学博士论文，2009.

[20] 国家发展和改革委员会能源研究所课题组 . 中国 2050 年低碳发展之路 . 北京：科学出版社，2009.

[21] Department of statistics Singapore. Yearbook of statistics Singapore：2011.www.singastat.gov.sg.

[22] 星洲日报 .http://tech.sinchew-i.com/sc/node/228124.

[23] Korea Energy Economics Institute：Ministry of Commerce, Industry and Energy. Yearbook of Energy Statistics：2007.

[24] Korea National Statistical Office.http://www.kosis.kr/eng/e_kosis.jsp?listid=B&lanType=ENG.

[25] The Energy Data and Modeling Center The Institute of Energy Economics[Japan]. EDMC Handbook of Energy & Economic Statistics in Japan：2011.

[26] 清华大学建筑节能研究中心 . 中国建筑节能年度发展研究报告 2011. 北京：中国建筑工业出版社，2011.

[27] 肖贺 . 办公建筑能耗统计分布特征与影响因素研究 . 清华大学硕士论文，2011.

[28] 江亿，燕达 . 什么是真正的建筑节能 . 建设科技：2011.NO.11.

关于“零能耗”建筑[1]

近来随着全社会对节能减排和低碳的关注，“零能耗建筑”一词也频繁出现在学术的和大众的媒体中。什么是“零能耗”？怎样才能做到“零能耗”？在聆听一些报告、学习一些文章后，才了解到，“零能耗建筑”可以有这样一些版本的解释：

——英国伦敦附近某住区是世界上著名的“零能耗”社区，该项目的某位业务首席代表介绍，这个社区的居民每天的平均用电量为每人每天3度，相对于上海居民每人每天12度电，已经接近零能耗了。每人每天3度电是什么意思？如果3口人之家，每年就是3280度电。而调查表明，上海居民每户每年的用电量大多集中于1500~3000度之间，超过每户每年3000度的不超过15%。这就是说，英国这个零能耗住区居民的实际用电量与上海居民相比，大致处于中等偏上水平，无显著差别。而每人每天12度电，相当于每户每年用电13000度，当电价为0.75元/度时，每年电费1万元。上海市居民有几户每年支付超过一万元的住宅电费呢？12度电实际大约是上海市每天总的用电量与上海常住人口之比，也就是它包括了上海的工业生产和各类住宅与非住宅建筑用电总量的人均值！当然，英国这个零能耗住区的数据也可能是一个社区的总量，但这二者可以这样比较吗？

——国内某著名房地产开发企业宣布，计划从今后的某年起，他们所开发的商品房将全部是“零能耗建筑”。当我请教如何能达到“零能耗”时，回答是“我们的产品投入使用后，可以产生很大的节能量，其节省下来的能源大于当时建造这些建筑所消耗的能源，所以是零能耗建造”。那么，是怎样计算节省的用能量呢？如果是按照前述的方法计算，当然可以得到很大的节能量，那么，这就是“零能耗建筑吗”？

——这是一位欧洲致力于开发“零能耗”建筑的开发商的介绍：他们的建筑所采用的太阳能光伏电池全年发电量与太阳能热水器的全年集热量之和，再加上地源热泵全年从地下采集的热量，大于这座建筑全年需要的热量、冷量及其他用电量之

[1] 作者：江亿。

和。因此这座建筑不仅是“零能耗”，而且是向外输出能量的“负能耗”建筑。这里实际的问题是，其地源热泵从地下采集的低品位热能是该座建筑“产能”的主要部分，用这样的低品位能量是不可能抵消建筑用电这种高品位能源的。一台普通的家用空调器消耗一度电能，可以产生 3 度冷量，如果这样计算的话这样的空调器就可以凭空生产出 2 度能量了！不考虑能量的品位，简单地用各种热泵采集的低品位能量来抵消高品位电力，就像用一斤石头抵消一斤黄金，这怎么能叫“零能耗”呢？

——浙江宁波有一座真正实现“产与耗平衡”的零能耗建筑，这就是位于诺丁汉分校的零能耗实验楼。1500m^2 的建筑面积周边，安装有约 400m^2 的太阳能光伏电池和约 300m^2 的太阳能热采集器。此外还另外占了约 300m^2 的土地用于地源热泵的地下埋管。这样，大约 1000m^2 额外的土地用于支撑 1500m^2 建筑实现真正的“零能耗”，在我们这样一个土地资源也同样稀缺的国家，是否这就是应该大力倡导的、解决未来建筑运行用能问题的主要方案呢？

建筑节能是节能减排战略目标中的主要任务之一。其目的就是要真正降低建筑运行过程中能源消耗的总量，减少由于建筑运行造成的二氧化碳排放总量。目前全世界总的能源消耗中，约 18%是由总人口为 10 亿的发达国家的建筑运行所消耗，而另有 13%的能源消耗则是被其余的总人口为 57 亿的发展中国家的建筑运行所消耗。这样可马上得到发达国家人均的建筑运行能耗几乎为发展中国家的 9 倍！如果全部地球人都按照目前发达国家的模式生活，消耗同样的人均建筑能耗，那么仅支撑人类所需要的建筑运行，就要 1.2 个地球来提供能源！从统计资料中还可以得到，我国城市建筑的单位面积运行能耗目前为美国平均建筑能耗的 40%，西欧国家的平均建筑能耗的约 70%，即便如此，我们已经感到建筑能耗持续增长的巨大压力，全社会都意识到我们必须采取有效的手段，降低建筑能耗，以缓解我国日益严重的能源与减排压力，实现城乡建设的可持续发展。我国和西方国家建筑能耗巨大差异的主要原因是不同的生活方式、不同的建筑使用模式。例如在居住建筑采用 24 小时连续运行的中央空调单位建筑面积消耗的电能大约为有人时开启、无人时关闭的分体空调方式单位建筑面积电耗的 5~8 倍；长江中下游流域的居住建筑冬季室内持续维持 22℃时的单位面积能耗为采用“部分时间、部分空间”方式、有人时室温控制在 16℃时的能耗的 2.5 倍；采用中央空调的全密闭大型写字楼的单位建筑面积电耗为可开窗分体空调的一般办公建筑用电量的 3~5 倍。维持我们目前在大多数建筑中的这种绿色的使用理念与模式，通过技术创新使其在能耗不变或进一步有所降低的前提下使室内的舒适性有所改善，是实现我国建筑节能战略的基本途径。而目前有

些人主张我们首先要“与国际接轨”，随着社会和经济的发展，我们也应该采用与西方同样的生活方式和建筑使用方式来实现“现代化生活”，于是，建筑节能的任务就寄托在这些“零能耗”技术上。我国土地资源严重匮乏，这种依赖于巨大的土地资源，巨大的设施投资，得到的“零能耗”建筑（在很多时候往往还并非真正的零能耗），不可能在城市建筑中得到普遍推广，从而也就不可能成为最终实现我国建筑节能战略目标的解决方案。即使百分之一或千分之一的建筑实现了零能耗，如果其他的大多数建筑在建筑形式与生活方式和世界全面接轨的驱动下达到接近于西方建筑能耗水平的高能耗建筑，那么建筑的巨额能源需求终将成为我国社会和城市发展的严重障碍和制约。

倡导零能耗建筑，很容易引起社会各界的高度关注，从而也就把有限的用于建筑节能事业的各种资源、社会各界的注意力，统统集中于“零能耗”，从而转移了对绝大多数建筑节能需求的关注，削弱了这一个对建筑节能来说更为重要的任务，从而也就很可能影响我们建筑节能的主要工作。将投入到零能耗建筑中的资金用于其他一些更有实效的新建建筑节能措施和既有建筑节能改造中，往往可以产生高出几倍至数十倍的节能效果。那么既然我们的目的是降低总的建筑能耗，为什么不把工作的重点放在这些低投入、高节能效益的措施上，让优先的投资来产生最大的节能效果呢？

值得注意的是一些企业出于商业目的，利用全社会对建筑节能事业的高度关注，把各种最新的建筑节能技术汇集，通过零能耗建筑的概念打包，获取某些商业利益。实际上国内不少号称零能耗的大型建筑在这种影响下大幅度增加了投资，尽管一时还取得了有关部门和社会上的某些赞誉，但却很少产生真正的节能效果。长期运行的结果表明这些建筑不仅不能“零能耗”，有的项目实际能耗还要高于一般的同功能建筑。这类项目浪费了社会资源，业主也很难从中得到任何好处，实际上是“伪零能耗建筑”。在城市大力倡导零能耗建筑，很容易最终出现这样的“伪零能耗建筑”，其客观作用是在为这种做法煽风鼓气。多少年来，我们搞了多少“大跃进”性质的运动，好大喜功，最终浪费掉宝贵资源，无一而成。这种经验教训已经很多了，建筑节能工作该汲取这种历史的经验教训，坚持科学发展观，按照科学规律办事，说真话，办实事！

什么是真正的建筑节能？[1]

1　引言

本文是2011年作者在第7届国际绿色建筑与建筑节能大会上的主题报告的整理删节稿。希望能够澄清建筑节能一词的概念，并讨论在建筑节能设计、评估、分析、标准等工作中所涉及的参考工况和建筑的标准使用模式问题。建筑节能是我国节能减排的主要任务之一，而这些问题又是建筑节能最基本的问题。因此澄清上述问题，对建筑节能工作有十分重要的意义。本文首先考查目前作为节能建筑示范的一些工程项目的实际能耗状况，以此为出发点，再分别讨论什么是建筑节能、评估建筑节能应该采用怎样的参考工况和使用模式等基本问题。北方城镇建筑采暖是我国建筑能耗最主要的组成部分，由于长期以来北方采暖被认为是一种福利和社会保障，所以市场机制迟迟未能全面进入和影响这一领域，这就导致在北方城市供热这个领域所出现的现象和特征与建筑用能的其他方面完全不同。为此，本文不涉及北方城镇采暖相关问题，以下的讨论全部都只针对除了北方城镇建筑采暖之外的其他能耗。

2　目前一些节能示范建筑的实际运行能耗的实测与比较

2.1　北京某政府机构办公建筑

该示范建筑建成于2001年，是作为中美两国政府合作，汇集了世界上各种建筑节能技术而建成的一座节能示范的办公建筑。它采用了优化的建筑造型，性能优良的外墙和外窗，使用了冰蓄冷、新风全热回收、自动调光节能灯等多项节能装置和设施，并装有较大面积的太阳能光伏电池，承担部分建筑内公共区的照明用电。这座建筑的

[1] 原刊于《建设科技》，2011，11：15～23，作者：江亿，燕达。

运行能耗由市政热网提供的冬季采暖热量和电网提供的用电量两部分构成。由于缺少准确的实测冬季采暖热量数值，这里只讨论用电状况。目前其实际用电量如表1所示。

北京某示范办公建筑全年用电量 **表1**

	单位平方米建筑用电量
空调用电	28kWh/（m^2·a）
照明用电	14kWh/（m^2·a）
全年总用电	74kWh/（m^2·a）

作为对照，如图1所示，给出了清华大学调查得到的2000年以前建成使用的位于北京市的一些同功能中央政府机构办公建筑的实际用电量，并与该示范办公建筑的用电量进行比较。

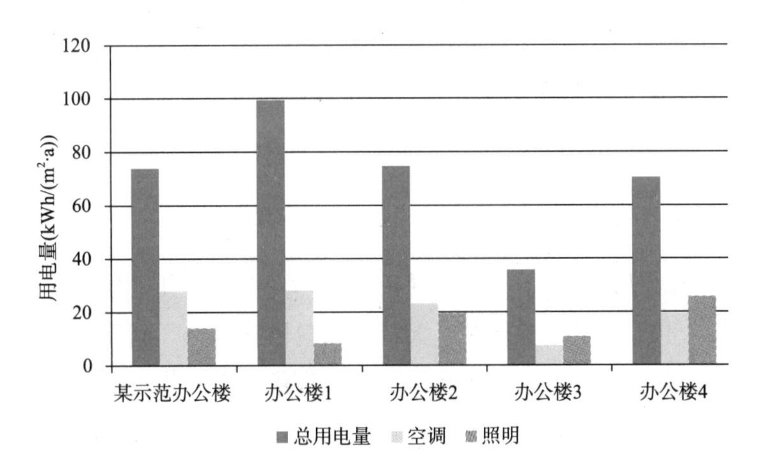

图1 政府机构办公建筑用电量的对比（2004年）

由图中数据可以看出，这座采用了多种节能技术和措施的示范建筑至少在实际用电量上并没有比其他的同功能建筑表现出显著差异。

2.2 北京某校园建筑

该建筑是由欧盟某国政府投资兴建，在2006年建成的节能示范性校园建筑。它采用了高性能玻璃构成的双层皮幕墙、大面积的太阳能光伏电池、天花板辐射供冷供热、带全热回收的新风、自动调光节能灯等多种节能装置与设施。由于冬季采暖仍使用校园的集中热源供热，无有效计量，所以只考查其用电量。其全年单位建筑面积用电量为 89.1kWh/（m^2·a）。图 2 给出该校一批功能类似的年用电量[1]。

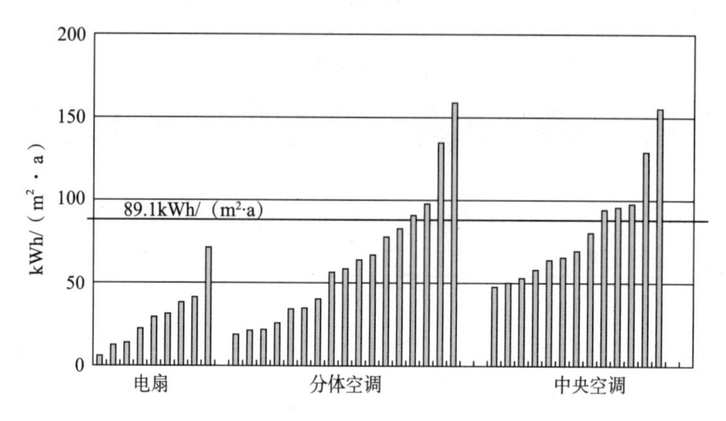

图 2　位于北京的某高校教学建筑全年用电量

通过图 2 的对比表明，这座集成了多项节能技术的示范建筑的实际耗电量和同功能的其他建筑比，属于“中间偏高”，不能认为它的用电量低于同类型同功能其他建筑。

2.3　南京某节能住宅

该住宅项目是南京被授予三星级绿色建筑的高档商品住宅楼，它采用了非常好的外围护结构，也采用了地源热泵，天花板辐射供冷供热，新风全热回收，节能灯等多种节能技术措施。其冬季采暖和夏季空调都依靠市政供电提供能源，表 2 为清华大学调研得到实际用电量。

南京某节能住宅建筑采暖空调实际耗电量　　**表 2**

	冬季采暖耗电量	过渡季通风耗电量	夏季空调耗电量	全年采暖空调耗电量
单位建筑面积用电量（kWh/m^2）	21.9	2.7	19.9	44.5

而当地一般住宅冬季采用分体空调热泵采暖、夏季空调的实际用电量大多在 15~30kWh/m^2，加上照明、家电的户全年总用电量也很少有超过 50kWh/（m^2·a）的。按照国家发改委 2010 年发布的实行住宅梯级电价的调查研究报告指出，80%以上的城市居民月均用电量不超过 140kWh，也就是全年不超过 1700kWh。即使按照住宅平均建筑面积 80 m^2 计，则每平方米建筑全年总耗电量也仅为 21.3kWh/（m^2·a）[2]。因此这座节能住宅

建筑实际的采暖空调用电量是同一地区一般住宅的采暖空调实际用电量的 2~3 倍。

2.4 北京住宅建筑空调用电量的调查

我们对北京的 5 座建造于不同年代、采用不同技术的住宅建筑夏季空调实际用电量进行了调查，其结果见表 3。同时为了认识为什么采用分体空调的住宅夏季空调用电量低的原因，还测试了表 3 中第一座住宅楼各户的夏季空调用电量，如图 3 所示。

通过以上用电量对比表明，住宅采用分体空调的实际平均用电量很低的原因是各户实际空调使用方式的巨大差异所致。尽管图 3 中也有一户空调用电量达到 14.2kWh/（m^2·a），但一半左右的用户甚至低于 1kWh/（m^2·a）。这样大的差异完全是由于各户空调使用时间不同所致。能耗低的住户每年据统计空调平均开启时间不到 50h，而那个用电最高的用户夏季空调使用时间几乎达到 2000h。因此“有人时开、无人时关”，“部分时间、部分空间”的运行方式是造成分体空调的住宅总体上平均能耗很低的主要原因。而采用中央空调方式的建筑，整个夏季按照“全空间、全时间”的模式连续运行，其实际用电量远高于分体空调的能耗。

北京市 5 栋不同年代建造的住宅夏季空调实际用电量 [3] **表 3**

序号	建筑外形	建造年代和建筑面积	空调方式	平均空调耗电量 kWh/（m^2·a）
A		20 世纪 80 年代 5 层 每套 74m^2	分体空调，每户 1 到 3 台	2.3
B		1996 年，18 层 每套 103m^2	分体空调，每户 1 到 4 台	2.1
C		2003 年，26 层 每套 141m^2	分体空调，主要房间全部安装	3.5
D		2004 年，26 层 每套 132m^2	多联机方式的户式中央空调	6.0
E		2005 年，26 层 每套 280m^2	中央空调，辐射供冷，新风全热回收	19.5

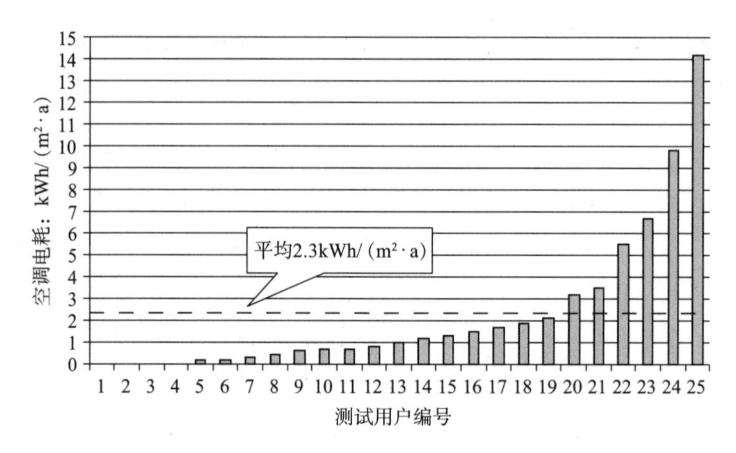

图3　住宅建筑A的各户单位面积空调实际用电量[4]

2.5　对上述能耗数据的分析

通过对以上各类节能示范建筑的调研和比较，可以看到它们在实际运行中用电量并不低，甚至高于其他同类型建筑，这主要是由于如下四个原因所造成：

（1）“部分时间、部分空间”还是“全时间、全空间”营造室内温湿度环境

前面的三座节能示范建筑及后面的住宅建筑E都采用了中央空调系统，全天大部分时间甚至全天24小时连续运行，并且运行时无论各房间有人无人，提供的都是对建筑内全部空间的温湿度环境控制。而作为对照的一般建筑，采用分体空调可以实现完全的“部分时间、部分空间”运行，导致实际的平均开启时间远低于中央空调，造成实际耗电量远低于中央空调；而那些采用风机盘管的一般办公建筑，尽管也属于中央空调，但由于大多无人时可关闭风机盘管，所以也比全空气系统省电。

（2）所提供室内空气质量的不同

以上几座节能示范建筑都采用专门的新风系统，定量地向各室内空间提供室外空气，从而保证了较好的室内空气质量，但也造成一定的新风机和排风机的耗电。而上面作为对照的一般建筑或者依靠使用者自行开窗通风换气，或者尽管有新风系统，但并不长期连续运行，室内的空气质量在很大程度上还依靠开窗通风换气来维持。这样新风换气的送排风机电耗要低的多，这也是能耗差异的原因之一。当然这样做造成服务质量有所不同，如果一般建筑的使用者不能及时开窗通风换气，会影响室内空气质量。

（3）室内温湿度状况的差异

由于是“全时间、全空间”的环境控制，可以使建筑内任何时候任何地点都处

在舒适的温湿度环境。相对于作为对照的一般建筑，有时室内温湿度状况不尽如人意，在短时间可能有不舒适的状况出现。这是由于服务水平的差异所造成的实际能耗的差异。

（4）是全面自动控制，还是由用户自行调节

上述各节能示范建筑的另一个共同特点是全面的自控，这些建筑的照明、新风、室内温湿度都通过自控系统进行自动控制，在全时间段时刻都维持设定的状态。而各对照建筑则一般是手动调控。从这些统计数据看，手动调控的运行模式不同于全面自控，其结果也造成了实际用电量的差异。

3　什么是建筑节能?

上述这些节能示范建筑是否实现了节能？对这个问题有两种看法：

一种意见认为，这些节能示范建筑确实实现了节能，其理由为[5]~[8]：

（1）这些节能示范建筑采用了建筑节能设计标准要求的各项措施，而且在一些措施上还优于节能50%的设计标准。按照节能评估方法，已达到节能65%甚至节能75%的标准。

（2）和同样气候条件下同样功能的美国建筑比，实际能耗只为他们的30%~40%，因此，节能60%~70%。

（3）这些建筑实际运行能耗是高于同类型的一般建筑，但他们提供了远高于同类型一般建筑的服务水平。如果将一般建筑也达到同样的室内环境水平（新风量、温湿度条件、全时间全空间环境控制），那么所消耗的运行能耗将为这些示范性节能建筑的2~3倍。也就是说，用室内服务质量进行修正后，这些示范性节能建筑就具有比同功能的一般建筑显著节能。

（4）目前那些一般性建筑确实能耗较低，但这是由于很差的室内环境水平所致。将来经济发展了，对室内环境的要求提高了，这些建筑的运行能耗就会大幅度上涨。而这些示范性节能建筑现在已经提供了很好的室内环境，届时就会显现出其显著的节能效果。

而另一种意见则认为，这些节能示范建筑并不节能，其理由为[9][10]：

（1）实际的运行能耗是衡量建筑是否节能的唯一标准，如果这些所谓的“节能示范”建筑实际运行能耗高于同功能的一般建筑，怎么能说它们节能呢?

（2）这些“节能建筑”的能源利用效率可能很高，但是和工业生产过程不同，

建筑节能要通过建筑和系统的高效率及使用者的节约行为这两方面的综合才能实现。而考查这两方面的综合结果，就只能是实际的运行能耗，而不能是单纯的“用能效率”。对于建筑节能而言，我们追求的不是所谓“用能效率”，我们希望实现的是在建筑运行中的“用能量的下降”。这就只能由实际的建筑运行能耗数据来辨别。

怎样看待这两种不同的观点？这恐怕要从建筑节能工作的需求和目标来考虑。图4是世界几个主要国家目前的建筑能耗状况。其中横坐标为人均建筑运行能耗，纵坐标为单位建筑面积的运行能耗。从图4可以看出，即使按照我国的城镇建筑作比较，无论是人均还是单位建筑面积的运行能耗，都远低于目前发达国家的实际状况。此外，美国总能耗目前占全球总能源消耗的22%，其建筑运行能耗占其总能耗约40%，换而言之美国建筑运行消耗了全球8.8%的能源，为其3亿人口提供建筑中的服务。而我国总商品能源消耗约占全球总量的18%，城市建筑用能占总能耗约20%，即全球总能耗的3.6%，而这是为我国6亿城镇人口提供服务的总建筑能耗。由此可知，我国城镇人口人均建筑运行能耗仅为美国全国人均建筑运行能耗的五分之一！

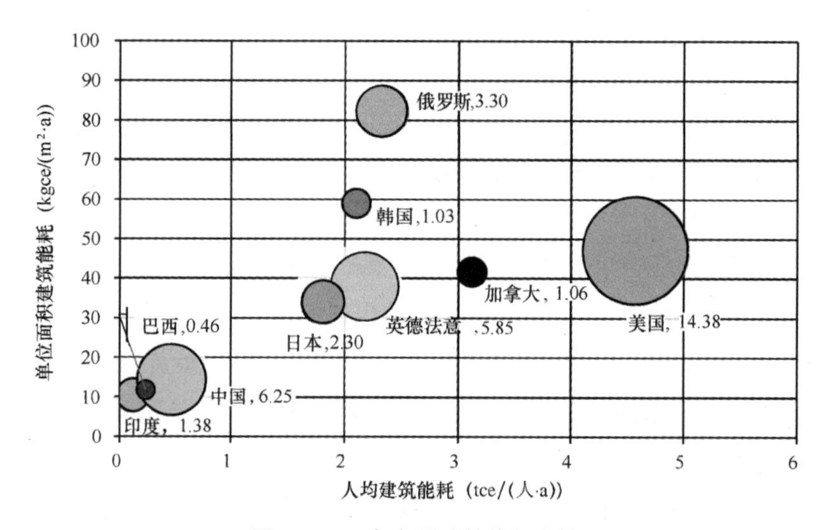

图4　2010年各国建筑能耗比较

注：数据来源分别为：美国（EIA），日本（IEEJ），中国来自于CBEM，其他国家能耗数据来自于IEA发布的世界能源展望。

根据上面的计算，如果目前全球70亿人口都达到美国目前的生活水平，按照美国的生活方式和使用能源的方式运行建筑，那么就需要相当于193.6%全球目前的总能源来为人类解决建筑运行。仅建筑运行就需要两个目前地球的能源，而且不包括制造业和交通！而在低碳的呼吁下全球的共识是不能再增加目前人类的用能强

度了，全球每年总的能源消耗量也不允许进一步增加了。那么这种建筑用能模式显然是不可能实现的。如果我们认为人类仅可能使用目前全球能源用量的35%来运行建筑的话，那么中国城镇7亿人口使用了约全球3.6%的能源来运行建筑，这样为全球约70亿人口提供建筑运行的话则恰好需要全球约35%的能源总量。这就是说，我国目前城镇人均建筑能耗水平恰好为地球可以为人类提供建筑运行的能源水平。如果我们未来的能源消耗量不准备高于全球人均能源量，那么目前的城镇建筑能耗人均强度大约就是我们可以使用的最大量。我们的建筑节能工作就应该以此为前提下进行规划。这应该作为我们未来考虑建筑运行能耗上限的天花板。也就是说，从我国可获得的能源总量和碳排放容量来看，我国城镇人均建筑用能量不应该再进一步增长，无论经济怎样增长和生活水平怎样提高，我们只能在目前的人均建筑用能强度下通过技术创新来改善室内环境，进一步满足居住者的需要，而不可能因为未来生活水平的提高而允许人均建筑能耗的大幅度上涨。这是中国建筑节能工作的基本出发点。

根据前面的讨论，实际的建筑能耗不仅与所采用的技术方式和系统形式有关，更与建筑提供的服务方式和水平有关。例如前面所述，“部分时间、部分空间”的环境控制方式的能耗远低于“全空间、全时间”方式。建筑服务水平与实际能耗之间不是线性关系，当服务水平很差，能耗很低时，对系统进行适当地改善，可以显著提高室内环境质量，而实际的运行能耗增加并不大。但当室内环境和服务质量改善到一定的程度后，再进一步提高和改善，则就会大幅度增加建筑运行能耗。因此，根据可以提供的能源数量，恰当地确定要求的建筑环境服务水平，在满足使用者的基本需求的前提下，不造成运行能耗的过大增加，这应该是我们建筑节能工作的基本原则。我们不能像西方国家那样，追求“尽善尽美”的室内环境，把建筑提供的服务水平做到极致。在这种需求下，尽管再采用各种最好的节能技术和措施，实际的建筑运行能耗也还会比目前的能耗高，而很难有所降低。这就是目前一些节能示范项目实际能耗非降反升的根本原因。

4 参考模式：建筑节能的基本问题

既然建筑的不同使用方式，不同的室内服务标准会导致实际能耗的巨大差别，那么究竟应该采用哪一种使用方式和服务标准作为我们在开展建筑和系统的设计、评估、定额管理等建筑节能工作时的参考呢？我国2001年出台的《夏热冬冷地区居住建筑节能设计标准》[11] 中明确规定，住宅建筑是否符合节能标准可以采用“性能化指标”的方法进行评估审查。通过模拟计算，如果计算得到的建筑能耗结果小于规定的指标，就可以认为是符合建筑节能标准的节能设计。例如对于上海地区的指标是：“每年每平方米住宅建筑的采暖空调用电量不超过 55.1kWh”。而对上海抽样的一千户住宅用电量的调查结果表明 [12]，居民年总用电量平均仅为 33kWh/（m^2·a），85% 以上的住宅用电量低于 55kWh/（m^2·a）。这里的总用电量还包括照明和家用电器，而采暖空调用电量不足 50%，因此绝大多数住宅实际的采暖空调用电在 10~20kWh/（m^2·a）之间，远低于规定的 55.1kWh/（m^2·a）的节能标准值。而这能说明上海市的住宅建筑基本都符合建筑节能标准，甚至远远优于建筑节能标准吗？显然不能下这样的结论。

进一步查看性能化指标的计算方法就可以知道，55.1kWh/m^2 的用能指标是在如下条件下计算得到：“居住室内计算温度，冬天全天为 18℃；夏季全天为 26℃”，“采暖和空调时，换气次数为 1.0 次 /h” [11]。

这说明该标准中采用的参考模式实际上是“全时间 / 全空间”的使用模式。在这样的模式下目前上海市 2000 年以前建造的大多数住宅建筑计算出来的采暖空调用电量都大大超过 55.1kWh/m^2，远高于目前的实际调查结果。因此这一指标只是一个某种特定工况下的计算出来的所谓“参照值”，并不表示实际情况。同样，目前广泛使用的建筑节能“50%，65%，75%”的提法也是取 20 世纪 80 年代水平的建筑在上述“标准的参考工况”下，计算得到的采暖空调能耗作为 100% 的参考值，然后计算采用了节能措施的建筑在这样的参考工况下的能耗，与这一“100%”参考值进行比较，得到节能量和节能的百分比。例如，有报道称“我国 2010 年建成节能建筑 9.6 亿 m^2，形成节能能力 900 万 tce”，这就表明每平方米节能建筑的节能能力约为每年 10kgce，或 30kWh/（m^2·a）电力。这实际上是指这些建筑如果没采用诸项节能措施，在以上所谓“标准参考工况”下上海住宅能耗将是 80kWh/m^2，而由于采用了各项节能措施，使得这些节能建筑在同样的标准参考工况下，能耗仅为 50kWh/m^2。这就是每平方米建筑每年节能 10kgce 的来由。而实际上无论这些住宅建筑是否是节能建筑，由于实际使用模式与“标准参考工况”大不相同，其实际用能量大多不超过每平方米 10kgce，根本就不可能实现再“每平方米节能 10kgce”！

对于这个问题的一种解释是：这里说的 50%，65%，75% 和每平方米 10kgce 都是指“节能能力”，尽管目前实际的建筑能耗没达到这样的数值，但将来生活水平提高后，居民就会向发达国家一样，逐渐转为这种使用模式，到时候就会显现出这

样的节能效果，我们的建筑不能仅从目前的使用模式出发，更要考虑到未来，使得将来使用模式达到发达国家水平后，产生节能效果。

这样一来，问题就转为：我们的未来一定要在建筑使用模式上和发达国家接轨，对建筑环境提出同样的需求，从而使运行能耗也接近发达国家的目前水平吗？

按照前面所分析，从我国的资源、能源与环境容量状况，从世界人均可用能源量和可排放的碳量来预测，都无法给我们提供这样多的能源用于建筑运行，我们只有维持目前的节约型建筑使用模式才有可能走出能源短缺和环境容量不足的困境，实现我们的城市与社会的发展。这种在使用模式上与发达国家的接轨是我们不希望看到的，是实现我们建筑节能宏大目标所必须要抵制的，我们怎么能把这一模式作为我们建筑节能工作的基本出发点呢？

因此，如果这样的使用模式无法发生，那么以此为出发点进行建筑节能各项标准的分析基础，至少会出现如下两个问题：

（1）在进行全社会能源规划中，提出十一五期间建筑节能可实现节能量 1.1 亿 tce[13]。这样为全社会总的节能目标产生巨大贡献。然而，这些节能量都是按照“标准使用模式”预测得到，其数值甚至超过某些建筑目前的实际耗能量，除非这些建筑一下子都转到与发达国家接轨的“标准模式”下运行，否则无论如何也不会产生这样大的“节能量”。而在总的能源规划中直接从字义上去理解，把全社会的节能目标的实现寄希望于建筑节能，那么就会对总的能源规划产生误导！

（2）建筑节能的各项措施大多是在初投资与运行费之间的一种平衡和优化。按照“标准的使用模式”，某项节能措施可以获得很大的节能量，几年内就可以回收全部增加的资金投入，使这项措施非常经济可行。而在实际的使用模式下，这种措施也可能有一些节能效果，但节能量已变得非常小，回收期就增加大几十年甚至上百年。这样就使得这种措施的可应用性和经济性很差。那么还应该推广这一措施吗？对上海住宅来说，增加 20mm 厚的聚苯板作为外墙保温，在“标准模式”下，每年可以节约采暖空调用电 16kWh/m^2，生产这些聚苯板所消耗的能源可以在 8 年内通过节能回收 [14]。但在目前大多数家庭的实际使用模式下，每年可节约的采暖空调用电量不超过 7kWh/m^2，生产聚苯板所消耗的能源就需要 19 年才能回收。这样即使仅从全生命周期来分析，20mm 聚苯板外保温这一措施也已经变得不适宜。这一不适宜的“标准模式”已经对我们的建筑节能政策产生了误导！

一种观点认为：我们评估建筑用能性能时总需要一个参考的使用模式，目前的这个“标准模式”并不是用来核算真正的节能量的，只是作为一个统一的参照状态，来比较和评价各种节能措施/节能技术。这种观点就是认为如果措施A在这种“标准模式”下比措施B节能，措施A在任何使用模式下都比措施B节能，我们就应该大力推广措施A。实际情况是这样的吗？我们来看如下一些案例。

案例1　广州地区是否应该采用保温

广州地区夏季空调能耗远高于采暖能耗。良好的保温在标准模式下，不利于室内热量的散发，增加保温反而可能增加空调负荷。下面分别对“标准模式”和“节约模式”两种模式下增加保温前后全年空调和采暖能耗变化进行了模拟分析。表4为这两种使用模式及其在不同保温程度下的能耗差别。可见，对于同样的措施，在节能这一问题上两种使用模式给出相反的结论。

两种不同的使用模式及其空调和采暖能耗　　　　表4

<table>
<tr><th colspan="2">项目</th><th colspan="2">标准模式</th><th colspan="2">节约模式</th></tr>
<tr><td colspan="2">气象参数</td><td colspan="2">典型气象年</td><td colspan="2">典型气象年</td></tr>
<tr><td colspan="2">室内发热量</td><td colspan="4">室内发热量4.3W/m²</td></tr>
<tr><td colspan="2">室内外通风模式</td><td colspan="2">1次/h</td><td colspan="2">根据室内外热状况变通风量</td></tr>
<tr><td rowspan="3">空调设备使用方式</td><td>空调控制温度</td><td colspan="2">16~26℃</td><td colspan="2">16~26℃</td></tr>
<tr><td>空调容忍温度</td><td colspan="2">16~26℃</td><td colspan="2">14~28℃</td></tr>
<tr><td>空调运行模式</td><td colspan="2">连续运行</td><td colspan="2">间歇运行</td></tr>
<tr><td colspan="2" rowspan="3">其他</td><td colspan="2">空调能效比：2.7</td><td colspan="2">空调能效比：2.7</td></tr>
<tr><td colspan="2">采暖能效比：1.5</td><td colspan="2">采暖能效比：1.5</td></tr>
<tr><td colspan="2">厨卫不控制温度</td><td colspan="2">厨卫不控制温度</td></tr>
<tr><td colspan="2"></td><td>不加保温</td><td>加保温</td><td>不加保温</td><td>加保温</td></tr>
<tr><td colspan="2">外墙传热系数[W/（m²·K）]</td><td>1.39</td><td>0.77</td><td>1.39</td><td>0.77</td></tr>
<tr><td colspan="2">外窗传热系数[W/（m²·K）]</td><td>5.7</td><td>3.1</td><td>5.7</td><td>3.1</td></tr>
<tr><td colspan="2">空调采暖用电量[kWh/（m²·a）]</td><td>41.9</td><td>43.5</td><td>12.9</td><td>12.2</td></tr>
</table>

案例2　广州地区住宅是否要加强气密性，并采用排风热回收措施

仍然取上面案例1的两种运行和需求模式，气密性建筑取室外空气无组织渗透为0.2次/h，通过带有排风显热回收的新风机提供1次/h的新风，热回收效率

75%；对照建筑仍为 1 次 /h 的渗透通风换气，无热回收，但当室外环境适宜时，可以开窗通风换气。表 5 为两种使用模式下气密性与否的能耗差别。不同的使用模式又出现了相反的结果。

气密性与通风条件对空调采暖能耗影响 **表 5**

	标准模式		节约模式	
气密性（次 /h）	0.2	1	0.2	1
通风方式	机械通风 + 热回收	开窗通风	机械通风 + 热回收	开窗通风
空调采暖用电量 [kWh/（m^2·a）]	44.8	57.7	15.3	6.9

案例 3　北京市住宅的空调方式

当要求建筑物内任何空间，包括楼梯间，全年任何时候的温度都处于 18~24℃之间，外窗不能开，全部依靠新风机通风换气，可以计算出，采用温湿度独立控制的中央空调方式，并在室外低温时采用冷却塔直接供冷，空调制冷能耗（不包括采暖）可以在 18kWh/（m^2·a）以内，而分体空调不能利用室外自然冷源，能耗会超过 20kWh/（m^2·a），中央空调优于分体空调。然而，正如前面所述，当实际的住宅按照“部分时间 / 部分空间”模式运行空调时，北京市采用分体空调的住宅的平均用电量仅为 2~3kWh/（m^2·a），而中央空调则很难支持这种“部分时间 / 部分空间”的模式，实际用电量远高于分体空调方式。

案例 4　办公建筑是用风机盘管还是变风量（VAV）

这是国内学术界近来争论的一个问题。其中有一点是：如果某间办公室无人，采用风机盘管方式时，至少可以关断风机，实现节能。而 VAV 方式不能单独关闭某个房间，导致无人使用时空调仍在运行。然而，如果本来就要求空调 24 小时连续运行，有人无人一个样呢？ VAV 不能单独停止的问题就不再成为问题，其能耗也就不一定比风机盘管方式高了。两种方式实际适合于不同的使用模式、满足于不同的需求。这其实是这一争论的实质问题。

案例 5　公共建筑群空调的区域供冷。

当要求所有建筑的空调都是全天 24 小时连续运行，维持室内恒温环境时，各座公共建筑的冷负荷一天内同步变化，整体变化幅度不大，采用区域供冷方式可以实现有效的调节。采用一些高效的冷源方式（例如热电冷联产），可以实现较高的能源转换效率。这是为什么美国很多高校校园都采用区域供冷方式。而当建筑物只有在使用时才运行空调，各座建筑的使用时间又不同步（办公建筑白天用晚上停，娱乐建筑晚上出现负荷高峰），区域供冷在冷量调节上就会出现很多问题。尤其是当仅有 1% 的建筑需要供冷时，冷冻水循环水泵的电耗就非常突出，整个系统的能源转换效率变得很低。这就是为什么国内许多采用中央空调的大型办公建筑又在某些房间安装了分体空调。这是为了在部分建筑空间使用时提供环境控制，而又不开启中央空调。国内关于区域供冷是否节能的争论实质上就是从不同的使用模式出发得到关于是否节能的不同结论。

案例 6　住宅生活热水的集中供应

北京近年来一批商品住宅小区建有集中的生活热水系统，但运行几年后都因为运行费用太高亏损太大而停止使用。一些开发商宁可重新为用户免费提供分户的热水器也拒绝继续运行集中式生活热水。实际调查表明，由于实际用水量远低于设计用水量,导致热水循环泵的电耗和热水管道的热损失在运行能耗中的比例非常高（有些小区此比例超过 50%），这就导致集中生活热水的运行成本很高，2010 年北京将集中供应的生活热水价格从 11 元 /t 涨到 23 元 /t，物业运行者仍然高呼亏损。而在发达国家的公寓楼很多采用集中生活热水供应方式的，却没有这样的问题。其主要原因就是发达国家居民的生活热水用量远高于我国。根据一些统计数据，日本家庭生活热水用量户日均在 600~1000L/（户·天），而我国城市居民生活热水用量则在 70~150L/（户·天）[15]。正是这一生活方式的区别，导致在集中供应生活热水是否节能上出现截然相反的结论。

上述案例分别从不同角度说明：在建筑节能领域，一项技术和措施是否节能在很大的程度上取决于使用模式和为使用者提供的服务水平。换句话说，就是不同的使用模式和对建筑物的需求，所需要的节能技术和措施不同。因此在审查、评估建筑节能时，在评价节能技术和措施时，首先要明确我们在讨论哪种使用模式下的建筑节能，希望所分析的建筑提供哪种服务水平。离开使用模式和服务水平，只能谈某项技术,很难认定其是促进节能还是会导致实际用能的增加。前面谈到的几座“节能示范项目”，就是在所谓“标准模式”下节能，在“全时间 / 全空间”的运行需求下,有较高的能源利用效率。但是由于其不支持“部分时间 / 部分空间”的使用模式，因此对于这种需求，就表现出高于一般同功能建筑的运行能耗。

到底取什么样的使用模式作为我们讨论建筑节能的参考模式？到底我们的未来建筑应提供什么水平的服务？这是开展建筑节能工作，制定各种相关规划首先要回答的基本问题。实际上，围绕降低碳排放的需求，发达国家的有识之士也在考虑这

一问题。图 5 为日本国土交通省建筑环境研究所为了制定日本建筑节能导则[16]，对东京住宅的采暖空调能耗进行的广泛调查所得到的不同采暖空调方式能耗状况的调查结果。为了忠实原文，图中直接给出日文原著内容。其中横坐标为每户每年采暖空调的能耗（已折合为一次能源），单位为“GJ/ 户”。其中每种方式都给出采用排风热回收时和没有排风热回收时的能耗。可以看到任何一种方式下，采用排风热回收都可以节能约 13%~15%。各类方式中能耗最高的是“全时间、全空间”运行的热泵式中央空调方式（53.1/45.5GJ）。而采用“全空间、部分时间”的运行方式时，即使采用能源转换效率最差的“电锅炉地板采暖”方式（图中第三种方式），其能耗也比全空间、全时间的热泵中央空调方式低 25%。而采用高效空调时（表中第八种方式），能耗仅为热泵中央空调方式的四分之一。表中最后的三种方式为一室一机的“部分时间、部分空间”方式,此时采用“高效空调”的能耗反而高于“标准型空调”。此时的能耗仅为 3.2GJ，仅为热泵型中央空调的 6%。这些调查结果和本文前面所介绍的国内调查结果完全相同。北京的调查表明中央空调的住宅建筑能耗为分体空调平均值的 10 倍，而日本的调查表明二者能耗差 15 倍！使用模式的不同（部分时间、部分空间；还是全时间、全空间）所导致的能耗差别远大于不同的节能技术所造成的差别。作为结论，日本的这份住宅节能指南指出要提倡这种“部分时间、部分空间”

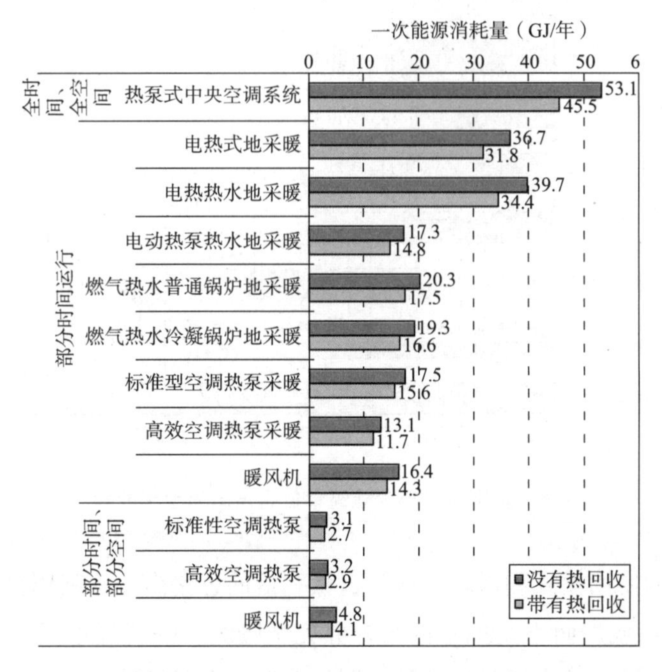

图 5　日本国土交通省建筑环境研究所调查的东京不同采暖空调方式的能耗

的采暖空调模式，只有这样才能最终实现日本政府承诺的减碳计划的目标。

图 6 为 2000 年调查的英国各类办公建筑的实际能耗状况统计 [17] 情况。其中横坐标为每平方英尺建筑的能耗，可以简单地把其中的能耗数值乘以 10 即可估算得到单位平方米能耗。英国建筑采暖和我国有很大不同，可以不考虑采暖，仅看后面主要是以电力方式消耗的其他能耗。除采暖之外，其他各类能耗之和平均为 90kWh/m^2（第一行），比我国目前办公建筑平均值高 20%~30%。采用自然通风的小型办公建筑最好的案例，除采暖外用能仅为 25kWh/m^2，而典型的奢侈型全密闭中央空调方式，除采暖外能耗则为 342kWh/m^2（最后一行），是自然通风的最好案例的能耗的 13.5 倍！而最好的密闭式中央空调方式除采暖外用能也高达 225kWh/m^2（倒数第二行）。这也反映出不同使用模式、不同需求的建筑导致的实际用能差别远大于不同的技术所造成的差异。值得注意的是，在这一调查中还发现，那座小型自然通风建筑反而是使用者抱怨最少的建筑，而那座能耗最高的中央空调高档办公楼反而得到最多的用户抱怨。最后的结论同样是：我们为什么要建造这样既不舒适、能耗还高的办公建筑。

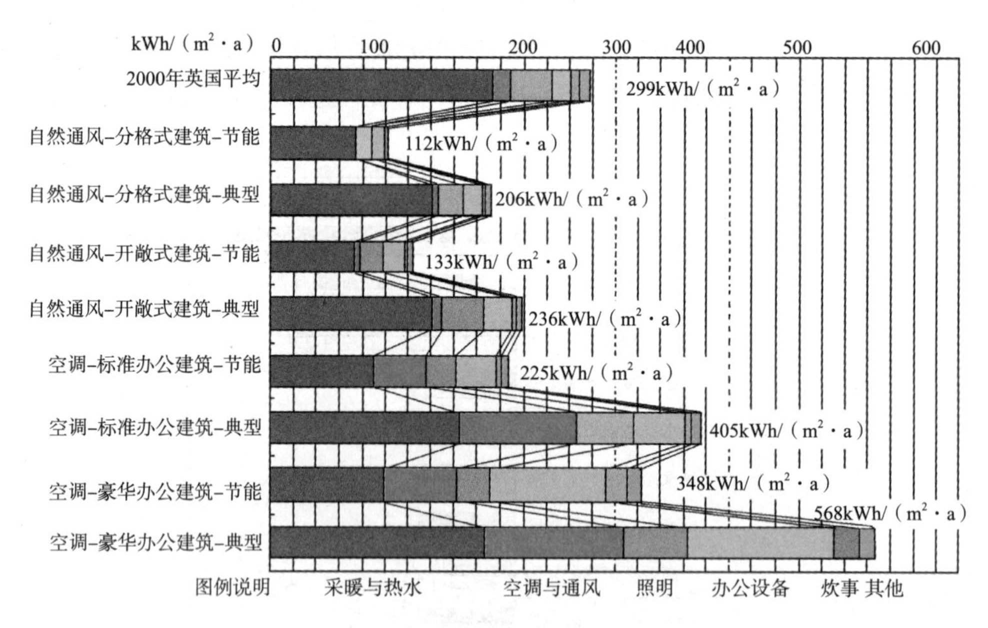

图 6　英国各类办公建筑单位建筑面积全年能耗

根据我们的使用模式和需求，从与自然和谐的思路出发，利用自然环境条件获取较好的室内环境，而不是把室内与外界完全隔绝，一切通过机械手段，消耗能源来制造舒适环境。这大概是这两种不同的营造室内环境策略在基本出发点上的差

异。近年来，这种与自然和谐的理念已经开始体现在新的建筑设计中。值得一提的是如图 7 所示的深圳建科大厦。通过创新的建筑设计获得了良好的自然通风、自然采光的效果。机械的空调、照明系统仅在极端气候条件下，作为采光和室内热环境控制的补充手段。图 8 为这座建筑的实际运行能耗状况。其空调全年仅用电 16kWh/m^2，而深圳一般的办公建筑空调电耗很少低于 40kWh/（m^2·a）[2]。各种用能总和为 44kWh/（m^2·a),高于前面英国的最佳小型自然通风办公建筑除采暖外能耗（25kWh/（m^2·a)），低于图 6 中最佳的开放式自然通风办公建筑（除采暖外 50kWh/（m^2·a)，图 6 中第 4 行）。考虑深圳气候特点，与英国相比，对空调的需求要大的多，这种能耗水平应该是一个很好的范例。

图 7　深圳建科大厦（2008 年建成）

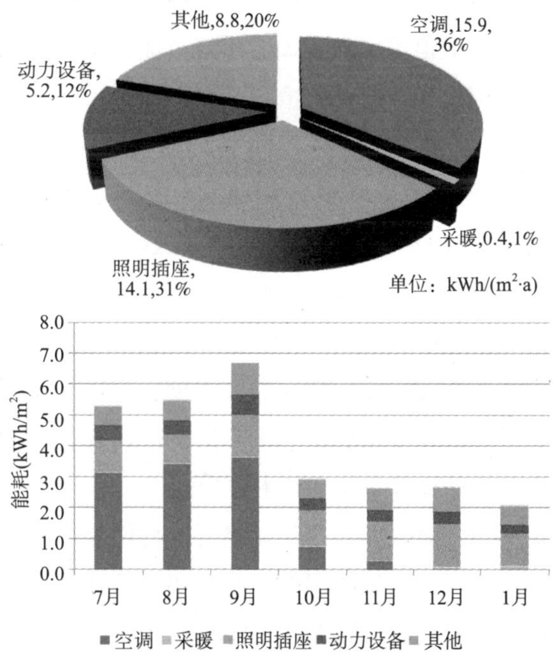

图 8　深圳建科大厦全年能耗分拆和各月能耗状况（全部为用电量）

5　结论

本文通过一批案例的实际建筑运行能耗着重试图说明如下观点：

（1）建筑能耗不仅与所采用的节能技术、节能措施有关，更受建筑的使用模式、室内环境需求水平的影响。“部分时间、部分空间”维持室内环境的方式远比“全时间、全空间”维持室内环境的方式少消耗能源；室内热湿环境可在较大范围内变化的方式比“恒温恒湿”需求的能源消耗远小；自然通风、自然采光辅之以机械手段的方式远比一切都依靠机械系统的方式节能。

（2）不同的建筑节能技术和措施服务于不同的使用模式。许多在“全时间、全空间”下服务于“恒温恒湿”的室内环境的节能技术往往不能支持“部分时间、部分空间”的使用模式和可以在一定范围内变化的室内热湿环境需求，与常规技术方式比，实际能耗反而升高。因此必须通过技术创新，研究开发可以更好地支持这种使用模式和服务需求的节能技术。

（3）目前的建筑节能设计标准、评估标准、节能分析方法等大多数都是以发达国家目前高能耗的使用模式和服务需求作为参考基准的，而在这样的使用模式和服务需求下很难实现我国的建筑节能目标。我们需要维持目前这种能耗相对较低的建筑使用模式并改善室内环境服务水平，主要是“部分时间、部分空间”的室内环境控制、允许在一定范围内变化的室内热湿参数和尽可能的自然通风、自然采光。既然倡导这样一种模式，那么设计标准、评估标准、节能分析方法等就应从这样的使用模式和服务需求出发。只有在这样的模式下具有节能效果的技术手段才是应提倡的技术手段，只有在这种模式下计算出来的节能效果，才是真的可获得的节能效果。

（4）我们需要技术创新，探索在中国的使用模式下的节能技术与措施，使得我们的实际建筑能耗能够靠技术创新而进一步下降，或在建筑能耗水平不变的条件下有效地改善室内服务水平。这可能需要与发达国家的标准使用模式下的节能技术完全不同的技术手段和技术途径。

（5）无论如何，实际建筑运行用能数据应该作为检验建筑节能相关工作的唯一标准，只有通过我们的工作使实际的建筑运行能耗切实有所降低，才算真正达到了我们开展建筑节能工作的目的。

参考文献

[1] 清华大学建筑节能研究中心 . 中国建筑节能年度发展研究报告 2010. 北京：中国建筑工业出版社，2010.
[2] 关于居民生活用电实行阶梯电价的指导意见（征求意见稿）. 2010-10-9.
[3] 李兆坚 . 我国城镇住宅空调生命周期能耗与资源消耗研究 . 清华大学博士论文，2007.
[4] 清华大学建筑节能研究中心 . 中国建筑节能年度发展研究报告 2008. 北京：中国建筑工业出版社，2008.
[5] 尹雪芹 . 南京某住宅区生态节能空调系统设计 [J]. 制冷空调与电力机械，2011：第 1 期 .
[6] 王雪梅，吴醒龙 . 科技部节能示范楼的节能效果分析 [J]. 建筑技术，2009，4.
[7] 潘锋 . 世界最先进环境节能楼落户清华比同等规模建筑节能 70%. 建筑节能，2006：第 5 期 .
[8] 王亚冬，李凤栩 . 节能理念在清华环境能源楼的应用 [J]. 智能建筑电气技术，2007：第 4 期 .
[9] 江亿，魏庆芃，杨秀 . 以数据说话——科学发展建筑节能 [J]. 建设科技，2009：第 7 期 .
[10] 朱颖心 . 绿色建筑评价的误区与反思——探索适合中国国情的绿色建筑评价之路 [J]. 建设科技，2009：第 14 期 .
[11] JGJ 134-2001. 夏热冬冷地区居住建筑节能设计标准 . 北京：中国建筑工业出版社 .
[12] 中国城市能耗状况与节能政策研究课题组 . 中国环境与发展国际合作委员会课题研究报告：城市消费领域的用能特征和节能途径 . 北京：中国建筑工业出版社，2010.
[13] 住房和城乡建设部科技发展促进中心 . 中国建筑节能发展报告 2010. 北京：中国建筑工业出版社，2010.
[14] 谷立静 . 基于生命周期评价的中国建筑行业环境影响研究 . 清华大学博士论文，2009.
[15] 刘阿祺 . 住宅集中热水能耗调查和分析 . 清华大学建筑节能研究中心内部报告（待发表），2011.
[16] Hisashi MIURA. National Institute for Land and Infrastructure Management：Evaluation of Annual Energy Consumption in Residential House for Japanese Energy Efficiency Standard.
[17] Ivan Scrase. The Associarion for the Conservation of Energy. White-collar CO_2-Energy Consumption in the Sercice. London：2000，8. 或 2000-08.

关于建筑节能的评价：能耗与能效的思辨与未来发展思考❶

1. 背景

在能源紧缺和气候变化问题日趋严重的情况下，建筑节能工作所担负的责任越发重要。相比于发达国家，我国建筑能耗处于较低的水平[1]，而大部分 20 世纪建造的既有建筑能效也处于较低的水平[2]。尽管美国能效经济委员会（ACEEE）在 2012 年评价各国建筑节能工作效果的报告中，认为中国是世界上建筑节能推进最好的国家[3]，我国建筑节能工作面临的实际问题仍然十分突出：

（1）城镇化快速发展，各类建筑面积大幅攀升；

（2）公共建筑及系统形式逐渐变化，高能耗建筑不断涌现；

（3）经济水平提高，人们的生活方式改变，居住能耗有增长的趋势。

针对这些现象，建筑节能工作的导向十分重要。评价建筑是否可算节能的"标尺"是引导节能工作方向的重要工具。当前，用于衡量建筑节能效果的指标可以概括为两项：建筑"能效"和"能耗"。

这两项指标常用于建筑节能设计、测评、监管与运行管理等过程中。对于节能设计，关于公共建筑和居住建筑的节能设计标准（如《公共建筑节能设计标准》GB 50189－2005[4] 和《夏热冬冷地区居住建筑节能设计标准》JGJ 134－2010）[5] 核心体现了提高建筑能效的思想；对于节能效果的评价，世界各国纷纷推行能源效率标识制度，分别对不同体量、功能以及阶段的建筑从能效或者能耗角度给出了评价方法；各地节能发展规划中，根据不同的发展水平，要求新建建筑节能率达到 50%、65% 或 75% 的标准，这里的节能率可以认为是从能耗的角度出发的，其目标主要为提高建筑的能效；在运行过程中，运行管理人员更多通过计量仪表直接获得的能耗数据来判断是否节能，是否需要进一步改进，而节能服务公司也主要依据实际监测的能

---

❶ 原刊于《暖通空调》2015,09:1-6.作者：彭琛，郝斌。

耗，对建筑进行节能改造或调节。由此可以见，这两项指标对于建筑节能工作开展有着重要的指导意义。

然而，在实际的应用过程中，“能耗”和“能效”出现了不一致的评价：

（1）一些“高能效”建筑，能耗高于大部分同类建筑[6][7]；

（2）一些能耗低的建筑被认为是服务水平低，而实际能效低[8][9]。

为什么会出现这样的问题呢？如何看待能耗与能效评价产生的差异？这两者的联系和区别是什么？本文基于现有的研究，从基本概念出发，结合实际数据与理论分析，分析建筑能耗与能效的差异与出现矛盾的原因，同时，对未来我国发展道路提出展望。

2. 概念的辨析

（1）概念的辨析

“能耗”直接理解即为能源消耗；“能效”字面意思可理解为能源利用效率。降低实际能耗强度，可以作为实现节能依据；而提高能效，减少提供同等服务量的能源消耗，也可以认为实现了节能。这两者有什么差别和联系呢？

进一步分析，建筑能耗包含了空调、供暖、通风、照明、家电或办公设备、生活热水和炊事等终端用能项的运行能源消耗[10]，是由于人们工作或生活，以及建筑中为使用者提供舒适的室内环境所产生的能源消耗，可以通过这些终端用能设备的使用时间、功率大小以及效率等确定其相应的能耗值。在建筑投入运行使用后，“能耗”有了对应的具体数值，产生实际意义。

建筑能效是一项综合的概念，考虑上述各个终端用能项，在某个服务量下所消耗的能源。例如，空调系统能效，可以认为是在某工况下，空调能源消耗与制冷量的比值；灯具能效，可以认为是某照度下灯具的功率；此外，建筑能效还表述针对建筑物围护结构性能的评价，在某种气候条件下，维持室内热环境达到某标准，建筑物所需的热量或冷量。相比于能耗，“建筑能效”没有定量化的计算公式，是一项综合性指标，可以概括为在达到某种服务要求的情况下，建筑使用能源的效率。

（2）发达国家对“能效”和“能耗”的认识

不同国家对于建筑“能效”和“能耗”的认识存在差异。例如，美国建筑节能工作非常重视建筑能源效率，新建或既有的能效高的商业建筑或住宅可以获得“能源之星”的标识，能带来良好的商业效应，日本的 CASBEE 也同样注重建筑能效；

在欧洲发达国家，能耗被认为是重要的评价指标，如英国的 SAP 评价体系，德国的“建筑能源护照”（energy passport）以及法国的建筑节能规范（Réglementation thermique）等，都明确提出了能耗指标作为评价依据。以法国为例，其认识经历了一个发展的过程[11]。法国第一部正式的建筑节能规范（RT 1974）发布于 1974 年，对建筑物的综合传热系数和围护结构的传热系数做出了明确的规定，属于对建筑能效提出要求的规范。随后的修订版（1982 年），在原来的基础上补充并加强了围护结构的热工性能要求；在 RT 1988 中，对新建建筑的热工性能较之前提高了 25%，对能效的要求进一步提高。在这次修订中，加入了生活热水能耗的规定，并开始对单位面积年供暖能耗进行限制规定。这是一次认识上的转变，将能耗作为了节能的评价依据。2000 年发布的 RT 2000 中对除设备外的各个终端用能项能耗指标作出了规定，并要求居住建筑节能 10%，非居住建筑节能 25%。随后的 RT 2005 和 RT 2010 在这个基础上，对各项指标按照不同地区、建筑类型以及能源类型进行了细化，并鼓励尽可能多的使用可再生能源。总的来看，法国建筑节能评价指标，经历了从仅提能效，到加入能耗考虑，再到以能耗为主要依据的过程。

这些标识或规范的发展体现了其对建筑节能工作认识的深化，其作用在实际工程中得到体现，美国、日本建筑能效有明显提升，如日本晴海地区的区域供冷系统效率[12]达到了 3.13，这在其他地区难以做到的。而近年来，欧洲许多国家纷纷提出零能耗建筑、近零能耗建筑以及净零能耗建筑等概念，并有一些示范工程建设起来，尝试针对能耗开展节能工作。比较来看，呈现出两种截然不同的节能工作路线。那么，建筑“能耗”与“能效”的作用不同原因在哪里呢?

（3）不同阶段的应用

从两者的内容来看，“能耗”的产生与“能效”的计算，都离不开“运行和使用方式”的概念。不同的是，“建筑能耗”是在千差万别的实际运行和使用方式下产生的，在建筑运行阶段有了真实的意义；“建筑能效”是在某标准运行和使用方式下，做出的能源使用情况的评价，在设计阶段以及实际运行过程都可以进行分析。然而，由于在实际运行阶段，运行和使用方式以及外界条件必然的变化，使得“能效”不存在一个固定的实际值，当然也不能用设计阶段的“能效”高低代表实际运行能效。设计阶段重点关注空调和供暖的用能情况，建筑能效通常指建筑围护结构性能，空调和供暖设备的能源利用效率；而运行阶段的建筑能耗，包括了空调、照明、办公或家用设备、炊事和电梯等各项的用能量。

由此来看，对建筑节能进行评价时，建筑能效和能耗分别适用于设计和运行阶

段（图 1）。在设计阶段，能效的概念有助于设计者确定各项技术参数及相应措施；而在运行阶段，能耗可以评价设计与运行共同作用的效果。实测数据表明，实际运行时的空调或供暖能耗，往往低于设计的标准工况下计算的空调或供暖能耗。究其原因，实际运行和使用方式与标准工况存在明显的差异。

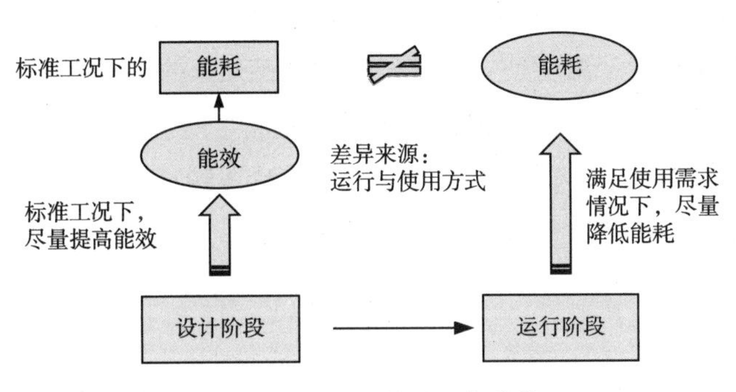

图 1　不同阶段的能耗与能效

从节能的目标出发，设计时注重提高标准工况下的建筑能效，在实际运行情况可能出现的条件下，尽可能地通过采用高能效的技术保障节能，是符合该阶段实际情况的追求节能的途径；实际运行时，在由建筑和系统性能以及实际运行和使用方式共同作用下产生的实际建筑能耗，是衡量建筑是否节能直观的根据，降低实际能耗应该是该阶段节能的重要目标。总之，对不同的阶段进行节能评价时，两者并不能相互替代。

从概念分析来看，设计阶段的“节能建筑”，所指的是在标准工况下能效高于普通建筑的建筑；而运行阶段的“节能建筑”，则是实际能耗强度低于普通建筑的建筑。

3. 建筑能耗与能效的关系

3.1　数据表现的特点

根据上面分析，由于实际运行和使用方式与设计时依据的标准工况的差异，“高能效”与“低能耗”并不对应。如图 2 所示，在设计阶段，运行和使用方式确定的情况下，建筑能效和能耗的关系可以表示为曲线 1，随着能效的提高，能耗逐渐下降；而在实际运行过程中，大量的实际测试数据反映出能耗与能效的关系却是相反的趋势（曲线 2），即应用大量提高能效技术或措施的建筑实际能耗反而较高。这是为什么呢？

仔细分析可以发现，在设计阶段，无论采用何种技术，都用统一的运行和使用方式作为标准工况。而实际运行过程中，不同的建筑实际运行和使用方式不同，而同一个建筑在不同时间的运行和使用方式与标准工况也会有巨大差异，这样一来，设计工况能耗与实际运行能耗出现了差异；而与此同时，不同的设备或系统日常所采用（或所适用）的运行和使用方式也会差异。例如，使用分体空调的建筑，各个房间空调使用时间和设定温度独立调控，使用者有充分的自由选择运行和使用方式；而采用集中控制中央空调系统的建筑，为尽可能满足所有使用者的要求，空调系统使用时间与建筑使用时间基本一致，甚至 24 小时连续运行。这样，两者所适用的运行和使用方式显著不同，实际运行产生的能耗差异，不能由能效的高低来解释。

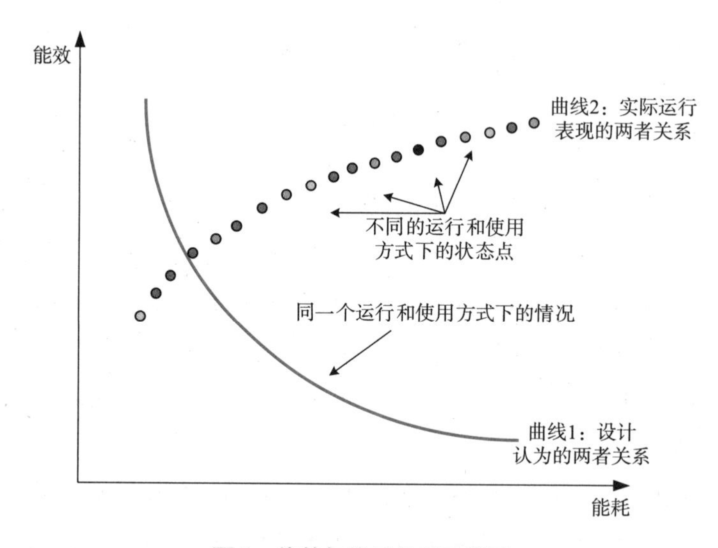

图 2　能效与能耗关系示意图

3.2　现象反映的问题

从实际能耗所反映的规律来看，当前所推崇的一些“高能效”技术，大多需选择时间长，服务量大的运行和使用方式；而一些能效不高，但可以灵活选择运行和使用方式的技术，实际能耗并不高。在运行阶段，将实际能耗作为建筑是否节能的评价指标已经逐渐成为共识。一些高能耗的建筑，尽管采用了大量高效节能技术，仍然广为诟病。这里就提出了新的问题：

第一，如何考虑设计阶段的“能效”与运行阶段的“能耗”之间关系？

第二，在设计阶段是否应该以“高能效”为节能设计的追求核心目标？

第三，考虑运行和使用方式的影响，应在什么样的工况下设计“高能效”技术？

可以明确的是，设计阶段的“高能效”不等同于实际运行的“低能耗”，高能效的技术解决了在其运行模式下的节能要求，而由于实际运行和使用方式的复杂性，不宜以设计的“高能效”作为运行节能的衡量依据。然而，在设计阶段往往难以获知运行时的实际能耗，“提高能效”是大多数设计者容易接受并且落实的概念，因此，“能效”依然是节能设计重要的指标。

从以往的节能设计思路来看，“高能效”作为评价、考核是否节能的重要甚至唯一依据，使得空调系统高 *COP*，生活热水系统高太阳能利用率等成为竞相追捧的节能指标，而这些指标所对应的运行和使用方式被忽视，或认为是必然的，这样的做法存有偏颇；另一个角度看，为追求技术的高能效而改变了建筑与系统的实际运行和使用方式，从而导致运行能耗增长，是不可取的。

由于建筑中使用者个体的差异性，并非某种运行和使用方式就是最佳的或者必需依照的生活或服务标准。从另一个角度看，如果认为当前大部分实际运行和使用方式满足建筑的使用要求，调查分析各终端用能项的实际使用情况，找出一些运行和使用方式相似的建筑，加以归纳聚类，或许可以作为设计时所依据的参考。那么，在进行节能设计时，就可能有多个的参考工况，这些工况是从实际使用需求出发，满足大部分人生活或工作需求的运行和使用方式。这可能是今后开展节能研究重点分析的问题。

此外，建筑中的空调、照明和热水等各个用能项，是服务于建筑中使用者的，使用者应该是建筑节能活动的主体。如果要发挥使用者的主观能动性，给予其对建筑环境足够的调节能力是必要的；又由于使用者对环境要求以及在建筑中活动时间的差异性，也许就没有唯一确定的服务或舒适性指标要求了。

4. 从能耗和能效看未来的发展道路

4.1　中外建筑能耗现状比较

未来我国建筑节能将走怎样一条道路呢？

回答这个问题，可以从当前建筑能耗情况着手分析。中外建筑能耗强度对比是认识我国建筑能耗水平的重要途径，对我国未来建筑能耗的发展也有参考作用。调查并整理目前各国公布的宏观能耗数据，各国建筑能耗总量（圆圈大小表示），以及单位面积能耗强度（纵坐标）和人均能耗强度（横坐标）如图 3 所示。

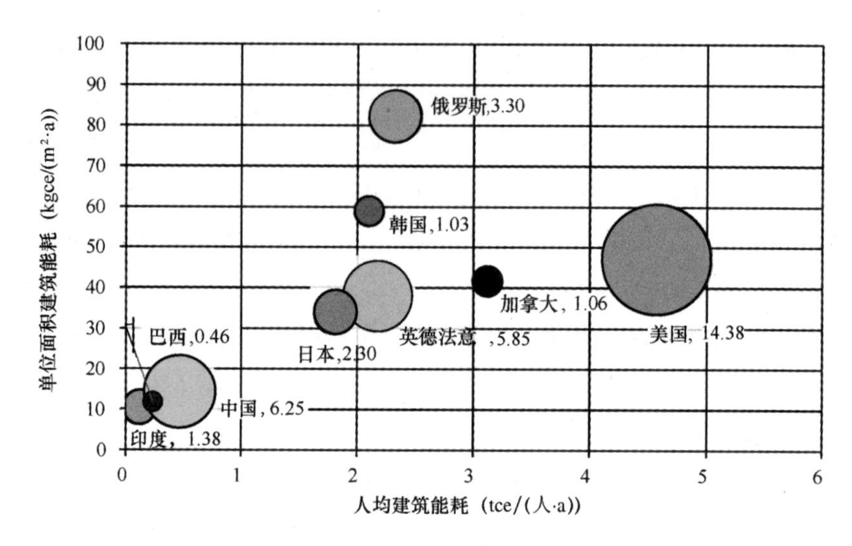

图 3　2010 年各国建筑能耗比较

注：数据来源分别为：美国（EIA），日本（IEEJ），中国来自于 CBEM，其他国家能耗数据来自于 IEA 发布的世界能源展望。

分析各国建筑能耗数据，有以下两点结论：

1）发展中国家，如中国、巴西、印度建筑能耗强度（单位面积和人均能耗强度）都明显低于发达国家；中国人均建筑能耗水平是美国的 1/8，单位面积建筑能耗是美国的 1/4。而从人口总量来看，中国人口为 13.6 亿，而美国仅为 3.2 亿，因而，即使人均能耗大大低于美国，中国建筑能耗总量也接近美国的 1/2。有研究认为 [13][14]，运行和使用方式的不同，是我国建筑能耗强度明显低于发达国家的主要原因。

2）发达国家能耗强度水平也存在差异：美国人均能耗是日本、韩国和欧洲四国（英国、德国、法国和意大利）等发达国家的 2~3 倍；俄罗斯单位面积能耗强度最高（超过 $80kgce/m^2$），而人均能耗仍和日本、欧洲等国接近。

参考发达国家现状，如果未来我国人均建筑能耗强度达到欧洲四国水平，建筑能耗总量将接近 20 亿 tce，超过当前我国能源消耗总量的一半；如果达到美国水平，建筑能耗总量将超过 60 亿 tce，为当前我国能耗总量的 1.5 倍。如果单位面积能耗强度增长到发达国家水平，在建筑面积继续增长的情况下，建筑能耗总量也将成倍增长。这将对我国能源安全和可持续发展带来巨大的压力。

从能耗的角度看，在未来能源供应能力、碳减排要求、环境保护以及能源安全等条件的约束下，如果认为我国建筑能耗总量应控制在 10 亿 tce 以内 [15]，这意味着未来我国人均能耗在当前基础上还可以增长 50%，达到 0.7tce/ 人。在积极引导合理

的运行和使用方式，并针对这样的生活方式提供与之相适应的高能效技术，认为这个目标是可以实现的。

4.2 未来发展路线的展望

研究分析发达国家建筑能耗与能效的发展历程与未来，将其整体水平以二维平面上的点表示，归纳整理如图 4 所示。相比之下，当前发达国家建筑能效整体水平高于我国平均水平，而其建筑能耗强度（无论是人均还是单位面积）却明显高于我国。

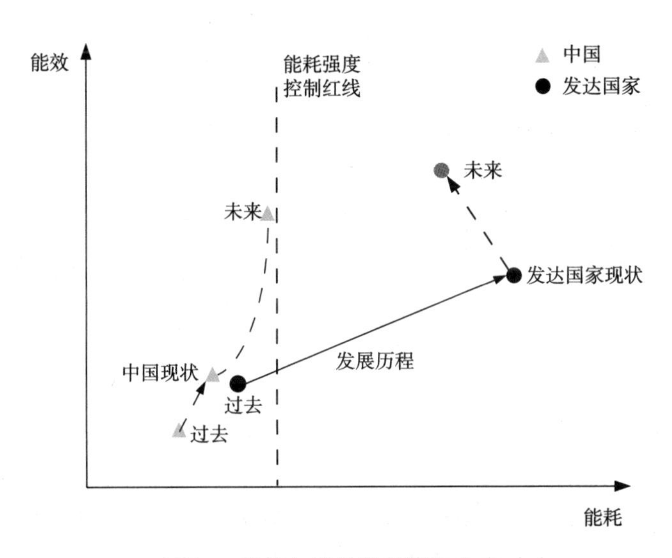

图 4　能耗与能效的发展与未来

从发展历史来看，中外都经历了一个能效提升而能耗也增长的过程。促使建筑能耗增长的主要原因，是建筑的运行和使用方式的不断变化。

自 20 世纪 80 年代，我国开始开展建筑节能工作以来，建筑物围护结构性能、各类家电设备和灯具能效得到明显提升。与此同时，人们的生活水平和工作、娱乐活动条件得到显著改善，各项终端用能项基本满足了人们的生活和工作需求。例如，从统计数据来看 [16]，居民家庭由原来基本没有空调、电视、洗衣机等，到当前各类电器拥有量基本达到饱和；从调研情况来看，各类商业活动场所室内温湿度和照度得到有效控制等。可以认为，我国建筑能效得到了明显提高，而能耗的增长主要动力为生活水平的改善。

比较而言，发达国家建筑运行过程中，由原来类似中国当前的运行和使用方式，逐步变化为 24 小时使用空调和供暖；室内环境人工控制为夏天室内温度低于 22℃而人们西装革履，冬天室内温度高于24℃而人们衣着简便；全面依赖机械通风，冰箱、洗衣机等电器大型化等。消费文化改变了人们以往的满足需求即可的生活方式，刺激了人们对能源的消费需求。总的来看，发达国家能耗的增长主要源于过度的服务和使用需求。

由于建筑运行和使用方式不同使得能耗产生巨大差异，在建筑节能工作中不得不对其重视。从现状来看，发达国家消费模式和文化一旦形成，很难大幅调整建筑运行和使用方式，未来只有依靠进一步提高建筑能效来降低能耗。而我国未来仍可以通过引导合理的运行和使用方式，同时提高与之相适应技术的能效，实现不同的建筑用能发展道路。

具体来看，首先，尽量避免运行和使用方式参照发达国家模式发展，避免过度的服务需求出现；其次，基于我国当前实际运行和使用情况，对于住宅和公共建筑用能合理需求做出设计，并根据这个需求设计和采用相应的高能效技术，在能耗强度不大幅增长的情况下，通过提高建筑能效，来适应更多的运行和使用方式要求。这样，在人均建筑能耗强度不到发达国家1/3甚至1/4的情况下，满足人们各项生活和工作需求，实现我国建筑节能的整体目标。

5. 总结

建筑节能评价指标是建筑节能工作开展的导向，正确认识并合理应用建筑能效和能耗，在建筑节能工作中至关重要。本文从建筑能效和能耗的概念分析出发，并结合发达国家的认识，指出这两者分别适用于设计阶段和运行阶段：在设计阶段，可以通过能效指标引导提高建筑围护结构性能，推广高效技术应用；而在运行阶段，建筑能耗直观的反映了实际用能水平，可以作为评价的重要依据。

从当前实际建筑能耗数据来看，一些高能效的建筑其实际能耗也较高，这主要是因为相对于普通建筑，这些建筑采用的高能效技术改变了运行和使用方式，增加了系统的运行时间和服务空间，从而使得建筑能耗增加。由此来看，设计并选择合适的高能效技术，建立在合理定义设计阶段标准工况的基础上，使之能够满足人们生活和工作需求并符合实际使用情况，在此条件下尽量避免建筑或系统过量的运行和使用。

比较中外建筑节能发展历程，应借鉴发达国家的发展经验和教训，重视运行和使用方式的作用，正确看待建筑能耗和能效的关系与作用。在能源和环境的约束下，引导合理的建筑运行和使用方式，通过提高与之相适应的技术的能效，更好地满足人们不同的使用需求。

参考文献

[1] 清华大学建筑节能研究中心 . 中国建筑节能年度发展研究报告 2014. 北京 : 中国建筑工业出版社 , 2014.

[2] 刘宗江 . 以更高节能目标为导向的公共建筑能效性能研究 [硕士学位论文]. 北京：中国建筑科学研究院 , 2013.

[3] Sara Hayes, Rachel Young, and Michael Sciortino. The ACEEE 2012 International Energy Efficiency Scorecard. 2012.

[4] 中华人民共和国建设部 .GB 50189-2005 公共建筑节能设计标准 . 北京 : 中国建筑工业出版社 ,2005.

[5] 中华人民共和国住房和城乡建设部 . JGJ 134-2010 夏热冬冷地区居住建筑节能设计标准 . 北京 : 中国建筑工业出版社 , 2010.

[6] 江亿 , 燕达 . 什么是真正的建筑节能 ?. 建设科技 , 2011, 11: 15 ~ 23.

[7] 朱颖心 . 绿色建筑评价的误区与反思——探索适合中国国情的绿色建筑评价之路 . 建设科技 , 2009（14）: 36-38.

[8] 王雪梅 , 吴醒龙 . 科技部节能示范楼的节能效果分析 . 建筑技术 , 2009, 40（4）: 301 ~ 303.

[9] 潘锋 . 世界最先进环境节能楼落户清华比同等规模建筑节能 70%. 建筑节能 , 2006, 34（1）:8 ~ 8.

[10] 中华人民共和国住房和城乡建设部 . JG/T358-2012 建筑能耗数据分类及表示方法 . 北京 : 中国建筑工业出版社 , 2012.

[11] Ministère de l' Écologie, du Développement durable,des Transports et du Logement. Réglementation thermique1974 ~ 2012.

[12] 朱颖心 , 王刚 , 江亿 . 区域供冷系统能耗分析 . 暖通空调 , 2008, 38（1）: 36-40.

[13] Michael Grinshpon. A Comparison of Residential Energy Consumption Between the United States and China[硕士学位论文]. 北京 : 清华大学建筑学院 , 2011.

[14] 胡姗 . 中国城镇住宅建筑能耗及与发达国家的比较 [硕士学位论文]. 北京 : 清华大学建筑学院 , 2013.

[15] 彭琛 . 基于总量控制的中国建筑节能路径研究 [博士学位论文]. 北京 : 清华大学建筑学院 ,2014.

[16] 中华人民共和国国家统计局 . 中国统计年鉴 1996~2012. 北京：中国统计出版社 .